U0317821

浙江省古建筑修缮工程预算定额

ZHEJIANGSHENG GUJIANZHU XIUSHAN GONGCHENG YUSUAN DINGE

（2018 版）

中 国 计 划 出 版 社

北　京

图书在版编目（CIP）数据

浙江省古建筑修缮工程预算定额 : 2018版 / 浙江省建设工程造价管理总站主编. -- 北京 : 中国计划出版社, 2021.12
ISBN 978-7-5182-1372-6

Ⅰ. ①浙… Ⅱ. ①浙… Ⅲ. ①古建筑－修缮加固－工程施工－预算定额－浙江 Ⅳ. ①TU723.34

中国版本图书馆CIP数据核字(2021)第234931号

责任编辑：陈　飞　　封面设计：韩可斌
责任校对：杨奇志　谭佳艺　　责任印制：赵文斌　李　晨

中国计划出版社出版发行
网址：www.jhpress.com
地址：北京市西城区木樨地北里甲11号国宏大厦C座3层
邮政编码：100038　电话：（010）63906433（发行部）
三河富华印刷包装有限公司印刷

880mm×1230mm　1/16　41.5印张　1243千字
2021年12月第1版　2021年12月第1次印刷

定价：280.00元

主编单位：浙江省建设工程造价管理总站

批准部门：浙江省住房和城乡建设厅

浙江省发展和改革委员会

浙　江　省　财　政　厅

施行日期：二〇二二年一月一日

浙江省古建筑修缮工程预算定额

（2018 版）

主编单位: 浙江省建设工程造价管理总站

参编单位: 浙江省财政项目预算审核中心
杭州宋城集团控股有限公司
金华市建设工程招投标与造价管理站
金华市财政项目预算审核中心
杭州市建设工程招标造价服务中心
衢州市建设造价管理站
宁波江南建设有限公司
杭州蓝天园林建设有限公司
临海宏州古建筑有限公司
浙江省临海市古建筑工程有限公司
诚邦生态环境股份有限公司
浙江君匠建设集团有限公司
浙江省古建筑设计研究院有限公司
杭州园林设计院股份有限公司

主　　编: 张建坤　盛艳婷

副 主 编: 孙　燕　林　杰　黄　权　张　建　张贤明

参　　编: 陈燕灯　甄瑞妙　洪纯珩　沈　慧　黄玲媛　杨小女　钱　波　陈建明
汪宁龙　潘杨军

顾　　问: 田忠玉　余才成

软件生成: 成都鹏业软件股份有限公司　杜　彬

数据输入: 杭州品茗安控信息技术股份有限公司　陈石磊

浙江省住房和城乡建设厅　浙江省发展和改革委员会 浙江省财政厅关于颁发《浙江省房屋建筑和市政基础设施项目工程总承包计价规则（2018版）》等两部计价依据的通知

浙建建发〔2021〕58号

各市建委（建设局）、发展改革委、财政局：

为深化建筑业改革，完善我省建设工程计价体系，根据《浙江省建设工程造价管理办法》（浙江省人民政府令第378号）规定，由省建设工程造价管理总站负责组织编制的《浙江省房屋建筑和市政基础设施项目工程总承包计价规则（2018版）》和《浙江省古建筑修缮工程预算定额（2018版）》通过审定，现予以颁发，自2022年1月1日起执行。《浙江省工程总承包计价规则（试行）》同时停止使用。

浙江省住房和城乡建设厅

浙江省发展和改革委员会

浙　江　省　财　政　厅

2021年11月22日

总 说 明

古建筑是历史文化名城、名镇、名村的重要组成内容，它承载着中华上下五千年文化的积累，具有较大历史、文化、科学和艺术价值。保存古建筑是延续历史文化文脉的关键所在。为有利于浙江省古建筑修缮及古村落保护工作的顺利进行，满足古建筑修缮工程计价需要，充分发挥古建筑修缮工程预算定额在工程造价确定与控制中的引导与约束作用，根据《住房城乡建设部关于印发古建筑修缮工程消耗量定额的通知》（建标〔2018〕81 号）和《浙江省建设工程造价管理办法》（省政府令第 378 号）要求，组织编制了《浙江省古建筑修缮工程预算定额（2018 版）》（以下简称“本定额”）。

一、本定额依据古建筑相关时期的文献、技术资料、国家现行有关古建筑修缮的法律、法规、安全操作规程、施工工艺标准、质量评定标准及《古建筑修缮工程消耗量定额》TY 01-01（03）-2018 等结合本省的实际情况测算编制。

二、本定额适用于本省行政区域内的古建筑（包括但不限于历史建筑、文物建筑及仿古建筑）的修缮工程。

本定额的历史建筑是指经市、县人民政府确定公布的具有一定保护价值，能够反映历史风貌和地方特色，未公布为文物保护单位，也未登记为不可移动文物的建筑物、构筑物。

本定额的文物建筑是指具有一定文物价值的建筑，能够反映历史风貌和地方特色，公布为文物保护单位，或登记为不可移动文物的建筑物、构筑物。

本定额的仿古建筑是指利用现代建筑材料或传统建筑材料，对古建筑形式进行符合传统文化特征再建造的建筑物、构筑物。

三、本定额是完成规定计量单位分部分项工程及措施项目所需的人工、材料、施工机械台班的消耗量标准，是编制古建筑修缮工程招标控制价的依据，是古建筑修缮工程投标报价、合同价约定、竣工结算办理、计价争议调解及造价鉴定等的参考依据。

四、本定额包括石作工程、砌体工程、地面工程、屋面工程、木构架及木基层工程、铺作（斗拱）工程、木装修工程、抹灰工程、油漆工程、脚手架及垂直运输工程等共十章。

五、本定额项目不分建造年代，定额对不同时期建造的相同或相近项目进行归并。定额水平是以历史建筑修缮工程为测算对象编制的，除文物建筑和仿古建筑以外，对具有一定保护价值、能够反映历史风貌和地方特色的建筑物、构筑物，按照历史建筑要求进行修缮的工程可执行本定额。

文物建筑修缮工程执行本定额，人工消耗量按以下调整系数表调整。

文物建筑修缮工程人工消耗量调整系数表

工程分类	工程内容	人工消耗量调整系数
1 类	全国重点文物保护单位和国家文物局指定的重要文物的修缮工程	1.2
2 类	省级文物保护单位的修缮工程	1.15
3 类	市、县级文物保护单位（点）的修缮工程	1.1

仿古建筑修缮执行本定额，人工消耗量乘以系数 0.95。

六、本定额缺项的可以套用《浙江省园林绿化及仿古建筑工程预算定额》（2018 版）相应定额子目并按以下工程项目类别系数调整。

《浙江省园林绿化及仿古建筑工程预算定额》(2018 版)调整系数表

工程项目类别	人工调整系数	材料调整系数
仿古建筑修缮项目	1.15	1.05
历史建筑修缮项目(不包括文物建筑)	1.21	1.05
市、县级文物保护单位(点)修缮项目	1.33	1.05
省级文物保护单位修缮工程	1.39	1.05
全国重点文物保护单位和国家文物局指定的重要文物建筑修缮项目	1.45	1.05

七、本定额消耗量是在正常的施工条件,合理的施工组织设计及选用合格的建筑材料、成品、半成品的条件下测算编制的。定额消耗量反映的是浙江省古建筑修缮工程的社会平均水平,是完成定额项目规定工作内容每计量单位所需的人工、材料、施工机械的消耗量标准。在确定定额水平时,已综合考虑了古建筑修缮工程施工地点分散、现场狭小、连续作业差、保护原有建筑物及环境设施等造成的不利因素的影响。本定额各项目包括施工过程中的全部工序和工、料、机消耗量,次要工序在工作内容中虽然未一一列出,但均已包括在定额内。

八、本定额的人工消耗量按每工日 8h 工时制考虑。定额中的人工消耗量包括基本用工、超运距用工、辅助用工和人工幅度差。本定额日工资单价按如下编制:垂直运输工程按一类人工日工资单价(125 元 / 工日)计算,单一拆除项目、脚手架工程按二类人工日工资单价(135 元 / 工日)计算,其他工程项目按三类人工日工资单价(155 元 / 工日)计算。

九、有关材料、成品、半成品的说明:

1. 本定额采用的材料(包括构配件、零件、半成品、成品)均为符合国家质量标准和相应设计要求的合格产品。

2. 本定额中的材料消耗量包括净用量和损耗量。损耗量指材料场内运输损耗、施工操作损耗、施工现场堆放损耗等。

3. 材料价格包括市场供应价、运杂费、运输损耗、采购保管费。

4. 本定额中的周转性材料按摊销量编制,定额已根据不同施工方法、不同材质等综合考虑摊销次数。

5. 本定额所列材料均为主要材料,其他用量少、价值低、易损耗的零星材料已包括在其他材料费中。

6. 材料、成品及半成品的场内水平运输(从工地仓库、现场堆放地点或现场加工地点至操作地点)除定额另有规定者外,均已包括在相应定额内。

十、有关机械的说明:

1. 本定额结合古建筑工程以手工操作为主配合中小型机械施工的特点,选配了相应施工机械。

2. 凡单位价值较低,或使用年限在一年以内的不构成固定资产的施工机械,除特殊项目外不列入机械台班消耗量内,作为工器具费用在企业管理费中列支。

3. 本定额的机械台班单价按《浙江省建设工程施工机械台班费用定额》(2018 版)确定,每一台班按 8h 工时制考虑,台班消耗量按正常机械施工工效并考虑机械幅度差综合取定,台班机上人工是结合本省实际情况编制确定的。

4. 本定额除部分章节外均未包括大型机械使用费,发生时可根据工程实际情况另行计取。

十一、本定额使用的各种灰浆均以传统灰浆为准,各种灰浆均按半成品消耗量以体积表示;如实际使用的灰浆品种与定额不符时,可按照附录一中“砂浆、混凝土强度等级配合比”进行换算。

十二、本定额木种分类如下：

一、二类：红松、水桐木、樟子松、白松、杉木（云杉、冷杉）、杨木、柳木、椴木等。

三、四类：青松、黄华松、秋子木、马尾松、东北榆木、柏木、苦楝树、梓木、黄菠萝、椿木、楠木（桢楠、润楠）、柚木、樟木、栓木、云香木、柳桉、克隆、门格里斯、栎木（柞木）、檀木、色木、槐木、荔木、麻栗木（麻栎、青刚）、桦木、荷木、水曲柳、华北榆木、榉木、枫木、橡木、核桃木、樱桃木等。

定额中的木材除注明者外，均以一、二类木种为准。设计使用三、四类木种的，其制作人工耗用量乘以系数 1.3，拆除、安装、拆安归位人工耗用量乘以系数 1.15，拆修安、剔补、制作安装的定额人工耗用量乘以系数 1.25。

十三、本定额拆除项目适用于替换新构配件时对原构配件拆除的项目。对原拆除项目的构配件或材料，全部或部分加以利用的，套用本定额的整修项目。

十四、本定额所列整修项目包括构配件等项目的拆安归位或拨正归安、构配件等项目的拆修安及构配件等项目的剔补三种情况。

本定额拆安归位项目不包括对原有构配件等的改制及修理，需要对原构配件等进行一定的修复（修补）的拆安项目套用拆修安定额。剔补是指构配件等项目仅对损坏的部分进行修复（修补）。

十五、需要对原有构件拍照、编号（影像资料）、清理、分类码放、防火防潮处理等的费用已经包含在相应的定额中，不再重复计算。

十六、除已列有支顶费用的定额外，其他构件等的拆除、安装定额已包括必要的支顶费用，不论是否发生，统一按定额执行。重大拆除项目需要有专项方案的，按批准的专项方案另行计算，定额中的支顶及脚手架等费用不扣除。

十七、本定额雕刻类子目均按传统雕刻工艺要求编制，实际采用成品或按现代雕刻工艺雕刻的另行计算。

十八、本定额已经考虑废弃物清理及场内集中堆放，废弃物外运及处置费用另行计算。

十九、本定额修缮项目均包括搭拆操作高度在 3.6m 以内的非承重简易脚手架。

二十、本定额适用于建筑物檐高在 20m 以下的修缮工程，建筑物檐高超过 20m 的超高施工增加费，按本定额的有关章节的相关规定计算。

檐高计算规定如下：

（1）无月台或月台外边线在檐头外边线以内者，檐高由自然地坪量至最上一层檐头（上皮）。

（2）月台边线在檐头外边线以外或城台、高台上的建筑物，檐高由台上皮量至最上一层檐头（上皮）。

檐高上皮以正身飞椽上皮为准，无飞椽的以檐椽上皮为准。

二十一、有关施工取费相关规定。

古建筑修缮工程施工取费费率按以下“古建筑修缮工程企业管理费、利润费率表”“古建筑修缮工程施工组织措施费费率表”“古建筑修缮工程规费费率表”“古建筑修缮工程税金税率表”执行，施工取费的其他规定及发生的其他费用项目按现行计价规则执行。

古建筑修缮工程企业管理费、利润费率表

定额编号	项目名称	计算基数	费率（%）					
			一般计税			简易计税		
			下限	中值	上限	下限	中值	上限
HX1	企业管理费	人工费 + 机械费	8.81	11.75	14.68	8.76	11.68	14.60
HX2	利润	人工费 + 机械费	5.70	7.60	9.50	5.67	7.56	9.45

古建筑修缮工程施工组织措施费费率表

<table>
<tr><td rowspan="3">定额
编号</td><td rowspan="3" colspan="2">项目名称</td><td rowspan="3">计算基数</td><td colspan="6">费率(%)</td></tr>
<tr><td colspan="3">一般计税</td><td colspan="3">简易计税</td></tr>
<tr><td>下限</td><td>中值</td><td>上限</td><td>下限</td><td>中值</td><td>上限</td></tr>
<tr><td>HX3</td><td colspan="9">施工组织措施项目费</td></tr>
<tr><td>HX3-1</td><td colspan="9">安全文明施工基本费</td></tr>
<tr><td>HX3-1-1</td><td rowspan="2">其中</td><td>非市区工程</td><td rowspan="2">人工费+机械费</td><td>3.35</td><td>3.72</td><td>4.10</td><td>3.52</td><td>3.91</td><td>4.31</td></tr>
<tr><td>HX3-1-1</td><td>市区工程</td><td>4.04</td><td>4.49</td><td>4.94</td><td>4.24</td><td>4.71</td><td>5.18</td></tr>
<tr><td>HX3-2</td><td colspan="2">冬雨季施工增加费</td><td>人工费+机械费</td><td>0.05</td><td>0.11</td><td>0.16</td><td>0.06</td><td>0.11</td><td>0.17</td></tr>
</table>

注:1 鉴于古建修缮工程的特殊性,二次搬运费发生时按实计算。若合同没有约定,一般以单体建筑物划分场内外,单体建筑物有围墙等围护的,以围墙为界区分场内、场外;单体建筑物没有围墙等围护的,以单体建筑物外50m为界区分场内、场外。

2 场内发生的上山及过河费用另行计算。

古建筑修缮工程规费费率表

<table>
<tr><td rowspan="2">定额
编号</td><td rowspan="2">项目名称</td><td rowspan="2">计算基数</td><td colspan="2">费率(%)</td></tr>
<tr><td>一般计税</td><td>简易计税</td></tr>
<tr><td>HX4</td><td>规费</td><td>人工费+机械费</td><td>31.75</td><td>31.59</td></tr>
</table>

古建筑修缮工程税金税率表

<table>
<tr><td>定额
编号</td><td>项目名称</td><td>使用计税方法</td><td>计算基数</td><td>税率(%)</td></tr>
<tr><td>HX5</td><td colspan="4">增值税</td></tr>
<tr><td>HX5-1</td><td>增值税销项税</td><td>一般计税方法</td><td rowspan="2">税前工程造价</td><td>9.00</td></tr>
<tr><td>HX5-2</td><td>增值税征收率</td><td>简易计税方法</td><td>3.00</td></tr>
</table>

二十二、本定额不包含构件做旧费用,发生时另行计算。

二十三、本定额中遇有两个或两个以上系数时,按连乘法计算。

二十四、本定额中注有"××以内"或"××以下"及"小于××"者均包括××本身;"××以外"或"××以上"及"大于××"者均不包括××本身。

二十五、本定额基价不包括进项税。

二十六、本定额由浙江省建设工程造价管理总站负责解释与管理。

古建筑工程建筑面积计算规则

一、计算建筑面积的范围。

（一）单层建筑不论其出檐层数及高度如何，均按一层计算面积，其中：

1. 有台明的按台明外围水平面积计算。

2. 无台明有围护结构的以围护结构水平面积计算，围护结构外有檐廊柱的，按檐廊柱外边线水平面积计算，围护结构外边线未及构架柱外边线的，按构架柱外边线计算；无台明无围护结构的按构架柱外边线计算。

（二）有楼层分界的二层及以上建筑，不论其出檐层数如何，均按自然结构楼层的分层水平面积总和计算面积。其中：

1. 首层建筑面积按上述单层建筑的规定计算。

2. 二层及以上各层建筑面积按上述单层建筑无台明的规定计算。

（三）单层建筑或多层建筑两个自然结构楼层间，局部有楼层或内回廊的，按其水平投影面积计算。

（四）碉楼、碉房、碉台式建筑内无楼层分界的，按一层计算面积；有楼层分界的，按分层累计计算面积。其中：

1. 单层或多层碉楼、碉房、碉台的首层有台明的，按台明外围水平面积计算，无台明的，按围护结构底面外围水平面积计算。

2. 多层碉楼、碉房、碉台的二层及以上楼层均按各层围护结构底面外围水平面积计算。

（五）二层及以上建筑构架柱外有围护装修或围栏的挑台建筑，按构架柱外边线至挑台外边线之间水平投影面积的 1/2 计算面积。

（六）坡地建筑、邻水建筑及跨越水面建筑的首层构架柱外有围栏的挑台，按首层构架柱外边线至挑台外边线之间的水平投影面积的 1/2 计算面积。

二、不计算建筑面积的范围。

（一）单层或多层建筑中无柱门罩、窗罩、雨棚、挑檐、无围护装修或围栏的挑台、台阶等。

（二）无台明建筑或二层及以上建筑突出墙面或构架柱外边线以外部分，如墀头、垛等。

（三）牌楼、影壁、实心或半实心的砖、石塔。

（四）构筑物，如月台、圜丘、城台、院墙及随墙门、花架等。

（五）碉楼、碉房、碉台的平台。

目　　录

第一章　石 作 工 程

第二章　砌 体 工 程

第三章　地 面 工 程

第四章　屋 面 工 程

第五章　木构架及木基层工程

第六章　铺作(斗拱)工程

第七章　木装修工程

第八章　抹 灰 工 程

第九章　油 漆 工 程

第十章　脚手架及垂直运输工程

附　　录

第一章

石 作 工 程

说 明

一、本章定额包括石构件拆除、石作整修、石构件制作、石构件安装四节。

二、石构件制作按机割石考虑，定额中规格均以成品净尺寸为准。

三、旧条石截头、旧条石夹肋适用于对原有石构件的改制。

四、剁斧见新、挠洗见新只适用于石构件无须拆动的情况，挠洗不分用铁挠洗或钢刷子刷洗，定额均不调整。剁斧见新不分遍数，定额均不调整。

五、旧石构件因年久风化、花饰模糊需重新落墨、剔凿出细、恢复原貌者，按相应制作定额扣除石料用量后乘以系数 0.7。

六、不带雕饰的石构件制作包括了其露明面相应的加工（打道或砸花锤）等做法。

七、石构件制作、改制以汉白玉、大理石、青白石等普坚石为准，若用特坚石，人工消耗乘以系数 1.43。

八、石梭柱制作套用石圆柱定额乘以系数 1.3。

九、石梅花柱制作套用石圆柱定额乘以系数 1.2。

十、剔地起突门砧石（门枕石）制作以正面做浮雕为准。

十一、不论新旧石构件需安铁扒锔、银锭者，均单独套用相应定额。

十二、倚柱制作套用石圆柱定额。

十三、除素面券脸石外，其他券脸石制作均包括雕花饰，门窗券、石拱券以下（或压砖板以下）部分套用角柱石定额。

十四、门鼓石制作圆鼓以大鼓做浅浮雕、顶面雕兽面为准；幞头鼓以顶面素平或做浮雕，其他露明面做浅浮雕为准。

十五、石沟盖板制作、安装综合了带水槽等不同做法。

十六、石构件带雕饰者，雕饰面积以每平方米按下表补充人工消耗量另行计算。

石构件雕饰补充人工消耗量

项目	石雕			
	素平（阴刻线）	减地平钑（平浮雕）	压地隐起（浅浮雕）	剔地起突（高浮雕）
人工（工日）	11.473	23.875	29.458	61.389

十七、石构件拆安归位套用拆安归位定额，若只是将石构件拆下，不需要归位的，则套用石构件拆除相应定额子目，无拆除子目的，则按拆安归位相应定额乘以系数 0.35。

十八、以机制石料加工的不同等级石构件人工费换算见下表。

以机制石料加工的不同等级石构件人工费换算表

定额中加工等级及人工费	设计加工等级				
	一步做糙	二步做糙	一遍剁斧	二遍剁斧	三遍剁斧
一步做糙、人工费 A 值	A	1.14A	0.89A	1.07A	1.29A
二步做糙、人工费 B 值	0.88B	B	0.78B	0.94B	1.13B
一遍剁斧、人工费 C 值	1.13C	1.28C	C	1.20C	1.45C
二遍剁斧、人工费 D 值	0.93D	1.06D	0.83D	D	1.20D

工程量计算规则

一、柱础及望柱、圆形柱按见方（最大见方面积）乘以厚（高）度以“m^3”计算。

二、石角梁按设计外接矩形尺寸以“m^3”计算。

三、踏道按水平投影面积计算。

四、副子（垂带）、礓礤均按长度乘以宽度以“m^2”计算，副子（垂带）侧面面积不计算，礓礤不展开计算。

五、叠涩座按水平投影最大面积乘以高度以“m^3”计算。

六、旧石构件见新按露明面以“m^2”计算，其中柱顶按水平投影面积计算，不扣除柱子所占面积；叠涩座（须弥座）按垂直投影面积乘以系数1.4计算；栏板、抱鼓石按双面投影面积计算；门鼓石、滚墩石等分三面或四面均以最大矩形面积计算。

七、挠洗见新、剁斧见新、单独磨光均按面积以“m^2”计算，其中柱顶按水平投影面积计算，不扣除柱子所占面积；叠涩座（须弥座）按垂直投影面积乘以系数1.4计算；栏板按双面垂直投影面积计算，不扣除孔洞所占面积；抱鼓石、门鼓石、滚墩石等均以最大矩形面积计算。

八、旧条石夹肋以单面按长度以“m”计算，若双面夹肋，工程量乘以系数2。

九、石构件不带雕饰按石材以“m^3”计算；若带雕饰，雕饰部分按相应石雕以“m^2”另行计算。

十、石兽头、石角梁、门砧石（门枕）、门限石、旧条石截头等分不同规格以“块（个、根、件）”计算。

十一、卷辇水窗按看面垂直投影面积乘以窗洞宽度以“m^3”计算。

十二、石脊（以高度为准）按长度以“m”计算。

十三、石钩阑面积按寻杖上皮至地栿上皮高乘以望柱内皮至望柱内皮长以“m^2”计算。

十四、土衬石、埋头石、阶条石、柱顶石、地栿石、角柱石、压砖板、腰线石、挑檐石、券脸石、券石等的制作、安装、拆除工程量均按构件长度、宽度、厚（高）度的乘积以“m^3”计算，不扣除石构件本身凹进的柱顶石卡口、镶（夹）杆石的夹柱槽等所占体积。其中转角处采用割角拼头缝的阶条石，其长度按长角面的长度为准乘以宽度、厚度以“m^3”计算；券脸石、券石长度按外弧长乘以宽度、厚度以“m^3”计算。

十五、陡板石、象眼石按其侧面垂直投影面积以“m^2”计算。

十六、踏跺石、地面石、石沟盖板等均按水平投影面积计算，不扣除套顶石、夹（镶）杆石所占面积。

十七、石排水沟槽按其中线长度计算。

第一节　石构件拆除

工作内容：拆卸并运至场内指定地点、分类码放、清理废弃物。

定额编号				1-1	1-2	1-3	1-4	1-5
项　目				土衬石、埋头石拆除	陡板石、象眼石拆除	压阑石（阶沿石）拆除	踏道石（踏步）、礓磋石拆除	柱础拆除
计量单位				m^3	m^2	m^3	m^2	m^3
基价（元）				**255.15**	**29.16**	**283.50**	**51.03**	**356.40**
其中	人工费（元）			255.15	29.16	283.50	51.03	356.40
	材料费（元）			—	—	—	—	—
	机械费（元）			—	—	—	—	—
名　称		单位	单价（元）	消　耗　量				
人工	二类人工	工日	135.00	1.890	0.216	2.100	0.378	2.640

工作内容：拆卸并运至场内指定地点、分类码放、清理废弃物。　　**计量单位：**m^3

定额编号				1-6	1-7	1-8
项　目				石须弥座拆除	地栿石拆除	石望柱拆除
基价（元）				**469.80**	**255.15**	**400.95**
其中	人工费（元）			469.80	255.15	400.95
	材料费（元）			—	—	—
	机械费（元）			—	—	—
名　称		单位	单价（元）	消　耗　量		
人工	二类人工	工日	135.00	3.480	1.890	2.970

工作内容：拆卸并运至场内指定地点、分类码放、清理废弃物。

计量单位：m^2

定额编号				1-9	1-10	1-11
项　目				栏板石、抱鼓石拆除（厚度）		
				12cm 以内	16cm 以内	16cm 以外
基价（元）				**48.60**	**56.70**	**68.85**
其中	人工费（元）			48.60	56.70	68.85
	材料费（元）			—	—	—
	机械费（元）			—	—	—
名　称		单位	单价（元）	消　耗　量		
人工	二类人工	工日	135.00	0.360	0.420	0.510

工作内容：必要支顶、拆卸并运至场内指定地点、分类码放、清理废弃物。

计量单位：m^3

定额编号				1-12	1-13
项　目				角柱石、压砖板（压面石）、腰线石拆除	挑檐石拆除
基价（元）				**283.50**	**340.20**
其中	人工费（元）			283.50	340.20
	材料费（元）			—	—
	机械费（元）			—	—
名　称		单位	单价（元）	消　耗　量	
人工	二类人工	工日	135.00	2.100	2.520

工作内容：必要支顶、拆卸并运至场内指定地点、分类码放、清理废弃物。　　计量单位：根

定额编号				1-14	1-15
项目				石角梁拆除（梁宽）	
				15cm 以内	20cm 以内
基价（元）				**77.76**	**129.60**
其中	人工费（元）			77.76	129.60
	材料费（元）			—	—
	机械费（元）			—	—
名称		单位	单价（元）	消耗量	
人工	二类人工	工日	135.00	0.576	0.960

工作内容：拆卸并运至场内指定地点、分类码放、清理废弃物。

定额编号				1-16	1-17	1-18	1-19
项目				券脸石拆除	券石拆除	槛垫石、过门石、分心石拆除	带下槛槛垫石拆除
计量单位				m^3		m^2	m^3
基价（元）				**567.00**	**526.50**	**48.60**	**156.60**
其中	人工费（元）			567.00	526.50	48.60	156.60
	材料费（元）			—	—	—	—
	机械费（元）			—	—	—	—
名称		单位	单价（元）	消耗量			
人工	二类人工	工日	135.00	4.200	3.900	0.360	1.160

工作内容：拆卸并运至场内指定地点、分类码放、清理废弃物。　　**计量单位：**块

定额编号				1-20	1-21	1-22	1-23
项　目				门枕石拆除（长度）		门鼓石拆除（长度）	
				80cm 以内	80cm 以外	80cm 以内	80cm 以外
基价（元）				**24.30**	**32.40**	**45.36**	**64.80**
其中	人工费（元）			24.30	32.40	45.36	64.80
	材料费（元）			—	—	—	—
	机械费（元）			—	—	—	—
名　称		单位	单价（元）	消　耗　量			
人工	二类人工	工日	135.00	0.180	0.240	0.336	0.480

工作内容：拆卸并运至场内指定地点、分类码放、清理废弃物。　　**计量单位：**块

定额编号				1-24	1-25	1-26
项　目				滚墩石拆除（长度）		
				120cm 以内	150cm 以内	180cm 以内
基价（元）				**77.76**	**110.16**	**149.04**
其中	人工费（元）			77.76	110.16	149.04
	材料费（元）			—	—	—
	机械费（元）			—	—	—
名　称		单位	单价（元）	消　耗　量		
人工	二类人工	工日	135.00	0.576	0.816	1.104

工作内容：拆卸并运至场内指定地点、分类码放、清理废弃物。　　计量单位：m^2

定额编号				1-27	1-28
项　目				路面石、地面石拆除（厚度）	
				13cm以内	每增2cm
基价（元）				**25.52**	**3.38**
其中	人工费（元）			25.52	3.38
	材料费（元）			—	—
	机械费（元）			—	—
名　称		单位	单价（元）	消　耗　量	
人工	二类人工	工日	135.00	0.189	0.025

工作内容：拆卸并运至场内指定地点、分类码放、清理废弃物。

定额编号				1-29	1-30
项　目				石沟盖板拆除	石排水沟槽拆除
计量单位				m^2	m
基价（元）				**24.30**	**28.35**
其中	人工费（元）			24.30	28.35
	材料费（元）			—	—
	机械费（元）			—	—
名　称		单位	单价（元）	消　耗　量	
人工	二类人工	工日	135.00	0.180	0.210

工作内容：拆卸并运至场内指定地点、分类码放、清理废弃物。 **计量单位：**块

定额编号				1-31	1-32	1-33	1-34
项　目				石沟嘴子拆除（宽度）		石沟门、石沟漏拆除（见方）	
				50cm 以内	50cm 以外	40cm 以内	40cm 以外
基价（元）				**81.00**	**113.40**	**6.08**	**7.43**
其中	人工费（元）			81.00	113.40	6.08	7.43
	材料费（元）			—	—	—	—
	机械费（元）			—	—	—	—
名　称		单位	单价（元）	消　耗　量			
人工	二类人工	工日	135.00	0.600	0.840	0.045	0.055

第二节　石 作 整 修

一、殿阁、厅堂、余屋类石构件

工作内容：将石构件拆下、修整并缝、接头缝、下穿钉、打铁箍等，露明面修整，清理基层，重新安装；拆卸石构件，运至指定地点编码堆放。 **计量单位：**m^3

定额编号				1-35	1-36	1-37	1-38	1-39
项　目				拆安归位				
				土衬	间柱	角柱	角石	压阑石（阶沿石）
基价（元）				**1 062.23**	**1 087.56**	**1 380.51**	**1 213.11**	**1 250.31**
其中	人工费（元）			1 004.40	1 046.25	1 339.20	1 171.80	1 209.00
	材料费（元）			57.83	41.31	41.31	41.31	41.31
	机械费（元）			—	—	—	—	—
名　称		单位	单价（元）	消　耗　量				
人工	三类人工	工日	155.00	6.480	6.750	8.640	7.560	7.800
材料	麻刀油灰	m^3	1 350.00	0.042	0.030	0.030	0.030	0.030
	其他材料费	元	1.00	1.13	0.81	0.81	0.81	0.81

工作内容：必要支顶、拆卸或原位撬起、翻身、露明面挠洗、重新扁光或剁斧见新、修整并缝或截头重做接头缝、清理基层、调制灰浆、重新安装、场内运输及清理废弃物。

定额编号				1-40	1-41	1-42	1-43
项　目				拆安归位			
				陡板石、象眼石（厚度）10cm 以内	陡板石、象眼石（厚度）每增 2cm	压砖板（压面石）、腰线石	地栿石
计量单位				m^2		m^3	
基价（元）				**135.12**	**4.19**	**1 245.50**	**1 178.42**
其中	人工费（元）			122.76	4.19	1 238.76	1 155.06
	材料费（元）			12.36	—	6.74	23.36
	机械费（元）			—	—	—	—
名　称		单位	单价（元）	消　耗　量			
人工	三类人工	工日	155.00	0.792	0.027	7.992	7.452
材料	素白灰浆	m^3	220.36	0.050	—	0.030	0.068
	铅板	kg	22.00	0.050	—	—	0.360
	其他材料费	元	1.00	0.24	—	0.13	0.46

工作内容：将石构件拆下、修整并缝、接头缝、下穿钉、打铁箍等，露明面修整，清理基层，重新安装；拆卸石构件运至指定地点编码堆放。

计量单位：m^2

定额编号				1-44	1-45	1-46	1-47
项　目				拆安归位			
				副子（垂带）	踏道石（踏步）	路面石、地面石（厚度）	
						13cm 以内	每增 2cm
基价（元）				**206.54**	**204.68**	**134.54**	**4.34**
其中	人工费（元）			195.30	193.44	125.55	4.34
	材料费（元）			11.24	11.24	8.99	—
	机械费（元）			—	—	—	—
名　称		单位	单价（元）	消　耗　量			
人工	三类人工	工日	155.00	1.260	1.248	0.810	0.028
材料	素白灰浆	m^3	220.36	0.050	0.050	0.040	—
	其他材料费	元	1.00	0.22	0.22	0.18	—

工作内容: 将石构件拆下、修整并缝、接头缝、下穿钉、打铁箍等,露明面修整,清理基层,重新安装;拆卸石构件,运至指定地点编码堆放。

定额编号				1-48	1-49	1-50
项目				拆安归位		
				门砧石(门枕石)	槛垫石、过门石、分心石	带下槛槛垫石
计量单位				块	m^2	m^3
基价(元)				**148.49**	**185.30**	**406.49**
其中	人工费(元)			139.50	178.56	399.75
	材料费(元)			8.99	6.74	6.74
	机械费(元)			—	—	—
名称		单位	单价(元)	消耗量		
人工	三类人工	工日	155.00	0.900	1.152	2.579
材料	素白灰浆	m^3	220.36	0.040	0.030	0.030
	其他材料费	元	1.00	0.18	0.13	0.13

工作内容: 将石构件拆下、修整并缝、接头缝、下穿钉、打铁箍等,露明面修整,清理基层重新安装;石构件拆下包括必要的支顶,搭拆、挪移小型起重架,拆卸石构件运至指定地点编码堆放,带雕刻的构件包括包裹保护。

计量单位: m^3

定额编号				1-51	1-52	1-53	1-54
项目				拆安归位			
				石榥(柱础)(径)			
				40cm以内	55cm以内	70cm以内	70cm以外
基价(元)				**1 389.81**	**1 227.06**	**1 088.43**	**913.79**
其中	人工费(元)			1 348.50	1 185.75	1 054.00	883.50
	材料费(元)			41.31	41.31	34.43	30.29
	机械费(元)			—	—	—	—
名称		单位	单价(元)	消耗量			
人工	三类人工	工日	155.00	8.700	7.650	6.800	5.700
材料	麻刀油灰	m^3	1 350.00	0.030	0.030	0.025	0.022
	其他材料费	元	1.00	0.81	0.81	0.68	0.59

工作内容：将石构件拆下、修整并缝、接头缝、下穿钉、打铁箍等，露明面修整，清理基层重新安装；石构件拆下包括必要的支顶，搭拆、挪移小型起重架，拆卸石构件运至指定地点编码堆放，带雕刻的构件包括包裹保护。

计量单位：m³

定额编号				1-55	1-56	1-57
项　目				拆安归位		
				柱础（见方）		
				50cm 以内	80cm 以内	80cm 以外
基价（元）				**1 459.41**	**1 369.74**	**1 300.45**
其中	人工费（元）			1 371.75	1 311.30	1 255.50
	材料费（元）			87.66	58.44	44.95
	机械费（元）			—	—	—
名　称		单位	单价（元）	消　耗　量		
人工	三类人工	工日	155.00	8.850	8.460	8.100
材料	素白灰浆	m³	220.36	0.390	0.260	0.200
	其他材料费	元	1.00	1.72	1.15	0.88

工作内容：将石构件拆下、修整并缝、接头缝、下穿钉、打铁箍等，露明面修整，清理基层重新安装；石构件拆下包括必要的搭拆、挪移小型起重架，拆卸石构件运至指定地点编码堆放，带雕刻的构件包括包裹保护。

计量单位：m

定额编号				1-58	1-59
项　目				拆安归位	
				石脊（高度）	
				20cm 以内	20cm 以外
基价（元）				**66.13**	**97.13**
其中	人工费（元）			62.00	93.00
	材料费（元）			4.13	4.13
	机械费（元）			—	—
名　称		单位	单价（元）	消　耗　量	
人工	三类人工	工日	155.00	0.400	0.600
材料	麻刀油灰	m³	1 350.00	0.003	0.003
	其他材料费	元	1.00	0.08	0.08

工作内容: 将石构件拆下、修整并缝、接头缝、下穿钉、打铁箍等,露明面修整,清理基层重新安装;石构件拆下包括必要的支顶,搭拆、挪移小型起重架,拆卸石构件运至指定地点编码堆放,带雕刻的构件包括包裹保护。

计量单位: m^3

定额编号					1-60	1-61	1-62	1-63	1-64	1-65
项目					拆安归位					
					石方形柱(柱高4m以内)					
					边长					
					25cm以内	40cm以内	50cm以内	60cm以内	70cm以内	70cm以外
基价(元)					**2 369.32**	**2 318.97**	**1 842.46**	**1 740.26**	**1 686.56**	**2 003.07**
其中	人工费(元)				1 294.56	1 213.65	1 102.05	971.85	920.70	860.25
	材料费(元)				1 074.76	1 105.32	740.41	768.41	765.86	1 142.82
	机械费(元)				—	—	—	—	—	—
名称			单位	单价(元)	消耗量					
人工	三类人工		工日	155.00	8.352	7.830	7.110	6.270	5.940	5.550
材料	锯成材		m^3	2 400.00	0.040	0.040	0.040	0.040	0.040	0.040
	杉槁3m以下		根	36.00	24.000	7.120	5.550	3.000	3.000	—
	杉槁4~7m		根	65.00	—	10.140	5.550	4.000	4.000	8.000
	杉槁7~10m		根	110.00	—	—	—	2.000	2.000	4.000
	镀锌铁丝 综合		kg	5.40	5.400	2.250	1.800	1.800	1.350	0.900
	扎绑绳		kg	3.45	1.920	0.630	0.500	0.500	0.480	0.480
	大麻绳		kg	14.50	1.200	1.200	1.200	1.200	1.200	1.200
	麻刀油灰		m^3	1 350.00	0.030	0.030	0.030	0.030	0.030	0.030
	其他材料费		元	1.00	21.07	21.67	14.52	15.07	15.02	22.41

工作内容：将石构件拆下、修整并缝、接头缝、下穿钉、打铁箍等，露明面修整，清理基层重新安装；石构件拆下包括必要的支顶，搭拆、挪移小型起重架，拆卸石构件运至指定地点编码堆放，带雕刻的构件包括包裹保护。

计量单位：m^3

定额编号				1-66	1-67	1-68	1-69	1-70	1-71
项目				拆安归位					
				石方形柱（柱高4～7m）					
				边长					
				25cm以内	40cm以内	50cm以内	60cm以内	70cm以内	70cm以外
基价（元）				3 180.70	2 197.27	2 275.95	2 129.86	2 075.92	2 019.50
其中	人工费（元）			1 376.40	1 230.08	1 116.62	984.56	933.10	876.68
	材料费（元）			1 804.30	967.19	1 159.33	1 145.30	1 142.82	1 142.82
	机械费（元）			—	—	—	—	—	—
名称		单位	单价（元）	消耗量					
人工	三类人工	工日	155.00	8.880	7.936	7.204	6.352	6.020	5.656
材料	锯成材	m^3	2 400.00	0.040	0.040	0.040	0.040	0.040	0.040
	杉槁 4～7m	根	65.00	24.000	12.000	5.550	8.000	8.000	8.000
	杉槁 7～10m	根	110.00	—	—	5.550	4.000	4.000	4.000
	镀锌铁丝 综合	kg	5.40	5.400	2.250	1.800	1.350	0.900	0.900
	扎绑绳	kg	3.45	3.460	0.630	0.500	0.480	0.480	0.480
	大麻绳	kg	14.50	2.160	1.200	1.200	1.200	1.200	1.200
	麻刀油灰	m^3	1 350.00	0.030	0.030	0.030	0.030	0.030	0.030
	其他材料费	元	1.00	35.38	18.96	22.73	22.46	22.41	22.41

工作内容：将石构件拆下、修整并缝、接头缝、下穿钉、打铁箍等，露明面修整，清理基层重新安装；石构件拆下包括必要的支顶，搭拆、挪移小型起重架，拆卸石构件运至指定地点编码堆放，带雕刻的构件包括包裹保护。

计量单位：m^3

定额编号				1-72	1-73	1-74	1-75	1-76	1-77
项目				拆安归位					
				石方形柱（柱高 7m 以外）					
				边长					
				25cm 以内	40cm 以内	50cm 以内	60cm 以内	70cm 以内	70cm 以外
基价（元）				**4 081.18**	**3 075.91**	**3 216.13**	**2 365.54**	**2 308.50**	**2 248.98**
其中	人工费（元）			1 726.08	1 294.56	1 175.52	1 036.64	982.08	922.56
	材料费（元）			2 355.10	1 781.35	2 040.61	1 328.90	1 326.42	1 326.42
	机械费（元）			—	—	—	—	—	—
名称		单位	单价（元）	消耗量					
人工	三类人工	工日	155.00	11.136	8.352	7.584	6.688	6.336	5.952
材料	锯成材	m^3	2 400.00	0.040	0.040	0.400	0.040	0.040	0.040
	杉槁 4 ~ 7m	根	65.00	12.000	7.120	5.550	4.000	4.000	4.000
	杉槁 7 ~ 10m	根	110.00	12.000	10.140	5.550	8.000	8.000	8.000
	镀锌铁丝 综合	kg	5.40	5.400	2.250	1.800	1.350	0.900	0.900
	扎绑绳	kg	3.45	3.460	0.630	0.500	0.480	0.480	0.480
	大麻绳	kg	14.50	2.160	1.200	1.200	1.200	1.200	1.200
	麻刀油灰	m^3	1 350.00	0.030	0.030	0.030	0.030	0.030	0.030
	其他材料费	元	1.00	46.18	34.93	40.01	26.06	26.01	26.01

工作内容：将石构件拆下、修整并缝、接头缝、下穿钉、打铁箍等，露明面修整，清理基层重新安装；石构件拆下包括必要的支顶，搭拆、挪移小型起重架，拆卸石构件运至指定地点编码堆放，带雕刻的构件包括包裹保护。

计量单位：m^3

定额编号				1-78	1-79	1-80	1-81	1-82	1-83
项目				拆安归位					
				石圆形柱（柱高4m以内）					
				柱径					
				25cm以内	40cm以内	50cm以内	60cm以内	70cm以内	70cm以外
基价（元）				**2 469.76**	**2 384.07**	**1 919.96**	**1 817.76**	**1 742.36**	**2 061.97**
其中	人工费（元）			1 395.00	1 278.75	1 179.55	1 049.35	976.50	919.15
	材料费（元）			1 074.76	1 105.32	740.41	768.41	765.86	1 142.82
	机械费（元）			—	—	—	—	—	—
名称		单位	单价（元）	消耗量					
人工	三类人工	工日	155.00	9.000	8.250	7.610	6.770	6.300	5.930
材料	锯成材	m^3	2 400.00	0.040	0.040	0.040	0.040	0.040	0.040
	杉槁3m以下	根	36.00	24.000	7.120	5.550	3.000	3.000	—
	杉槁4～7m	根	65.00	—	10.140	5.550	4.000	4.000	8.000
	杉槁7～10m	根	110.00	—	—	—	2.000	2.000	4.000
	镀锌铁丝 综合	kg	5.40	5.400	2.250	1.800	1.800	1.350	0.900
	扎绑绳	kg	3.45	1.920	0.630	0.500	0.500	0.480	0.480
	大麻绳	kg	14.50	1.200	1.200	1.200	1.200	1.200	1.200
	麻刀油灰	m^3	1 350.00	0.030	0.030	0.030	0.030	0.030	0.030
	其他材料费	元	1.00	21.07	21.67	14.52	15.07	15.02	22.41

工作内容:将石构件拆下、修整并缝、接头缝、下穿钉、打铁箍等,露明面修整,清理基层重新安装;石构件拆下包括必要的支顶,搭拆、挪移小型起重架,拆卸石构件运至指定地点编码堆放,带雕刻的构件包括包裹保护。

计量单位:m^3

定额编号				1-84	1-85	1-86	1-87	1-88	1-89
项目				拆安归位					
				石圆形柱(柱高 4~7m)					
				柱径					
				25cm以内	40cm以内	50cm以内	60cm以内	70cm以内	70cm以外
基价(元)				**3 296.18**	**2 281.59**	**2 344.45**	**2 174.50**	**2 122.42**	**2 079.02**
其中	人工费(元)			1 491.88	1 314.40	1 196.60	1 029.20	979.60	936.20
	材料费(元)			1 804.30	967.19	1 147.85	1 145.30	1 142.82	1 142.82
	机械费(元)			—	—	—	—	—	—
名称		单位	单价(元)	消耗量					
人工	三类人工	工日	155.00	9.625	8.480	7.720	6.640	6.320	6.040
材料	锯成材	m^3	2 400.00	0.040	0.040	0.040	0.040	0.040	0.040
	杉槁 4~7m	根	65.00	24.000	12.000	8.000	8.000	8.000	8.000
	杉槁 7~10m	根	110.00	—	—	4.000	4.000	4.000	4.000
	镀锌铁丝 综合	kg	5.40	5.400	2.250	1.800	1.350	0.900	0.900
	扎绑绳	kg	3.45	3.460	0.630	0.500	0.480	0.480	0.480
	大麻绳	kg	14.50	2.160	1.200	1.200	1.200	1.200	1.200
	麻刀油灰	m^3	1 350.00	0.030	0.030	0.030	0.030	0.030	0.030
	其他材料费	元	1.00	35.38	18.96	22.51	22.46	22.41	22.41

工作内容：将石构件拆下、修整并缝、接头缝、下穿钉、打铁箍等，露明面修整，清理基层重新安装；石构件拆下包括必要的支顶，搭拆、挪移小型起重架，拆卸石构件运至指定地点编码堆放，带雕刻的构件包括包裹保护。

计量单位：m^3

定额编号				1-90	1-91	1-92	1-93	1-94	1-95
项　目				拆安归位					
				石圆形柱（柱高7m以外）					
				柱径					
				25cm以内	40cm以内	50cm以内	60cm以内	70cm以内	70cm以外
基价（元）				**4 129.85**	**3 185.03**	**3 447.77**	**2 439.94**	**2 353.14**	**2 303.54**
其中	人工费（元）			1 774.75	1 403.68	1 235.04	1 111.04	1 026.72	977.12
	材料费（元）			2 355.10	1 781.35	2 212.73	1 328.90	1 326.42	1 326.42
	机械费（元）			—	—	—	—	—	—
名　称		单位	单价（元）	消　耗　量					
人工	三类人工	工日	155.00	11.450	9.056	7.968	7.168	6.624	6.304
材料	锯成材	m^3	2 400.00	0.040	0.040	0.400	0.040	0.040	0.040
	杉槁 4～7m	根	65.00	12.000	7.120	4.000	4.000	4.000	4.000
	杉槁 7～10m	根	110.00	12.000	10.140	8.000	8.000	8.000	8.000
	镀锌铁丝 综合	kg	5.40	5.400	2.250	1.800	1.350	0.900	0.900
	扎绑绳	kg	3.45	3.460	0.630	0.500	0.480	0.480	0.480
	大麻绳	kg	14.50	2.160	1.200	1.200	1.200	1.200	1.200
	麻刀油灰	m^3	1 350.00	0.030	0.030	0.030	0.030	0.030	0.030
	其他材料费	元	1.00	46.18	34.93	43.39	26.06	26.01	26.01

工作内容: 将石构件拆下、按照构件损坏形状套样、制作构件、并缝、对缝、打眼、锚钉、粘接、打磨随形等,露明面修整,清理基层重新安装;石构件拆下包括必要的支顶,搭拆、挪移小型起重架,拆卸石构件运至指定地点编码堆放,带雕刻的构件包括包裹保护。

计量单位: m^3

定额编号				1-96	1-97
项　目				拆安归位	
				石角梁	
				梁高	
				15cm 以内	20cm 以内
基价(元)				**2 273.76**	**2 115.74**
其中	人工费(元)			1 785.60	1 607.04
	材料费(元)			488.16	508.70
	机械费(元)			—	—
名　称		单位	单价(元)	消　耗　量	
人工	三类人工	工日	155.00	11.520	10.368
材料	麻刀油灰	m^3	1 350.00	0.150	0.185
	杉槁 3m 以下	根	36.00	1.570	1.410
	杉槁 4～7m	根	65.00	3.140	2.820
	扎绑绳	kg	3.45	1.120	0.960
	大麻绳	kg	14.50	0.800	0.800
	其他材料费	元	1.00	9.57	9.97

二、其　　他

工作内容：将石构件拆下、修整并缝、接头缝、下穿钉、打铁箍等，露明面修整，清理基层，重新安装；拆卸石构件运至指定地点编码堆放，带雕刻的构件包括包裹保护。

计量单位：m^3

定额编号				1-98	1-99	1-100	1-101	1-102	1-103
项　目				拆安归位					
				剜凿流盃渠	叠造流盃渠	项子石	水斗子	渠道石	卷輂水窗
基价（元）				**2 040.12**	**1 778.97**	**1 629.99**	**1 727.64**	**1 988.04**	**3 732.80**
其中	人工费（元）			1 874.88	1 627.50	1 464.75	1 562.40	1 822.80	3 526.25
	材料费（元）			165.24	151.47	165.24	165.24	165.24	206.55
	机械费（元）			—	—	—	—	—	—
名　称		单位	单价（元）	消　耗　量					
人工	三类人工	工日	155.00	12.096	10.500	9.450	10.080	11.760	22.750
材料	麻刀油灰	m^3	1 350.00	0.120	0.110	0.120	0.120	0.120	0.150
	其他材料费	元	1.00	3.24	2.97	3.24	3.24	3.24	4.05

工作内容：将石构件拆下、修整并缝、接头缝、下穿钉、打铁箍等，露明面修整，清理基层，重新安装；拆卸石构件，运至指定地点编码堆放，带雕刻的构件包括包裹保护。

计量单位：m^3

定额编号				1-104	1-105	1-106	1-107
项　目				拆安归位			
				笏头碣（高度）			
				180cm 以内	245cm 以内	310cm 以内	310cm 以外
基价（元）				**2 535.56**	**2 447.72**	**2 354.82**	**2 253.20**
其中	人工费（元）			1 953.00	1 844.50	1 736.00	1 627.50
	材料费（元）			582.56	603.22	618.82	625.70
	机械费（元）			—	—	—	—
名　称		单位	单价（元）	消　耗　量			
人工	三类人工	工日	155.00	12.600	11.900	11.200	10.500
材料	麻刀油灰	m^3	1 350.00	0.155	0.170	0.180	0.185
	锯成材	m^3	2 400.00	0.020	0.020	0.020	0.020
	杉槁 3m 以下	根	36.00	8.000	8.000	8.000	8.000
	扎绑绳	kg	3.45	1.200	1.200	1.300	1.300
	大麻绳	kg	14.50	1.500	1.500	1.600	1.600
	其他材料费	元	1.00	11.42	11.83	12.13	12.27

工作内容: 将石构件拆下、修整并缝、接头缝、下穿钉、打铁箍等,露明面修整,清理基层,重新安装;拆卸石构件,运至指定地点编码堆放,带雕刻的构件包括包裹保护。

计量单位: m³

定额编号				1-108	1-109	1-110
项目				拆安归位		
				绞龙碑(高度)		
				320cm 以内	480cm 以内	640cm 以内
基价(元)				**3 737.14**	**3 628.64**	**3 536.48**
其中	人工费(元)			3 038.00	2 929.50	2 821.00
	材料费(元)			699.14	699.14	715.48
	机械费(元)			—	—	—
名称		单位	单价(元)	消耗量		
人工	三类人工	工日	155.00	19.600	18.900	18.200
材料	麻刀油灰	m³	1 350.00	0.185	0.185	0.195
	锯成材	m³	2 400.00	0.020	0.020	0.020
	杉槁 3m 以下	根	36.00	10.000	10.000	10.000
	扎绑绳	kg	3.45	1.300	1.300	1.400
	大麻绳	kg	14.50	1.600	1.600	1.750
	其他材料费	元	1.00	13.71	13.71	14.03

工作内容: 将石构件拆下、修整并缝、接头缝、下穿钉、打铁箍等,露明面修整,清理基层,重新安装;拆卸石构件,运至指定地点编码堆放,带雕刻的构件包括包裹保护。

计量单位: m³

定额编号				1-111	1-112	1-113	1-114	1-115
项目				拆安归位				
				叠涩石	仰莲、合莲	壶门柱	壶门板、束腰	独立叠涩座
基价(元)				**1 733.91**	**1 994.31**	**1 877.88**	**1 747.68**	**1 942.23**
其中	人工费(元)			1 692.60	1 953.00	1 822.80	1 692.60	1 900.92
	材料费(元)			41.31	41.31	55.08	55.08	41.31
	机械费(元)			—	—	—	—	—
名称		单位	单价(元)	消耗量				
人工	三类人工	工日	155.00	10.920	12.600	11.760	10.920	12.264
材料	麻刀油灰	m³	1 350.00	0.030	0.030	0.040	0.040	0.030
	其他材料费	元	1.00	0.81	0.81	1.08	1.08	0.81

工作内容：拆卸或原位撬起、翻身、露明面挠洗、重新扁光或剁斧见新、修整并缝或截头重做接头缝、清理基层、调制灰浆、重新安装及清理废弃物。

定额编号				1-116	1-117	1-118	1-119	1-120
项　目				拆安归位　石望柱（柱径）			拆安归位单钩阑（栏板、抱鼓）	拆安归位重台钩阑（栏板、抱鼓）
				15cm以内	20cm以内	20cm以外		
计量单位				m^3			m^2	
基价（元）				**1 454.20**	**1 536.97**	**1 339.58**	**324.60**	**375.75**
其中	人工费（元）			1 445.22	1 527.99	1 330.83	255.75	306.90
	材料费（元）			8.98	8.98	8.75	68.85	68.85
	机械费（元）			—	—	—	—	—
名　称		单位	单价（元）	消　耗　量				
人工	三类人工	工日	155.00	9.324	9.858	8.586	1.650	1.980
材料	素白灰浆	m^3	220.36	0.004	0.004	0.003	—	—
	麻刀油灰	m^3	1 350.00	—	—	—	0.050	0.050
	铅板	kg	22.00	0.360	0.360	0.360	—	—
	其他材料费	元	1.00	0.18	0.18	0.17	1.35	1.35

工作内容：石构件挠洗包括挠净污渍、洗净污痕、磨光。　　**计量单位：**m^2

定额编号				1-121	1-122	1-123	1-124
项　目				剁斧见新	挠洗见新		单独磨光
					素面	雕刻面	
基价（元）				**267.84**	**119.04**	**208.32**	**163.68**
其中	人工费（元）			267.84	119.04	208.32	163.68
	材料费（元）			—	—	—	—
	机械费（元）			—	—	—	—
名　称		单位	单价（元）	消　耗　量			
人工	三类人工	工日	155.00	1.728	0.768	1.344	1.056

工作内容:石构件安扒锔和安银锭均包括剔凿卯眼、灌注胶粘剂、安装铁锔或银锭稍。

定额编号				1-125	1-126	1-127	1-128
项　目				旧条石截头	旧条石夹肋	下扒锔	下银锭
计量单位				块	m	个	
基价(元)				**59.52**	**119.04**	**55.10**	**174.08**
其中	人工费(元)			59.52	119.04	37.20	44.64
	材料费(元)			—	—	17.90	129.44
	机械费(元)			—	—	—	—
名　称		单位	单价(元)	消　耗　量			
人工	三类人工	工日	155.00	0.384	0.768	0.240	0.288
材料	麻刀油灰	m^3	1 350.00	—	—	0.013	0.094
	其他材料费	元	1.00	—	—	0.35	2.54

工作内容:拆卸或原位撬起、翻身、露明面挠洗、重新扁光或剁斧见新、修整并缝或截头重做接头缝、清理基层、调制灰浆、重新安装及清理废弃物。

计量单位:m^2

定额编号				1-129	1-130
项　目				拆安归位	
				石沟盖板(厚度)	
				15cm 以内	每增 2cm
基价(元)				**81.23**	**2.64**
其中	人工费(元)			76.73	2.64
	材料费(元)			4.50	—
	机械费(元)			—	—
名　称		单位	单价(元)	消　耗　量	
人工	三类人工	工日	155.00	0.495	0.017
材料	素白灰浆	m^3	220.36	0.020	—
	其他材料费	元	1.00	0.09	—

第三节 石构件制作

一、殿阁、厅堂、余屋类构件

工作内容：选料、画线、露明面二遍剁斧，做接头缝和并缝。 计量单位：m^3

定额编号				1-131	1-132	1-133	1-134	1-135	1-136
项目				土衬（厚度）			叠涩石（厚度）		
				15cm以内	20cm以内	20cm以外	15cm以内	20cm以内	20cm以外
基价（元）				**3 685.92**	**3 407.85**	**3 270.21**	**4 096.05**	**3 706.38**	**3 514.18**
其中	人工费（元）			1 025.48	747.41	609.77	1 435.61	1 045.94	853.74
	材料费（元）			2 660.44	2 660.44	2 660.44	2 660.44	2 660.44	2 660.44
	机械费（元）			—	—	—	—	—	—
名称		单位	单价（元）	消耗量					
人工	三类人工	工日	155.00	6.616	4.822	3.934	9.262	6.748	5.508
材料	青白石	m^3	2 400.00	1.103	1.103	1.103	1.103	1.103	1.103
	其他材料费	元	1.00	13.24	13.24	13.24	13.24	13.24	13.24

工作内容：选料、画线、露明面二遍剁斧，做接头缝和并缝。

定额编号				1-137	1-138	1-139	1-140
项目				路面石、地面石制作（厚度）		压砖板（压面石）、腰线石制作	挑檐石制作
				13cm 以内	每增 2cm		
计量单位				m^2		m^3	
基价（元）				**465.51**	**63.34**	**4 564.77**	**5 372.32**
其中	人工费（元）			120.59	10.54	1 904.33	2 711.88
	材料费（元）			344.92	52.80	2 660.44	2 660.44
	机械费（元）			—	—	—	—
名称		单位	单价（元）	消耗量			
人工	三类人工	工日	155.00	0.778	0.068	12.286	17.496
材料	青白石	m^3	2 400.00	0.143	0.022	1.103	1.103
	其他材料费	元	1.00	1.72	—	13.24	13.24

工作内容:选料、画线、露明面二遍剁斧,做接头缝和并缝。 **计量单位**:m^3

定额编号				1-141	1-142	1-143
项目				压阑石(阶沿石)(厚度)		角柱石
				20cm以内	20cm以外	
基价(元)				**4 194.27**	**4 013.38**	**4 441.65**
其中	人工费(元)			1 090.43	909.54	1 337.81
	材料费(元)			3 103.84	3 103.84	3 103.84
	机械费(元)			—	—	—
名称		单位	单价(元)	消耗量		
人工	三类人工	工日	155.00	7.035	5.868	8.631
材料	青白石(单体0.25m^3以内)	m^3	2 800.00	1.103	1.103	1.103
	其他材料费	元	1.00	15.44	15.44	15.44

工作内容:选料、画线、露明面二步做糙,做接头缝和并缝。 **计量单位**:m^2

定额编号				1-144	1-145
项目				陡板石制作(厚度)	
				10cm以内	每增2cm
基价(元)				**378.32**	**60.97**
其中	人工费(元)			113.00	7.91
	材料费(元)			265.32	53.06
	机械费(元)			—	—
名称		单位	单价(元)	消耗量	
人工	三类人工	工日	155.00	0.729	0.051
材料	青白石	m^3	2 400.00	0.110	0.022
	其他材料费	元	1.00	1.32	0.26

工作内容：选料、画线、剔凿成型，露明面二遍剁斧，做接头缝和并缝。

定额编号				1-146	1-147	1-148
项　目				地袱石制作	象眼石制作（厚度）	
					10cm 以内	每增 2cm
计量单位				m^3	m^2	
基价（元）				**5 010.71**	**390.72**	**60.97**
其中	人工费（元）			2 350.27	125.40	7.91
	材料费（元）			2 660.44	265.32	53.06
	机械费（元）			—	—	—
名　称		单位	单价（元）	消　耗　量		
人工	三类人工	工日	155.00	15.163	0.809	0.051
材料	青白石	m^3	2 400.00	1.103	0.110	0.022
	其他材料费	元	1.00	13.24	1.32	0.26

工作内容：选料、画线、剔凿成型、露明面二步做糙，做接头缝和并缝。　　计量单位：m^3

定额编号				1-149	1-150	1-151	1-152	1-153	1-154
项　目				不带雕饰石方形柱（柱高 4m 以内）					
				柱径					
				25cm 以内	40cm 以内	50cm 以内	60cm 以内	70cm 以内	70cm 以外
基价（元）				**4 315.84**	**3 829.30**	**3 432.50**	**3 315.78**	**3 226.19**	**3 156.44**
其中	人工费（元）			1 655.40	1 168.86	772.06	655.34	565.75	496.00
	材料费（元）			2 660.44	2 660.44	2 660.44	2 660.44	2 660.44	2 660.44
	机械费（元）			—	—	—	—	—	—
名　称		单位	单价（元）	消　耗　量					
人工	三类人工	工日	155.00	10.680	7.541	4.981	4.228	3.650	3.200
材料	青白石	m^3	2 400.00	1.103	1.103	1.103	1.103	1.103	1.103
	其他材料费	元	1.00	13.24	13.24	13.24	13.24	13.24	13.24

工作内容:选料、画线、剔凿成型、露明面二步做糙,做接头缝和并缝。 **计量单位**:m^3

定额编号				1-155	1-156	1-157	1-158	1-159	1-160
项目				不带雕饰石方形柱(柱高 4~7m)					
				柱径					
				25cm以内	40cm以内	50cm以内	60cm以内	70cm以内	70cm以外
基价(元)				**4 184.25**	**3 739.24**	**3 373.13**	**3 264.94**	**3 179.69**	**3 125.44**
其中	人工费(元)			1 523.81	1 078.80	712.69	604.50	519.25	465.00
	材料费(元)			2 660.44	2 660.44	2 660.44	2 660.44	2 660.44	2 660.44
	机械费(元)			—	—	—	—	—	—
名称		单位	单价(元)	消耗量					
人工	三类人工	工日	155.00	9.831	6.960	4.598	3.900	3.350	3.000
材料	青白石	m^3	2 400.00	1.103	1.103	1.103	1.103	1.103	1.103
	其他材料费	元	1.00	13.24	13.24	13.24	13.24	13.24	13.24

工作内容:选料、画线、剔凿成型、露明面二步做糙,做接头缝和并缝。 **计量单位**:m^3

定额编号				1-161	1-162	1-163	1-164	1-165	1-166
项目				不带雕饰石方形柱(柱高 7m 以外)					
				柱径					
				25cm以内	40cm以内	50cm以内	60cm以内	70cm以内	70cm以外
基价(元)				**4 061.49**	**3 649.34**	**3 313.77**	**3 214.88**	**3 133.19**	**3 099.09**
其中	人工费(元)			1 401.05	988.90	653.33	554.44	472.75	438.65
	材料费(元)			2 660.44	2 660.44	2 660.44	2 660.44	2 660.44	2 660.44
	机械费(元)			—	—	—	—	—	—
名称		单位	单价(元)	消耗量					
人工	三类人工	工日	155.00	9.039	6.380	4.215	3.577	3.050	2.830
材料	青白石	m^3	2 400.00	1.103	1.103	1.103	1.103	1.103	1.103
	其他材料费	元	1.00	13.24	13.24	13.24	13.24	13.24	13.24

工作内容：选料、画线、剔凿成型、露明面二步做糙，做接头缝和并缝。 **计量单位：**m^3

定额编号				1-167	1-168	1-169	1-170	1-171	1-172
项目				不带雕饰石圆形柱（柱高4m以内）					
				柱径					
				25cm以内	40cm以内	50cm以内	60cm以内	70cm以内	70cm以外
基价（元）				**4 443.56**	**3 919.35**	**3 492.02**	**3 366.16**	**3 299.04**	**3 249.44**
其中	人工费（元）			1 783.12	1 258.91	831.58	705.72	638.60	589.00
	材料费（元）			2 660.44	2 660.44	2 660.44	2 660.44	2 660.44	2 660.44
	机械费（元）			—	—	—	—	—	—
名称		单位	单价（元）	消耗量					
人工	三类人工	工日	155.00	11.504	8.122	5.365	4.553	4.120	3.800
材料	青白石	m^3	2 400.00	1.103	1.103	1.103	1.103	1.103	1.103
	其他材料费	元	1.00	13.24	13.24	13.24	13.24	13.24	13.24

工作内容：选料、画线、剔凿成型、露明面二步做糙，做接头缝和并缝。 **计量单位：**m^3

定额编号				1-173	1-174	1-175	1-176	1-177	1-178
项目				不带雕饰石圆形柱（柱高4～7m）					
				柱径					
				25cm以内	40cm以内	50cm以内	60cm以内	70cm以内	70cm以外
基价（元）				**4 317.39**	**3 829.30**	**3 432.65**	**3 315.78**	**3 238.59**	**3 179.69**
其中	人工费（元）			1 656.95	1 168.86	772.21	655.34	578.15	519.25
	材料费（元）			2 660.44	2 660.44	2 660.44	2 660.44	2 660.44	2 660.44
	机械费（元）			—	—	—	—	—	—
名称		单位	单价（元）	消耗量					
人工	三类人工	工日	155.00	10.690	7.541	4.982	4.228	3.730	3.350
材料	青白石	m^3	2 400.00	1.103	1.103	1.103	1.103	1.103	1.103
	其他材料费	元	1.00	13.24	13.24	13.24	13.24	13.24	13.24

工作内容:选料、画线、剔凿成型、露明面二步做糙,做接头缝和并缝。 计量单位:m³

定额编号				1-179	1-180	1-181	1-182	1-183	1-184
项目				不带雕饰石圆形柱(柱高7m以外)					
				柱径					
				25cm以内	40cm以内	50cm以内	60cm以内	70cm以内	70cm以外
基价(元)				**4 188.74**	**3 739.24**	**3 373.13**	**3 265.25**	**3 207.59**	**3 144.04**
其中	人工费(元)			1 528.30	1 078.80	712.69	604.81	547.15	483.60
	材料费(元)			2 660.44	2 660.44	2 660.44	2 660.44	2 660.44	2 660.44
	机械费(元)			—	—	—	—	—	—
名称		单位	单价(元)	消耗量					
人工	三类人工	工日	155.00	9.860	6.960	4.598	3.902	3.530	3.120
材料	青白石	m³	2 400.00	1.103	1.103	1.103	1.103	1.103	1.103
	其他材料费	元	1.00	13.24	13.24	13.24	13.24	13.24	13.24

工作内容:选料、画线、剔凿成型、露明面二遍剁斧,做接头缝和并缝。 计量单位:m³

定额编号				1-185	1-186	1-187	1-188
项目				石榰(柱础)(径)			
				40cm以内	55cm以内	70cm以内	70cm以外
基价(元)				**7 478.41**	**7 174.14**	**6 082.01**	**5 843.37**
其中	人工费(元)			4 374.57	4 070.30	2 978.17	2 517.82
	材料费(元)			3 103.84	3 103.84	3 103.84	3 325.55
	机械费(元)			—	—	—	—
名称		单位	单价(元)	消耗量			
人工	三类人工	工日	155.00	28.223	26.260	19.214	16.244
材料	青白石(单体0.25m³以内)	m³	2 800.00	1.103	1.103	1.103	—
	青白石(单体0.50m³以内)	m³	3 000.00	—	—	—	1.103
	其他材料费	元	1.00	15.44	15.44	15.44	16.55

工作内容：选料、画线、露明面二遍剁斧，做接头缝和并缝。　　计量单位：m

定额编号				1-189	1-190
项目				石脊（脊高）	
				20cm 以内	20cm 以外
基价（元）				**346.78**	**280.82**
其中	人工费（元）			177.94	140.12
	材料费（元）			168.84	140.70
	机械费（元）			—	—
名称		单位	单价（元）	消耗量	
人工	三类人工	工日	155.00	1.148	0.904
材料	青白石（单体 $0.25m^3$ 以内）	m^3	2 800.00	0.060	0.050
	其他材料费	元	1.00	0.84	0.70

工作内容：选料、画线、露明面二遍剁斧，做接头缝和并缝。　　计量单位：m^2

定额编号				1-191	1-192	1-193	1-194	1-195
项目				踏道副子（垂带）（厚度）	副子踏道（垂带踏道）（厚度）		如意踏道（厚度）	
				18cm 以内	15cm 以内	18cm 以内	15cm 以内	18cm 以内
基价（元）				**696.36**	**601.64**	**705.82**	**635.43**	**742.55**
其中	人工费（元）			139.19	137.33	148.65	171.12	185.38
	材料费（元）			557.17	464.31	557.17	464.31	557.17
	机械费（元）			—	—	—	—	—
名称		单位	单价（元）	消耗量				
人工	三类人工	工日	155.00	0.898	0.886	0.959	1.104	1.196
材料	青白石（单体 $0.25m^3$ 以内）	m^3	2 800.00	0.198	0.165	0.198	0.165	0.198
	其他材料费	元	1.00	2.77	2.31	2.77	2.31	2.77

工作内容:选料、画线、剔凿成型、露明面二遍剁斧,做接头缝和并缝。 **计量单位**:m^3

定额编号				1-196	1-197	1-198	1-199
项 目				方柱础(见方)			
				60cm以内	70cm以内	80cm以内	90cm以内
基价(元)				**5 680.10**	**5 137.75**	**5 020.48**	**4 971.47**
其中	人工费(元)			2 576.26	2 033.91	1 694.93	1 091.67
	材料费(元)			3 103.84	3 103.84	3 325.55	3 879.80
	机械费(元)			—	—	—	—
名 称		单位	单价(元)	消 耗 量			
人工	三类人工	工日	155.00	16.621	13.122	10.935	7.043
材料	青白石(单体0.25m^3以内)	m^3	2 800.00	1.103	1.103	—	—
	青白石(单体0.50m^3以内)	m^3	3 000.00	—	—	1.103	—
	青白石(单体0.75m^3以内)	m^3	3 500.00	—	—	—	1.103
	其他材料费	元	1.00	15.44	15.44	16.55	19.30

工作内容:选料、画线、剔凿成型、露明面二遍剁斧,做接头缝和并缝。 **计量单位**:m^3

定额编号				1-200	1-201	1-202
项 目				方柱础(见方)		
				100cm以内	110cm以内	110cm以外
基价(元)				**4 919.08**	**5 428.08**	**5 392.43**
其中	人工费(元)			1 039.28	994.02	958.37
	材料费(元)			3 879.80	4 434.06	4 434.06
	机械费(元)			—	—	—
名 称		单位	单价(元)	消 耗 量		
人工	三类人工	工日	155.00	6.705	6.413	6.183
材料	青白石(单体0.75m^3以内)	m^3	3 500.00	1.103	—	—
	青白石(单体1.00m^3以内)	m^3	4 000.00	—	1.103	—
	青白石(单体1.00m^3以外)	m^3	4 000.00	—	—	1.103
	其他材料费	元	1.00	19.30	22.06	22.06

工作内容：选料、画线、剔凿成型、露明面二遍剁斧，做接头缝和并缝。　　**计量单位：**m^3

定额编号				1-203	1-204	1-205	1-206
项　目				素平覆盆柱础(见方)			
				60cm 以内	70cm 以内	80cm 以内	90cm 以内
基价(元)				**6 223.06**	**6 082.01**	**5 843.37**	**6 112.42**
其中	人工费(元)			3 119.22	2 978.17	2 517.82	2 232.62
	材料费(元)			3 103.84	3 103.84	3 325.55	3 879.80
	机械费(元)			—	—	—	—
名　称		单位	单价(元)	消　耗　量			
人工	三类人工	工日	155.00	20.124	19.214	16.244	14.404
材料	青白石(单体 0.25m^3 以内)	m^3	2 800.00	1.103	1.103	—	—
	青白石(单体 0.50m^3 以内)	m^3	3 000.00	—	—	1.103	—
	青白石(单体 0.75m^3 以内)	m^3	3 500.00	—	—	—	1.103
	其他材料费	元	1.00	15.44	15.44	16.55	19.30

工作内容：选料、画线、剔凿成型、露明面二遍剁斧，做接头缝和并缝。　　**计量单位：**m^3

定额编号				1-207	1-208	1-209
项　目				素平覆盆柱础(见方)		
				100cm 以内	110cm 以内	110cm 以外
基价(元)				**5 950.29**	**6 331.26**	**6 231.44**
其中	人工费(元)			2 070.49	1 897.20	1 797.38
	材料费(元)			3 879.80	4 434.06	4 434.06
	机械费(元)			—	—	—
名　称		单位	单价(元)	消　耗　量		
人工	三类人工	工日	155.00	13.358	12.240	11.596
材料	青白石(单体 0.75m^3 以内)	m^3	3 500.00	1.103	—	—
	青白石(单体 1.00m^3 以内)	m^3	4 000.00	—	1.103	—
	青白石(单体 1.00m^3 以外)	m^3	4 000.00	—	—	1.103
	其他材料费	元	1.00	19.30	22.06	22.06

工作内容:选料、画线、剔凿成型、露明面二遍剁斧,做接头缝和并缝。　　计量单位:块

定额编号				1-210	1-211	1-212	1-213
项　目				剔地起突门砧石(门枕石)(长度)			
				70cm以内	80cm以内	100cm以内	120cm以内
基价(元)				**725.33**	**1 272.25**	**1 882.04**	**2 771.39**
其中	人工费(元)			533.98	926.13	1 333.31	1 830.71
	材料费(元)			191.35	346.12	548.73	940.68
	机械费(元)			—	—	—	—
名　称		单位	单价(元)	消　耗　量			
人工	三类人工	工日	155.00	3.445	5.975	8.602	11.811
材料	青白石(单体0.25m^3以内)	m^3	2 800.00	0.068	0.123	0.195	—
	青白石(单体0.50m^3以内)	m^3	3 000.00	—	—	—	0.312
	其他材料费	元	1.00	0.95	1.72	2.73	4.68

注:石料用量根据实际尺寸调整。

工作内容:选料、画线、剔凿成型、露明面二遍剁斧,做接头缝和并缝。　　计量单位:块

定额编号				1-214	1-215	1-216	1-217
项　目				素平门砧石(门枕石)(长度)			
				70cm以内	80cm以内	100cm以内	120cm以内
基价(元)				**340.15**	**578.62**	**885.39**	**1 402.27**
其中	人工费(元)			148.80	232.50	336.66	461.59
	材料费(元)			191.35	346.12	548.73	940.68
	机械费(元)			—	—	—	—
名　称		单位	单价(元)	消　耗　量			
人工	三类人工	工日	155.00	0.960	1.500	2.172	2.978
材料	青白石(单体0.25m^3以内)	m^3	2 800.00	0.068	0.123	0.195	—
	青白石(单体0.50m^3以内)	m^3	3 000.00	—	—	—	0.312
	其他材料费	元	1.00	0.95	1.72	2.73	4.68

注:石料用量根据实际尺寸调整。

工作内容：选料、画线、露明面二遍剁斧，做接头缝和并缝。　　计量单位：块

定额编号				1-218	1-219	1-220
项　目				素平门限石（门槛）（长度）		
				110cm 以内	130cm 以内	160cm 以内
基价（元）				**277.44**	**462.59**	**795.16**
其中	人工费（元）			60.76	91.14	139.50
	材料费（元）			216.68	371.45	655.66
	机械费（元）			—	—	—
名　称		单位	单价（元）	消　耗　量		
人工	三类人工	工日	155.00	0.392	0.588	0.900
材料	青白石（单体 0.25m^3 以内）	m^3	2 800.00	0.077	0.132	0.233
	其他材料费	元	1.00	1.08	1.85	3.26

注：石料用量根据实际尺寸调整。

工作内容：选料、画线、露明面二遍剁斧，做接头缝和并缝。

定额编号				1-221	1-222	1-223	1-224
项　目				槛垫石、过门石、分心石制作（厚度）		石角梁（梁高）	
				13cm 以内	每增 2cm	15cm 以内	15cm 以外
计量单位				m^2		m^3	
基价（元）				**494.03**	**63.60**	**4 366.99**	**4 211.68**
其中	人工费（元）			149.11	10.54	1 706.55	1 551.24
	材料费（元）			344.92	53.06	2 660.44	2 660.44
	机械费（元）			—	—	—	—
名　称		单位	单价（元）	消　耗　量			
人工	三类人工	工日	155.00	0.962	0.068	11.010	10.008
材料	青白石	m^3	2 400.00	0.143	0.022	1.103	1.103
	其他材料费	元	1.00	1.72	0.26	13.24	13.24

二、其　　他

工作内容：选料、画线、剔凿成型、露明面二遍剁斧，做接头缝和并缝。　　**计量单位**：m^3

定额编号				1-225	1-226
项　目				剜凿流盃渠	叠造流盃渠
基价(元)				**7 892.31**	**6 926.66**
其中	人工费(元)			5 231.87	4 266.22
	材料费(元)			2 660.44	2 660.44
	机械费(元)			—	—
名　称		单位	单价(元)	消　耗　量	
人工	三类人工	工日	155.00	33.754	27.524
材料	青白石	m^3	2 400.00	1.103	1.103
	其他材料费	元	1.00	13.24	13.24

工作内容：选料、画线、剔凿成型、露明面二遍剁斧，做接头缝和并缝。　　**计量单位**：个

定额编号				1-227	1-228	1-229	1-230
项　目				石兽头(高度)			
				15cm 以内	30cm 以内	60cm 以内	60cm 以外
基价(元)				**880.52**	**1 521.45**	**2 661.83**	**4 198.50**
其中	人工费(元)			615.20	821.97	1 045.79	1 400.58
	材料费(元)			265.32	699.48	1 616.04	2 797.92
	机械费(元)			—	—	—	—
名　称		单位	单价(元)	消　耗　量			
人工	三类人工	工日	155.00	3.969	5.303	6.747	9.036
材料	青白石	m^3	2 400.00	0.110	0.290	0.670	1.160
	其他材料费	元	1.00	1.32	3.48	8.04	13.92

注：石料用量根据实际尺寸调整。

工作内容：选料、画线、剔凿成型、露明面二遍剁斧，做接头缝和并缝。　　计量单位：m³

定额编号				1-231	1-232	1-233	1-234
项　目				项子石	水斗子	渠道石	卷輂水窗
基价（元）				**5 186.94**	**5 258.24**	**4 729.69**	**6 400.59**
其中	人工费（元）			2 526.50	2 597.80	2 069.25	3 740.15
	材料费（元）			2 660.44	2 660.44	2 660.44	2 660.44
	机械费（元）			—	—	—	—
名　称		单位	单价（元）	消　耗　量			
人工	三类人工	工日	155.00	16.300	16.760	13.350	24.130
材料	青白石	m³	2 400.00	1.103	1.103	1.103	1.103
	其他材料费	元	1.00	13.24	13.24	13.24	13.24

工作内容：选料、画线、剔凿成型、露明面二遍剁斧，做接头缝和并缝。　　计量单位：m³

定额编号				1-235	1-236	1-237
项　目				独立叠涩座（高度）		
				70cm 以内	100cm 以内	130cm 以内
基价（元）				**29 823.43**	**27 383.73**	**26 633.53**
其中	人工费（元）			19 292.54	16 852.84	16 102.64
	材料费（元）			10 530.89	10 530.89	10 530.89
	机械费（元）			—	—	—
名　称		单位	单价（元）	消　耗　量		
人工	三类人工	工日	155.00	124.468	108.728	103.888
材料	汉白玉	m³	9 500.00	1.103	1.103	1.103
	其他材料费	元	1.00	52.39	52.39	52.39

工作内容:选料、画线、剔凿成型、露明面二遍剁斧,绘制图样、雕刻、做接头缝和并缝。

定额编号				1-238	1-239	1-240	1-241
项 目				钩阑(栏板、抱鼓石)(高度)	重台钩阑(栏板、抱鼓石)(高度)	素四方头望柱(高度)	
				120cm 以内	130cm 以内	150cm 以内	150cm 以外
计量单位				m^2		m^3	
基价(元)				**3 121.05**	**4 344.94**	**7 256.35**	**6 591.40**
其中	人工费(元)			2 670.81	3 748.37	3 930.80	3 265.85
	材料费(元)			450.24	596.57	3 325.55	3 325.55
	机械费(元)			—	—	—	—
名 称		单位	单价(元)	消 耗 量			
人工	三类人工	工日	155.00	17.231	24.183	25.360	21.070
材料	青白石(单体 $0.25m^3$ 以内)	m^3	2 800.00	0.160	0.212	—	—
	青白石(单体 $0.50m^3$ 以内)	m^3	3 000.00	—	—	1.103	1.103
	其他材料费	元	1.00	2.24	2.97	16.55	16.55

注:石料用量根据实际尺寸调整。

工作内容:选料、找规矩、画线、绘制图样、雕刻、剔凿成型、露明面二遍剁斧,做接头缝和并缝。 **计量单位**:m^3

定额编号				1-242	1-243	1-244	1-245
项 目				狮子头望柱(高度)		石榴头望柱(高度)	
				150cm 以内	150cm 以外	150cm 以内	150cm 以外
基价(元)				**24 926.82**	**24 065.95**	**17 146.90**	**16 553.41**
其中	人工费(元)			21 601.27	20 740.40	13 821.35	13 227.86
	材料费(元)			3 325.55	3 325.55	3 325.55	3 325.55
	机械费(元)			—	—	—	—
名 称		单位	单价(元)	消 耗 量			
人工	三类人工	工日	155.00	139.363	133.809	89.170	85.341
材料	青白石(单体 $0.50m^3$ 以内)	m^3	3 000.00	1.103	1.103	1.103	1.103
	其他材料费	元	1.00	16.55	16.55	16.55	16.55

工作内容：选料、找规矩、弹线、制套样板、制作完成及清理废弃物。券脸石制作还包括绘制图样、雕刻花饰。

计量单位：m^3

定额编号				1-246	1-247	1-248	1-249
项目				券脸石制作			券石制作
				素面	卷草、卷云、带子	莲花、龙凤	
基价（元）				**8 060.02**	**12 120.40**	**14 615.75**	**6 204.05**
其中	人工费（元）			5 399.58	9 459.96	11 955.31	3 543.61
	材料费（元）			2 660.44	2 660.44	2 660.44	2 660.44
	机械费（元）			—	—	—	—
名称		单位	单价（元）	消耗量			
人工	三类人工	工日	155.00	34.836	61.032	77.131	22.862
材料	青白石	m^3	2 400.00	1.103	1.103	1.103	1.103
	其他材料费	元	1.00	13.24	13.24	13.24	13.24

注：青白石弧形切割损耗按5%考虑，若与实际不同，则按实调整。

工作内容：选料、找规矩、弹线、制套样板、绘制图样、雕刻花饰、制作完成及清理废弃物。

计量单位：块

定额编号				1-250	1-251	1-252	1-253	1-254	1-255
项目				门鼓石制作（长度）					
				圆鼓			幞头鼓		
				80cm以内	100cm以内	120cm以内	60cm以内	80cm以内	100cm以内
基价（元）				**3 058.65**	**4 479.89**	**6 016.91**	**1 784.54**	**2 708.53**	**3 841.63**
其中	人工费（元）			2 636.55	3 691.17	4 745.79	1 581.93	2 320.20	3 163.86
	材料费（元）			422.10	788.72	1 271.12	202.61	388.33	677.77
	机械费（元）			—	—	—	—	—	—
名称		单位	单价（元）	消耗量					
人工	三类人工	工日	155.00	17.010	23.814	30.618	10.206	14.969	20.412
材料	青白石	m^3	2 400.00	0.175	0.327	0.527	0.084	0.161	0.281
	其他材料费	元	1.00	2.10	3.92	6.32	1.01	1.93	3.37

注：石料用量根据实际尺寸调整。

工作内容：选料、找规矩、弹线、制套样板、绘制图样、雕刻花饰、制作完成及清理废弃物。 **计量单位**：块

定额编号				1-256	1-257	1-258
项目				滚墩石制作（长度）		
				120cm 以内	150cm 以内	180cm 以内
基价（元）				**6 254.17**	**8 925.41**	**11 786.77**
其中	人工费（元）			5 624.64	7 733.88	9 772.75
	材料费（元）			629.53	1 191.53	2 014.02
	机械费（元）			—	—	—
名称		单位	单价（元）	消耗量		
人工	三类人工	工日	155.00	36.288	49.896	63.050
材料	青白石	m^3	2 400.00	0.261	0.494	0.835
	其他材料费	元	1.00	3.13	5.93	10.02

注：石料用量根据实际尺寸调整。

工作内容：选料、找规矩、弹线、制作完成及清理废弃物。

定额编号				1-259	1-260	1-261
项目				石沟盖板制作（厚度）		石排水沟槽制作
				15cm 以内	每增 2cm	
计量单位				m^2		m
基价（元）				**699.30**	**79.41**	**544.92**
其中	人工费（元）			301.32	26.35	146.94
	材料费（元）			397.98	53.06	397.98
	机械费（元）			—	—	—
名称		单位	单价（元）	消耗量		
人工	三类人工	工日	155.00	1.944	0.170	0.948
材料	青白石	m^3	2 400.00	0.165	0.022	0.165
	其他材料费	元	1.00	1.98	0.26	1.98

注：石料用量根据实际尺寸调整。

工作内容：选料、找规矩、弹线、制作完成及清理废弃物。石沟门、石沟漏还包括掏孔洞。　　计量单位：块

定额编号				1-262	1-263	1-264	1-265
项　目				石沟嘴子制作（宽度）		石沟门、石沟漏制作（见方）	
				50cm 以内	50cm 以外	40cm 以内	40cm 以外
基价（元）				**1 279.00**	**1 852.05**	**254.35**	**431.93**
其中	人工费（元）			567.46	723.23	198.87	248.62
	材料费（元）			711.54	1 128.82	55.48	183.31
	机械费（元）			—	—	—	—
名　称		单位	单价（元）	消　耗　量			
人工	三类人工	工日	155.00	3.661	4.666	1.283	1.604
材料	青白石	m^3	2 400.00	0.295	0.468	0.023	0.076
	其他材料费	元	1.00	3.54	5.62	0.28	0.91

注：石料用量根据实际尺寸调整。

第四节　石构件安装

一、殿阁、厅堂、余屋类构件

工作内容：调制灰浆、修理接头缝和并缝、就位、垫塞稳安、灌浆及清理废弃物。　　计量单位：m^3

定额编号				1-266	1-267	1-268	1-269
项　目				土衬石	叠涩石	角柱石	压阑石（阶沿石）
基价（元）				**698.63**	**750.26**	**913.01**	**840.05**
其中	人工费（元）			651.00	683.55	846.30	781.20
	材料费（元）			47.63	66.71	66.71	58.85
	机械费（元）			—	—	—	—
名　称		单位	单价（元）	消　耗　量			
人工	三类人工	工日	155.00	4.200	4.410	5.460	5.040
材料	白灰浆	m^3	220.00	0.200	0.250	0.250	0.250
	麻刀油灰	m^3	1 350.00	0.002	0.002	0.002	0.002
	铅板	kg	22.00	—	0.350	0.350	—
	其他材料费	元	1.00	0.93	1.31	1.31	1.15

工作内容：调制灰浆、修整接头缝、挂线、垫塞稳安、灌浆及清理废弃物。

定额编号				1-270	1-271	1-272	1-273
项目				陡板石、象眼石安装（厚度）		地栿石安装	挑檐石安装
				10cm 以内	每增 2cm		
计量单位				m^2		m^3	
基价（元）				**91.95**	**13.41**	**781.78**	**918.23**
其中	人工费（元）			81.84	11.16	758.42	846.30
	材料费（元）			10.11	2.25	23.36	71.93
	机械费（元）			—	—	—	—
名称		单位	单价（元）	消耗量			
人工	三类人工	工日	155.00	0.528	0.072	4.893	5.460
材料	素白灰浆	m^3	220.36	0.040	0.010	0.068	0.320
	铅板	kg	22.00	0.050	—	0.360	—
	其他材料费	元	1.00	0.20	0.04	0.46	1.41

工作内容：调制灰浆、修整接头缝、挂线、垫塞稳安、灌浆及清理废弃物。

定额编号				1-274	1-275	1-276	1-277	1-278
项目				路面石、地面石（厚度）		压砖板（压面石）、腰线石安装	卷葦水窗	石卧立栿
				13cm 以内	每增 2cm			
计量单位				m^2		m^3		件
基价（元）				**118.37**	**11.16**	**852.89**	**1 119.67**	**161.85**
其中	人工费（元）			81.84	11.16	787.71	1 029.20	78.12
	材料费（元）			36.53	—	65.18	90.47	83.73
	机械费（元）			—	—	—	—	—
名称		单位	单价（元）	消耗量				
人工	三类人工	工日	155.00	0.528	0.072	5.082	6.640	0.504
材料	素白灰浆	m^3	220.36	0.040	—	0.290	0.280	0.250
	麻刀油灰	m^3	1 350.00	0.020	—	—	0.020	0.020
	其他材料费	元	1.00	0.72	—	1.28	1.77	1.64

工作内容：支顶、调制灰浆、修理接头缝和并缝、就位、垫塞稳安、灌浆及搭拆挪移小型起重架。　　计量单位：m^3

定额编号				1-279	1-280	1-281	1-282	1-283	1-284
项　目				方形柱、圆形柱、梭柱、梅花柱吊装（柱高7m以内）					
				柱径					
				25cm以内	40cm以内	50cm以内	60cm以内	70cm以内	70cm以外
基价（元）				**896.66**	**851.83**	**778.69**	**750.85**	**656.79**	**617.44**
其中	人工费（元）			639.38	593.65	547.15	516.62	436.33	410.75
	材料费（元）			257.28	258.18	231.54	234.23	220.46	206.69
	机械费（元）			—	—	—	—	—	—
名　称		单位	单价（元）	消　耗　量					
人工	三类人工	工日	155.00	4.125	3.830	3.530	3.333	2.815	2.650
材料	麻刀油灰	m^3	1 350.00	0.180	0.180	0.160	0.160	0.150	0.140
	铅板	kg	22.00	0.420	0.460	0.500	0.620	0.620	0.620
	其他材料费	元	1.00	5.04	5.06	4.54	4.59	4.32	4.05

工作内容：支顶、调制灰浆、修理接头缝和并缝、就位、垫塞稳安、灌浆及搭拆挪移小型起重架。

定额编号				1-285	1-286	1-287	1-288	1-289	1-290
项　目				石櫍（柱础）（径）				石脊（脊高）	
				40cm以内	55cm以内	70cm以内	70cm以外	20cm以内	20cm以外
计量单位				m^3				m	
基价（元）				**991.86**	**914.72**	**831.38**	**739.36**	**264.44**	**237.03**
其中	人工费（元）			744.00	694.40	638.60	574.12	99.20	85.56
	材料费（元）			247.86	220.32	192.78	165.24	165.24	151.47
	机械费（元）			—	—	—	—	—	—
名　称		单位	单价（元）	消　耗　量					
人工	三类人工	工日	155.00	4.800	4.480	4.120	3.704	0.640	0.552
材料	麻刀油灰	m^3	1 350.00	0.180	0.160	0.140	0.120	0.120	0.110
	其他材料费	元	1.00	4.86	4.32	3.78	3.24	3.24	2.97

工作内容:成品保护、调制灰浆、修理接头缝和并缝、就位、垫塞稳安、灌浆及清理废弃物。

定额编号				1-291	1-292	1-293	1-294
项目				门砧石(门枕石)(长度)			带下槛槛垫石安装
				70cm 以内	100cm 以内	100cm 以外	
计量单位				块			m^2
基价(元)				**72.47**	**103.61**	**143.56**	**409.45**
其中	人工费(元)			66.96	96.72	133.92	120.28
	材料费(元)			5.51	6.89	9.64	289.17
	机械费(元)			—	—	—	—
名称		单位	单价(元)	消耗量			
人工	三类人工	工日	155.00	0.432	0.624	0.864	0.776
材料	麻刀油灰	m^3	1 350.00	0.004	0.005	0.007	0.210
	其他材料费	元	1.00	0.11	0.14	0.19	5.67

工作内容:成品保护、调制灰浆、修理接头缝和并缝、就位、垫塞稳安、灌浆及清理废弃物。 **计量单位:**m^2

定额编号				1-295	1-296
项目				槛垫石、过门石、分心石安装(厚度)	
				13cm 以内	每增 2cm
基价(元)				**107.18**	**11.16**
其中	人工费(元)			100.44	11.16
	材料费(元)			6.74	—
	机械费(元)			—	—
名称		单位	单价(元)	消耗量	
人工	三类人工	工日	155.00	0.648	0.072
材料	素白灰浆	m^3	220.36	0.030	—
	其他材料费	元	1.00	0.13	—

工作内容： 支顶、调制灰浆、修理接头缝和并缝、就位、垫塞稳安、灌浆及搭拆挪移小型起重架。

定额编号				1-297	1-298	1-299	1-300	1-301	1-302
项　目				柱础安装（见方）			踏道		踏道副子（垂带）
				70cm以内	120cm以内	120cm以外	副子踏道	如意踏道	
计量单位				m^3			m^2		
基价（元）				**1 184.64**	**1 051.05**	**958.77**	**191.40**	**185.20**	**179.00**
其中	人工费（元）			744.00	706.80	669.60	118.42	112.22	106.02
	材料费（元）			440.64	344.25	289.17	72.98	72.98	72.98
	机械费（元）			—	—	—	—	—	—
名　称		单位	单价（元）	消　耗　量					
人工	三类人工	工日	155.00	4.800	4.560	4.320	0.764	0.724	0.684
材料	麻刀油灰	m^3	1 350.00	0.320	0.250	0.210	0.053	0.053	0.053
	其他材料费	元	1.00	8.64	6.75	5.67	1.43	1.43	1.43

二、其　他

工作内容： 支顶、调制灰浆、修理接头缝和并缝、就位、垫塞稳安、灌浆及搭拆挪移小型起重架。　　**计量单位：** m^3

定额编号				1-303	1-304
项　目				剜凿流盃渠	叠造流盃渠
基价（元）				**1 306.25**	**1 327.28**
其中	人工费（元）			1 023.00	905.20
	材料费（元）			283.25	422.08
	机械费（元）			—	—
名　称		单位	单价（元）	消　耗　量	
人工	三类人工	工日	155.00	6.600	5.840
材料	麻刀油灰	m^3	1 350.00	0.200	0.300
	铅板	kg	22.00	0.350	0.400
	其他材料费	元	1.00	5.55	8.28

工作内容：调制灰浆、修理接头缝和并缝、就位、垫塞稳安、灌浆及搭拆挪移小型起重架。　　**计量单位：**个

定额编号				1-305	1-306	1-307	1-308
项目				石兽头			
				15cm 以内	30cm 以内	60cm 以内	60cm 以外
基价（元）				**80.52**	**97.26**	**112.76**	**155.74**
其中	人工费（元）			76.26	93.00	108.50	146.32
	材料费（元）			4.26	4.26	4.26	9.42
	机械费（元）			—	—	—	—
名称		单位	单价（元）	消耗量			
人工	三类人工	工日	155.00	0.492	0.600	0.700	0.944
材料	白灰浆	m^3	220.00	0.019	0.019	0.019	0.042
	其他材料费	元	1.00	0.08	0.08	0.08	0.18

工作内容：调制灰浆、修理接头缝和并缝、就位、垫塞稳安、灌浆及清理废弃物。　　**计量单位：**m^3

定额编号				1-309	1-310	1-311	1-312
项目				项子石	水斗子	渠道石	石牌
基价（元）				**829.92**	**774.12**	**895.64**	**788.65**
其中	人工费（元）			762.60	706.80	828.32	694.40
	材料费（元）			67.32	67.32	67.32	94.25
	机械费（元）			—	—	—	—
名称		单位	单价（元）	消耗量			
人工	三类人工	工日	155.00	4.920	4.560	5.344	4.480
材料	白灰浆	m^3	220.00	0.300	0.300	0.300	0.420
	其他材料费	元	1.00	1.32	1.32	1.32	1.85

工作内容：支顶、调制灰浆、修理接头缝和并缝、就位、垫塞稳安、灌浆及搭拆挪移小型起重架。　　计量单位：根

定额编号				1-313	1-314
项　目				石角梁（梁高）	
				15cm 以内	20cm 以内
基价（元）				**333.15**	**314.16**
其中	人工费（元）			317.44	300.70
	材料费（元）			15.71	13.46
	机械费（元）			—	—
名　称		单位	单价（元）	消　耗　量	
人工	三类人工	工日	155.00	2.048	1.940
材料	白灰浆	m^3	220.00	0.070	0.060
	其他材料费	元	1.00	0.31	0.26

工作内容：调制灰浆、修理接头缝和并缝、就位、垫塞稳安、灌浆及搭拆挪移小型起重架。　　计量单位：m^3

定额编号				1-315	1-316	1-317	1-318
项　目				叠涩座（长度）			
				100cm 以内	160cm 以内	230cm 以内	230cm 以外
基价（元）				**1 685.52**	**1 577.64**	**1 469.76**	**1 254.00**
其中	人工费（元）			1 618.20	1 510.32	1 402.44	1 186.68
	材料费（元）			67.32	67.32	67.32	67.32
	机械费（元）			—	—	—	—
名　称		单位	单价（元）	消　耗　量			
人工	三类人工	工日	155.00	10.440	9.744	9.048	7.656
材料	白灰浆	m^3	220.00	0.300	0.300	0.300	0.300
	其他材料费	元	1.00	1.32	1.32	1.32	1.32

工作内容:调制灰浆、修理接头缝和并缝、就位、垫塞稳安、灌浆及搭拆挪移小型起重架。 **计量单位:**m^3

定额编号				1-319	1-320	1-321
项目				独立叠涩座(高度)		
				70cm以内	100cm以内	100cm以外
基价(元)				**1 436.10**	**1 220.34**	**1 123.68**
其中	人工费(元)			1 402.44	1 186.68	1 078.80
	材料费(元)			33.66	33.66	44.88
	机械费(元)			—	—	—
名称		单位	单价(元)	消耗量		
人工	三类人工	工日	155.00	9.048	7.656	6.960
材料	白灰浆	m^3	220.00	0.150	0.150	0.200
	其他材料费	元	1.00	0.66	0.66	0.88

工作内容:调制灰浆、修理接头缝和并缝、就位、垫塞稳安、灌浆及清理废弃物。

定额编号				1-322	1-323	1-324	1-325
项目				单钩阑(栏板、抱鼓石)	重台钩阑(栏板、抱鼓石)	望柱(高度)	
						150cm以内	150cm以外
计量单位				m^2		m^3	
基价(元)				**158.22**	**197.89**	**853.61**	**934.84**
其中	人工费(元)			148.80	186.00	837.00	920.70
	材料费(元)			9.42	11.89	16.61	14.14
	机械费(元)			—	—	—	—
名称		单位	单价(元)	消耗量			
人工	三类人工	工日	155.00	0.960	1.200	5.400	5.940
材料	白灰浆	m^3	220.00	0.042	0.053	0.074	0.063
	其他材料费	元	1.00	0.18	0.23	0.33	0.28

工作内容：支搭券胎、调制灰浆、修整接头缝、挂线、垫塞稳安、灌浆及清理废弃物。　　计量单位：m^3

定额编号				1-326	1-327
项　目				券脸石安装	券石安装
基价（元）				**2 176.95**	**1 851.45**
其中	人工费（元）			1 953.00	1 627.50
	材料费（元）			223.95	223.95
	机械费（元）			—	—
名　称		单位	单价（元）	消　耗　量	
人工	三类人工	工日	155.00	12.600	10.500
材料	素白灰浆	m^3	220.36	0.020	0.020
	铅板	kg	22.00	0.360	0.360
	铁件 综合	kg	6.90	0.120	0.120
	锯成材	m^3	2 400.00	0.086	0.086
	其他材料费	元	1.00	4.39	4.39

工作内容：必要支顶、调制灰浆、修整接头缝、挂线、垫塞稳安、灌浆及清理废弃物。　　计量单位：块

定额编号				1-328	1-329	1-330	1-331
项　目				门鼓石安装 圆鼓（长度）		门鼓石安装 幞头鼓（长度）	
				80cm 以内	80cm 以外	80cm 以内	80cm 以外
基价（元）				**161.23**	**222.30**	**138.91**	**192.54**
其中	人工费（元）			156.24	215.76	133.92	186.00
	材料费（元）			4.99	6.54	4.99	6.54
	机械费（元）			—	—	—	—
名　称		单位	单价（元）	消　耗　量			
人工	三类人工	工日	155.00	1.008	1.392	0.864	1.200
材料	素白灰浆	m^3	220.36	0.010	0.010	0.010	0.010
	铁件 综合	kg	6.90	0.390	0.610	0.390	0.610
	其他材料费	元	1.00	0.10	0.13	0.10	0.13

工作内容:必要支顶、安全监护、成品保护、调制灰浆、垫塞稳安及清理废弃物。 计量单位:块

定额编号				1-332	1-333	1-334
项目				滚墩石安装(长度)		
				120cm以内	150cm以内	180cm以内
基价(元)				**171.79**	**242.92**	**291.96**
其中	人工费(元)			171.12	241.80	290.16
	材料费(元)			0.67	1.12	1.80
	机械费(元)			—	—	—
名称		单位	单价(元)	消耗量		
人工	三类人工	工日	155.00	1.104	1.560	1.872
材料	素白灰浆	m^3	220.36	0.003	0.005	0.008
	其他材料费	元	1.00	0.01	0.02	0.04

工作内容:调制灰浆、修整接头缝、挂线、垫塞稳安、灌浆及清理废弃物。

定额编号				1-335	1-336	1-337
项目				石沟盖板安装(厚度)		石排水沟槽安装
				15cm以内	每增2cm	
计量单位				m^2		m
基价(元)				**45.42**	**6.20**	**55.65**
其中	人工费(元)			40.92	6.20	51.15
	材料费(元)			4.50	—	4.50
	机械费(元)			—	—	—
名称		单位	单价(元)	消耗量		
人工	三类人工	工日	155.00	0.264	0.040	0.330
材料	素白灰浆	m^3	220.36	0.020	—	0.020
	其他材料费	元	1.00	0.09	—	0.09

工作内容：调制灰浆、修整接头缝、挂线、垫塞稳安、灌浆及清理废弃物。 **计量单位：**块

定额编号				1-338	1-339	1-340	1-341
项　目				石沟嘴子安装（宽度）		石沟门、石沟漏安装（见方）	
				50cm 以内	50cm 以外	40cm 以内	40cm 以外
基价（元）				**175.62**	**255.98**	**13.41**	**17.13**
其中	人工费（元）			171.12	249.24	11.16	14.88
	材料费（元）			4.50	6.74	2.25	2.25
	机械费（元）			—	—	—	—
名　称		单位	单价（元）	消　耗　量			
人工	三类人工	工日	155.00	1.104	1.608	0.072	0.096
材料	素白灰浆	m^3	220.36	0.020	0.030	0.010	0.010
	其他材料费	元	1.00	0.09	0.13	0.04	0.04

第二章

砌 体 工 程

说　　明

一、本章定额包括砌体拆除、整修、砌筑三节。

二、砖墙拆除适用于各类传统做法的墙体拆除，不分细砖墙或糙砖墙均执行同一定额。墙体拆除时其相应抹灰面层及其他附着饰面（如方砖心、上下坎、立八字等）一并并入墙体之中，不再另行计算；如遇整砖墙与碎砖墙在同一墙体的拆除时应分别计算；外整里碎墙拆除按整砖墙拆除定额执行。花瓦心拆除、方砖心拆除、方砖博缝、挂落拆除等其他拆除定额子目应分别执行。

三、墙面剔补定额已考虑了不同部位所用砖件的情况，不包括雕饰。分不同做法及部位，以单独剔补补换 $1m^2$ 以内为准；遇剔补补换几块相连接的砖面积之和超过 $1m^2$ 时，执行拆砌定额；如遇整体拆除，执行拆除、砌筑定额。

四、博缝拆砌包括了博缝头及脊中分件，方砖梢子拆砌包括圈挑檐及腮帮部分。

五、拆砌、砌筑定额子目里皮衬砌另行计算。

六、大片拆砌以一砖厚以内的墙体，超过一砖厚的墙体按照相应的墙体局部拆砌定额执行。

七、版筑城墙已综合考虑上面的护险墙、女头墙，实际工程中不论其具体部位，定额均不调整。

八、卷荤包括牛头砖卷荤、牛头砖覆背和条砖缴背。

九、本章定额已综合考虑了所需的八字砖、转头砖，透风砖的用量及砍制加工，实际工程中不论其具体部位，定额均不调整。

十、砖塔各部分砌筑已综合考虑转角处的用砖和加工，实际工程中不论其具体部位，定额均不调整，其中砖铺作为塔檐半壁铺作。

十一、本章定额中须弥座、方砖心、梢子、戗檐、博缝头等均以无雕饰为准，若有雕饰要求，另增雕刻费用。

十二、砖带雕饰者每平方米按下表补充人工消耗量另行计算。

砖带雕饰者每平方米补充人工消耗量表

项目	单位	阴刻线		平浮雕		浅浮雕		高浮雕	
		简单	复杂	简单	复杂	简单	复杂	简单	复杂
人工	工日	8.956	11.767	21.004	27.467	27.846	36.341	44.824	57.318

砖雕有简单、复杂之分。一般以几何图案、回纹、卷草、如意、云头、海浪及简单花卉视作“简单”，而以夔龙、夔凤、刺虎、金莲、牡丹、竹枝、梅桩、座狮、翔鸾复杂花卉、鸟兽及各种山水、人物等视作“复杂”。

十三、拆砌项目已综合考虑了利用旧砖、添配新砖因素。墙体拆砌均以新砖添配率在 30% 以内为准。超过 30% 的部分，按实调整砖件的消耗量。

十四、砖塔类子目、卷荤、城壁水道、慢道、副子、象眼子目的剔补、拆砌均以尺三条砖为例。当砖件为尺二条砖时，以“块”或“朵”为单位的子目砖件消耗量不变，砖件外的材料和人工消耗量乘以系数 0.93 计算，以“m”为单位的子目所有消耗量乘以系数 1.08 计算，以“m^2”为单位的子目所有消耗量乘以系数 1.35 计算。

十五、砖塔类子目若为特制整体构件，另行计算。

十六、山花等零星砌体砌筑，按象眼定额子目执行。

十七、墙体砌筑定额已综合了弧形墙、拱形墙、云墙等不同情况，实际工程中如遇上述情况，定额不做调整;散砖博缝按墙体定额子目执行。

十八、石墙勾缝适用于新砌毛石墙和干背山做法。

十九、冰盘檐除连珠混已含雕饰外,其他各层雕饰均另行计算。菱角檐、鸡嗦檐、冰盘檐分层组合方式见下表。

菱角檐、鸡嗉檐、冰盘檐分层组合方式表

名称	分层组合做法
菱角檐	直檐、菱角砖、盖板
鸡嗉檐	直檐、半混、盖板
四层冰盘檐	直檐、半混、枭、盖板
五层素冰盘檐	直檐、半混、炉口、枭、盖板

二十、空花墙厚度是以所用一块砖长度为准,定额已综合考虑了其转角处所需增加的砖量。

二十一、梢子砌筑均包括戗檐、盘头及点砌腮帮,其中干摆梢子还包括干摆后续尾。

二十二、方砖博缝砌筑包括二层托山混和脊中分件,不包括博缝头,博缝头砌筑另外执行定额。但方砖博缝、散砖博缝拆砌包括博缝头拆砌。

二十三、拆除、拆砌、摆砌花瓦心均以一进瓦(单面做法)为准,若为两进瓦,定额乘以系数 2,墙帽花瓦心与墙身花瓦心执行同一定额。

二十四、砌体工程中砖及砌体的用量是按常用规格编制的,设计规格与定额不同时,砖和砂浆用量应调整。

二十五、马头墙砌筑并入墙体工程量,每个挑出的跺头增加砌筑人工 0.3 工日。

二十六、建筑用砖规格见下列表。

宋式建筑用砖规格一览表

名称	用砖位置	宋营造尺	标准单位规格(mm)
方砖	殿阁等十一间以上用之	2 尺 ×2 尺 ×3 寸	640×640×96
	殿阁等七间以上用之	1.7 尺 ×1.7 尺 ×2.8 寸	544×544×89.6
	殿阁等五间以上用之	1.5 尺 ×1.5 尺 ×2.7 寸	480×480×86.4
	殿阁、厅堂、亭榭用之	1.3 尺 ×1.3 尺 ×2.5 寸	416×416×80
	行廊、小亭榭、散屋用之	1.2 尺 ×1.2 尺 ×2 寸	384×384×64
条砖	压阑砖	2.1 尺 ×1.1 尺 ×2.5 寸	672×352×80
	砌阶级、地面	1.3 尺 ×6.5 寸 ×2.5 寸	416×208×80
	砌阶级、地面	1.2 尺 ×6 寸 ×2 寸	384×192×64
	砖碇	11.5 寸 ×11.5 寸 ×4.3 寸	368×368×137.6

明清建筑用砖规格一览表

材料名称	计量单位	规格(mm)
大城砖	块	480×240×128
二样城砖	块	448×224×112
大停泥砖	块	416×208×80

续表

材料名称	计量单位	规格（mm）
小停泥砖	块	288 × 144 × 64
大开条砖	块	260 × 130 × 50
小开条砖	块	245 × 125 × 40
蓝四丁砖	块	240 × 115 × 53
沙滚子砖	块	320 × 160 × 80
斧刃砖	块	240 × 120 × 40
地趴砖	块	384 × 192 × 96
尺二方砖	块	384 × 384 × 58
尺四方砖	块	448 × 448 × 64
尺七方砖	块	554 × 554 × 80

工程量计算规则

一、整砖墙、碎砖墙、旧基础、版筑墙、土坯砖墙及背里拆除按实际体积以“m^3”计算。

二、刷浆打点、墁干活、细砌墙面清理按垂直投影面积计算,扣除 0.30m^2 以外门窗洞口、石构件等所占面积,门窗洞口内侧壁按展开面积并入相应工程量。

三、拆方砖心、拆拱眼壁、拆砖雕、大片整体拆砌、细砖墙局部拆砌、细砖墙身砌筑、拱眼壁砌筑等均按垂直投影面积计算,扣除 0.30m^2 以外孔洞、石构件等所占面积。

四、墙面、铺作、须弥座及其他砖件、饰件剔补均按所补换砖件的块数计算。

五、铺作的拆砌及砌筑按“朵”计算。

六、糙砖墙局部拆砌,糙砖阶基、隔减、墙身砌筑,背里的拆砌与砌筑按实际体积以“m^3”计算,扣除门窗、过人洞、嵌入墙体内的柱梁及细砖墙面所占体积,不扣除伸入墙内的梁头、榑头所占体积。

七、城墙排水道的拆砌与砌筑按其实际长度以“m”计算。

八、版筑墙、版筑土城墙、土坯砖墙砌筑按体积以“m^3”计算,不扣除内部的立柱、襻竹等构件所占体积。

九、牛头卷辇拆除、拆砌、砌筑按体积以“m^3”计算,按其垂直投影面积乘以券洞长计算体积。

十、踏道、副子、慢道按水平投影面积计算。

十一、象眼按垂直投影面积计算。

十二、须弥座拆砌、砌筑均按最长外边线以“m”计算。

十三、檐口按角梁端头中点连线长分段以“m”计算,其中檐口包含榑、角梁、生头木、椽飞、大小连檐等。

十四、倚柱、门楣、由额、阑额、普拍枋、覆钵、受花、砖相轮、火焰宝珠的拆砌均按拆砌砖件的块数计算,其中倚柱、覆钵、受花、砖向轮、火焰宝珠砌筑按其水平投影的最大面积乘以垂直投影的最大高度以“m^3”计算,门楣、由额、阑额、普拍枋按其垂直投影以“m^2”计算。

十五、砖瓦檐按实际长度以“m”计算。

十六、砖平作拆砌与砌筑以“m”计算。

十七、干摆、淌白等细砖墙面按垂直投影面积计算,扣除门窗洞口,梢子及石构件所占面积,门窗洞口侧壁亦不增加,不扣除柱门所占面积。下肩、山尖、墀头做法不同时分别计算。

十八、糙砖墙砌筑、虎皮石墙、方整石墙砌筑、清水墙、空斗墙等按体积计算,扣除门窗,过人洞、嵌入墙内的柱梁枋及细墙面所占体积,不扣除伸入墙内的梁头、桁檩头所占体积。

十九、方砖心、花瓦心、空花墙按垂直投影面积计算,不扣除孔洞所占面积。

二十、糙砖墙面勾抹灰缝按相应面垂直投影面积计算,扣除门窗洞口、梢子及石构件所占面积,门窗洞口侧壁亦不增加。

二十一、门窗券细砌按券脸垂直投影面积计算,糙砌门窗券、车棚券按体积计算。

二十二、什锦窗套、什锦门套贴脸以单面为准按数量计算,双面均做时乘以系数 2,门窗内侧壁贴砌按贴砌长度计算。

二十三、方砖博缝包括其下二层檐(或托山混)以博缝上皮长度计算,不扣除博缝头所占长度;博缝头按数量计算。

二十四、方砖挂落按外皮长度计算。

二十五、砖檐砌筑以最上一层长度计算,拆砌按累计长度计算。

二十六、梢子摆砌按不同尺寸、规格的数量以“份”计算。

二十七、砖雕按其实际雕刻物的底板外框面积计算。

第一节 拆 除

一、墙 体 类

工作内容：拆除已损坏的砌体，挑选能重新使用的旧砖件、清理、码放。 **计量单位：**m^3

定额编号				2-1	2-2	2-3	2-4
项 目				拆整砖墙	拆碎砖墙	拆旧基础	拆版筑墙
基价（元）				**105.30**	**58.32**	**90.72**	**66.96**
其中	人工费（元）			105.30	58.32	90.72	66.96
	材料费（元）			—	—	—	—
	机械费（元）			—	—	—	—
名 称		单位	单价（元）	消 耗 量			
人工	二类人工	工日	135.00	0.780	0.432	0.672	0.496

工作内容：拆除已损坏的砌体，挑选能重新使用的旧砖件、清理、码放。

定额编号				2-5	2-6	2-7	2-8	2-9
项 目				拆土坯砖墙	拆拱眼壁	拆背里	拆砖雕	拆毛石墙
计量单位				m^3	m^2	m^3	m^2	m^3
基价（元）				**70.20**	**129.60**	**73.44**	**189.00**	**118.94**
其中	人工费（元）			70.20	129.60	73.44	189.00	118.94
	材料费（元）			—	—	—	—	—
	机械费（元）			—	—	—	—	—
名 称		单位	单价（元）	消 耗 量				
人工	二类人工	工日	135.00	0.520	0.960	0.544	1.400	0.881

二、砖 塔 类

工作内容：拆除已损坏的砌体，挑选能重新使用的旧砖件、清理、码放。

定额编号				2-10	2-11	2-12	2-13
项 目				拆除须弥座(单层)	拆除倚柱、门楣、由额、阑额、普拍枋、榑、角梁、生头木等	拆除椽飞、砖檐、砖平作	拆除覆钵、受花、砖相轮、火焰宝珠
计量单位				m	块	m	块
基价(元)				**20.66**	**9.05**	**32.40**	**9.72**
其中	人工费(元)			20.66	9.05	32.40	9.72
	材料费(元)			—	—	—	—
	机械费(元)			—	—	—	—
名 称		单位	单价(元)	消 耗 量			
人工	二类人工	工日	135.00	0.153	0.067	0.240	0.072

工作内容：拆除已损坏的砌体，挑选能重新使用的旧砖件、清理、码放。　　**计量单位：**朵

定额编号				2-14	2-15	2-16	2-17
项 目				拆除补间、柱头铺作		拆除转角铺作	
				斗口跳、把头绞项造	四铺作、五铺作	斗口跳、把头绞项造	四铺作、五铺作
基价(元)				**57.51**	**248.94**	**86.27**	**438.08**
其中	人工费(元)			57.51	248.94	86.27	438.08
	材料费(元)			—	—	—	—
	机械费(元)			—	—	—	—
名 称		单位	单价(元)	消 耗 量			
人工	二类人工	工日	135.00	0.426	1.844	0.639	3.245

三、水道、卷葷、副子、踏道、象眼、慢道

工作内容：拆除已损坏的砌体，挑选能重新使用的旧砖件、清理、码放。

定额编号				2-18	2-19	2-20	2-21	2-22	2-23
项　目				拆除卷葷	拆除城壁水道	拆除慢道（坡道）面砖	拆除砖副子（垂带）	拆除砖踏道（踏步台阶）	拆除砖象眼（菱角石）
计量单位				m^3		m^2			
基价（元）				**173.61**	**163.08**	**47.52**	**67.64**	**64.40**	**96.80**
其中	人工费（元）			173.61	163.08	47.52	67.64	64.40	96.80
	材料费（元）			—	—	—	—	—	—
	机械费（元）			—	—	—	—	—	—
名　称		单位	单价（元）	消耗量					
人工	二类人工	工日	135.00	1.286	1.208	0.352	0.501	0.477	0.717

四、花瓦心、方砖心、博缝、挂落、砖檐等

工作内容：拆除已损坏的砌体，挑选能重新使用的旧砖件、清理、码放。

定额编号				2-24	2-25	2-26
项　目				拆方砖心	花瓦心拆除	方砖博缝、挂落拆除
计量单位				m^2		m
基价（元）				**19.44**	**12.96**	**12.96**
其中	人工费（元）			19.44	12.96	12.96
	材料费（元）			—	—	—
	机械费（元）			—	—	—
名　称		单位	单价（元）	消耗量		
人工	二类人工	工日	135.00	0.144	0.096	0.096

工作内容:拆除已损坏的砌体,挑选能重新使用的旧砖件、清理、码放。 计量单位:m

定额编号				2-27	2-28
项目				直檐、鸡嗉檐拆除	五层以下冰盘檐拆除
基价(元)				**8.64**	**12.96**
其中	人工费(元)			8.64	12.96
	材料费(元)			—	—
	机械费(元)			—	—
名称		单位	单价(元)	消耗量	
人工	二类人工	工日	135.00	0.064	0.096

第二节 整 修

一、墙 体 类

工作内容:调制灰浆、打扫清理、打点。墁干活还包括打磨墙面。 计量单位:m^2

定额编号				2-29	2-30	2-31	2-32	2-33	2-34
项目				刷浆打点		墁干活			细砌墙面清理
				墙面	冰盘檐	干摆墙	淌白墙	素冰盘檐	
基价(元)				**31.51**	**43.86**	**83.70**	**41.85**	**117.49**	**99.98**
其中	人工费(元)			29.14	40.77	83.70	41.85	117.49	99.98
	材料费(元)			2.37	3.09	—	—	—	—
	机械费(元)			—	—	—	—	—	—
名称		单位	单价(元)	消耗量					
人工	三类人工	工日	155.00	0.188	0.263	0.540	0.270	0.758	0.645
材料	生石灰	kg	0.30	1.500	2.220	—	—	—	—
	青灰	kg	2.00	0.800	0.890	—	—	—	—
	麻刀	kg	2.76	0.060	0.130	—	—	—	—
	骨胶	kg	11.21	0.010	0.020	—	—	—	—
	其他材料费	元	1.00	0.05	0.06	—	—	—	—

工作内容：剔除残损旧砖、砖洞的清理、浸水、新砖件的砍磨加工、浸水、填灰、砌筑、加铁楔片及刷浆打点。

计量单位：块

定额编号				2-35	2-36	2-37	2-38	2-39	2-40
项　　目				墙面剔补					
				尺三条砖		尺二条砖		方砖墙面	
				5 块以内	5 块以外	5 块以内	5 块以外	5 块以内	5 块以外
基价（元）				**109.67**	**100.37**	**93.28**	**83.98**	**121.80**	**113.35**
其中	人工费（元）			69.75	60.45	69.75	60.45	87.27	79.05
	材料费（元）			39.61	39.61	23.27	23.27	34.13	33.90
	机械费（元）			0.31	0.31	0.26	0.26	0.40	0.40
名　　称		单位	单价（元）	消　耗　量					
人工	三类人工	工日	155.00	0.450	0.390	0.450	0.390	0.563	0.510
材料	尺三条砖 416×208×80（1.3 尺 ×6.5 寸 ×2.5 寸）	块	33.98	1.130	1.130	—	—	—	—
	尺二条砖 384×192×64（1.2 尺 ×6 尺 ×2 寸）	块	19.80	—	—	1.130	1.130	—	—
	方砖 384×384×64（1.2 尺 ×1.2 尺 ×2 寸）	块	29.22	—	—	—	—	1.130	1.130
	白灰浆	m^3	220.00	0.002	0.002	0.002	0.002	0.002	0.001
	其他材料费	元	1.00	0.78	0.78	0.46	0.46	0.67	0.66
机械	切砖机 2.8kW	台班	28.43	0.011	0.011	0.009	0.009	0.014	0.014

工作内容:剔除残损旧砖、挑选砖料并砍制加工、清理基层、调制灰浆、摆砌、打点。 计量单位:块

定额编号				2-41	2-42	2-43	2-44
项目				干摆墙面剔补			
				大城砖	二样城砖	大停泥砖	小停泥砖
基价(元)				**141.65**	**117.21**	**109.94**	**51.00**
其中	人工费(元)			93.47	83.08	73.94	41.85
	材料费(元)			47.87	33.82	35.74	8.89
	机械费(元)			0.31	0.31	0.26	0.26
名称		单位	单价(元)	消耗量			
人工	三类人工	工日	155.00	0.603	0.536	0.477	0.270
材料	大城砖 480×240×128	块	34.51	1.130	—	—	—
	二样城砖 448×224×112	块	28.76	—	1.130	—	—
	大停泥砖 416×208×80	块	30.62	—	—	1.130	—
	小停泥砖 288×144×64	块	7.52	—	—	—	1.130
	素白灰浆	m^3	220.36	0.036	0.003	0.002	0.001
	其他材料费	元	1.00	0.94	0.66	0.70	0.17
机械	切砖机 2.8kW	台班	28.43	0.011	0.011	0.009	0.009

工作内容：剔除残损旧砖、挑选砖料并砍制加工、清理基层、调制灰浆、摆砌、打点。　　**计量单位：**块

定额编号				2-45	2-46	2-47	2-48	2-49
项　目				淌白墙剔补				
				大城砖	二样城砖	大停泥砖	地趴砖	小停泥砖
基价（元）				**85.65**	**74.31**	**70.75**	**58.97**	**31.43**
其中	人工费（元）			43.09	38.60	33.17	31.47	20.93
	材料费（元）			42.25	35.40	37.32	27.24	10.24
	机械费（元）			0.31	0.31	0.26	0.26	0.26
名　称		单位	单价（元）	消　耗　量				
人工	三类人工	工日	155.00	0.278	0.249	0.214	0.203	0.135
材料	大城砖 480×240×128	块	34.51	1.130	—	—	—	—
	二样城砖 448×224×112	块	28.76	—	1.130	—	—	—
	大停泥砖 416×208×80	块	30.62	—	—	1.130	—	—
	地趴砖 384×192×96	块	21.68	—	—	—	1.130	—
	小停泥砖 288×144×64	块	7.52	—	—	—	—	1.130
	素白灰浆	m^3	220.36	0.011	0.010	0.009	0.010	0.007
	其他材料费	元	1.00	0.83	0.69	0.73	0.53	0.20
机械	切砖机 2.8kW	台班	28.43	0.011	0.011	0.009	0.009	0.009

工作内容:剔除残损旧砖、挑选砖料并砍制加工、清理基层、调制灰浆、摆砌、打点。　　**计量单位:**块

定额编号				2-50	2-51	2-52	2-53	2-54
项　目				糙砌墙面剔补				
				大城砖	二样城砖	大停泥砖	地趴砖	小停泥砖
基价(元)				**76.72**	**66.20**	**63.05**	**49.48**	**31.45**
其中	人工费(元)			38.44	34.41	29.76	25.58	18.60
	材料费(元)			38.28	31.79	33.29	23.90	12.85
	机械费(元)			—	—	—	—	—
名　称		单位	单价(元)	消　耗　量				
人工	三类人工	工日	155.00	0.248	0.222	0.192	0.165	0.120
材料	大城砖 480×240×128	块	34.51	1.030	—	—	—	—
	二样城砖 448×224×112	块	28.76	—	1.030	—	—	—
	大停泥砖 416×208×80	块	30.62	—	—	1.030	—	—
	地趴砖 384×192×96	块	21.68	—	—	—	1.030	—
	小停泥砖 288×144×64	块	7.52	—	—	—	—	1.030
	素白灰浆	m^3	220.36	0.009	0.007	0.005	0.005	0.022
	其他材料费	元	1.00	0.75	0.62	0.65	0.47	0.25

工作内容：支顶、单元分割、捆绑、拔馅砖的保护、吊卸、码放、调制灰浆、重新砌筑及刷浆打点。　　**计量单位：**m^2

定额编号				2-55	2-56	2-57	2-58
项　目				大片拆砌			
				尺三条砖		尺二条砖	
				30块以内为一单元	30块以外为一单元	30块以内为一单元	30块以外为一单元
基价（元）				**1 052.49**	**1 076.33**	**924.55**	**948.84**
其中	人工费（元）			709.13	732.38	651.00	674.25
	材料费（元）			342.08	342.59	272.21	273.23
	机械费（元）			1.28	1.36	1.34	1.36
名　称		单位	单价（元）	消　耗　量			
人工	三类人工	工日	155.00	4.575	4.725	4.200	4.350
材料	尺三条砖 416×208×80（1.3尺×6.5寸×2.5寸）	块	33.98	9.465	9.465	—	—
	尺二条砖 384×192×64（1.2尺×6尺×2寸）	块	19.80	—	—	12.817	12.817
	白灰浆	m^3	220.00	0.046	0.047	0.043	0.045
	老浆灰	m^3	279.59	0.013	0.014	0.013	0.015
	其他材料费	元	1.00	6.71	6.72	5.34	5.36
机械	切砖机 2.8kW	台班	28.43	0.045	0.048	0.047	0.048

工作内容:支顶、拆除已损坏的旧砌体、整理码放、剔咬接砖渣、清理基层、砍磨加工、浸水、填灰砌筑、刷浆打点。

定额编号				2-59	2-60	2-61	2-62	2-63
项目				细砖墙局部拆砌			糙砖墙局部拆砌	
				尺三条砖	尺二条砖	尺二方砖	尺三条砖	尺二条砖
计量单位				m^2			m^3	
基价(元)				**835.36**	**810.90**	**950.70**	**1 826.60**	**1 610.84**
其中	人工费(元)			490.58	534.75	558.00	327.83	333.72
	材料费(元)			342.08	273.11	389.66	1 498.77	1 277.12
	机械费(元)			2.70	3.04	3.04	—	—
名称		单位	单价(元)	消耗量				
人工	三类人工	工日	155.00	3.165	3.450	3.600	2.115	2.153
材料	尺三条砖 416×208×80(1.3尺 ×6.5寸 ×2.5寸)	块	33.98	9.465	—	—	42.116	—
	尺二条砖 384×192×64(1.2尺 ×6尺 ×2寸)	块	19.80	—	12.817	—	—	60.914
	方砖 384×384×64(1.2尺 ×1.2尺 ×2寸)	块	29.22	—	—	12.814	—	—
	白灰浆	m^3	220.00	0.046	0.047	0.018	0.174	0.209
	老浆灰	m^3	279.59	0.013	0.013	0.013	—	—
	其他材料费	元	1.00	6.71	5.36	7.64	29.39	25.04
机械	切砖机 2.8kW	台班	28.43	0.095	0.107	0.107	—	—

工作内容：必要支顶、拆除、挑选整理旧砖件、清理基层、剔接碴、添配部分新砖、砖料砍制加工、调制灰浆、挂线、重新砌筑、背塞、灌浆、打点。

计量单位：m^2

定额编号				2-64	2-65	2-66	2-67	2-68
项　目				淌白墙面拆砌				
				大城砖	二样城砖	大停泥砖	地趴砖	小停泥砖
基价（元）				**478.28**	**494.13**	**663.35**	**469.35**	**480.98**
其中	人工费（元）			256.68	267.84	311.09	261.80	320.85
	材料费（元）			219.89	224.19	349.67	205.39	155.52
	机械费（元）			1.71	2.10	2.59	2.16	4.61
名　称		单位	单价（元）	消　耗　量				
人工	三类人工	工日	155.00	1.656	1.728	2.007	1.689	2.070
材料	大城砖 480×240×128	块	34.51	6.020	—	—	—	—
	二样城砖 448×224×112	块	28.76	—	7.380	—	—	—
	大停泥砖 416×208×80	块	30.62	—	—	10.940	—	—
	地趴砖 384×192×96	块	21.68	—	—	—	9.159	—
	小停泥砖 288×144×64	块	7.52	—	—	—	—	19.420
	老浆灰	m^3	279.59	0.028	0.027	0.028	0.010	0.023
	其他材料费	元	1.00	4.31	4.40	6.86	4.03	3.05
机械	切砖机 2.8kW	台班	28.43	0.060	0.074	0.091	0.076	0.162

工作内容: 必要支顶、拆除、挑选整理旧砖件、清理基层、剔接碴、添配部分新砖、调制灰浆、挂线、重新砌筑、打点。

计量单位:m^3

定额编号				2-69	2-70	2-71	2-72	2-73	2-74
项目				糙砖墙拆砌					
				大城砖	二样城砖	大停泥砖	地趴砖	大开条砖	蓝四丁砖
基价(元)				**949.24**	**1 011.03**	**1 530.78**	**1 165.64**	**878.38**	**1 045.69**
其中	人工费(元)			283.65	295.28	327.83	311.55	412.77	494.14
	材料费(元)			665.59	715.75	1 202.95	854.09	465.61	551.55
	机械费(元)			—	—	—	—	—	—
名称		单位	单价(元)	消耗量					
人工	三类人工	工日	155.00	1.830	1.905	2.115	2.010	2.663	3.188
材料	大城砖 480×240×128	块	34.51	17.970	—	—	—	—	—
	二样城砖 448×224×112	块	28.76	—	23.150	—	—	—	—
	大停泥砖 416×208×80	块	30.62	—	—	37.300	—	—	—
	地趴砖 384×192×96	块	21.68	—	—	—	37.027	—	—
	大开条砖 260×130×50	块	4.34	—	—	—	—	95.990	—
	蓝四丁砖 240×115×53	块	3.01	—	—	—	—	—	162.150
	素白灰浆	m^3	220.36	0.147	0.163	0.169	0.157	0.181	0.239
	其他材料费	元	1.00	13.05	14.03	23.59	16.75	9.13	10.81

二、砖 塔 类

工作内容：1. 剔除残损旧砖、砖洞的清理、浸水、新砖件的砍磨加工、浸水、填灰、砌筑、加铁楔片及刷浆打点。

2. 支顶、拆除已损坏的旧砌体、整理码放、剔咬接砖渣、清理基层、砍磨加工、浸水、填灰砌筑、刷浆打点。

定额编号				2-75	2-76	2-77	2-78	2-79	2-80
项目				须弥座		倚柱、门楣、由额、阑额、普拍枋等		槫、角梁、生头木	
				剔补	拆砌(单层)	剔补	拆砌	剔补	拆砌
计量单位				块	m	块			
基价(元)				**115.56**	**138.18**	**112.00**	**60.29**	**114.32**	**57.96**
其中	人工费(元)			75.64	111.14	72.08	48.83	74.40	46.50
	材料费(元)			39.61	26.81	39.61	11.37	39.61	11.37
	机械费(元)			0.31	0.23	0.31	0.09	0.31	0.09
名称		单位	单价(元)	消耗量					
人工	三类人工	工日	155.00	0.488	0.717	0.465	0.315	0.480	0.300
材料	尺三条砖 416×208×80(1.3尺 ×6.5寸 ×2.5寸)	块	33.98	1.130	0.754	1.130	0.315	1.130	0.315
	白灰浆	m^3	220.00	0.002	0.003	0.002	0.002	0.002	0.002
	其他材料费	元	1.00	0.78	0.53	0.78	0.22	0.78	0.22
机械	切砖机 2.8kW	台班	28.43	0.011	0.008	0.011	0.003	0.011	0.003

工作内容:1. 剔除残损旧砖、砖洞的清理、浸水、新砖件的砍磨加工、浸水、填灰、砌筑、加铁楔片及刷浆打点。

2. 支顶、拆除已损坏的旧砌体、整理码放、剔咬接砖渣、清理基层、砍磨加工、浸水、填灰砌筑、刷浆打点。

定额编号				2-81	2-82	2-83	2-84	2-85	2-86
项目				椽飞		砖檐		砖平作	
				剔补	拆砌	剔补	拆砌	剔补	拆砌
计量单位				块	m	块	m	块	m
基价(元)				**98.05**	**202.54**	**103.94**	**167.66**	**103.94**	**214.16**
其中	人工费(元)			58.13	174.38	64.02	139.50	64.02	186.00
	材料费(元)			39.61	27.93	39.61	27.93	39.61	27.93
	机械费(元)			0.31	0.23	0.31	0.23	0.31	0.23
名称		单位	单价(元)	消耗量					
人工	三类人工	工日	155.00	0.375	1.125	0.413	0.900	0.413	1.200
材料	尺三条砖 416×208×80(1.3尺×6.5寸×2.5寸)	块	33.98	1.130	0.754	1.130	0.754	1.130	0.754
	白灰浆	m^3	220.00	0.002	0.008	0.002	0.008	0.002	0.008
	其他材料费	元	1.00	0.78	0.55	0.78	0.55	0.78	0.55
机械	切砖机 2.8kW	台班	28.43	0.011	0.008	0.011	0.008	0.011	0.008

工作内容:1. 剔除残损旧砖、砖洞的清理、浸水、新砖件的砍磨加工、浸水、填灰、砌筑、加铁楔片及刷浆打点。

2. 支顶、拆除已损坏的旧砌体、整理码放、剔咬接砖渣、清理基层、砍磨加工、浸水、填灰砌筑、刷浆打点。

计量单位:块

定额编号				2-87	2-88	2-89	2-90	2-91	2-92
项目				覆钵		受花		砖相轮	
				剔补	拆砌	剔补	拆砌	剔补	拆砌
基价(元)				**103.94**	**63.85**	**151.52**	**57.96**	**139.90**	**67.26**
其中	人工费(元)			64.02	52.39	111.60	46.50	99.98	55.80
	材料费(元)			39.61	11.37	39.61	11.37	39.61	11.37
	机械费(元)			0.31	0.09	0.31	0.09	0.31	0.09
名称		单位	单价(元)	消耗量					
人工	三类人工	工日	155.00	0.413	0.338	0.720	0.300	0.645	0.360
材料	尺三条砖 416×208×80(1.3尺×6.5寸×2.5寸)	块	33.98	1.130	0.315	1.130	0.315	1.130	0.315
	白灰浆	m^3	220.00	0.002	0.002	0.002	0.002	0.002	0.002
	其他材料费	元	1.00	0.78	0.22	0.78	0.22	0.78	0.22
机械	切砖机 2.8kW	台班	28.43	0.011	0.003	0.011	0.003	0.011	0.003

工作内容：1. 剔除残损旧砖、砖洞的清理、浸水、新砖件的砍磨加工、浸水、填灰、砌筑、加铁楔片及刷浆打点。
2. 支顶、拆除已损坏的旧砌体、整理码放、剔咬接砖渣、清理基层、砍磨加工、浸水、填灰砌筑、刷浆打点。

计量单位：块

定额编号				2-93	2-94	2-95
项目				火焰宝珠		砖铺作剔补
				剔补	拆砌	
基价（元）				**139.90**	**67.26**	**137.57**
其中	人工费（元）			99.98	55.80	97.65
	材料费（元）			39.61	11.37	39.61
	机械费（元）			0.31	0.09	0.31
名称		单位	单价（元）	消耗量		
人工	三类人工	工日	155.00	0.645	0.360	0.630
材料	尺三条砖 416×208×80（1.3 尺 ×6.5 寸 ×2.5 寸）	块	33.98	1.130	0.315	1.130
	白灰浆	m^3	220.00	0.002	0.002	0.002
	其他材料费	元	1.00	0.78	0.22	0.78
机械	切砖机 2.8kW	台班	28.43	0.011	0.003	0.011

工作内容：支顶、拆除已损坏的旧砌体、整理码放、剔咬接砖渣、清理基层、砍磨加工、浸水、填灰砌筑、刷浆打点。

计量单位：朵

定额编号				2-96	2-97	2-98	2-99
项目				补间、柱头铺作拆砌			
				斗口跳	把头绞项造	四铺作	五铺作
基价（元）				**444.06**	**392.60**	**1 571.78**	**2 127.89**
其中	人工费（元）			323.80	309.69	1 339.98	1 803.12
	材料费（元）			117.56	82.34	230.18	322.61
	机械费（元）			2.70	0.57	1.62	2.16
名称		单位	单价（元）	消耗量			
人工	三类人工	工日	155.00	2.089	1.998	8.645	11.633
材料	尺三条砖 416×208×80（1.3 尺 ×6.5 寸 ×2.5 寸）	块	33.98	2.835	1.890	5.670	7.560
	白灰浆	m^3	220.00	0.086	0.075	0.150	0.270
	其他材料费	元	1.00	2.31	1.61	4.51	6.33
机械	切砖机 2.8kW	台班	28.43	0.095	0.020	0.057	0.076

工作内容:支顶、拆除已损坏的旧砌体、整理码放、剔咬接砖渣、清理基层、砍磨加工、浸水、填灰砌筑、刷浆打点。

计量单位:朵

定额编号					2-100	2-101	2-102	2-103
项目					转角铺作拆砌			
					斗口跳	把头绞项造	四铺作	五铺作
基价(元)					**766.86**	**651.19**	**2 557.22**	**3 479.63**
其中	人工费(元)				485.62	464.54	2 010.04	2 704.75
	材料费(元)				279.16	185.31	543.14	769.51
	机械费(元)				2.08	1.34	4.04	5.37
名称		单位	单价(元)		消耗量			
人工	三类人工	工日	155.00		3.133	2.997	12.968	17.450
材料	尺三条砖416×208×80(1.3尺×6.5寸×2.5寸)	块	33.98		7.245	4.725	14.175	18.900
	白灰浆	m^3	220.00		0.125	0.096	0.231	0.510
	其他材料费	元	1.00		5.47	3.63	10.65	15.09
机械	切砖机2.8kW	台班	28.43		0.073	0.047	0.142	0.189

三、水道、卷輂、副子、踏道、象眼、慢道

工作内容：1. 剔除残损旧砖、砖洞的清理、浸水、新砖件的砍磨加工、浸水、填灰、砌筑、加铁楔片及刷浆打点。

2. 支顶、拆除已损坏的旧砌体、整理码放、剔咬接砖渣、清理基层、砍磨加工、浸水、填灰砌筑。

定额编号				2-104	2-105	2-106	2-107	2-108	2-109
项目				卷輂			城壁水道		
				剔补		拆砌	剔补		拆砌
				5块以内	5块以外		5块以内	5块以外	
计量单位				块		m^3	块		m^3
基价（元）				**134.01**	**129.36**	**2 563.40**	**128.74**	**124.24**	**2 507.29**
其中	人工费（元）			94.09	89.44	934.19	88.82	84.32	878.08
	材料费（元）			39.61	39.61	1 616.27	39.61	39.61	1 616.27
	机械费（元）			0.31	0.31	12.94	0.31	0.31	12.94
名称		单位	单价（元）	消耗量					
人工	三类人工	工日	155.00	0.607	0.577	6.027	0.573	0.544	5.665
材料	尺三条砖 416×208×80（1.3尺×6.5寸×2.5寸）	块	33.98	1.130	1.130	45.506	1.130	1.130	45.506
	白灰浆	m^3	220.00	0.002	0.002	0.174	0.002	0.002	0.174
	其他材料费	元	1.00	0.78	0.78	31.69	0.78	0.78	31.69
机械	切砖机 2.8kW	台班	28.43	0.011	0.011	0.455	0.011	0.011	0.455

工作内容: 1. 剔除残损旧砖、砖洞的清理、浸水、新砖件的砍磨加工、浸水、填灰、砌筑、加铁楔片及刷浆打点。
2. 支顶、拆除已损坏的旧砌体、整理码放、剔咬接砖渣、清理基层、砍磨加工、浸水、填灰砌筑、刷浆打点。

定额编号				2-110	2-111	2-112
项目				慢道(坡道)面砖		
				剔补		拆砌
				5 块以内	5 块以外	
计量单位				块		m^2
基价(元)				**113.86**	**101.61**	**662.25**
其中	人工费(元)			73.94	61.69	314.81
	材料费(元)			39.61	39.61	344.71
	机械费(元)			0.31	0.31	2.73
名称		单位	单价(元)	消耗量		
人工	三类人工	工日	155.00	0.477	0.398	2.031
材料	尺三条砖 416×208×80(1.3尺 ×6.5寸 ×2.5寸)	块	33.98	1.130	1.130	9.609
	白灰浆	m^3	220.00	0.002	0.002	0.052
	其他材料费	元	1.00	0.78	0.78	6.76
机械	切砖机 2.8kW	台班	28.43	0.011	0.011	0.096

工作内容：调制灰浆、挑选砖料、砖料的砍磨加工、浸水、铺灰摆砌、勾（抹）砖缝、墁水活打点。

定额编号				2-113	2-114	2-115	2-116
项目				细砖副子（垂带）		糙砖副子（垂带）	
				剔补	拆砌	剔补	拆砌
计量单位				块	m^2	块	m^2
基价（元）				**78.05**	**563.39**	**66.43**	**426.01**
其中	人工费（元）			38.13	401.76	26.82	307.52
	材料费（元）			39.61	160.35	39.61	118.49
	机械费（元）			0.31	1.28	—	—
名称		单位	单价（元）	消耗量			
人工	三类人工	工日	155.00	0.246	2.592	0.173	1.984
材料	尺三条砖 416×208×80（1.3尺×6.5寸×2.5寸）	块	33.98	1.130	4.497	1.130	3.315
	白灰浆	m^3	220.00	0.002	0.020	0.002	0.016
	其他材料费	元	1.00	0.78	3.14	0.78	2.32
机械	切砖机 2.8kW	台班	28.43	0.011	0.045	—	—

工作内容：调制灰浆、挑选砖料、砖料的砍磨加工、浸水、铺灰摆砌、勾（抹）砖缝、墁水活打点。

定额编号				2-117	2-118	2-119	2-120
项目				细砖踏道（踏步台阶）		糙砖踏道（踏步台阶）	
				剔补	拆砌	剔补	拆砌
计量单位				块	m^2	块	m^2
基价（元）				**59.85**	**500.65**	**48.54**	**467.24**
其中	人工费（元）			36.27	382.70	25.27	311.09
	材料费（元）			23.27	116.41	23.27	156.15
	机械费（元）			0.31	1.54	—	—
名称		单位	单价（元）	消耗量			
人工	三类人工	工日	155.00	0.234	2.469	0.163	2.007
材料	尺二条砖 384×192×64（1.2尺×6尺×2寸）	块	19.80	1.130	5.442	1.130	4.365
	白灰浆	m^3	220.00	0.002	0.029	0.002	0.303
	其他材料费	元	1.00	0.46	2.28	0.46	3.06
机械	切砖机 2.8kW	台班	28.43	0.011	0.054	—	—

工作内容:调制灰浆、挑选砖料、砖料的砍磨加工、浸水、铺灰摆砌、勾(抹)砖缝、墁水活打点。

定额编号				2-121	2-122	2-123	2-124
项目				细砖象眼(菱角石)		糙砖象眼(菱角石)	
				剔补	拆砌	剔补	拆砌
计量单位				块	m^2	块	m^2
基价(元)				**123.62**	**984.58**	**89.52**	**748.61**
其中	人工费(元)			83.70	637.67	49.91	404.40
	材料费(元)			39.61	344.21	39.61	344.21
	机械费(元)			0.31	2.70	—	—
名称		单位	单价(元)	消耗量			
人工	三类人工	工日	155.00	0.540	4.114	0.322	2.609
材料	尺三条砖 416×208×80(1.3尺×6.5寸×2.5寸)	块	33.98	1.130	9.465	1.130	9.465
	白灰浆	m^3	220.00	0.002	0.072	0.002	0.072
	其他材料费	元	1.00	0.78	6.75	0.78	6.75
机械	切砖机 2.8kW	台班	28.43	0.011	0.095	—	—

四、花瓦心、方砖心、博缝、挂落、砖檐等

工作内容：剔除残损旧砖、挑选砖料并砍制加工、清理基层、调制灰浆、摆砌、打点。　　　　**计量单位**：块

定额编号				2-125	2-126	2-127	2-128	2-129	2-130
项　目				方砖心剔补		柱子、箍头枋、上下槛、立八字、线枋子剔补	门窗贴脸砖剔补	透风砖剔补	
				尺二方砖	尺四方砖			大停泥砖	小停泥砖
基价(元)				**130.29**	**253.82**	**81.69**	**336.17**	**536.81**	**338.37**
其中	人工费(元)			94.86	99.05	72.54	259.47	500.81	329.22
	材料费(元)			35.03	154.37	8.89	76.50	35.74	8.89
	机械费(元)			0.40	0.40	0.26	0.20	0.26	0.26
名　称		单位	单价(元)	消　耗　量					
人工	三类人工	工日	155.00	0.612	0.639	0.468	1.674	3.231	2.124
材料	尺二方砖 384×384×64(1.2尺 ×1.2尺 ×2寸)	块	30.00	1.130	—	—	—	—	—
	尺四方砖 448×448×64	块	133.54	—	1.130	—	0.560	—	—
	大停泥砖 416×208×80	块	30.62	—	—	—	—	1.130	—
	小停泥砖 288×144×64	块	7.52	—	—	1.130	—	—	1.130
	素白灰浆	m^3	220.36	0.002	0.002	0.001	0.001	0.002	0.001
	其他材料费	元	1.00	0.69	3.03	0.17	1.50	0.70	0.17
机械	切砖机 2.8kW	台班	28.43	0.014	0.014	0.009	0.007	0.009	0.009

工作内容:剔除残损旧砖、挑选砖料并砍制加工、清理基层、调制灰浆、摆砌、打点。

计量单位:块

定额编号				2-131	2-132	2-133	2-134
项目				戗檐砖、博缝砖、博缝砖补换		挂落砖补换	
				尺二方砖	尺四方砖	尺二方砖	尺四方砖
基价(元)				147.27	280.56	128.63	259.60
其中	人工费(元)			111.60	125.55	93.00	104.63
	材料费(元)			35.27	154.61	35.23	154.57
	机械费(元)			0.40	0.40	0.40	0.40
名称		单位	单价(元)	消耗量			
人工	三类人工	工日	155.00	0.720	0.810	0.600	0.675
材料	尺二方砖 384×384×64(1.2尺×1.2尺×2寸)	块	30.00	1.130	—	1.130	—
	尺四方砖 448×448×64	块	133.54	—	1.130	—	1.130
	深月白中麻刀灰	m^3	338.83	0.002	0.002	—	—
	深月白小麻刀灰	m^3	320.61	—	—	0.002	0.002
	其他材料费	元	1.00	0.69	3.03	0.69	3.03
机械	切砖机 2.8kW	台班	28.43	0.014	0.014	0.014	0.014

工作内容:必要支顶、拆除、挑选整理旧瓦件、清理基层、添配部分新瓦、样瓦、调制灰浆、挂线、重新摆砌、打点。

计量单位:m^2

定额编号				2-135	2-136	2-137	2-138
项目				花瓦心拆砌			
				板瓦	筒瓦	鱼鳞瓦	板瓦、筒瓦混用
				3#			
基价(元)				706.12	1 075.87	656.44	1 078.63
其中	人工费(元)			669.60	909.08	615.04	989.37
	材料费(元)			36.52	166.79	41.40	89.26
	机械费(元)			—	—	—	—
名称		单位	单价(元)	消耗量			
人工	三类人工	工日	155.00	4.320	5.865	3.968	6.383
材料	中蝴蝶瓦(盖)180×180×13	100张	65.52	0.531	—	0.604	0.315
	筒瓦 3# 120×220	100张	208.00	—	0.778	—	0.315
	深月白中麻刀灰	m^3	338.83	0.003	0.005	0.003	0.004
	其他材料费	元	1.00	0.72	3.27	0.81	1.75

工作内容： 必要支顶、拆除、挑选整理旧砖件、清理基层、剔接碴、添配部分新砖、砖料砍制加工、调制灰浆、挂线、重新砌筑、背塞、灌浆、打点。

定额编号				2-139	2-140	2-141	2-142
项　目				方砖心拆砌		梢子拆砌	
				尺二方砖	尺四方砖	尺二方砖	尺四方砖
计量单位				m^2		份	
基价（元）				**508.04**	**682.12**	**447.50**	**761.29**
其中	人工费（元）			407.34	378.05	373.86	458.96
	材料费（元）			99.56	303.27	71.88	300.31
	机械费（元）			1.14	0.80	1.76	2.02
名　称		单位	单价（元）	消　耗　量			
人工	三类人工	工日	155.00	2.628	2.439	2.412	2.961
材料	尺二方砖 384×384×64（1.2尺 ×1.2尺 ×2寸）	块	30.00	3.180	—	1.530	—
	尺四方砖 448×448×64	块	133.54	—	2.210	—	1.700
	小停泥砖 288×144×64	块	7.52	—	—	—	8.480
	蓝四丁砖 240×115×53	块	3.01	—	—	7.420	—
	素白灰浆	m^3	220.36	0.010	0.010	—	—
	老浆灰	m^3	279.59	—	—	0.008	0.013
	其他材料费	元	1.00	1.95	5.95	1.41	5.89
机械	切砖机 2.8kW	台班	28.43	0.040	0.028	0.062	0.071

工作内容: 必要支顶、拆除、挑选整理旧砖件、清理基层、剔接碴、添配部分新砖、砖料砍制加工、调制灰浆、挂线、重新砌筑、背塞、灌浆、苫小背、打点。

计量单位:m

	定额编号			2-143	2-144	2-145	2-146
	项目			干摆博缝拆砌		挂落砖拆砌	
				尺二方砖	尺四方砖	尺二方砖	尺四方砖
	基价(元)			**201.57**	**278.17**	**137.02**	**224.25**
其中	人工费(元)			141.83	136.25	104.63	105.87
	材料费(元)			59.17	141.35	32.05	118.07
	机械费(元)			0.57	0.57	0.34	0.31
	名称	单位	单价(元)	消耗量			
人工	三类人工	工日	155.00	0.915	0.879	0.675	0.683
材料	尺二方砖 384×384×64(1.2尺 ×1.2尺 ×2寸)	块	30.00	0.970	—	0.970	—
	尺四方砖 448×448×64	块	133.54	—	0.820	—	0.850
	小停泥砖 288×144×64	块	7.52	2.390	2.420	—	—
	深月白中麻刀灰	m^3	338.83	0.030	0.030	—	—
	深月白小麻刀灰	m^3	320.61	—	—	0.004	0.004
	镀锌铁丝 10#	kg	5.38	0.090	0.080	—	—
	圆钉	kg	4.74	0.060	0.060	—	—
	铁件 综合	kg	6.90	—	—	0.150	0.140
	其他材料费	元	1.00	1.16	2.77	0.63	2.32
机械	切砖机 2.8kW	台班	28.43	0.020	0.020	0.012	0.011

工作内容：必要支顶、拆除、挑选整理旧砖件、清理基层、剔接碴、添配部分新砖、砖料砍制加工、调制灰浆、挂线、重新砌筑、背塞、灌浆、打点。

计量单位：m

定额编号				2-147	2-148	2-149	2-150
项　目				直檐、半混、炉口、枭、盖板拆砌			
				二样城砖	小停泥砖	尺二方砖	尺四方砖
基价（元）				**80.10**	**47.14**	**63.73**	**114.68**
其中	人工费（元）			47.43	33.48	40.46	30.69
	材料费（元）			32.36	13.26	23.01	83.76
	机械费（元）			0.31	0.40	0.26	0.23
名　称		单位	单价（元）	消　耗　量			
人工	三类人工	工日	155.00	0.306	0.216	0.261	0.198
材料	二样城砖 448×224×112	块	28.76	1.080	—	—	—
	小停泥砖 288×144×64	块	7.52	—	1.670	—	—
	尺二方砖 384×384×64（1.2尺×1.2尺×2寸）	块	30.00	—	—	0.730	—
	尺四方砖 448×448×64	块	133.54	—	—	—	0.610
	素白灰浆	m^3	220.36	0.003	0.002	0.003	0.003
	其他材料费	元	1.00	0.63	0.26	0.45	1.64
机械	切砖机 2.8kW	台班	28.43	0.011	0.014	0.009	0.008

第三节 砌 筑

一、墙体类、门窗

工作内容:调制灰浆、挑选砖料、砖料的砍磨加工、浸水、挂线、铺灰摆砌、勾(抹)砖缝、墁水活打点。 计量单位:m^2

定额编号				2-151	2-152	2-153	2-154
项目				细砌			
				平砌			
				尺三条砖		尺二条砖	
				一顺一丁	三顺一丁	一顺一丁	三顺一丁
基价(元)				**2 558.99**	**2 294.19**	**2 296.80**	**2 045.43**
其中	人工费(元)			755.63	727.73	785.85	753.30
	材料费(元)			1 788.58	1 553.67	1 489.88	1 277.06
	机械费(元)			14.78	12.79	21.07	15.07
名称		单位	单价(元)	消耗量			
人工	三类人工	工日	155.00	4.875	4.695	5.070	4.860
材料	尺三条砖 416×208×80(1.3尺×6.5寸×2.5寸)	块	33.98	51.830	45.050	—	—
	尺二条砖 384×192×64(1.2尺×6尺×2寸)	块	19.80	—	—	74.090	63.570
	白灰浆	m^3	220.00	0.037	0.027	0.030	0.019
	打点灰	m^3	386.24	0.004	0.004	0.004	0.004
	其他材料费	元	1.00	17.71	15.38	14.75	12.64
机械	切砖机 2.8kW	台班	28.43	0.520	0.450	0.741	0.530

工作内容：调制灰浆、挑选砖料、砖料的砍磨加工、浸水、挂线、铺灰摆砌、勾（抹）砖缝、墁水活打点。　**计量单位**：m^2

定额编号				2-155	2-156	2-157	2-158
项　目				细砌			
				露龈砌			
				尺三条砖		尺二条砖	
				一顺一丁	三顺一丁	一顺一丁	三顺一丁
基价（元）				**2 520.70**	**2 252.34**	**2 253.75**	**2 007.15**
其中	人工费（元）			717.34	685.88	746.33	715.02
	材料费（元）			1 788.58	1 553.67	1 489.88	1 277.06
	机械费（元）			14.78	12.79	17.54	15.07
名　称		单位	单价（元）	消　耗　量			
人工	三类人工	工日	155.00	4.628	4.425	4.815	4.613
材料	尺三条砖 416×208×80（1.3尺 ×6.5寸 ×2.5寸）	块	33.98	51.830	45.050	—	—
	尺二条砖 384×192×64（1.2尺 ×6尺 ×2寸）	块	19.80	—	—	74.090	63.570
	白灰浆	m^3	220.00	0.037	0.027	0.030	0.019
	打点灰	m^3	386.24	0.004	0.004	0.004	0.004
	其他材料费	元	1.00	17.71	15.38	14.75	12.64
机械	切砖机 2.8kW	台班	28.43	0.520	0.450	0.617	0.530

工作内容:调制灰浆、挑选砖料、砖料的砍磨加工、浸水、挂线、铺灰摆砌、勾(抹)砖缝、墁水活打点。 **计量单位:**m³

定额编号				2-159	2-160	2-161	2-162
项目				糙砌			
				平砌			
				尺三条砖		尺二条砖	
				一顺一丁	三顺一丁	一顺一丁	三顺一丁
基价(元)				**5 115.78**	**4 557.67**	**4 318.65**	**3 844.05**
其中	人工费(元)			158.10	139.50	169.73	154.69
	材料费(元)			4 957.68	4 418.17	4 148.92	3 689.36
	机械费(元)			—	—	—	—
名称		单位	单价(元)	消耗量			
人工	三类人工	工日	155.00	1.020	0.900	1.095	0.998
材料	尺三条砖 416×208×80(1.3尺×6.5寸×2.5寸)	块	33.98	143.510	127.790	—	—
	尺二条砖 384×192×64(1.2尺×6尺×2寸)	块	19.80	—	—	205.600	182.620
	白灰浆	m³	220.00	0.146	0.146	0.168	0.168
	其他材料费	元	1.00	49.09	43.74	41.08	36.53

工作内容:调制灰浆、挑选砖料、砖料的砍磨加工、浸水、挂线、铺灰摆砌、勾(抹)砖缝、墁水活打点。 **计量单位:**m³

定额编号				2-163	2-164	2-165	2-166	2-167
项目				糙砌				背里
				露龈砌				
				尺三条砖		尺二条砖		
				一顺一丁	三顺一丁	一顺一丁	三顺一丁	
基价(元)				**5 132.06**	**4 571.62**	**4 336.16**	**3 859.09**	**3 840.49**
其中	人工费(元)			174.38	153.45	187.24	169.73	151.13
	材料费(元)			4 957.68	4 418.17	4 148.92	3 689.36	3 689.36
	机械费(元)			—	—	—	—	—
名称		单位	单价(元)	消耗量				
人工	三类人工	工日	155.00	1.125	0.990	1.208	1.095	0.975
材料	尺三条砖 416×208×80(1.3尺×6.5寸×2.5寸)	块	33.98	143.510	127.790	—	—	—
	尺二条砖 384×192×64(1.2尺×6尺×2寸)	块	19.80	—	—	205.600	182.620	182.620
	白灰浆	m³	220.00	0.146	0.146	0.168	0.168	0.168
	其他材料费	元	1.00	49.09	43.74	41.08	36.53	36.53

工作内容：支模板、选土、筛土、拌和、夯实、加抽纴木、墙面补夯、草栅覆盖、浇水养护等。其中，版筑土城墙包括立永定柱。

计量单位：m^3

定额编号				2-168	2-169	2-170	2-171	2-172	2-173
项　目				版筑墙（厚度）				版筑土城墙	
				50cm以内	70cm以内	100cm以内	100cm以外	3m以内部分	3m以外部分
基价（元）				**547.95**	**516.72**	**462.23**	**430.99**	**322.73**	**392.48**
其中	人工费（元）			418.50	383.63	325.50	290.63	186.00	255.75
	材料费（元）			129.45	133.09	136.73	140.36	136.73	136.73
	机械费（元）			—	—	—	—	—	—
名　称		单位	单价（元）	消　耗　量					
人工	三类人工	工日	155.00	2.700	2.475	2.100	1.875	1.200	1.650
材料	黄土	m^3	28.16	1.492	1.492	1.492	1.492	1.492	1.492
	松板枋材	m^3	1 800.00	0.020	0.022	0.024	0.026	0.024	0.024
	麻绳	kg	7.51	5.000	5.000	5.000	5.000	5.000	5.000
	水	t	4.27	0.025	0.025	0.025	0.025	0.025	0.025
	草栅	kg	12.50	1.000	1.000	1.000	1.000	1.000	1.000
	其他材料费	元	1.00	1.28	1.32	1.35	1.39	1.35	1.35

工作内容：调泥浆、砌土坯砖、铺襻竹（不包含土坯砖的制作）。

计量单位：m^3

定额编号				2-174	2-175	2-176	2-177
项　目				土坯砖墙（厚度）			
				20cm以内	40cm以内	60cm以内	60cm以外
基价（元）				**2 353.58**	**2 334.98**	**2 315.29**	**2 300.10**
其中	人工费（元）			192.98	174.38	154.69	139.50
	材料费（元）			2 160.60	2 160.60	2 160.60	2 160.60
	机械费（元）			—	—	—	—
名　称		单位	单价（元）	消　耗　量			
人工	三类人工	工日	155.00	1.245	1.125	0.998	0.900
材料	泥浆	m^3	131.56	0.146	0.146	0.146	0.146
	尺二土坯砖	块	10.00	212.000	212.000	212.000	212.000
	其他材料费	元	1.00	21.39	21.39	21.39	21.39

工作内容:调运、铺砂浆,运砖、砌砖(基础包括清基槽及基坑)。 **计量单位:**$10m^3$

定额编号					2-178	2-179	2-180
项目					砖基础	毛石(块石)基础	
					240 × 115 × 53	浆砌	干砌
基价(元)					**4 489.32**	**4 171.72**	**3 032.09**
其中	人工费(元)				1 724.69	1 803.12	1 238.61
	材料费(元)				2 705.74	2 275.62	1 782.63
	机械费(元)				58.89	92.98	10.85
名称		单位	单价(元)		消耗量		
人工	三类人工	工日	155.00		11.127	11.633	7.991
材料	标准砖 240×115×53	千块	388.00		5.544	—	—
	碎石 40~60	t	102.00		—	—	2.100
	块石 200~500	t	77.67		—	18.165	18.900
	混合砂浆 M5.0	m^3	227.82		2.415	3.780	0.441
	水	m^3	4.27		1.050	0.840	—
机械	灰浆搅拌机 200L	台班	154.97		0.380	0.600	0.070

注:砖石基础有多种砂浆砌筑时,以多者为准。

工作内容：调制砂浆，砌砖，立门窗框，安放木砖、垫块。 计量单位：10m³

定额编号				2-181	2-182	2-183
项目				空斗墙		
				一斗一卧	三斗一卧	单顶全斗
基价（元）				**4 031.08**	**3 923.17**	**3 600.94**
其中	人工费（元）			1 614.95	1 614.95	1 614.95
	材料费（元）			2 369.64	2 263.28	1 942.60
	机械费（元）			46.49	44.94	43.39
名称		单位	单价（元）	消耗量		
人工	三类人工	工日	155.00	10.419	10.419	10.419
材料	标准砖 240×115×53	千块	388.00	4.988	4.757	4.106
	拔刀灰 M2.5	m³	265.62	1.586	1.523	1.268
	普通硅酸盐水泥 P·O 42.5 综合	kg	0.34	10.500	10.500	9.450
	水	m³	4.27	1.155	1.155	1.155
	其他材料费	元	1.00	4.52	4.52	4.52
机械	灰浆搅拌机 200L	台班	154.97	0.300	0.290	0.280

工作内容:调制砂浆,砌砖,立门窗框,安放木砖、垫块。 **计量单位:**10m³

定额编号				2-184	2-185	2-186
项　目				单面清水空斗墙	单面清水砖外墙	
					1/2 砖	1 砖
基价(元)				**9 420.26**	**21 811.26**	**18 646.38**
其中	人工费(元)			3 523.62	10 365.01	7 602.91
	材料费(元)			5 896.64	11 395.11	10 983.03
	机械费(元)			—	51.14	60.44
名　称		单位	单价(元)	消　耗　量		
人工	三类人工	工日	155.00	22.733	66.871	49.051
材料	土青砖 220×105×42	千块	1 293.00	4.329	8.369	7.980
	混合砂浆 M5.0	m³	227.82	—	2.478	2.877
	麻刀石灰砂浆 1∶3	m³	282.05	1.007	—	—
	水	m³	4.27	0.809	1.155	1.155
机械	灰浆搅拌机 200L	台班	154.97	—	0.330	0.390

注:1　勾缝另计。

2　如砌双面清水墙,人工乘以系数 1.3。

工作内容：挑选砖件、加工砍制、调制灰浆、找规矩、挂线、摆砌、打点。　　计量单位：m^2

定额编号				2-187	2-188	2-189	2-190
项　目				干摆墙面砌筑		淌白墙砌筑	
				二样城砖	小停泥砖	二样城砖	小停泥砖
基价（元）				**1 652.87**	**1 280.77**	**1 000.70**	**829.43**
其中	人工费（元）			658.91	615.51	316.67	347.36
	材料费（元）			984.41	645.39	677.46	467.68
	机械费（元）			9.55	19.87	6.57	14.39
名　称		单位	单价（元）	消　耗　量			
人工	三类人工	工日	155.00	4.251	3.971	2.043	2.241
材料	二样城砖 448×224×112	块	28.76	33.560	—	23.060	—
	小停泥砖 288×144×64	块	7.52	—	83.860	—	60.720
	素白灰浆	m^3	220.36	0.043	0.038	—	—
	老浆灰	m^3	279.59	—	—	0.027	0.023
	其他材料费	元	1.00	9.75	6.39	6.71	4.63
机械	切砖机 2.8kW	台班	28.43	0.336	0.699	0.231	0.506

工作内容:挑选砖件、调制灰浆、找规矩、挂线、摆砌、打点。糙砖墙面勾缝还包括清理基层、打水茬、勾缝。

定额编号				2-191	2-192	2-193	2-194
项目				糙砖墙砌筑		糙砖墙面	
				二样城砖	蓝四丁砖	老浆灰勾平缝	小麻刀灰抹平缝
计量单位				m^3		m^2	
基价(元)				**2 433.95**	**1 919.60**	**16.04**	**19.57**
其中	人工费(元)			155.78	223.20	15.19	18.60
	材料费(元)			2 278.17	1 696.40	0.85	0.97
	机械费(元)			—	—	—	—
名称		单位	单价(元)	消耗量			
人工	三类人工	工日	155.00	1.005	1.440	0.098	0.120
材料	二样城砖 448×224×112	块	28.76	77.180	—	—	—
	蓝四丁砖 240×115×53	块	3.01	—	540.510	—	—
	素白灰浆	m^3	220.36	0.163	0.239	—	—
	老浆灰	m^3	279.59	—	—	0.003	—
	深月白小麻刀灰	m^3	320.61	—	—	—	0.003
	其他材料费	元	1.00	22.56	16.80	0.01	0.01

工作内容:挑选砖件、调制灰浆、找规矩、挂线、摆砌、打点。　　**计量单位:**m^3

定额编号				2-195	2-196
项目				十字空花墙砌筑	
				小停泥砖	蓝四丁砖
基价(元)				**708.31**	**526.89**
其中	人工费(元)			223.20	251.10
	材料费(元)			485.11	275.79
	机械费(元)			—	—
名称		单位	单价(元)	消耗量	
人工	三类人工	工日	155.00	1.440	1.620
材料	小停泥砖 288×144×64	块	7.52	62.830	—
	蓝四丁砖 240×115×53	块	3.01	—	88.580
	老浆灰	m^3	279.59	0.028	0.023
	其他材料费	元	1.00	4.80	2.73

工作内容：挑选石料、调制灰浆、找规矩、挂线、摆砌、清扫墙面。　　**计量单位：**m^3

定额编号				2-197	2-198	2-199	2-200	2-201	2-202
项　目				方整石砌筑	虎皮石砌筑				浆砌混水
					浆砌清水		干背山		
					单面	双面	单面	双面	
基价（元）				**642.35**	**488.85**	**581.85**	**536.26**	**652.51**	**442.35**
其中	人工费（元）			284.89	247.69	340.69	305.82	422.07	201.19
	材料费（元）			357.46	241.16	241.16	230.44	230.44	241.16
	机械费（元）			—	—	—	—	—	—
名　称		单位	单价（元）	消　耗　量					
人工	三类人工	工日	155.00	1.838	1.598	2.198	1.973	2.723	1.298
材料	方整石	m^3	293.00	1.050	—	—	—	—	—
	块石	t	77.67	—	1.911	1.911	2.268	2.268	1.911
	素白灰浆	m^3	220.36	0.210	0.410	0.410	0.236	0.236	0.410
	其他材料费	元	1.00	3.54	2.39	2.39	2.28	2.28	2.39

工作内容：调制灰浆、找规矩、挂线，石墙勾缝还包括清扫基层、打水茬、勾缝。　　**计量单位：**m^2

定额编号				2-203	2-204
项　目				石墙勾缝	
				凸缝	平缝
基价（元）				**32.03**	**21.76**
其中	人工费（元）			26.04	13.02
	材料费（元）			5.99	8.74
	机械费（元）			—	—
名　称		单位	单价（元）	消　耗　量	
人工	三类人工	工日	155.00	0.168	0.084
材料	青灰	kg	2.00	1.280	1.860
	麻刀灰	m^3	259.62	0.013	0.019
	其他材料费	元	1.00	0.06	0.09

工作内容:制套样板、挑选砖件、加工砍制、调制灰浆、支搭券胎、找规矩、挂线、摆砌、打点。

定额编号				2-205	2-206	2-207	2-208	2-209	2-210
项目				细砖门窗券砌筑		糙砖门窗券砌筑		车棚券砌筑	
				平券	弧形券	大停泥砖	小停泥砖	大城砖	二样城砖
计量单位				m^2		m^3			
基价(元)				**1 440.19**	**1 939.06**	**6 367.60**	**4 715.33**	**2 594.96**	**2 849.29**
其中	人工费(元)			818.87	1 196.14	1 504.90	1 657.42	279.00	327.83
	材料费(元)			602.61	721.82	4 826.79	2 969.86	2 315.96	2 521.46
	机械费(元)			18.71	21.10	35.91	88.05	—	—
名称		单位	单价(元)	消耗量					
人工	三类人工	工日	155.00	5.283	7.717	9.709	10.693	1.800	2.115
材料	小停泥砖 288×144×64	块	7.52	78.960	89.040	—	371.680	—	—
	大停泥砖 416×208×80	块	30.62	—	—	151.590	—	—	—
	素白灰浆	m^3	220.36	0.013	0.015	—	—	—	—
	老浆灰	m^3	279.59	—	—	0.137	0.166	0.102	0.102
	大城砖 480×240×128	块	34.51	—	—	—	—	62.750	—
	二样城砖 448×224×112	块	28.76	—	—	—	—	—	82.370
	圆钉	kg	4.74	—	2.430	0.550	0.550	0.550	0.550
	松锯材	m^3	1 121.00	—	0.027	0.086	0.086	0.086	0.086
	其他材料费	元	1.00	5.97	7.15	47.79	29.40	22.93	24.96
机械	切砖机 2.8kW	台班	28.43	0.658	0.742	1.263	3.097	—	—

工作内容：制套样板、挑选砖料、砍制加工、调制灰浆、找规矩、挂线、摆砌、打眼、绑铅丝、打点。 计量单位：份

定额编号				2-211	2-212	2-213	2-214
项目				什锦窗套贴脸			
				直折线边框		曲线形边框	
				洞口面积			
				$0.8m^2$ 以内	$0.8m^2$ 以外	$0.8m^2$ 以内	$0.8m^2$ 以外
基价（元）				**1 046.51**	**3 073.49**	**3 336.22**	**3 827.26**
其中	人工费（元）			396.18	479.57	742.76	887.69
	材料费（元）			648.62	2 592.33	2 591.87	2 937.75
	机械费（元）			1.71	1.59	1.59	1.82
名称		单位	单价（元）	消耗量			
人工	三类人工	工日	155.00	2.556	3.094	4.792	5.727
材料	尺四方砖 448×448×64	块	133.54	4.800	—	—	—
	尺七方砖 544×544×89.6（1.7尺 ×1.7尺 ×2.8寸）	块	570.00	—	4.500	4.500	5.100
	素白灰浆	m^3	220.36	0.005	0.007	0.005	0.007
	镀锌铁丝 综合	kg	5.40	0.020	0.023	0.020	0.023
	其他材料费	元	1.00	6.42	25.67	25.66	29.09
机械	切砖机 2.8kW	台班	28.43	0.060	0.056	0.056	0.064

工作内容:制套样板、挑选砖料、砍制加工、调制灰浆、找规矩、挂线、摆砌、打眼、绑铅丝、打点。

定额编号				2-215	2-216	2-217	2-218
项目				什锦门套贴脸		门窗内侧壁贴砌	
				直折线形	曲线形	尺二方砖	尺四方砖
计量单位				份		m	
基价(元)				**885.26**	**2 276.04**	**179.51**	**474.90**
其中	人工费(元)			622.79	1 219.08	79.67	106.02
	材料费(元)			259.46	1 054.17	98.70	367.91
	机械费(元)			3.01	2.79	1.14	0.97
名称		单位	单价(元)	消耗量			
人工	三类人工	工日	155.00	4.018	7.865	0.514	0.684
材料	尺二方砖 384×384×64(1.2尺×1.2尺×2寸)	块	30.00	8.500	—	3.230	—
	尺四方砖 448×448×64	块	133.54	—	7.800	—	2.720
	素白灰浆	m^3	220.36	0.008	0.009	0.003	0.004
	镀锌铁丝 综合	kg	5.40	0.023	0.025	0.030	0.030
	其他材料费	元	1.00	2.57	10.44	0.98	3.64
机械	切砖机 2.8kW	台班	28.43	0.106	0.098	0.040	0.034

二、砖 塔 类

工作内容：调制灰浆、挑选砖料、砖料的砍磨加工、浸水、铺灰摆砌、勾（抹）砖缝、墁水活打点。 **计量单位：**m

定额编号				2-219	2-220	2-221	2-222	2-223	2-224
项目				砖须弥座（方砖）					
				土衬	混砖	牙脚	罨牙	合莲	束腰
基价（元）				**978.05**	**1 038.50**	**1 055.86**	**1 094.50**	**1 370.33**	**1 016.34**
其中	人工费（元）			61.69	122.14	139.50	123.23	318.53	99.98
	材料费（元）			915.48	915.48	915.48	970.33	1 050.78	915.48
	机械费（元）			0.88	0.88	0.88	0.94	1.02	0.88
名称		单位	单价（元）	消耗量					
人工	三类人工	工日	155.00	0.398	0.788	0.900	0.795	2.055	0.645
材料	尺五方砖 480×480×86.4（1.5尺×1.5尺×2.7寸）	块	362.04	2.500	2.500	2.500	2.650	2.870	2.500
	白灰浆	m^3	220.00	0.006	0.006	0.006	0.006	0.006	0.006
	其他材料费	元	1.00	9.06	9.06	9.06	9.61	10.40	9.06
机械	切砖机 2.8kW	台班	28.43	0.031	0.031	0.031	0.033	0.036	0.031

工作内容：调制灰浆、挑选砖料、砖料的砍磨加工、浸水、铺灰摆砌、勾（抹）砖缝、墁水活打点。 **计量单位：**m

定额编号				2-225	2-226	2-227	2-228
项目				砖须弥座（方砖）			
				仰莲	罨涩	壶门三层	压阑砖（二层）
基价（元）				**1 370.33**	**1 094.50**	**3 649.99**	**1 538.22**
其中	人工费（元）			318.53	123.23	494.14	206.93
	材料费（元）			1 050.78	970.33	3 152.78	1 330.01
	机械费（元）			1.02	0.94	3.07	1.28
名称		单位	单价（元）	消耗量			
人工	三类人工	工日	155.00	2.055	0.795	3.188	1.335
材料	尺五方砖 480×480×86.4（1.5尺×1.5尺×2.7寸）	块	362.04	2.870	2.650	8.610	3.630
	白灰浆	m^3	220.00	0.006	0.006	0.020	0.012
	其他材料费	元	1.00	10.40	9.61	31.22	13.17
机械	切砖机 2.8kW	台班	28.43	0.036	0.033	0.108	0.045

工作内容: 调制灰浆、挑选砖料、砖料的砍磨加工、浸水、铺灰摆砌、勾(抹)砖缝、墁水活打点。 **计量单位:** m

定额编号				2-229	2-230	2-231	2-232	2-233	2-234
项目				砖须弥座(条砖)					
				土衬	混砖	牙脚	罨牙	台莲	束腰
基价(元)				**260.39**	**332.46**	**360.36**	**372.83**	**599.72**	**316.19**
其中	人工费(元)			58.13	130.20	158.10	158.10	367.35	113.93
	材料费(元)			200.61	200.61	200.61	212.97	230.47	200.61
	机械费(元)			1.65	1.65	1.65	1.76	1.90	1.65
名称		单位	单价(元)	消耗量					
人工	三类人工	工日	155.00	0.375	0.840	1.020	1.020	2.370	0.735
材料	尺三条砖 416×208×80(1.3尺 ×6.5寸 ×2.5寸)	块	33.98	5.800	5.800	5.800	6.160	6.670	5.800
	白灰浆	m^3	220.00	0.007	0.007	0.007	0.007	0.007	0.007
	其他材料费	元	1.00	1.99	1.99	1.99	2.11	2.28	1.99
机械	切砖机 2.8kW	台班	28.43	0.058	0.058	0.058	0.062	0.067	0.058

工作内容: 调制灰浆、挑选砖料、砖料的砍磨加工、浸水、铺灰摆砌、勾(抹)砖缝、墁水活打点。 **计量单位:** m

定额编号				2-235	2-236	2-237	2-238
项目				砖须弥座(条砖)			
				仰莲	罨涩	壶门三层	压阑砖(二层)
基价(元)				**599.72**	**373.17**	**1 263.09**	**585.05**
其中	人工费(元)			367.35	158.10	566.22	206.93
	材料费(元)			230.47	213.31	691.18	377.12
	机械费(元)			1.90	1.76	5.69	1.00
名称		单位	单价(元)	消耗量			
人工	三类人工	工日	155.00	2.370	1.020	3.653	1.335
材料	尺三条砖 416×208×80(1.3尺 ×6.5寸 ×2.5寸)	块	33.98	6.670	6.170	20.010	10.930
	白灰浆	m^3	220.00	0.007	0.007	0.020	0.009
	其他材料费	元	1.00	2.28	2.11	6.84	3.73
机械	切砖机 2.8kW	台班	28.43	0.067	0.062	0.200	0.035

工作内容：调制灰浆、挑选砖料、砖料的砍磨加工、浸水、铺灰摆砌、勾（抹）砖缝、墁水活打点。

定额编号				2-239	2-240	2-241
项目				倚柱	门楣、由额、阑额、普拍枋等	檐口
计量单位				m^3	m^2	m
基价（元）				**6 876.56**	**1 960.40**	**975.55**
其中	人工费（元）			1 590.30	831.27	839.33
	材料费（元）			5 243.13	1 120.15	135.51
	机械费（元）			43.13	8.98	0.71
名称		单位	单价（元）	消耗量		
人工	三类人工	工日	155.00	10.260	5.363	5.415
材料	尺三条砖 416×208×80（1.3尺×6.5寸×2.5寸）	块	33.98	151.685	31.551	2.524
	白灰浆	m^3	220.00	0.168	0.168	0.220
	其他材料费	元	1.00	51.91	11.09	1.34
机械	切砖机 2.8kW	台班	28.43	1.517	0.316	0.025

工作内容：调制灰浆、挑选砖料、砖料的砍磨加工、浸水、铺灰摆砌、勾（抹）砖缝、墁水活打点。

定额编号				2-242	2-243	2-244	2-245	2-246	2-247
项目				砖瓦檐	砖平作	覆钵	受花	砖向轮	火焰宝珠
计量单位				m		m^3			
基价（元）				**542.95**	**3 068.32**	**5 774.51**	**5 811.71**	**5 893.09**	**6 169.76**
其中	人工费（元）			340.69	655.65	488.25	525.45	606.83	883.50
	材料费（元）			200.61	2 392.88	5 243.13	5 243.13	5 243.13	5 243.13
	机械费（元）			1.65	19.79	43.13	43.13	43.13	43.13
名称		单位	单价（元）	消耗量					
人工	三类人工	工日	155.00	2.198	4.230	3.150	3.390	3.915	5.700
材料	尺三条砖 416×208×80（1.3尺×6.5寸×2.5寸）	块	33.98	5.800	69.600	151.685	151.685	151.685	151.685
	白灰浆	m^3	220.00	0.007	0.019	0.168	0.168	0.168	0.168
	其他材料费	元	1.00	1.99	23.69	51.91	51.91	51.91	51.91
机械	切砖机 2.8kW	台班	28.43	0.058	0.696	1.517	1.517	1.517	1.517

工作内容:调制灰浆、挑选砖料、砖料的砍磨加工、浸水、铺灰摆砌、勾(抹)砖缝、墁水活打点。　　**计量单位:**朵

定额编号				2-248	2-249	2-250	2-251
项目				柱头、补间铺作			
				斗口跳		把头绞项造	
				单砖	并砖	单砖	并砖
基价(元)				**573.62**	**964.73**	**420.29**	**734.81**
其中	人工费(元)			260.40	338.52	211.11	316.67
	材料费(元)			310.66	621.09	207.47	414.73
	机械费(元)			2.56	5.12	1.71	3.41
名称		单位	单价(元)	消耗量			
人工	三类人工	工日	155.00	1.680	2.184	1.362	2.043
材料	尺三条砖 416×208×80(1.3尺×6.5寸×2.5寸)	块	33.98	9.000	18.000	6.000	12.000
	白灰浆	m^3	220.00	0.008	0.015	0.007	0.013
	其他材料费	元	1.00	3.08	6.15	2.05	4.11
机械	切砖机 2.8kW	台班	28.43	0.090	0.180	0.060	0.120

工作内容:调制灰浆、挑选砖料、砖料的砍磨加工、浸水、铺灰摆砌、勾(抹)砖缝、墁水活打点。　　**计量单位:**朵

定额编号				2-252	2-253	2-254	2-255
项目				柱头、补间铺作			
				四铺作		五铺作	
				单砖	并砖	单砖	并砖
基价(元)				**1 208.77**	**2 019.34**	**1 752.80**	**2 880.19**
其中	人工费(元)			569.01	739.82	893.42	1 161.42
	材料费(元)			634.64	1 269.29	852.56	1 705.12
	机械费(元)			5.12	10.23	6.82	13.65
名称		单位	单价(元)	消耗量			
人工	三类人工	工日	155.00	3.671	4.773	5.764	7.493
材料	尺三条砖 416×208×80(1.3尺×6.5寸×2.5寸)	块	33.98	18.000	36.000	24.000	48.000
	白灰浆	m^3	220.00	0.076	0.152	0.130	0.260
	其他材料费	元	1.00	6.28	12.57	8.44	16.88
机械	切砖机 2.8kW	台班	28.43	0.180	0.360	0.240	0.480

工作内容：调制灰浆、挑选砖料、砖料的砍磨加工、浸水、铺灰摆砌、勾（抹）砖缝、墁水活打点。 **计量单位**：朵

定额编号				2-256	2-257	2-258	2-259
项　目				转角铺作			
				斗口跳		把头绞项造	
				单砖	并砖	单砖	并砖
基价（元）				**1 188.72**	**2 182.36**	**1 001.18**	**1 766.31**
其中	人工费（元）			390.60	585.90	480.35	724.63
	材料费（元）			791.58	1 583.38	516.57	1 033.15
	机械费（元）			6.54	13.08	4.26	8.53
名　称		单位	单价（元）	消　耗　量			
人工	三类人工	工日	155.00	2.520	3.780	3.099	4.675
材料	尺三条砖 416×208×80（1.3尺 ×6.5寸 ×2.5寸）	块	33.98	23.000	46.000	15.000	30.000
	白灰浆	m^3	220.00	0.010	0.021	0.008	0.016
	其他材料费	元	1.00	7.84	15.68	5.11	10.23
机械	切砖机 2.8kW	台班	28.43	0.230	0.460	0.150	0.300

工作内容：调制灰浆、挑选砖料、砖料的砍磨加工、浸水、铺灰摆砌、勾（抹）砖缝、墁水活打点。

定额编号				2-260	2-261	2-262	2-263	2-264
项　目				转角铺作				拱眼壁
				四铺作		五铺作		
				单砖	并砖	单砖	并砖	
计量单位				朵				m^2
基价（元）				**2 449.14**	**4 471.27**	**3 480.82**	**6 291.57**	**1 156.12**
其中	人工费（元）			853.74	1 280.46	1 340.13	2 010.20	529.02
	材料费（元）			1 582.61	3 165.22	2 123.63	4 247.25	621.98
	机械费（元）			12.79	25.59	17.06	34.12	5.12
名　称		单位	单价（元）	消　耗　量				
人工	三类人工	工日	155.00	5.508	8.261	8.646	12.969	3.413
材料	尺三条砖 416×208×80（1.3尺 ×6.5寸 ×2.5寸）	块	33.98	45.000	90.000	60.000	120.000	18.000
	白灰浆	m^3	220.00	0.172	0.344	0.290	0.580	0.019
	其他材料费	元	1.00	15.67	31.34	21.03	42.05	6.16
机械	切砖机 2.8kW	台班	28.43	0.450	0.900	0.600	1.200	0.180

三、水道、卷輂、副子、踏道、象眼、慢道

工作内容：1. 土坯制作、调泥浆、砌土坯砖、铺襻竹。

2. 调制灰浆、挑选砖料、砖料的砍磨加工、浸水、铺灰摆砌、勾(抹)砖缝、墁水活打点。

定额编号				2-265	2-266
项　目				牛头卷輂	城墙排水道
计量单位				m^3	m
基价(元)				**6 876.56**	**1 490.81**
其中	人工费(元)			1 590.30	495.23
	材料费(元)			5 243.13	987.62
	机械费(元)			43.13	7.96
名　称		单位	单价(元)	消耗量	
人工	三类人工	工日	155.00	10.260	3.195
材料	尺三条砖 416×208×80(1.3尺×6.5寸×2.5寸)	块	33.98	151.685	28.000
	白灰浆	m^3	220.00	0.168	0.120
	其他材料费	元	1.00	51.91	9.78
机械	切砖机 2.8kW	台班	28.43	1.517	0.280

工作内容：调制灰浆、挑选砖料、砖料的砍磨加工、浸水、铺灰摆砌、勾（抹）砖缝、墁水活打点。　　计量单位：m^2

定额编号				2-267	2-268	2-269	2-270	2-271	2-272
项　目				细砖副子（垂带）				糙砖副子（垂带）	
				尺三条砖	尺二条砖	尺三方砖	尺二方砖	尺三条砖	尺二条砖
基价（元）				**802.16**	**639.61**	**921.93**	**505.42**	**433.08**	**320.46**
其中	人工费（元）			279.00	272.03	230.18	231.42	50.07	58.13
	材料费（元）			518.90	363.32	689.08	270.79	383.01	262.33
	机械费（元）			4.26	4.26	2.67	3.21	—	—
名　称		单位	单价（元）	消　耗　量					
人工	三类人工	工日	155.00	1.800	1.755	1.485	1.493	0.323	0.375
材料	尺三条砖 416×208×80（1.3尺 ×6.5寸 ×2.5寸）	块	33.98	14.990	—	—	—	11.050	—
	尺二条砖 384×192×64（1.2尺 ×6尺 ×2寸）	块	19.80	—	17.990	—	—	—	12.940
	尺三方砖 416×416×80（1.3尺 ×1.3尺 ×2.5寸）	块	90.00	—	—	7.544	—	—	—
	方砖 384×384×64（1.2尺 ×1.2尺 ×2寸）	块	29.22	—	—	—	9.070	—	—
	白灰浆	m^3	220.00	0.020	0.016	0.015	0.014	0.017	0.016
	其他材料费	元	1.00	5.14	3.60	6.82	2.68	3.79	2.60
机械	切砖机 2.8kW	台班	28.43	0.150	0.150	0.094	0.113	—	—

工作内容:调制灰浆、挑选砖料、砖料的砍磨加工、浸水、铺灰摆砌、勾(抹)砖缝、墁水活打点。 **计量单位:**m^2

定额编号				2-273	2-274	2-275	2-276	2-277	2-278
项目				糙砖副子(垂带)		细砖踏道(踏步台阶)		糙砖踏道(踏步台阶)	
				尺三方砖	尺二方砖	尺三条砖	尺二条砖	尺三条砖	尺二条砖
基价(元)				**569.66**	**248.99**	**1 110.78**	**1 233.94**	**620.58**	**643.00**
其中	人工费(元)			51.15	50.07	476.63	498.79	60.45	58.13
	材料费(元)			518.51	198.92	629.00	726.62	560.13	584.87
	机械费(元)			—	—	5.15	8.53	—	—
名称		单位	单价(元)	消耗量					
人工	三类人工	工日	155.00	0.330	0.323	3.075	3.218	0.390	0.375
材料	方砖 384×384×64(1.2尺 ×1.2尺 ×2寸)	块	29.22	—	6.635	—	—	—	—
	尺三方砖 416×416×80(1.3尺 ×1.3尺 ×2.5寸)	块	90.00	5.670	—	—	—	—	—
	尺二条砖 384×192×64(1.2尺 ×6尺 ×2寸)	块	19.80	—	—	—	35.990	—	25.880
	尺三条砖 416×208×80(1.3尺 ×6.5寸 ×2.5寸)	块	33.98	—	—	18.140	—	14.560	—
	白灰浆	m^3	220.00	0.014	0.014	0.029	0.031	0.272	0.303
	其他材料费	元	1.00	5.13	1.97	6.23	7.19	5.55	5.79
机械	切砖机 2.8kW	台班	28.43	—	—	0.181	0.300	—	—

工作内容：调制灰浆、挑选砖料、砖料的砍磨加工、浸水、铺灰摆砌、勾（抹）砖缝、墁水活打点。 计量单位：m^2

定额编号				2-279	2-280	2-281	2-282	2-283	2-284
项　目				细砖象眼（菱角石）		糙砖象眼（菱角石）		慢道（坡道）	
				尺三条砖	尺二条砖	尺三条砖	尺二条砖	尺三条砖	尺二条砖
基价（元）				2 926.27	2 472.31	2 261.74	1 806.63	1 421.73	1 005.87
其中	人工费（元）			891.72	919.62	261.64	285.98	311.55	126.17
	材料费（元）			2 017.89	1 531.00	2 000.10	1 520.65	1 101.08	869.41
	机械费（元）			16.66	21.69	—	—	9.10	10.29
名　称		单位	单价（元）	消　耗　量					
人工	三类人工	工日	155.00	5.753	5.933	1.688	1.845	2.010	0.814
材料	尺三条砖 416×208×80（1.3尺 ×6.5寸 ×2.5寸）	块	33.98	58.570	—	58.000	—	32.031	—
	尺二条砖 384×192×64（1.2尺 ×6尺 ×2寸）	块	19.80	—	76.280	—	75.540	—	43.375
	白灰浆	m^3	220.00	0.035	0.025	0.043	0.045	0.008	0.009
	其他材料费	元	1.00	19.98	15.16	19.80	15.06	10.90	8.61
机械	切砖机 2.8kW	台班	28.43	0.586	0.763	—	—	0.320	0.362

四、花瓦心、方砖心、博缝、挂落、砖檐等

工作内容:挑选瓦件、样瓦、调制灰浆、找规矩、挂线、摆砌、打点。　　　　**计量单位**:m^2

定额编号				2-285	2-286	2-287	2-288
项目				花瓦心摆砌			
				板瓦	筒瓦	鱼鳞瓦	板瓦、筒瓦混用
				3#			
基价(元)				**748.17**	**1 405.62**	**707.36**	**1 237.99**
其中	人工费(元)			630.08	859.17	573.19	946.28
	材料费(元)			118.09	546.45	134.17	291.71
	机械费(元)			—	—	—	—
名称		单位	单价(元)	消耗量			
人工	三类人工	工日	155.00	4.065	5.543	3.698	6.105
材料	中蝴蝶瓦(盖)180×180×13	100张	65.52	1.769	—	2.012	1.051
	筒瓦 3# 120×220	100张	208.00	—	2.593	—	1.051
	深月白中麻刀灰	m^3	338.83	0.003	0.005	0.003	0.004
	其他材料费	元	1.00	1.17	5.41	1.33	2.89

工作内容：挑选砖件、加工砍制、调制灰浆、找规矩、挂线、打眼、拴铅丝、摆砌、打点。糙砖墙面勾缝还包括清理基层、打水茬、勾缝。

计量单位：m^2

定额编号				2-289	2-290
项目				方砖心摆砌	
				尺二方砖	尺四方砖
基价（元）				**914.65**	**1 529.01**
其中	人工费（元）			587.14	528.24
	材料费（元）			323.76	998.15
	机械费（元）			3.75	2.62
名称		单位	单价（元）	消耗量	
人工	三类人工	工日	155.00	3.788	3.408
材料	尺二方砖 384×384×64（1.2尺 ×1.2尺 ×2寸）	块	30.00	10.590	—
	尺四方砖 448×448×64	块	133.54	—	7.380
	素白灰浆	m^3	220.36	0.010	0.010
	镀锌铁丝 综合	kg	5.40	0.120	0.100
	其他材料费	元	1.00	3.21	9.88
机械	切砖机 2.8kW	台班	28.43	0.132	0.092

工作内容：制套样板、挑选砖料、砍制加工、调制灰浆、找规矩、挂线、摆砌、点砌腮帮及外侧后续尾、打点。

计量单位：份

定额编号				2-291	2-292	2-293	2-294
项目				干摆梢子砌筑		灰砌梢子砌筑	
				尺四方砖	尺七方砖	尺二方砖	尺四方砖
基价（元）				**2 143.95**	**6 398.43**	**757.02**	**1 594.77**
其中	人工费（元）			922.87	1 319.98	521.58	626.36
	材料费（元）			1 206.89	5 064.26	227.88	959.77
	机械费（元）			14.19	14.19	7.56	8.64
名称		单位	单价（元）	消耗量			
人工	三类人工	工日	155.00	5.954	8.516	3.365	4.041
材料	尺四方砖 448×448×64	块	133.54	6.050	—	—	5.500
	尺七方砖 544×544×89.6（1.7 尺 ×1.7 尺 ×2.8 寸）	块	570.00	—	6.050	—	—
	尺二方砖 384×384×64（1.2 尺 ×1.2 尺 ×2 寸）	块	30.00	—	—	5.000	—
	大停泥砖 416×208×80	块	30.62	—	50.850	—	—
	小停泥砖 288×144×64	块	7.52	50.850	—	—	28.250
	蓝四丁砖 240×115×53	块	3.01	—	—	24.380	—
	素白灰浆	m^3	220.36	0.021	0.039	—	—
	老浆灰	m^3	279.59	—	—	0.008	0.012
	其他材料费	元	1.00	11.95	50.14	2.26	9.50
机械	切砖机 2.8kW	台班	28.43	0.499	0.499	0.266	0.304

工作内容：挑选砖料、砍制加工，调制灰浆、打眼、绑铅丝、找规矩、挂线、摆砌、苫小背、打点。 计量单位：m

定额编号				2-295	2-296	2-297	2-298
项目				方砖博缝干摆		方砖博缝头安装	
				尺二方砖	尺四方砖	尺二方砖	尺四方砖
基价（元）				**319.74**	**608.96**	**179.62**	**310.55**
其中	人工费（元）			155.16	175.00	132.22	158.57
	材料费（元）			161.54	431.09	46.58	151.16
	机械费（元）			3.04	2.87	0.82	0.82
名称		单位	单价（元）	消耗量			
人工	三类人工	工日	155.00	1.001	1.129	0.853	1.023
材料	尺四方砖 448×448×64	块	133.54	—	2.720	—	1.000
	尺二方砖 384×384×64（1.2尺 ×1.2尺 ×2寸）	块	30.00	3.230	—	1.000	—
	小停泥砖 288×144×64	块	7.52	7.970	8.050	2.000	2.000
	素白灰浆	m^3	220.36	0.006	0.006	0.002	0.002
	深月白中麻刀灰	m^3	338.83	0.003	0.003	0.001	0.001
	镀锌铁丝 综合	kg	5.40	0.090	0.080	0.030	0.030
	圆钉	kg	4.74	0.060	0.060	0.030	0.030
	其他材料费	元	1.00	1.60	4.27	0.46	1.50
机械	切砖机 2.8kW	台班	28.43	0.107	0.101	0.029	0.029

工作内容:挑选砖料、砍制加工、调制灰浆、打眼、找规矩、挂线、摆砌、钉挂落、打点。 计量单位:m

定额编号				2-299	2-300
项目				方砖挂落干摆	
				尺二方砖	尺四方砖
基价(元)				**315.48**	**579.59**
其中	人工费(元)			214.06	209.41
	材料费(元)			100.28	369.21
	机械费(元)			1.14	0.97
名称		单位	单价(元)	消耗量	
人工	三类人工	工日	155.00	1.381	1.351
材料	尺四方砖 448×448×64	块	133.54	—	2.720
	尺二方砖 384×384×64(1.2 尺 ×1.2 尺 ×2 寸)	块	30.00	3.230	—
	深月白中麻刀灰	m^3	338.83	0.004	0.004
	铁件 综合	kg	6.90	0.150	0.140
	其他材料费	元	1.00	0.99	3.66
机械	切砖机 2.8kW	台班	28.43	0.040	0.034

工作内容:挑选砖料、砍制加工、调制灰浆、找规矩、挂线、摆砌、打点。 计量单位:m

定额编号				2-301	2-302	2-303
项目				一层直檐干摆		二层直檐干摆
				二样城砖	小停泥砖	小停泥砖
基价(元)				**136.70**	**66.44**	**132.20**
其中	人工费(元)			57.35	33.17	66.19
	材料费(元)			78.58	32.27	64.02
	机械费(元)			0.77	1.00	1.99
名称		单位	单价(元)	消耗量		
人工	三类人工	工日	155.00	0.370	0.214	0.427
材料	二样城砖 448×224×112	块	28.76	2.690	—	—
	小停泥砖 288×144×64	块	7.52	—	4.190	8.370
	素白灰浆	m^3	220.36	0.002	0.002	0.002
	其他材料费	元	1.00	0.78	0.32	0.63
机械	切砖机 2.8kW	台班	28.43	0.027	0.035	0.070

工作内容：挑选砖料、砍制加工、调制灰浆、找规矩、挂线、摆砌、打点。　　计量单位：m

定额编号				2-304	2-305	2-306	2-307
项　目				鸡嗉檐干摆			
				二样城砖	小停泥砖	尺二方砖	尺四方砖
基价（元）				**563.00**	**269.02**	**337.24**	**886.51**
其中	人工费（元）			245.37	136.56	137.64	150.20
	材料费（元）			314.56	128.48	197.30	734.38
	机械费（元）			3.07	3.98	2.30	1.93
名　称		单位	单价（元）	消　耗　量			
人工	三类人工	工日	155.00	1.583	0.881	0.888	0.969
材料	二样城砖 448×224×112	块	28.76	10.760	—	—	—
	小停泥砖 288×144×64	块	7.52	—	16.740	—	—
	尺二方砖 384×384×64（1.2尺 ×1.2尺 ×2寸）	块	30.00	—	—	6.460	—
	尺四方砖 448×448×64	块	133.54	—	—	—	5.430
	素白灰浆	m^3	220.36	0.009	0.006	0.007	0.009
	其他材料费	元	1.00	3.11	1.27	1.95	7.27
机械	切砖机 2.8kW	台班	28.43	0.108	0.140	0.081	0.068

工作内容:挑选砖料、砍制加工、调制灰浆、找规矩、挂线、摆砌、打点。　　　　**计量单位**:m

定额编号				2-308	2-309	2-310	2-311
项　目				四层冰盘檐干摆			
				二样城砖	小停泥砖	尺二方砖	尺四方砖
基价(元)				**841.94**	**390.89**	**574.32**	**1 369.00**
其中	人工费(元)			418.35	214.52	274.82	263.97
	材料费(元)			419.50	171.08	296.06	1 102.13
	机械费(元)			4.09	5.29	3.44	2.90
名　称		单位	单价(元)	消　耗　量			
人工	三类人工	工日	155.00	2.699	1.384	1.773	1.703
材料	二样城砖 448×224×112	块	28.76	14.350	—	—	—
	小停泥砖 288×144×64	块	7.52	—	22.320	—	—
	尺二方砖 384×384×64(1.2尺 ×1.2尺 ×2寸)	块	30.00	—	—	9.690	—
	尺四方砖 448×448×64	块	133.54	—	—	—	8.150
	素白灰浆	m^3	220.36	0.012	0.007	0.011	0.013
	其他材料费	元	1.00	4.15	1.69	2.93	10.91
机械	切砖机 2.8kW	台班	28.43	0.144	0.186	0.121	0.102

工作内容：挑选砖料、砍制加工、调制灰浆、找规矩、挂线、摆砌、打点。　　**计量单位**：m

定额编号				2-312	2-313	2-314	2-315
项　目				五层素冰盘檐干摆			
				二样城砖	小停泥砖	尺二方砖	尺四方砖
基价（元）				**1 050.03**	**487.29**	**716.74**	**1 710.62**
其中	人工费（元）			520.49	266.76	342.40	329.07
	材料费（元）			524.45	213.91	370.05	1 377.94
	机械费（元）			5.09	6.62	4.29	3.61
名　称		单位	单价（元）	消　耗　量			
人工	三类人工	工日	155.00	3.358	1.721	2.209	2.123
材料	二样城砖 448×224×112	块	28.76	17.940	—	—	—
	小停泥砖 288×144×64	块	7.52	—	27.900	—	—
	尺二方砖 384×384×64（1.2尺×1.2尺×2寸）	块	30.00	—	—	12.110	—
	尺四方砖 448×448×64	块	133.54	—	—	—	10.190
	素白灰浆	m^3	220.36	0.015	0.009	0.014	0.016
	其他材料费	元	1.00	5.19	2.12	3.66	13.64
机械	切砖机 2.8kW	台班	28.43	0.179	0.233	0.151	0.127

工作内容：挑选砖料、调制灰浆、找规矩、挂线、摆砌、打点。砖瓦檐砌筑还包括挑选瓦件。　　**计量单位**：m

定额编号				2-316	2-317	2-318
项　目				小停泥砖直檐灰砌		砖瓦檐砌筑
				一层	二层	
基价（元）				**34.74**	**67.72**	**61.58**
其中	人工费（元）			6.98	12.87	43.09
	材料费（元）			27.76	54.85	18.49
	机械费（元）			—	—	—
名　称		单位	单价（元）	消　耗　量		
人工	三类人工	工日	155.00	0.045	0.083	0.278
材料	小停泥砖 288×144×64	块	7.52	3.580	7.110	—
	蓝四丁砖 240×115×53	块	3.01	—	—	4.300
	中蝴蝶瓦（盖）180×180×13	100张	65.52	—	—	0.069
	老浆灰	m^3	279.59	0.002	0.003	0.003
	其他材料费	元	1.00	0.27	0.54	0.18

工作内容：挑选砖料、砍制加工、调制灰浆、找规矩、挂线、摆砌、打点。 **计量单位：**m

定额编号				2-319	2-320	2-321	2-322
项目				鸡嗉檐灰砌		菱角檐灰砌	淌白菱角檐
				二样城砖	小停泥砖	二样城砖	
基价（元）				**504.65**	**229.52**	**254.67**	**406.53**
其中	人工费（元）			206.15	104.94	32.55	185.54
	材料费（元）			295.63	120.86	219.99	218.66
	机械费（元）			2.87	3.72	2.13	2.33
名称		单位	单价（元）	消耗量			
人工	三类人工	工日	155.00	1.330	0.677	0.210	1.197
材料	二样城砖 448×224×112	块	28.76	10.090	—	7.486	—
	小停泥砖 288×144×64	块	7.52	—	15.690	—	—
	老浆灰	m^3	279.59	0.009	0.006	0.009	0.009
	地趴砖 384×192×96	块	21.68	—	—	—	9.870
	其他材料费	元	1.00	2.93	1.20	2.18	2.16
机械	切砖机 2.8kW	台班	28.43	0.101	0.131	0.075	0.082

工作内容：挑选砖料、砍制加工、调制灰浆、找规矩、挂线、摆砌、打点。　　　　计量单位：m

定额编号				2-323	2-324	2-325	2-326
项　目				四层冰盘檐灰砌			
				二样城砖	小停泥砖	尺二方砖	尺四方砖
基价（元）				**729.31**	**332.19**	**479.76**	**1 228.08**
其中	人工费（元）			331.39	166.01	205.69	200.42
	材料费（元）			394.08	161.23	270.94	1 024.96
	机械费（元）			3.84	4.95	3.13	2.70
名　称		单位	单价（元）	消　耗　量			
人工	三类人工	工日	155.00	2.138	1.071	1.327	1.293
材料	二样城砖 448×224×112	块	28.76	13.450	—	—	—
	小停泥砖 288×144×64	块	7.52	—	20.930	—	—
	尺二方砖 384×384×64（1.2尺 ×1.2尺 ×2寸）	块	30.00	—	—	8.830	—
	尺四方砖 448×448×64	块	133.54	—	—	—	7.570
	老浆灰	m^3	279.59	0.012	0.008	0.012	0.014
	其他材料费	元	1.00	3.90	1.60	2.68	10.15
机械	切砖机 2.8kW	台班	28.43	0.135	0.174	0.110	0.095

工作内容:挑选砖料、砍制加工、调制灰浆、找规矩、挂线、摆砌、打点。 **计量单位:**m

定额编号				2-327	2-328	2-329	2-330
项目				五层冰盘檐灰砌			
				二样城砖	小停泥砖	尺二方砖	尺四方砖
基价(元)				**908.99**	**414.17**	**598.73**	**1 533.47**
其中	人工费(元)			411.68	206.46	256.37	249.40
	材料费(元)			492.53	201.51	338.44	1 280.72
	机械费(元)			4.78	6.20	3.92	3.35
名称		单位	单价(元)	消耗量			
人工	三类人工	工日	155.00	2.656	1.332	1.654	1.609
材料	二样城砖 448×224×112	块	28.76	16.810	—	—	—
	小停泥砖 288×144×64	块	7.52	—	26.160	—	—
	尺二方砖 384×384×64(1.2尺 ×1.2尺 ×2寸)	块	30.00	—	—	11.030	—
	尺四方砖 448×448×64	块	133.54	—	—	—	9.460
	老浆灰	m^3	279.59	0.015	0.010	0.015	0.017
	其他材料费	元	1.00	4.88	2.00	3.35	12.68
机械	切砖机 2.8kW	台班	28.43	0.168	0.218	0.138	0.118

第三章

地 面 工 程

说　　明

一、本章定额包括地面、踏道拆除，地面、散水整修，地面、散水揭墁，细砖地面、散水、墁道，糙砖地面、散水、墁道，石子、石板地面六节。

二、地面、散水、墁道剔补定额以所补换砖相连面积在 $1m^2$ 以内为准，相连砖面积之和超过 $1m^2$ 时，应执行拆除和新作定额。

三、道线剔补以相连砖累计长度在 1m 以内为准，超过 1m 时执行拆除和新作定额。

四、方砖地面揭墁已综合了直铺和斜铺的不同情况，实际工程中揭墁方砖地面不论其排砖方式如何，定额均不调整。

五、地面平铺条砖系指砖的大面向上的做法，侧铺为砖的条面向上的做法。

六、墁檐廊地面定额只适用于室内外分别铺墁的情况，室内外通墁者执行室内地面相应定额。

七、各种砖地面铺墁、揭墁定额已综合考虑了掏柱顶石卡口等因素。

八、本章定额各种地面结合层灰浆厚度见下表，实际使用中的灰浆厚度与表中规定不符时，应予换算，但人工不调整。

各种地面结合层灰浆厚度表

项　　目	灰浆厚度（mm）
细墁尺二、尺三、尺五方砖，尺二、尺三条砖	50
细墁尺七、二尺方砖	60
糙墁方砖、条砖	30

九、揭墁项目已综合考虑了利用旧砖、添配新砖因素。地面揭墁定额以新砖添配率在 30% 以内综合考虑，新砖添配率在 30% 以内的按定额执行，消耗量不做调整，若新砖添配率在 30% 以上时，套用新砖添配率在 30% 以内定额，添配新砖数量按实计算。

工程量计算规则

一、地面、散水剔补按所补换砖的数量以“块”计算。

二、地面揭墁按实揭面积以“m^2”计算。

三、地面铺墁:室内按主墙间面积计算,无围护墙者按压阑石(砖)里口围成的面积计算,檐廊部分按压阑石(砖)里皮至围护墙外皮间面积计算,均不扣除柱础、隔间所占面积;庭院地面、路面、散水按线道砖里口围成的面积计算,礓礤按斜长面积计算,均不扣除 $1m^2$ 以内的井口、树池、花池等所占面积,以“m^2”计算。

四、道线按其中心线长累计以“m”计算。

第一节　地面、踏道拆除

工作内容：拆旧砖件、结合层，旧砖件的整理码放。

定额编号				3-1	3-2	3-3	3-4	3-5	3-6
项　目				拆除					
				细砖地面		糙砖地面			地面
				方砖	条砖	方砖	条砖	条砖道线	石子
计量单位				m^2				m	m^2
基价（元）				**12.15**	**12.15**	**7.16**	**7.16**	**4.05**	**13.23**
其中	人工费（元）			12.15	12.15	7.16	7.16	4.05	13.23
	材料费（元）			—	—	—	—	—	—
	机械费（元）			—	—	—	—	—	—
名　称		单位	单价（元）	消　耗　量					
人工	二类人工	工日	135.00	0.090	0.090	0.053	0.053	0.030	0.098

注：不包括拆垫层。

工作内容：拆旧砖件、结合层，旧砖件的整理码放。

定额编号				3-7	3-8	3-9	3-10	3-11	3-12
项　目				拆除					
				地面		踏道		砖牙	
				石板	毛石	方砖	条砖	顺栽	立栽
计量单位				m^2				m	
基价（元）				**16.20**	**18.23**	**8.10**	**8.10**	**3.11**	**6.08**
其中	人工费（元）			16.20	18.23	8.10	8.10	3.11	6.08
	材料费（元）			—	—	—	—	—	—
	机械费（元）			—	—	—	—	—	—
名　称		单位	单价（元）	消　耗　量					
人工	二类人工	工日	135.00	0.120	0.135	0.060	0.060	0.023	0.045

注：不包括拆垫层。

第二节 地面、散水整修

工作内容:剔除残损旧砖、清理基层、新砖件的砍磨加工、铺灰补装新砖。 计量单位:块

定额编号				3-13	3-14	3-15	3-16	3-17
项目				细砖地面剔补				
				尺二方砖	尺三方砖	尺五方砖	尺七方砖	二尺方砖
基价(元)				120.45	192.05	519.83	808.62	874.42
其中	人工费(元)			84.63	86.65	100.75	149.11	211.58
	材料费(元)			35.42	105.00	418.68	659.11	662.44
	机械费(元)			0.40	0.40	0.40	0.40	0.40
名称		单位	单价(元)	消耗量				
人工	三类人工	工日	155.00	0.546	0.559	0.650	0.962	1.365
材料	尺二方砖 384×384×64(1.2尺×1.2尺×2寸)	块	30.00	1.130	—	—	—	—
	尺三方砖 416×416×80(1.3尺×1.3尺×2.5寸)	块	90.00	—	1.130	—	—	—
	尺五方砖 480×480×86.4(1.5尺×1.5尺×2.7寸)	块	362.04	—	—	1.130	—	—
	尺七方砖 544×544×89.6(1.7尺×1.7尺×2.8寸)	块	570.00	—	—	—	1.130	—
	二尺方砖 640×640×96(2尺×2尺×3寸)	块	572.04	—	—	—	—	1.130
	生石灰	kg	0.30	2.200	3.380	3.605	5.440	7.990
	黄土	m^3	28.16	0.006	0.008	0.010	0.016	0.023
	其他材料费	元	1.00	0.69	2.06	8.21	12.92	12.99
机械	切砖机 2.8kW	台班	28.43	0.014	0.014	0.014	0.014	0.014

工作内容: 剔除残损旧砖、清理基层、新砖件的砍磨加工、铺灰补装新砖。　　**计量单位:** 块

定额编号				3-18	3-19	3-20	3-21
项　目				细砖地面剔补			
				尺二条砖		尺三条砖	
				平铺	侧铺	平铺	侧铺
基价(元)				**83.97**	**78.66**	**112.56**	**105.08**
其中	人工费(元)			60.45	55.34	72.54	65.41
	材料费(元)			23.26	23.06	39.71	39.36
	机械费(元)			0.26	0.26	0.31	0.31
名　称		单位	单价(元)	消　耗　量			
人工	三类人工	工日	155.00	0.390	0.357	0.468	0.422
材料	尺二条砖 384×192×64(1.2尺 ×6尺 ×2寸)	块	19.80	1.130	1.130	—	—
	尺三条砖 416×208×80(1.3尺 ×6.5寸 ×2.5寸)	块	33.98	—	—	1.130	1.130
	生石灰	kg	0.30	1.147	0.680	1.390	0.443
	黄土	m^3	28.16	0.003	0.001	0.004	0.002
	其他材料费	元	1.00	0.46	0.45	0.78	0.77
机械	切砖机 2.8kW	台班	28.43	0.009	0.009	0.011	0.011

工作内容:剔除残损旧砖、清理基层、新砖件的砍磨加工、铺灰补装新砖。 **计量单位:**块

定额编号				3-22	3-23	3-24	3-25	3-26	3-27
项目				细尺二条砖道线剔补				细尺三条砖道线剔补	
				1/4砖立栽	1/2砖立栽	1/4砖侧栽	整砖侧栽	1/4砖立栽	1/2砖立栽
基价(元)				**67.67**	**67.58**	**64.45**	**64.58**	**94.02**	**94.02**
其中	人工费(元)			44.33	44.33	41.23	41.23	54.41	54.41
	材料费(元)			23.08	22.99	22.96	23.09	39.30	39.30
	机械费(元)			0.26	0.26	0.26	0.26	0.31	0.31
名称		单位	单价(元)	消耗量					
人工	三类人工	工日	155.00	0.286	0.286	0.266	0.266	0.351	0.351
材料	尺二条砖 384×192×64(1.2尺×6尺×2寸)	块	19.80	1.130	1.130	1.130	1.130	—	—
	尺三条砖 416×208×80(1.3尺×6.5寸×2.5寸)	块	33.98	—	—	—	—	1.130	1.130
	生石灰	kg	0.30	0.747	0.443	0.371	0.770	0.340	0.340
	黄土	m^3	28.16	0.001	0.001	0.001	0.001	0.001	0.001
	其他材料费	元	1.00	0.45	0.45	0.45	0.45	0.77	0.77
机械	切砖机 2.8kW	台班	28.43	0.009	0.009	0.009	0.009	0.011	0.011

工作内容：剔除破损砖件、挑选砖件、砍制加工、清理基层、调制灰浆、补墁新砖。　　　　计量单位：块

<table>
<tr><td colspan="4">定额编号</td><td>3-28</td><td>3-29</td><td>3-30</td></tr>
<tr><td colspan="4" rowspan="3">项　目</td><td colspan="3">细砖地面、散水剔补</td></tr>
<tr><td colspan="2">二样城砖</td><td rowspan="2">小停泥砖</td></tr>
<tr><td>平铺</td><td>柳叶</td></tr>
<tr><td colspan="4">基价（元）</td><td>103.13</td><td>95.42</td><td>27.58</td></tr>
<tr><td rowspan="3">其中</td><td colspan="3">人工费（元）</td><td>66.50</td><td>59.37</td><td>16.90</td></tr>
<tr><td colspan="3">材料费（元）</td><td>36.32</td><td>35.74</td><td>10.42</td></tr>
<tr><td colspan="3">机械费（元）</td><td>0.31</td><td>0.31</td><td>0.26</td></tr>
<tr><td colspan="2">名　称</td><td>单位</td><td>单价（元）</td><td colspan="3">消　耗　量</td></tr>
<tr><td>人工</td><td>三类人工</td><td>工日</td><td>155.00</td><td>0.429</td><td>0.383</td><td>0.109</td></tr>
<tr><td rowspan="7">材料</td><td>二样城砖 448×224×112</td><td>块</td><td>28.76</td><td>1.130</td><td>1.130</td><td>—</td></tr>
<tr><td>小停泥砖 288×144×64</td><td>块</td><td>7.52</td><td>—</td><td>—</td><td>1.130</td></tr>
<tr><td>生石灰</td><td>kg</td><td>0.30</td><td>3.880</td><td>2.000</td><td>1.620</td></tr>
<tr><td>生桐油</td><td>kg</td><td>4.31</td><td>0.060</td><td>0.060</td><td>0.040</td></tr>
<tr><td>面粉</td><td>kg</td><td>6.03</td><td>0.120</td><td>0.120</td><td>0.070</td></tr>
<tr><td>松烟</td><td>kg</td><td>16.00</td><td>0.060</td><td>0.060</td><td>0.040</td></tr>
<tr><td>其他材料费</td><td>元</td><td>1.00</td><td>0.71</td><td>0.70</td><td>0.20</td></tr>
<tr><td>机械</td><td>切砖机 2.8kW</td><td>台班</td><td>28.43</td><td>0.011</td><td>0.011</td><td>0.009</td></tr>
</table>

工作内容:剔除残损旧砖、清理基层、新砖件的砍磨加工、铺灰补装新砖。 **计量单位:**块

定额编号				3-31	3-32	3-33
项目				细尺三条砖道线剔补		糙砖地面剔补
				1/4 砖侧栽	整砖侧栽	尺二方砖
基价(元)				**80.89**	**81.07**	**50.67**
其中	人工费(元)			41.23	41.23	18.60
	材料费(元)			39.35	39.53	32.07
	机械费(元)			0.31	0.31	—
名称		单位	单价(元)	消耗量		
人工	三类人工	工日	155.00	0.266	0.266	0.120
材料	尺二方砖 384×384×64(1.2 尺 ×1.2 尺 ×2 寸)	块	30.00	—	—	1.030
	尺三条砖 416×208×80(1.3 尺 ×6.5 寸 ×2.5 寸)	块	33.98	1.130	1.130	—
	生石灰	kg	0.30	0.515	1.000	1.420
	黄土	m^3	28.16	0.001	0.002	0.004
	其他材料费	元	1.00	0.77	0.78	0.63
机械	切砖机 2.8kW	台班	28.43	0.011	0.011	—

工作内容：剔除残损旧砖、清理基层、新砖件的砍磨加工、铺灰补装新砖。　　计量单位：块

定额编号				3-34	3-35	3-36	3-37
项　目				糙砖地面剔补			
				尺三方砖	尺五方砖	尺七方砖	二尺方砖
基价（元）				**113.81**	**401.40**	**624.78**	**633.55**
其中	人工费（元）			18.60	20.15	24.80	31.00
	材料费（元）			95.21	381.25	599.98	602.55
	机械费（元）			—	—	—	—
名　称		单位	单价（元）	消　耗　量			
人工	三类人工	工日	155.00	0.120	0.130	0.160	0.200
材料	尺三方砖 416×416×80（1.3尺×1.3尺×2.5寸）	块	90.00	1.030	—	—	—
	尺五方砖 480×480×86.4（1.5尺×1.5尺×2.7寸）	块	362.04	—	1.030	—	—
	尺七方砖 544×544×89.6（1.7尺×1.7尺×2.8寸）	块	570.00	—	—	1.030	—
	二尺方砖 640×640×96（2尺×2尺×3寸）	块	572.04	—	—	—	1.030
	生石灰	kg	0.30	1.680	2.240	2.870	3.980
	黄土	m^3	28.16	0.005	0.007	0.009	0.012
	其他材料费	元	1.00	1.87	7.48	11.76	11.81

工作内容:剔除残损旧砖、清理基层、铺灰补装新砖。

计量单位:10块

定额编号				3-38	3-39	3-40	3-41	3-42	3-43
项目				糙砖地面剔补				糙砖道线剔补	
				尺二条砖		尺三条砖		尺二条砖	
				平铺	侧铺	平铺	侧铺	1/4砖立栽	1/2砖立栽
基价(元)				**365.82**	**363.95**	**530.75**	**528.73**	**456.48**	**456.48**
其中	人工费(元)			155.00	155.00	170.50	170.50	248.00	248.00
	材料费(元)			210.82	208.95	360.25	358.23	208.48	208.48
	机械费(元)			—	—	—	—	—	—
名称		单位	单价(元)	消耗量					
人工	三类人工	工日	155.00	1.000	1.000	1.100	1.100	1.600	1.600
材料	尺二条砖 384×192×64(1.2尺×6尺×2寸)	块	19.80	10.300	10.300	—	—	10.300	10.300
	尺三条砖 416×208×80(1.3尺×6.5寸×2.5寸)	块	33.98	—	—	10.300	10.300	—	—
	生石灰	kg	0.30	7.100	2.400	8.300	3.200	1.240	1.240
	黄土	m^3	28.16	0.022	0.007	0.025	0.009	0.003	0.003
	其他材料费	元	1.00	4.13	4.10	7.06	7.02	4.09	4.09

工作内容:剔除残损旧砖、清理基层、铺灰补装新砖。

计量单位:10块

定额编号				3-44	3-45	3-46	3-47	3-48	3-49
项目				糙砖道线剔补 尺二条砖		糙砖道线剔补 尺三条砖			
				1/4砖侧砖	整砖侧栽	1/4砖立栽	1/2砖立栽	1/4砖侧栽	整砖侧栽
基价(元)				**456.98**	**456.98**	**621.14**	**621.14**	**621.73**	**621.73**
其中	人工费(元)			248.00	248.00	263.50	263.50	263.50	263.50
	材料费(元)			208.98	208.98	357.64	357.64	358.23	358.23
	机械费(元)			—	—	—	—	—	—
名称		单位	单价(元)	消耗量					
人工	三类人工	工日	155.00	1.600	1.600	1.700	1.700	1.700	1.700
材料	尺二条砖 384×192×64(1.2尺×6尺×2寸)	块	19.80	10.300	10.300	—	—	—	—
	尺三条砖 416×208×80(1.3尺×6.5寸×2.5寸)	块	33.98	—	—	10.300	10.300	10.300	10.300
	生石灰	kg	0.30	2.470	2.470	1.650	1.650	3.190	3.190
	黄土	m^3	28.16	0.007	0.007	0.005	0.005	0.009	0.009
	其他材料费	元	1.00	4.10	4.10	7.01	7.01	7.02	7.02

工作内容：剔除破损砖件、挑选砖件、清理基层、调制灰浆、补墁新砖。　　计量单位：10块

定额编号				3-50
项　目				糙砖地面、散水剔补
				二样城砖
基价（元）				**570.17**
其中	人工费（元）			263.50
	材料费（元）			306.67
	机械费（元）			—
名　称		单位	单价（元）	消　耗　量
人工	三类人工	工日	155.00	1.700
材料	二样城砖 448×224×112	块	28.76	10.300
	灰土　3∶7	m^3	110.60	0.040
	其他材料费	元	1.00	6.01

工作内容：剔除破损砖件、挑选砖件、清理基层、调制灰浆、补墁新砖。　　计量单位：块

定额编号				3-51
项　目				糙砖地面、散水剔补
				小停泥砖
基价（元）				**25.18**
其中	人工费（元）			17.05
	材料费（元）			8.13
	机械费（元）			—
名　称		单位	单价（元）	消　耗　量
人工	三类人工	工日	155.00	0.110
材料	小停泥砖 288×144×64	块	7.52	1.030
	灰土　3∶7	m^3	110.60	0.002
	其他材料费	元	1.00	0.16

第三节 地面、散水揭墁

工作内容: 拆旧地面、挑选整理拆下的旧砖件、所利用旧砖件的重新磨面、添配新砖重新铺墁、新砖件的砍磨加工。

计量单位:m^2

定额编号				3-52	3-53	3-54	3-55	3-56
项 目				细砖地面揭墁				
				尺二方砖	尺三方砖	尺五方砖	尺七方砖	二尺方砖
基价(元)				**225.33**	**333.76**	**682.35**	**789.06**	**605.78**
其中	人工费(元)			147.10	151.13	155.16	151.13	150.04
	材料费(元)			77.23	181.81	526.59	637.53	455.40
	机械费(元)			1.00	0.82	0.60	0.40	0.34
名 称		单位	单价(元)	消 耗 量				
人工	三类人工	工日	155.00	0.949	0.975	1.001	0.975	0.968
材料	尺二方砖 384×384×64(1.2尺 ×1.2尺 ×2寸)	块	30.00	2.308	—	—	—	—
	尺三方砖 416×416×80(1.3尺 ×1.3尺 ×2.5寸)	块	90.00	—	1.908	—	—	—
	尺五方砖 480×480×86.4(1.5尺 ×1.5尺 ×2.7寸)	块	362.04	—	—	1.408	—	—
	尺七方砖 544×544×89.6(1.7尺 ×1.7尺 ×2.8寸)	块	570.00	—	—	—	1.083	—
	二尺方砖 640×640×96(2尺 ×2尺 ×3寸)	块	572.04	—	—	—	—	0.767
	生石灰	kg	0.30	16.970	17.060	17.020	20.180	20.180
	黄土	m^3	28.16	0.049	0.050	0.050	0.059	0.059
	其他材料费	元	1.00	1.51	3.56	10.33	12.50	8.93
机械	切砖机 2.8kW	台班	28.43	0.035	0.029	0.021	0.014	0.012

工作内容：拆旧地面、挑选整理拆下的旧砖件、所利用旧砖件的重新磨面、添配新砖重新铺墁、新砖件的砍磨加工。

定额编号				3-57	3-58	3-59	3-60	3-61	3-62
项目				细砖地面揭墁				细砖道线拆栽尺二条砖	
				尺二条砖		尺三条砖		1/4砖立栽	1/2砖立栽
				平铺	侧铺	平铺	侧铺		
计量单位				m^2				m	
基价（元）				**264.35**	**573.30**	**303.09**	**628.03**	**70.58**	**80.20**
其中	人工费（元）			163.22	279.00	162.13	260.87	37.20	64.48
	材料费（元）			99.82	290.35	139.65	363.66	32.93	15.52
	机械费（元）			1.31	3.95	1.31	3.50	0.45	0.20
名称		单位	单价（元）	消耗量					
人工	三类人工	工日	155.00	1.053	1.800	1.046	1.683	0.240	0.416
材料	尺二条砖 384×192×64（1.2尺×6尺×2寸）	块	19.80	4.608	13.917	—	—	1.608	0.700
	尺三条砖 416×208×80（1.3尺×6.5寸×2.5寸）	块	33.98	—	—	3.833	10.233	—	—
	生石灰	kg	0.30	17.390	24.700	17.540	23.850	1.195	3.400
	黄土	m^3	28.16	0.050	0.060	0.050	0.059	0.003	0.012
	其他材料费	元	1.00	1.96	5.69	2.74	7.13	0.65	0.30
机械	切砖机 2.8kW	台班	28.43	0.046	0.139	0.046	0.123	0.016	0.007

工作内容:拆旧地面、挑选整理拆下的旧砖件、所利用旧砖件的重新磨面、添配新砖重新铺墁、新砖件的砍磨加工。

计量单位:m

定额编号				3-63	3-64	3-65	3-66	3-67	3-68
项目				细砖道线拆栽 尺二条砖		细砖道线拆栽 尺三条砖			
				1/4 砖侧栽	整砖 侧栽	1/4 砖立栽	1/2 砖立栽	1/4 砖侧栽	整砖 侧栽
基价(元)				**41.12**	**186.26**	**62.68**	**217.26**	**50.59**	**211.22**
其中	人工费(元)			24.18	82.62	36.27	76.57	24.18	70.53
	材料费(元)			16.71	102.25	26.15	139.35	26.15	139.35
	机械费(元)			0.23	1.39	0.26	1.34	0.26	1.34
名称		单位	单价(元)	消耗量					
人工	三类人工	工日	155.00	0.156	0.533	0.234	0.494	0.156	0.455
材料	尺二条砖 384×192×64(1.2尺×6尺×2寸)	块	19.80	0.808	4.867	—	—	—	—
	尺三条砖 416×208×80(1.3尺×6.5寸×2.5寸)	块	33.98	—	—	0.733	3.925	0.733	3.925
	生石灰	kg	0.30	0.989	8.150	2.050	8.770	2.050	8.770
	黄土	m^3	28.16	0.003	0.051	0.004	0.022	0.004	0.022
	其他材料费	元	1.00	0.33	2.00	0.51	2.73	0.51	2.73
机械	切砖机 2.8kW	台班	28.43	0.008	0.049	0.009	0.047	0.009	0.047

工作内容：拆旧地面、挑选整理拆下的旧砖件、添配新砖重新铺墁。　　**计量单位：**m^2

定额编号				3-69	3-70	3-71	3-72	3-73
项　目				糙砖地面揭墁				
				尺二方砖	尺三方砖	尺五方砖	尺七方砖	二尺方砖
基价（元）				**120.06**	**207.23**	**507.17**	**601.63**	**447.81**
其中	人工费（元）			57.35	54.25	48.05	44.95	44.95
	材料费（元）			62.71	152.98	459.12	556.68	402.86
	机械费（元）			—	—	—	—	—
名　称		单位	单价（元）	消耗量				
人工	三类人工	工日	155.00	0.370	0.350	0.310	0.290	0.290
材料	尺二方砖 384×384×64（1.2尺×1.2尺×2寸）	块	30.00	1.925	—	—	—	—
	尺三方砖 416×416×80（1.3尺×1.3尺×2.5寸）	块	90.00	—	1.625	—	—	—
	尺五方砖 480×480×86.4（1.5尺×1.5尺×2.7寸）	块	362.04	—	—	1.233	—	—
	尺七方砖 544×544×89.6（1.7尺×1.7尺×2.8寸）	块	570.00	—	—	—	0.950	—
	二尺方砖 640×640×96（2尺×2尺×3寸）	块	572.04	—	—	—	—	0.683
	生石灰	kg	0.30	9.700	9.700	9.700	9.700	9.700
	黄土	m^3	28.16	0.029	0.029	0.029	0.048	0.048
	其他材料费	元	1.00	1.23	3.00	9.00	10.92	7.90

工作内容:拆旧地面、挑选整理拆下的旧砖件、添配新砖重新铺墁。

计量单位:m^2

定额编号				3-74	3-75	3-76	3-77
项目				糙砖地面揭墁			
				尺二条砖		尺三条砖	
				平铺	侧铺	平铺	侧铺
基价(元)				**142.96**	**325.83**	**167.79**	**366.53**
其中	人工费(元)			66.65	108.50	58.90	93.00
	材料费(元)			76.31	217.33	108.89	273.53
	机械费(元)			—	—	—	—
名称		单位	单价(元)	消耗量			
人工	三类人工	工日	155.00	0.430	0.700	0.380	0.600
材料	尺二条砖 384×192×64(1.2 尺 ×6 尺 ×2 寸)	块	19.80	3.492	10.475	—	—
	尺三条砖 416×208×80(1.3 尺 ×6.5 寸 ×2.5 寸)	块	33.98	—	—	2.975	7.725
	生石灰	kg	0.30	16.170	16.170	16.170	16.170
	黄土	m^3	28.16	0.029	0.029	0.029	0.029
	其他材料费	元	1.00	1.50	4.26	2.14	5.36

工作内容:拆旧地面、挑选整理拆下的旧砖件、添配新砖重新铺墁。

计量单位:m

定额编号				3-78	3-79	3-80	3-81
项目				糙砖道线拆栽 尺二条砖			
				1/4 砖立栽	1/2 砖立栽	1/4 砖侧栽	整砖侧栽
基价(元)				**49.07**	**120.83**	**30.78**	**120.08**
其中	人工费(元)			21.70	38.75	17.05	37.20
	材料费(元)			27.37	82.08	13.73	82.88
	机械费(元)			—	—	—	—
名称		单位	单价(元)	消耗量			
人工	三类人工	工日	155.00	0.140	0.250	0.110	0.240
材料	尺二条砖 384×192×64(1.2 尺 ×6 尺 ×2 寸)	块	19.80	1.342	4.025	0.667	4.025
	生石灰	kg	0.30	0.670	2.020	0.670	4.080
	黄土	m^3	28.16	0.002	0.006	0.002	0.012
	其他材料费	元	1.00	0.54	1.61	0.27	1.63

工作内容：拆旧地面、挑选整理拆下的旧砖件、添配新砖重新铺墁。 计量单位：m

定额编号				3-82	3-83	3-84	3-85
项目				糙砖道线拆栽 尺三条砖			
				1/4 砖立栽	1/2 砖立栽	1/4 砖侧栽	整砖侧栽
基价（元）				**64.63**	**146.39**	**37.18**	**147.18**
其中	人工费（元）			21.70	34.10	15.50	34.10
	材料费（元）			42.93	112.29	21.68	113.08
	机械费（元）			—	—	—	—
名称		单位	单价（元）	消耗量			
人工	三类人工	工日	155.00	0.140	0.220	0.100	0.220
材料	尺三条砖 416×208×80（1.3尺 ×6.5寸 ×2.5寸）	块	33.98	1.230	3.217	0.617	3.217
	生石灰	kg	0.30	0.780	2.020	0.780	4.040
	黄土	m^3	28.16	0.002	0.006	0.002	0.012
	其他材料费	元	1.00	0.84	2.20	0.43	2.22

工作内容：拆除、挑选整理旧砖件，添配部分新砖，清理基层，调制灰浆，找规矩，挂线，重新铺墁砖。 计量单位：m^2

定额编号				3-86	3-87
项目				糙砖地面揭墁	糙砖地面、散水揭墁
				二样城砖平铺	二样城砖柳叶
基价（元）				**149.64**	**282.19**
其中	人工费（元）			72.85	130.20
	材料费（元）			76.79	151.99
	机械费（元）			—	—
名称		单位	单价（元）	消耗量	
人工	三类人工	工日	155.00	0.470	0.840
材料	二样城砖 448×224×112	块	28.76	2.483	5.008
	灰土 3∶7	m^3	110.60	0.035	0.045
	其他材料费	元	1.00	1.51	2.98

工作内容:调制灰浆、清扫基层、找规矩、挂线、铺墁、打点。 **计量单位:**m^2

定额编号				3-88	3-89
项　目				糙砖地面、路面、散水铺墁 小停泥砖	
				平铺	柳叶
基价(元)				**205.56**	**429.88**
其中	人工费(元)			52.39	92.69
	材料费(元)			153.17	337.19
	机械费(元)			—	—
名　称		单位	单价(元)	消　耗　量	
人工	三类人工	工日	155.00	0.338	0.598
材料	小停泥砖 288×144×64	块	7.52	19.667	43.733
	灰土 3:7	m^3	110.60	0.034	0.045
	其他材料费	元	1.00	1.52	3.34

第四节　细砖地面、散水、墁道

工作内容：清扫基层、挑选砖料、调制灰浆、砖件的砍制加工、浸水、挂线、找规矩、铺墁、清理、挂缝、勾缝、扫缝、墁水活打点。

计量单位：m^2

定额编号				3-90	3-91	3-92	3-93	3-94
项　目				地面直铺细方砖				
				尺二方砖	尺三方砖	尺五方砖	尺七方砖	二尺方砖
基价（元）				**357.99**	**778.44**	**2 125.81**	**2 584.13**	**1 843.96**
其中	人工费（元）			68.82	72.85	76.88	76.26	78.74
	材料费（元）			285.90	702.86	2 046.94	2 506.33	1 764.14
	机械费（元）			3.27	2.73	1.99	1.54	1.08
名　称		单位	单价（元）	消耗量				
人工	三类人工	工日	155.00	0.444	0.470	0.496	0.492	0.508
材料	尺二方砖 384×384×64（1.2 尺 ×1.2 尺 ×2 寸）	块	30.00	9.220	—	—	—	—
	尺三方砖 416×416×80（1.3 尺 ×1.3 尺 ×2.5 寸）	块	90.00	—	7.660	—	—	—
	尺五方砖 480×480×86.4（1.5 尺 ×1.5 尺 ×2.7 寸）	块	362.04	—	—	5.580	—	—
	尺七方砖 544×544×89.6（1.7 尺 ×1.7 尺 ×2.8 寸）	块	570.00	—	—	—	4.340	—
	二尺方砖 640×640×96（2 尺 ×2 尺 ×3 寸）	块	572.04	—	—	—	—	3.040
	生石灰	kg	0.30	16.970	17.060	17.020	20.180	20.050
	黄土	m^3	28.16	0.049	0.049	0.049	0.059	0.059
	其他材料费	元	1.00	2.83	6.96	20.27	24.82	17.47
机械	切砖机 2.8kW	台班	28.43	0.115	0.096	0.070	0.054	0.038

工作内容:清扫基层、挑选砖料、调制灰浆、砖件的砍制加工、浸水、挂线、找规矩、铺墁、清理、挂缝、勾缝、扫缝、墁水活打点。

计量单位:m^2

定额编号				3-95	3-96	3-97	3-98	3-99
项目				地面斜铺细方砖				
				尺二方砖	尺三方砖	尺五方砖	尺七方砖	二尺方砖
基价(元)				**369.10**	**797.42**	**2 132.32**	**2 635.17**	**1 877.84**
其中	人工费(元)			75.02	79.05	83.39	81.22	83.70
	材料费(元)			290.75	715.58	2 046.94	2 552.39	1 793.03
	机械费(元)			3.33	2.79	1.99	1.56	1.11
名称		单位	单价(元)	消耗量				
人工	三类人工	工日	155.00	0.484	0.510	0.538	0.524	0.540
材料	尺二方砖 384×384×64(1.2尺×1.2尺×2寸)	块	30.00	9.380	—	—	—	—
	尺三方砖 416×416×80(1.3尺×1.3尺×2.5寸)	块	90.00	—	7.800	—	—	—
	尺五方砖 480×480×86.4(1.5尺×1.5尺×2.7寸)	块	362.04	—	—	5.580	—	—
	尺七方砖 544×544×89.6(1.7尺×1.7尺×2.8寸)	块	570.00	—	—	—	4.420	—
	二尺方砖 640×640×96(2尺×2尺×3寸)	块	572.04	—	—	—	—	3.090
	生石灰	kg	0.30	16.970	17.060	17.020	20.180	20.050
	黄土	m^3	28.16	0.049	0.049	0.049	0.059	0.059
	其他材料费	元	1.00	2.88	7.08	20.27	25.27	17.75
机械	切砖机 2.8kW	台班	28.43	0.117	0.098	0.070	0.055	0.039

工作内容：清扫基层、挑选砖料、调制灰浆、砖件的砍制加工、浸水、挂线、找规矩、铺墁、清理、挂缝、勾缝、扫缝、墁水活打点。

计量单位：m²

定额编号				3-100	3-101	3-102	3-103	3-104	3-105
项　目				地面墁细条砖					
				直平铺		侧铺		斜平铺	
				尺二条砖	尺三条砖	尺二条砖	尺三条砖	尺二条砖	尺三条砖
基价（元）				**454.03**	**610.06**	**1 303.18**	**1 575.01**	**464.57**	**620.29**
其中	人工费（元）			74.40	72.85	167.71	149.42	84.94	83.08
	材料费（元）			375.25	532.86	1 122.28	1 413.96	375.25	532.86
	机械费（元）			4.38	4.35	13.19	11.63	4.38	4.35
名　称		单位	单价（元）	消　耗　量					
人工	三类人工	工日	155.00	0.480	0.470	1.082	0.964	0.548	0.536
材料	尺二条砖 384×192×64（1.2 尺 ×6 尺 ×2 寸）	块	19.80	18.430	—	55.660	—	18.430	—
	尺三条砖 416×208×80（1.3 尺 ×6.5 寸 ×2.5 寸）	块	33.98	—	15.330	—	40.940	—	15.330
	生石灰	kg	0.30	17.390	17.540	24.700	23.850	17.390	17.540
	黄土	m³	28.16	0.050	0.050	0.060	0.059	0.050	0.050
	其他材料费	元	1.00	3.72	5.28	11.11	14.00	3.72	5.28
机械	切砖机 2.8kW	台班	28.43	0.154	0.153	0.464	0.409	0.154	0.153

工作内容: 清扫基层、挑选砖料、调制灰浆、砖件的砍制加工、浸水、挂线、找规矩、铺墁、清理、挂缝、勾缝、扫缝、墁水活打点。

计量单位: m^2

定额编号				3-106	3-107	3-108	3-109
项目				廊步地面平铺细砖			
				尺二方砖	尺三方砖	尺五方砖	尺七方砖
基价(元)				**368.53**	**785.26**	**2 136.35**	**2 577.58**
其中	人工费(元)			79.36	79.67	87.42	81.22
	材料费(元)			285.90	702.86	2 046.94	2 494.82
	机械费(元)			3.27	2.73	1.99	1.54
名称		单位	单价(元)	消耗量			
人工	三类人工	工日	155.00	0.512	0.514	0.564	0.524
材料	尺二方砖 384×384×64(1.2 尺 ×1.2 尺 ×2 寸)	块	30.00	9.220	—	—	—
	尺三方砖 416×416×80(1.3 尺 ×1.3 尺 ×2.5 寸)	块	90.00	—	7.660	—	—
	尺五方砖 480×480×86.4(1.5 尺 ×1.5 尺 ×2.7 寸)	块	362.04	—	—	5.580	—
	尺七方砖 544×544×89.6(1.7 尺 ×1.7 尺 ×2.8 寸)	块	570.00	—	—	—	4.320
	生石灰	kg	0.30	16.970	17.060	17.020	20.180
	黄土	m^3	28.16	0.049	0.049	0.049	0.059
	其他材料费	元	1.00	2.83	6.96	20.27	24.70
机械	切砖机 2.8kW	台班	28.43	0.115	0.096	0.070	0.054

工作内容：清扫基层、挑选砖料、调制灰浆、砖件的砍制加工、浸水、挂线、找规矩、铺墁、清理、挂缝、勾缝、扫缝、墁水活打点。

计量单位：m^2

定额编号				3-110	3-111	3-112
项　目				廊步地面平铺细砖		
				二尺方砖	尺二条砖	尺三条砖
基价（元）				**1 848.92**	**463.95**	**616.57**
其中	人工费（元）			83.70	84.32	79.36
	材料费（元）			1 764.14	375.25	532.86
	机械费（元）			1.08	4.38	4.35
名　称		单位	单价（元）	消　耗　量		
人工	三类人工	工日	155.00	0.540	0.544	0.512
材料	二尺方砖 640×640×96（2尺×2尺×3寸）	块	572.04	3.040	—	—
	尺二条砖 384×192×64（1.2尺×6尺×2寸）	块	19.80	—	18.430	—
	尺三条砖 416×208×80（1.3尺×6.5寸×2.5寸）	块	33.98	—	—	15.330
	生石灰	kg	0.30	20.050	17.390	17.540
	黄土	m^3	28.16	0.059	0.050	0.050
	其他材料费	元	1.00	17.47	3.72	5.28
机械	切砖机 2.8kW	台班	28.43	0.038	0.154	0.153

工作内容： 清扫基层、挑选砖料、调制灰浆、砖件的砍制加工、浸水、挂线、找规矩、铺墁、清理、挂缝、勾缝、扫缝、墁水活打点。

计量单位： m²

定额编号				3-113	3-114	3-115	3-116
项目				散水墁细砖（平铺）			
				尺二方砖	尺三方砖	尺五方砖	尺七方砖
基价（元）				**355.82**	**772.55**	**2 123.64**	**2 581.96**
其中	人工费（元）			66.65	66.96	74.71	74.09
	材料费（元）			285.90	702.86	2 046.94	2 506.33
	机械费（元）			3.27	2.73	1.99	1.54
名称		单位	单价（元）	消耗量			
人工	三类人工	工日	155.00	0.430	0.432	0.482	0.478
材料	尺二方砖 384×384×64（1.2 尺 ×1.2 尺 ×2 寸）	块	30.00	9.220	—	—	—
	尺三方砖 416×416×80（1.3 尺 ×1.3 尺 ×2.5 寸）	块	90.00	—	7.660	—	—
	尺五方砖 480×480×86.4（1.5 尺 ×1.5 尺 ×2.7 寸）	块	362.04	—	—	5.580	—
	尺七方砖 544×544×89.6（1.7 尺 ×1.7 尺 ×2.8 寸）	块	570.00	—	—	—	4.340
	生石灰	kg	0.30	16.970	17.060	17.020	20.180
	黄土	m³	28.16	0.049	0.049	0.049	0.059
	其他材料费	元	1.00	2.83	6.96	20.27	24.82
机械	切砖机 2.8kW	台班	28.43	0.115	0.096	0.070	0.054

工作内容：清扫基层、挑选砖料、调制灰浆、砖件的砍制加工、浸水、挂线、找规矩、铺墁、清理、挂缝、勾缝、扫缝、墁水活打点。

计量单位：m^2

定额编号				3-117	3-118	3-119
项　目				散水墁细砖（平铺）		
				二尺方砖	尺二条砖	尺三条砖
基价（元）				1 841.79	463.95	620.29
其中	人工费（元）			76.57	84.32	83.08
	材料费（元）			1 764.14	375.25	532.86
	机械费（元）			1.08	4.38	4.35
名　称		单位	单价（元）	消　耗　量		
人工	三类人工	工日	155.00	0.494	0.544	0.536
材料	二尺方砖 640×640×96（2尺×2尺×3寸）	块	572.04	3.040	—	—
	尺二条砖 384×192×64（1.2尺×6尺×2寸）	块	19.80	—	18.430	—
	尺三条砖 416×208×80（1.3尺×6.5寸×2.5寸）	块	33.98	—	—	15.330
	生石灰	kg	0.30	20.050	17.390	17.540
	黄土	m^3	28.16	0.059	0.050	0.050
	其他材料费	元	1.00	17.47	3.72	5.28
机械	切砖机 2.8kW	台班	28.43	0.038	0.154	0.153

工作内容:砖料砍制加工、清理基层、调制灰浆、找规矩、挂线、铺墁砖。　　**计量单位**:m^2

定额编号				3-120	3-121	3-122	3-123	3-124	3-125
项　目				地面、散水砖二样城砖细墁					
				平铺		直柳叶		斜柳叶	
				普通	异型	整砖	半砖	整砖	半砖
基价(元)				**497.93**	**689.29**	**944.98**	**567.66**	**1 043.80**	**628.22**
其中	人工费(元)			96.26	208.63	146.63	152.99	166.01	172.52
	材料费(元)			397.95	476.20	790.90	410.95	869.60	451.61
	机械费(元)			3.72	4.46	7.45	3.72	8.19	4.09
名　称		单位	单价(元)	消　耗　量					
人工	三类人工	工日	155.00	0.621	1.346	0.946	0.987	1.071	1.113
材料	二样城砖 448×224×112	块	28.76	13.070	15.680	26.160	13.080	28.780	14.390
	灰土 3:7	m^3	110.60	0.042	0.042	0.042	0.042	0.042	0.042
	生石灰	kg	0.30	2.810	2.960	3.580	3.580	3.730	3.730
	生桐油	kg	4.31	0.390	0.470	0.770	0.770	0.850	0.850
	面粉	kg	6.03	0.780	0.930	1.550	1.550	1.700	1.700
	松烟	kg	16.00	0.390	0.460	0.770	0.770	0.850	0.850
	其他材料费	元	1.00	3.94	4.71	7.83	4.07	8.61	4.47
机械	切砖机 2.8kW	台班	28.43	0.131	0.157	0.262	0.131	0.288	0.144

工作内容：砖料砍制加工、清理基层、调制灰浆、找规矩、挂线、铺墁砖。细地面钻生还包括泼洒桐油、起油皮、手生、擦净。

计量单位：m^2

定额编号				3-126
项　目				地面、散水砖细墁
				小停泥砖 平铺
基价（元）				**354.93**
其中	人工费（元）			89.75
	材料费（元）			257.85
	机械费（元）			7.33
名　称		单位	单价（元）	消 耗 量
人工	三类人工	工日	155.00	0.579
材料	小停泥砖 288×144×64	块	7.52	31.000
	灰土 3∶7	m^3	110.60	0.042
	生石灰	kg	0.30	3.060
	生桐油	kg	4.31	0.520
	面粉	kg	6.03	1.030
	松烟	kg	16.00	0.510
	其他材料费	元	1.00	2.55
机械	切砖机 2.8kW	台班	28.43	0.258

工作内容:清扫基层、挑选砖料、调制灰浆、砖件的砍制加工、浸水、挂线、找规矩、铺墁、清理、挂缝、勾缝、扫缝、墁水活打点。

计量单位:m

定额编号				3-127	3-128	3-129	3-130
项　目				细条砖道线 尺二条砖			
				1/4砖立栽	1/2砖立栽	1/4砖侧栽	整砖侧栽
基价(元)				**152.68**	**452.86**	**78.46**	**453.30**
其中	人工费(元)			21.70	56.73	12.71	55.18
	材料费(元)			129.44	391.52	64.98	393.51
	机械费(元)			1.54	4.61	0.77	4.61
名　称		单位	单价(元)	消　耗　量			
人工	三类人工	工日	155.00	0.140	0.366	0.082	0.356
材料	尺二条砖 384×192×64(1.2尺×6尺×2寸)	块	19.80	6.450	19.480	3.230	19.480
	生石灰	kg	0.30	1.200	5.340	0.980	8.150
	黄土	m^3	28.16	0.003	0.012	0.003	0.052
	其他材料费	元	1.00	1.28	3.88	0.64	3.90
机械	切砖机 2.8kW	台班	28.43	0.054	0.162	0.027	0.162

工作内容:清扫基层、挑选砖料、调制灰浆、砖件的砍制加工、浸水、挂线、找规矩、铺墁、清理、挂缝、勾缝、扫缝、墁水活打点。

计量单位:m

定额编号				3-131	3-132	3-133	3-134
项　目				细条砖道线 尺三条砖			
				1/4砖立栽	1/2砖立栽	1/4砖侧栽	整砖侧栽
基价(元)				**225.17**	**597.13**	**115.48**	**598.95**
其中	人工费(元)			20.77	51.77	13.02	52.39
	材料费(元)			202.72	540.90	101.64	542.10
	机械费(元)			1.68	4.46	0.82	4.46
名　称		单位	单价(元)	消　耗　量			
人工	三类人工	工日	155.00	0.134	0.334	0.084	0.338
材料	尺三条砖 416×208×80(1.3尺×6.5寸×2.5寸)	块	33.98	5.890	15.700	2.940	15.700
	生石灰	kg	0.30	1.539	5.634	2.050	8.770
	黄土	m^3	28.16	0.004	0.013	0.004	0.022
	其他材料费	元	1.00	2.01	5.36	1.01	5.37
机械	切砖机 2.8kW	台班	28.43	0.059	0.157	0.029	0.157

工作内容：砖料砍制加工、调制灰浆、清扫基层、找规矩、挂线、栽砖牙、打点。 计量单位：m

定额编号				3-135	3-136
项 目				细砖牙顺栽	
				二样城砖	小停泥砖
基价（元）				**96.98**	**49.05**
其中	人工费（元）			13.80	9.77
	材料费（元）			82.41	38.17
	机械费（元）			0.77	1.11
名 称		单位	单价（元）	消 耗 量	
人工	三类人工	工日	155.00	0.089	0.063
材料	二样城砖 448×224×112	块	28.76	2.720	—
	小停泥砖 288×144×64	块	7.52	—	4.670
	灰土 3:7	m^3	110.60	0.006	0.003
	生石灰	kg	0.30	0.370	0.260
	生桐油	kg	4.31	0.080	0.070
	面粉	kg	6.03	0.160	0.140
	松烟	kg	16.00	0.080	0.070
	其他材料费	元	1.00	0.82	0.38
机械	切砖机 2.8kW	台班	28.43	0.027	0.039

第五节　糙砖地面、散水、墁道

工作内容:清扫基层、挑选砖料、浸水、调制灰浆、挂线、找规矩、铺墁、挂缝、清理、勾缝、扫缝等。　　计量单位:m^2

定额编号				3-137	3-138	3-139	3-140	3-141
项　目				地面直铺糙方砖				
				尺二方砖	尺三方砖	尺五方砖	尺七方砖	二尺方砖
基价(元)				245.00	571.44	1 665.17	2 028.13	1 474.87
其中	人工费(元)			29.14	26.82	23.25	20.93	20.93
	材料费(元)			215.86	544.62	1 641.92	2 007.20	1 453.94
	机械费(元)			—	—	—	—	—
名　称		单位	单价(元)	消　耗　量				
人工	三类人工	工日	155.00	0.188	0.173	0.150	0.135	0.135
材料	尺二方砖 384×384×64(1.2尺 ×1.2尺 ×2寸)	块	30.00	7.000	—	—	—	—
	尺三方砖 416×416×80(1.3尺 ×1.3尺 ×2.5寸)	块	90.00	—	5.950	—	—	—
	尺五方砖 480×480×86.4(1.5尺 ×1.5尺 ×2.7寸)	块	362.04	—	—	4.480	—	—
	尺七方砖 544×544×89.6(1.7尺 ×1.7尺 ×2.8寸)	块	570.00	—	—	—	3.480	—
	二尺方砖 640×640×96(2尺 ×2尺 ×3寸)	块	572.04	—	—	—	—	2.510
	生石灰	kg	0.30	9.690	9.690	9.690	9.690	9.690
	黄土	m^3	28.16	0.029	0.029	0.029	0.029	0.029
	其他材料费	元	1.00	2.14	5.39	16.26	19.87	14.40

工作内容：清扫基层、挑选砖料、浸水、调制灰浆、挂线、找规矩、铺墁、挂缝、清理、勾缝、扫缝等。　　计量单位：m^2

定额编号				3-142	3-143	3-144	3-145	3-146
项　目				地面斜铺糙方砖				
				尺二方砖	尺三方砖	尺五方砖	尺七方砖	二尺方砖
基价（元）				248.41	573.76	1 667.50	2 030.45	1 477.19
其中	人工费（元）			32.55	29.14	25.58	23.25	23.25
	材料费（元）			215.86	544.62	1 641.92	2 007.20	1 453.94
	机械费（元）			—	—	—	—	—
名　称		单位	单价（元）	消　耗　量				
人工	三类人工	工日	155.00	0.210	0.188	0.165	0.150	0.150
材料	尺二方砖 384×384×64（1.2 尺 ×1.2 尺 ×2 寸）	块	30.00	7.000	—	—	—	—
	尺三方砖 416×416×80（1.3 尺 ×1.3 尺 ×2.5 寸）	块	90.00	—	5.950	—	—	—
	尺五方砖 480×480×86.4（1.5 尺 ×1.5 尺 ×2.7 寸）	块	362.04	—	—	4.480	—	—
	尺七方砖 544×544×89.6（1.7 尺 ×1.7 尺 ×2.8 寸）	块	570.00	—	—	—	3.480	—
	二尺方砖 640×640×96（2 尺 ×2 尺 ×3 寸）	块	572.04	—	—	—	—	2.510
	生石灰	kg	0.30	9.690	9.690	9.690	9.690	9.690
	黄土	m^3	28.16	0.029	0.029	0.029	0.029	0.029
	其他材料费	元	1.00	2.14	5.39	16.26	19.87	14.40

工作内容:清扫基层、挑选砖料、浸水、调制灰浆、挂线、找规矩、铺墁、挂缝、清理、勾缝、扫缝等。 计量单位:m²

定额编号				3-147	3-148	3-149	3-150	3-151	3-152
项目				地面直平铺糙条砖		地面斜平铺糙条砖		地面侧铺糙条砖	
				尺二条砖	尺三条砖	尺二条砖	尺三条砖	尺二条砖	尺三条砖
基价(元)				320.53	447.94	325.18	452.59	912.07	1 128.26
其中	人工费(元)			37.20	36.12	41.85	40.77	70.99	64.02
	材料费(元)			283.33	411.82	283.33	411.82	841.08	1 064.24
	机械费(元)			—	—	—	—	—	—
名称		单位	单价(元)	消耗量					
人工	三类人工	工日	155.00	0.240	0.233	0.270	0.263	0.458	0.413
材料	尺二条砖 384×192×64(1.2尺×6尺×2寸)	块	19.80	13.980	—	13.980	—	41.870	—
	尺三条砖 416×208×80(1.3尺×6.5寸×2.5寸)	块	33.98	—	11.890	—	11.890	—	30.900
	生石灰	kg	0.30	9.690	9.690	9.690	9.690	9.690	9.690
	黄土	m³	28.16	0.029	0.029	0.029	0.029	0.029	0.029
	其他材料费	元	1.00	2.81	4.08	2.81	4.08	8.33	10.54

工作内容:清扫基层、挑选砖料、浸水、调制灰浆、挂线、找规矩、铺墁、挂缝、清理、勾缝、扫缝等。 计量单位:m²

定额编号				3-153	3-154	3-155	3-156
项目				廊步地面平铺糙砖			
				尺二方砖	尺三方砖	尺五方砖	尺七方砖
基价(元)				248.41	573.76	1 667.50	2 030.45
其中	人工费(元)			32.55	29.14	25.58	23.25
	材料费(元)			215.86	544.62	1 641.92	2 007.20
	机械费(元)			—	—	—	—
名称		单位	单价(元)	消耗量			
人工	三类人工	工日	155.00	0.210	0.188	0.165	0.150
材料	尺二方砖 384×384×64(1.2尺×1.2尺×2寸)	块	30.00	7.000	—	—	—
	尺三方砖 416×416×80(1.3尺×1.3尺×2.5寸)	块	90.00	—	5.950	—	—
	尺五方砖 480×480×86.4(1.5尺×1.5尺×2.7寸)	块	362.04	—	—	4.480	—
	尺七方砖 544×544×89.6(1.7尺×1.7尺×2.8寸)	块	570.00	—	—	—	3.480
	生石灰	kg	0.30	9.690	9.690	9.690	9.690
	黄土	m³	28.16	0.029	0.029	0.029	0.029
	其他材料费	元	1.00	2.14	5.39	16.26	19.87

工作内容：清扫基层、挑选砖料、浸水、调制灰浆、挂线、找规矩、铺墁、挂缝、清理、勾缝、扫缝等。　　计量单位：m^2

定额编号				3-157	3-158	3-159
项　目				廊步地面平铺糙砖		
				二尺方砖	尺二条砖	尺三条砖
基价(元)				**1 474.87**	**325.18**	**452.59**
其中	人工费(元)			20.93	41.85	40.77
	材料费(元)			1 453.94	283.33	411.82
	机械费(元)			—	—	—
名　称		单位	单价(元)	消　耗　量		
人工	三类人工	工日	155.00	0.135	0.270	0.263
材料	二尺方砖 640×640×96(2尺 ×2尺 ×3寸)	块	572.04	2.510	—	—
	尺二条砖 384×192×64(1.2尺 ×6尺 ×2寸)	块	19.80	—	13.980	—
	尺三条砖 416×208×80(1.3尺 ×6.5寸 ×2.5寸)	块	33.98	—	—	11.890
	生石灰	kg	0.30	9.690	9.690	9.690
	黄土	m^3	28.16	0.029	0.029	0.029
	其他材料费	元	1.00	14.40	2.81	4.08

工作内容:清扫基层、挑选砖料、浸水、调制灰浆、挂线、找规矩、铺墁、挂缝、清理、勾缝、扫缝等。　　　　**计量单位:**m^2

定额编号				3-160	3-161	3-162	3-163
项　目				散水墁糙砖			
				方砖平铺			
				尺二方砖	尺三方砖	尺五方砖	尺七方砖
基价(元)				**243.76**	**570.20**	**1 664.09**	**2 028.13**
其中	人工费(元)			27.90	25.58	22.17	20.93
	材料费(元)			215.86	544.62	1 641.92	2 007.20
	机械费(元)			—	—	—	—
名　称		单位	单价(元)	消　耗　量			
人工	三类人工	工日	155.00	0.180	0.165	0.143	0.135
材料	尺二方砖 384×384×64(1.2尺×1.2尺×2寸)	块	30.00	7.000	—	—	—
	尺三方砖 416×416×80(1.3尺×1.3尺×2.5寸)	块	90.00	—	5.950	—	—
	尺五方砖 480×480×86.4(1.5尺×1.5尺×2.7寸)	块	362.04	—	—	4.480	—
	尺七方砖 544×544×89.6(1.7尺×1.7尺×2.8寸)	块	570.00	—	—	—	3.480
	生石灰	kg	0.30	9.690	9.690	9.690	9.690
	黄土	m^3	28.16	0.029	0.029	0.029	0.029
	其他材料费	元	1.00	2.14	5.39	16.26	19.87

工作内容：清扫基层、挑选砖料、浸水、调制灰浆、挂线、找规矩、铺墁、挂缝、清理、勾缝、扫缝等。　　计量单位：m^2

定额编号				3-164	3-165	3-166
项　目				散水墁糙砖		
				方砖平铺	条砖平铺	
				二尺方砖	尺二条砖	尺三条砖
基价（元）				**1 473.78**	**320.53**	**447.94**
其中	人工费（元）			19.84	37.20	36.12
	材料费（元）			1 453.94	283.33	411.82
	机械费（元）			—	—	—
名　称		单位	单价（元）	消　耗　量		
人工	三类人工	工日	155.00	0.128	0.240	0.233
材料	二尺方砖 640×640×96（2尺 ×2尺 ×3寸）	块	572.04	2.510	—	—
	尺二条砖 384×192×64（1.2尺 ×6尺 ×2寸）	块	19.80	—	13.980	—
	尺三条砖 416×208×80（1.3尺 ×6.5寸 ×2.5寸）	块	33.98	—	—	11.890
	生石灰	kg	0.30	9.690	9.690	9.690
	黄土	m^3	28.16	0.029	0.029	0.029
	其他材料费	元	1.00	14.40	2.81	4.08

工作内容：砖料砍制加工、清理基层、调制灰浆、找规矩、挂线、铺墁砖。　　计量单位：m^2

定额编号				3-167	3-168
项　目				粗砖地面、散水铺墁二样城砖	地面、散水砖二样城砖细墁
				平铺	柳叶
基价（元）				**332.19**	**659.11**
其中	人工费（元）			36.12	65.10
	材料费（元）			292.35	586.56
	机械费（元）			3.72	7.45
名　称		单位	单价（元）	消　耗　量	
人工	三类人工	工日	155.00	0.233	0.420
材料	二样城砖 448×224×112	块	28.76	9.930	20.020
	灰土　3：7	m^3	110.60	0.035	0.045
	其他材料费	元	1.00	2.89	5.81
机械	切砖机 2.8kW	台班	28.43	0.131	0.262

工作内容:调制灰浆、清扫基层、找规矩、挂线、铺墁、打点。 **计量单位:**m^2

定额编号				3-169
项目				糙砖地面、路面、散水铺墁 小停泥砖
				平铺
基价(元)				**222.57**
其中	人工费(元)			39.53
	材料费(元)			183.04
	机械费(元)			—
名称		单位	单价(元)	消耗量
人工	三类人工	工日	155.00	0.255
材料	小停泥砖 288×144×64	块	7.52	23.600
	灰土 3∶7	m^3	110.60	0.034
	其他材料费	元	1.00	1.81

工作内容:清扫基层、挑选砖料、浸水、调制灰浆、挂线、找规矩、铺墁、挂缝、清理、勾缝、扫缝等。 **计量单位:**m

定额编号				3-170	3-171	3-172	3-173
项目				糙砖道线 尺二条砖			
				1/4 砖立栽	1/2 砖立栽	1/4 砖侧栽	整砖侧栽
基价(元)				**120.52**	**346.00**	**65.48**	**346.73**
其中	人工费(元)			12.87	23.25	11.63	22.17
	材料费(元)			107.65	322.75	53.85	324.56
	机械费(元)			—	—	—	—
名称		单位	单价(元)	消耗量			
人工	三类人工	工日	155.00	0.083	0.150	0.075	0.143
材料	尺二条砖 384×192×64(1.2 尺 ×6 尺 ×2 寸)	块	19.80	5.370	16.100	2.680	16.100
	生石灰	kg	0.30	0.670	2.020	0.670	4.060
	黄土	m^3	28.16	0.002	0.006	0.002	0.048
	其他材料费	元	1.00	1.07	3.20	0.53	3.21

工作内容：清扫基层、挑选砖料、浸水、调制灰浆、挂线、找规矩、铺墁、挂缝、清理、勾缝、扫缝等。

定额编号				3-174	3-175	3-176	3-177	3-178	3-179
项　目				糙砖道线 尺三条砖				墁道平铺糙砖	
				1/4 砖立栽	1/2 砖立栽	整砖侧栽	1/4 砖侧栽	尺二方砖	尺三方砖
计量单位				m				m²	
基价（元）				**113.23**	**280.34**	**61.32**	**278.78**	**242.68**	**570.20**
其中	人工费（元）			13.95	22.17	11.63	19.84	26.82	25.58
	材料费（元）			99.28	258.17	49.69	258.94	215.86	544.62
	机械费（元）			—	—	—	—	—	—
名　称		单位	单价（元）	消　耗　量					
人工	三类人工	工日	155.00	0.090	0.143	0.075	0.128	0.173	0.165
材料	尺二条砖 384×192×64（1.2 尺 ×6 尺 ×2 寸）	块	19.80	4.950	12.870	2.470	12.870	—	—
	尺二方砖 384×384×64（1.2 尺 ×1.2 尺 ×2 寸）	块	30.00	—	—	—	—	7.000	—
	尺三方砖 416×416×80（1.3 尺 ×1.3 尺 ×2.5 寸）	块	90.00	—	—	—	—	—	5.950
	生石灰	kg	0.30	0.780	2.050	0.780	4.040	9.690	9.690
	黄土	m³	28.16	0.002	0.006	0.002	0.012	0.029	0.029
	其他材料费	元	1.00	0.98	2.56	0.49	2.56	2.14	5.39

工作内容：清扫基层、挑选砖料、浸水、调制灰浆、挂线、找规矩、铺墁、挂缝、清理、勾缝、扫缝等。　　计量单位：m²

定额编号				3-180	3-181	3-182	3-183	3-184	3-185
项　目				墁道平铺糙砖		墁道侧铺糙砖		条砖礓礤	
				尺二条砖	尺三条砖	尺二条砖	尺三条砖	尺二条砖	尺三条砖
基价（元）				**315.88**	**444.05**	**340.37**	**465.30**	**345.02**	**468.86**
其中	人工费（元）			32.55	29.14	57.04	53.48	61.69	57.04
	材料费（元）			283.33	414.91	283.33	411.82	283.33	411.82
	机械费（元）			—	—	—	—	—	—
名　称		单位	单价（元）	消　耗　量					
人工	三类人工	工日	155.00	0.210	0.188	0.368	0.345	0.398	0.368
材料	尺二条砖 384×192×64（1.2 尺 ×6 尺 ×2 寸）	块	19.80	13.980	—	13.980	—	13.980	—
	尺三条砖 416×208×80（1.3 尺 ×6.5 寸 ×2.5 寸）	块	33.98	—	11.980	—	11.890	—	11.890
	生石灰	kg	0.30	9.690	9.690	9.690	9.690	9.690	9.690
	黄土	m³	28.16	0.029	0.029	0.029	0.029	0.029	0.029
	其他材料费	元	1.00	2.81	4.11	2.81	4.08	2.81	4.08

工作内容:调制灰浆、清扫基层、挑选砖料栽砌、打点。 **计量单位**:m

定额编号				3-186
项　目				糙砖牙栽墁
				二样城砖
				顺栽
基价(元)				**76.56**
其中	人工费(元)			9.30
	材料费(元)			67.26
	机械费(元)			—
名　称		单位	单价(元)	消　耗　量
人工	三类人工	工日	155.00	0.060
材料	二样城砖 448×224×112	块	28.76	2.300
	灰土 3:7	m^3	110.60	0.004
	其他材料费	元	1.00	0.67

工作内容:调制灰浆、清扫基层、挑选砖料栽砌、打点。 **计量单位**:m

定额编号				3-187
项　目				糙砖牙栽墁
				小停泥砖
				顺栽
基价(元)				**38.07**
其中	人工费(元)			10.54
	材料费(元)			27.53
	机械费(元)			—
名　称		单位	单价(元)	消　耗　量
人工	三类人工	工日	155.00	0.068
材料	小停泥砖 288×144×64	块	7.52	3.580
	灰土 3:7	m^3	110.60	0.003
	其他材料费	元	1.00	0.27

第六节　石子、石板地面

工作内容：挑选石料、调制灰浆、清扫基层、铺墁。满铺拼花者还包括栽瓦条、拼花。　　**计量单位：**m^2

定额编号				3-188	3-189	3-190	3-191	3-192
项　目				石子地面、路面		石子地面、路面	毛石路地面铺墁	毛石踏道铺墁
				满铺		散铺		
				拼花	不拼花			
基价（元）				**262.61**	**149.43**	**37.57**	**64.81**	**66.33**
其中	人工费（元）			244.13	139.50	31.00	34.10	38.75
	材料费（元）			18.48	9.93	6.57	30.71	27.58
	机械费（元）			—	—	—	—	—
名　称		单位	单价（元）	消　耗　量				
人工	三类人工	工日	155.00	1.575	0.900	0.200	0.220	0.250
材料	园林用卵石 分色	t	238.00	0.023	0.014	—	—	—
	园林用卵石 本色	t	124.00	0.037	0.052	0.052	—	—
	蝴蝶瓦 180×180	100张	65.52	0.125	—	—	—	—
	油灰	kg	1.19	0.042	0.040	0.045	0.093	0.100
	块石	t	77.67	—	—	—	0.390	0.350
	其他材料费	元	1.00	0.18	0.10	0.07	0.30	0.27

工作内容:挑选石料、调制灰浆、清扫基层、铺墁。 **计量单位**:m^2

定额编号				3-193	3-194	3-195	3-196	3-197	3-198
项目				石板地面、路面铺墁			石板踏道铺墁		
				方整石板	碎石板	旧石板	方整石板	碎石板	旧石板
基价(元)				**238.75**	**108.82**	**287.47**	**266.10**	**126.59**	**318.87**
其中	人工费(元)			55.80	72.85	52.70	65.10	86.80	62.00
	材料费(元)			182.95	35.97	234.77	201.00	39.79	256.87
	机械费(元)			—	—	—	—	—	—
名称		单位	单价(元)	消耗量					
人工	三类人工	工日	155.00	0.360	0.470	0.340	0.420	0.560	0.400
材料	方整天然石板 8cm	m^2	172.00	1.030	—	—	1.130	—	—
	旧石板	m^2	210.00	—	—	1.080	—	—	1.180
	大理石板 碎块	m^2	30.17	—	1.030	—	—	1.130	—
	灰土 3:7	m^3	110.60	0.036	0.041	0.051	0.042	0.048	0.059
	其他材料费	元	1.00	1.81	0.36	2.32	1.99	0.39	2.54

第四章
屋 面 工 程

说 明

一、本章定额包括屋面拆除、屋面整修、新作布瓦屋面、新作琉璃瓦屋面四节，按照布瓦屋面（筒瓦、板瓦等）、琉璃瓦屋面分列定额子目。

二、本章屋面定额均以平房檐高在 3.6m 以内为准计算；檐高超过 3.6m 时，其人工乘以系数 1.05，二层楼房人工乘以系数 1.09，三层楼房人工乘以系数 1.13，四层楼房人工乘以系数 1.16，五层楼房人工乘以系数 1.18，宝塔按五层楼房系数执行。

三、新作瓦屋面，如攒尖、庑殿或四阿殿、歇山或九脊殿等屋面形式，单坡面积在 $5m^2$ 以下者，其瓦屋面相应定额人工按下表所列系数调整。

屋面	面积在 $2m^2$ 以内	面积在 $5m^2$ 以内
新作布瓦屋面	1.18	1.14
新作琉璃屋面	1.06	1.05

四、瓦屋面拆除包括拆卸屋面瓦，不包括屋脊的拆除。瓦屋面拆除、添配包括挑选归类旧瓦件，不包括拟重新使用旧瓦件的清理。

五、本章未单列琉璃套兽、走兽、嫔伽 / 仙人拆除定额子目，发生时套用布瓦屋面拆除相应定额。琉璃构件拆安归位本章未单列定额子目，发生时套用布瓦屋面拆安归位相应定额。

六、布瓦屋面查补、琉璃瓦屋面查补适用于瓦屋面基本完好，只是局部瓦面需要拔除杂草、小树，清扫瓦垄、落叶、杂物，抽换个别破损瓦件、加垄打点等，其工作内容中包括相应的屋脊和檐头部分的勾抹打点，使用时应按查补面积所占屋面面积的比例不同分别套用相应定额子目。

七、布瓦屋面檐头查补、琉璃瓦屋面檐头查补适用于檐头瓦件部分松动、歪闪、脱落时修复添换瓦件，使用时应按不同做法分别套用相应定额子目。

八、布瓦屋面揭瓦添配、琉璃瓦屋面揭瓦添配适用于拆除旧瓦面、挑选整理旧瓦件补配新瓦、重新盖瓦。布瓦屋面揭瓦定额以新瓦添配率在 30% 以内综合考虑，若新瓦添配率在 30% 以上，套用“新瓦添配率在 30% 以内”定额，瓦片消耗量按实调整；若新瓦添配率在 30% 以内，套用“新瓦添配率在 30% 以内”定额，瓦片消耗量不做调整。琉璃瓦屋面揭瓦定额以新瓦添配率在 20% 以内综合考虑，若新瓦添配率在 20% 以上，套用“新瓦添配率在 20% 以内”定额，瓦片消耗量按实调整；若新瓦添配率在 20% 以内，套用“新瓦添配率在 20% 以内”定额，瓦片消耗量不做调整。

九、布瓦屋面除蝎子尾的平草、跨草、落落草有雕饰外，其他均以无雕饰为准，有雕饰要求时另行计算。

十、各种脊附件添配是指调脊时独立的附属构件。

十一、本章新作屋脊、垂带、干塘、戗脊等均按营造法原传统做法考虑，如做各种泥塑花卉、人物等，另行计算。

十二、各种烧制品屋脊头、鸱尾 / 吻、兽、烧制品宝顶价格未列入基价。

十三、围墙瓦顶分双落水（宽 85cm）、单落水（宽 56cm），其花沿、滴水、脊等构件应分别计算并套用相应定额子目。

十四、琉璃瓦剪边定额子目仅适用于非琉璃瓦屋面琉璃瓦檐头的剪边做法，不适用于琉璃瓦屋面的变色剪边做法。琉璃瓦剪边定额子目以“一勾二筒”做法为准，并已包括了檐头附件在内，因而不得再执行檐头附件定额。

十五、墙帽、牌楼、门罩等琉璃瓦铺设，坡长在“一勾四筒”以内者套用剪边定额，消耗量按宽度比例换算。

十六、角脊、戗岔脊及庑殿攒尖垂脊与瓦面相交处截割角瓦所需增加的底盖瓦及用工均包括在相应调脊定额子目中，因而不论瓦面面积大小，铺瓦及调脊定额均不做调整。

十七、窝角角梁端头的套兽安装执行单独添配套兽定额。

十八、本章新作布瓦屋面筒瓦盖瓦定额子目是按照“捉节夹垄”的传统做法编制的；若实际采用“裹垄”的做法，定额中人工消耗量每平方米增加 0.24 工日，砂浆消耗量增加 0.027m^3。

十九、布瓦屋面瓦片，在唐、宋、清、现代等不同阶段规格差异较大，定额中只列了现代常用部分。砖、瓦规格和砂浆的厚度、标号等，如设计与定额规定不同时，砖瓦的数量及砂浆的标号、厚度可以换算。常见瓦件尺寸如下列各表（供参考）所示。

布瓦屋面（唐、宋式建筑）用瓦规格参考表

瓦片种类	建筑形式及规模	筒瓦宋尺	筒瓦规格（mm）			板瓦宋尺	板瓦规格（mm）		
			长	宽	高		长	宽	高
屋面铺筒瓦	殿阁、厅堂等五间以上	尺四	448	208	19.2	尺六	512	320	32 或 25.6
	殿阁、厅堂等三间以下	尺二	384	160	16	尺四	448	256	22.4 或 19.2
	散屋	九寸	288	112	11.2	尺二	384	208	19.2 或 16
	亭榭、柱心方 1 丈以上	八寸	256	112	11.2	一尺	320	192	16 或 12.8
	小亭榭、柱心方 1 丈	六寸	192	80	9.6	八寸半	272	176	12.8 或 11.2
	小亭榭、柱心方 9 尺以下	四寸	128	73.6	8	六寸	197	144	12.8 或 9.6
屋面铺板瓦	厅堂五间以上	—	—	—	—	尺四	448	256	22.4 或 19.2
	厅堂三间以下及廊屋六椽以上	—	—	—	—	尺三	416	224	19.2 或 17.6
	廊四椽及散屋	—	—	—	—	尺二	384	208	19.2 或 16

布瓦屋面（清式建筑）用瓦规格参考表

瓦片种类	瓦片型号	尺寸（mm）	
		长	宽
屋面铺筒瓦	头号筒瓦（特号或大号筒瓦）	320	190
	1 号筒瓦	295	160
	2 号筒瓦	280	140
	3 号筒瓦	220	120
	10 号筒瓦	90	70

续表

瓦片种类	瓦片型号	尺寸（mm）	
		长	宽
屋面铺板瓦	头号板瓦（特号或大号板瓦）	225	225
	1号板瓦	200	200
	2号板瓦	180	180
	3号板瓦	160	160
	10号板瓦	110	110

琉璃瓦屋面常见瓦件尺寸参考表（cm）

名称	部位	样数							
		二样	三样	四样	五样	六样	七样	八样	九样
正吻	高	336	294	224～256	122～160	109～115	83～102	58～70	29～51
	宽	235	206	157～179	86～112	76～81	58～72	41～49	20～36
	厚	54.4	54.4	33	27.2	25	23	21	18.5
剑把	长	96	86.4	80	48	29.44	24.96	19.52	16
	宽	41.4	38.4	35.2	20.48	12.8	10.88	8.4	6.72
	厚	11.2	9.6	8.96	8.64	8.32	6.72	5.76	4.8
背兽	正方	31.68	29.12	25.6	16.64	11.52	8.32	6.56	6.08
吻座	长	54.4	48	33	27.2	25	23	21	18.5
	宽	31.68	29.12	25.6	16.64	11.52	8.32	6.72	6.08
	厚	36.16	33.6	29.44	19.84	14.72	11.52	9.28	8.64
赤脚通脊	长	89.6	83.2	76.8	五样以下无				
	宽	54.4	48	33					
	高	60.8	54.4	43					
黄道	长	89.6	83.2	76.8	五样以下无				
	宽	54.4	48	33					
	厚	19.2	16	16					
大群色	长	89.6	83.2	76.8	五样以下无				
	宽	54.4	48	33					
	厚	19.2	16	16					
群色条	长	四样以上无			41.6	38.4	35.2	34	31.5
	宽				12	12	10	10	8
	厚				9	8	7.5	8	6
正通脊	长	四样以上无			73.6	70.4	67.4	64	60.8
	宽				27.2	25	23	21	18.5
	高				32	28.4	25	20	17

续表

名称	部位	样数							
		二样	三样	四样	五样	六样	七样	八样	九样
垂兽	高	68.8	59.2	50.4	44	38.4	32	25.6	19.2
	宽	68.8	59.2	50.4	44	38.4	32	25.6	19.2
	厚	32	30	28.5	27	23.04	21.76	16	12.8
垂兽座	长	64	57.6	51.2	44.8	38.4	32	25.6	22.4
	宽	32	30	28.5	27	23.04	21.76	16	12.8
	高	7.04	6.4	5.76	5.12	4.48	3.84	3.2	2.56
大连砖（承奉连砖）	长	57.6	51.2	44.8	41	39	37	33	31.5
	宽	32	30	28.5	26	25	21.5	20	17.5
	高	17	16	14	13	12	11	9	8
三连砖	长	三样以上无		43.5	41	39	35.2	33.6	31.5
	宽			29	26	23	21.76	20.8	19
	高			10	9	8	7.5	7	6.5
小连砖	长	七样以上无						32	28.8
	宽							18	12.8
	高							6.4	5.76
垂通脊	长	99.2	89.6	83.2	76.8	70.4	64	60.8	54.4
	宽	32	30	28.5	27	23.04	21.76	20	17
	高	52.8	46.4	36.8	28.6	23	21	17	15
戗兽	高	59.2	56	44	38.4	32	25.6	19.2	16
	宽	59.2	56	44	38.4	32	25.6	19.2	16
	厚	30	28.5	27	23.04	21.76	20.08	12.8	9.6
戗兽座	长	57.6	51.2	44	38.4	32	25.6	19.2	12.8
	宽	30	28.5	27	23.04	21.76	20.8	12.8	9.6
	高	6.4	5.76	5.12	4.48	3.84	3.2	2.56	1.92
戗通脊（岔脊筒子）	长	89.6	83.2	76.8	70.4	64	60.8	54.4	48
	宽	30	28.5	27	23.04	21.76	20.8	17	9.6
	高	46.4	36.8	28.6	23	21	17	15	13
撺头	长	57.6	51.2	44.8	41	39	36.8	33.6	31.5
	宽	32	30	28.5	26	23	21.76	20.8	19
	高	17	16	14	9	8	7.5	7	6.5
淌头	长	48	41.6	38.4	35.2	32	30.4	30.08	29.76
	宽	30	28	26	23	20	19	18	17
	高	8.96	8.32	7.68	7.36	7.04	6.72	6.4	6.08
列角盘子	长	五样以上无				40	36.8	33.6	27.2
	宽					23.04	21.76	20.8	19.84
	高					6.72	6.4	6.08	5.76

续表

名称	部位	样数							
		二样	三样	四样	五样	六样	七样	八样	九样
三仙盘子	长	五样以上无				40	36.8	33.6	27.2
	宽					23.04	21.76	20.8	19.84
	高					6.72	6.4	6.08	5.76
仙人	长	40	36.8	33.6	30.4	27.2	24	20.8	17.6
	宽	6.9	6.4	5.9	5.3	4.8	4.3	3.7	3.2
	高	40	36.8	33.6	30.4	27.2	24	20.8	17.6
走兽	长	22.1	20.16	18.24	16.32	14.4	12.48	10.56	8.64
	宽	11.04	10.08	9.12	8.16	7.2	6.24	5.28	4.32
	高	36.8	33.6	30.4	27.2	24	20.8	17.6	14.4
吻下当沟	长	38.4	36.8	33.6	28.3	26.7	24	22	20.4
	宽	27.2	25.6	21	16.5	15	14.5	13.5	13
	厚	2.56	2.56	2.24	2.24	1.92	1.92	1.6	1.6
托泥当沟	长	38.4	36.8	33.6	28.3	26.7	24	22	20.4
	宽	27.2	25.6	21	16.5	15	14.5	13.5	13
	厚	2.56	2.56	2.24	2.24	1.92	1.92	1.6	1.6
平口条	长	32	30.4	28.8	27.2	25.6	24	22.4	20.8
	宽	9.92	9.28	8.64	8	7.36	6.4	5.44	4.48
	高	2.24	2.24	1.92	1.92	1.6	1.6	1.28	1.28
压当条	长	32	30.4	28.8	27.2	25.6	24	22.4	20.8
	宽	9.92	9.28	8.64	8	7.36	6.4	5.44	4.48
	高	2.24	2.24	1.92	1.92	1.6	1.6	1.28	1.28
正当沟	长	38.4	36.8	33.6	28.3	26.7	24	22	20.4
	宽	27.2	25.6	21	16.5	15	14.5	13.5	13
	厚	2.56	2.56	2.24	2.24	1.92	1.92	1.6	1.6
斜当沟	长	54.4	51.2	46	39	37	32	30	28.8
	宽	27.2	25.6	21	16.5	15	14.5	13.5	13
	厚	2.56	2.56	2.24	2.24	1.92	1.92	1.6	1.6
套兽	正方	30.4	28.8	25.2	23.6	22	17.3	16	12.6
博脊边砖	长	五样以上无				40	36.8	33.6	30.4
	宽					22.4	16.5	13	10
	高					8	7.5	7	6.5
承奉博脊连砖	长	52.8	49.6	46.4	43.2	六样以下无			
	宽	24.32	24	23.68	23.36				
	高	17	16	14	13				

续表

名称	部位	样数							
		二样	三样	四样	五样	六样	七样	八样	九样
挂尖	长	52.8	49.6	26.4	43.2	40	36.8	33.6	30.4
	宽	24.32	24	23.68	23.36	22.4	16.5	13	10
	高	29	27	24	22	16.5	15	14	13
博脊瓦	长	52.8	49.6	26.4	43.2	40	36.8	33.6	30.4
	宽	30.4	28.8	27.2	25.6	24	22.4	20.8	19.2
	高	7.5	7	6.5	6	5.5	5	4.5	4
博通脊（围脊筒子）	长	89.6	83.2	76.8	70.4	56	46.4	33.6	32
	宽	32	28.8	27.2	24	21.44	20.8	19.2	17.6
	高	33.6	32	31.36	26.88	24	23.68	17	15
满面砖	长	51.2	48	44.8	41.6	38.4	35.2	32	28.8
	宽	51.2	48	44.8	41.6	38.4	35.2	32	28.8
	高	6.08	5.76	5.44	5.12	4.8	4.48	4.16	3.84
蹬脚瓦	长	40	36.8	35.2	33.6	30.4	27.2	24	20.8
	宽	20.8	19.2	17.6	16	14.4	12.8	11.2	9.6
	高	10.4	9.6	8.8	8	7.2	6.4	5.6	4.8
勾头	长	43.2	40	36.8	35.2	32	30.4	28.8	27.2
	宽	20.8	19.2	17.6	16	14.4	12.8	11.2	9.6
	高	10.4	9.6	8.8	8	7.2	6.4	5.6	4.8
滴子	长	43.2	41.6	40	38.4	35.2	32	30.4	28.8
	宽	35.2	32	30.4	27.2	25.6	22.4	20.8	19.2
	高	17.6	16	14.4	12.8	11.2	9.6	8	6.4
筒瓦	长	40	36.8	35.2	33.6	30.4	28.8	27.2	25.6
	宽	20.8	19.2	17.6	16	14.4	12.8	11.2	9.6
	高	10.4	9.6	8.8	8	7.2	6.4	5.6	4.8
板瓦	长	43.2	40	38.4	36.8	33.6	32	30.4	28.8
	宽	35.2	32	30.4	27.2	25.6	22.4	20.8	19.2
	高	7.04	6.72	6.08	5.44	4.8	4.16	3.2	2.88
合角吻	长	105.6	96	89.6	76.8	60.8	32	22.4	19.2
	宽	73.6	67.2	64	54.4	41.6	22.4	15.68	13.44
	高	73.6	67.2	64	54.4	41.6	22.4	15.68	13.44
合角剑把	长	30.4	28.3	25.6	22.4	19.2	9.6	6.4	5.44
	宽	6.08	5.76	5.44	5.12	4.8	4.48	4.16	3.84
	高	2.1	2	1.92	1.76	1.6	1.6	1.28	0.96

工程量计算规则

一、瓦屋面拆除、整修、新作工程量均按图示铺设面积以“m^2”计算（斜屋面按斜面面积计算），不扣除各种脊、吻、斜沟所占面积；重檐面积的工程量应合并计算；飞檐隐蔽部分的望砖另行计算工程量，套用相应定额子目；同一屋顶瓦面做法不同时应分别计算。其各部位边线规定如下：

1. 檐头以木基层或砖檐外边线为准；

2. 硬山、悬山建筑两山以博缝外皮为准；

3. 歇山建筑栱山部分边线以博缝外皮为准，撒头上边线以博缝外皮连线为准；

4. 重檐建筑下层檐上边线以重檐金柱（或重檐童柱）外皮连线为准。

二、各种脊均按图示尺寸扣除屋脊头水平长度以“延长米”计算，垂带、环包脊按屋面坡度以“延长米”计算。

三、檐头附件按檐头长度计算，其中硬山、悬山建筑算至博缝外皮，带角梁的建筑按仔角梁端头中点连接直线长度。

四、围墙瓦顶、檐口沟头、花边、滴水按图示尺寸以“延长米”计算。

五、排山、泛水、斜沟按水平长度乘以屋面坡度延长系数以“延长米”计算。

六、鸱尾/吻、套兽、蹲兽、嫔伽、宝顶以“个（只）”计算，屋顶附件以“件（块）”计算。

第一节　屋 面 拆 除

一、布瓦屋面拆除

1. 瓦屋面拆除

工作内容：拆除瓦面、挑选旧砖瓦件、归类、渣土下架归堆。　　　　**计量单位：**m^2

定额编号				4-1	4-2	4-3	4-4
项　目				拆屋面望砖	布瓦瓦面拆除		
					筒瓦	蝴蝶瓦	仰瓦灰梗、干蹅瓦
基价(元)				**20.39**	**19.85**	**18.50**	**14.04**
其中	人工费(元)			20.39	19.85	18.50	14.04
	材料费(元)			—	—	—	—
	机械费(元)			—	—	—	—
名　称		单位	单价(元)	消　耗　量			
人工	二类人工	工日	135.00	0.151	0.147	0.137	0.104

注：宋筒瓦脊屋面拆除套用“头#～3#筒瓦”子目。

2. 脊　拆　除

工作内容：拆除屋脊、挑选旧砖瓦件、脊件、归类、渣土下架归堆物。　　　　**计量单位：**m

定额编号				4-5	4-6	4-7	4-8
项　目				布瓦屋脊拆除			
				无陡板脊	有陡板脊(脊高)		
					40cm 以下	50cm 以下	50cm 以上
基价(元)				**17.55**	**21.33**	**25.25**	**33.08**
其中	人工费(元)			17.55	21.33	25.25	33.08
	材料费(元)			—	—	—	—
	机械费(元)			—	—	—	—
名　称		单位	单价(元)	消　耗　量			
人工	二类人工	工日	135.00	0.130	0.158	0.187	0.245

注：宋布瓦正脊拆除套用“有陡板脊”相应脊高子目。

3. 鸱尾/吻、垂兽、岔兽拆除

工作内容：拆除构件、挑选旧构件、归类、渣土下架归堆物。　　计量单位：座

定额编号				4-9	4-10	4-11	4-12	4-13	4-14
项　目				鸱尾/正吻拆除（高度）	鸱尾/吻拆除（高度）				
				80cm以内	120cm以内	160cm以内	210cm以内	260cm以内	320cm以内
基价（元）				**48.60**	**116.64**	**291.60**	**311.04**	**330.48**	**349.92**
其中	人工费（元）			48.60	116.64	291.60	311.04	330.48	349.92
	材料费（元）			—	—	—	—	—	—
	机械费（元）			—	—	—	—	—	—
名　称		单位	单价（元）	消　耗　量					
人工	二类人工	工日	135.00	0.360	0.864	2.160	2.304	2.448	2.592

工作内容：拆除构件、挑选旧构件、归类、渣土下架归堆。　　计量单位：对

定额编号				4-15	4-16	4-17	4-18	4-19
项　目				合角鸱尾/吻拆除（高度）				
				50cm以下	70cm以下	80cm以下	100cm以下	120cm以下
基价（元）				**36.99**	**46.71**	**66.15**	**85.59**	**105.03**
其中	人工费（元）			36.99	46.71	66.15	85.59	105.03
	材料费（元）			—	—	—	—	—
	机械费（元）			—	—	—	—	—
名　称		单位	单价（元）	消　耗　量				
人工	二类人工	工日	135.00	0.274	0.346	0.490	0.634	0.778

4. 套兽、走兽、嫔伽 / 仙人拆除

工作内容: 拆除构件、挑选旧构件、归类、渣土下架归堆。 **计量单位:** 座

定额编号				4-20	4-21	4-22	4-23	4-24
项目				套兽拆除(径)				
				13cm以内	20cm以内	26cm以内	32cm以内	40cm以内
基价(元)				**11.61**	**13.64**	**15.53**	**17.55**	**19.44**
其中	人工费(元)			11.61	13.64	15.53	17.55	19.44
	材料费(元)			—	—	—	—	—
	机械费(元)			—	—	—	—	—
名称		单位	单价(元)	消耗量				
人工	二类人工	工日	135.00	0.086	0.101	0.115	0.130	0.144

注: 琉璃套兽套用本页相应子目。

工作内容: 拆除构件、挑选旧构件、归类、渣土下架归堆。 **计量单位:** 座

定额编号				4-25	4-26	4-27	4-28	4-29	4-30
项目				嫔伽 / 仙人拆除(高度)					
				20cm以内	26cm以内	32cm以内	40cm以内	45cm以内	52cm以内
基价(元)				**9.72**	**11.61**	**13.64**	**15.53**	**17.55**	**19.44**
其中	人工费(元)			9.72	11.61	13.64	15.53	17.55	19.44
	材料费(元)			—	—	—	—	—	—
	机械费(元)			—	—	—	—	—	—
名称		单位	单价(元)	消耗量					
人工	二类人工	工日	135.00	0.072	0.086	0.101	0.115	0.130	0.144

注: 琉璃仙人套用本页相应子目。

工作内容：拆除构件、挑选旧构件、归类、渣土下架归堆。　　计量单位：座

定额编号				4-31	4-32	4-33	4-34	4-35
项　目				蹲兽/走兽拆除（高度）				
				13cm以内	20cm以内	26cm以内	29cm以内	32cm以内
基价（元）				**9.72**	**11.61**	**13.64**	**15.53**	**17.55**
其中	人工费（元）			9.72	11.61	13.64	15.53	17.55
	材料费（元）			—	—	—	—	—
	机械费（元）			—	—	—	—	—
名　称		单位	单价（元）	消　耗　量				
人工	二类人工	工日	135.00	0.072	0.086	0.101	0.115	0.130

注：琉璃走兽套用本页相应子目。

二、琉璃屋面拆除

1. 瓦屋面拆除

工作内容：拆除瓦面、挑选旧砖瓦件、脊件、归类、渣土下架归堆。　　计量单位：m^2

定额编号				4-36
项　目				琉璃瓦面拆除
基价（元）				**18.50**
其中	人工费（元）			18.50
	材料费（元）			—
	机械费（元）			—
名　称		单位	单价（元）	消　耗　量
人工	二类人工	工日	135.00	0.137

2. 脊 拆 除

工作内容：拆除屋脊，挑选旧砖瓦件、脊件，归类，渣土下架归堆。 计量单位：m

定额编号				4-37	4-38	4-39	4-40	4-41	4-42
项目				琉璃正脊拆除			琉璃垂脊、岔脊、角脊、博脊、围脊、承奉连正脊拆除		
				四样、五样	六样、七样	八样、九样	四样、五样	六样、七样	八样、九样
基价(元)				**34.97**	**29.16**	**23.36**	**29.16**	**23.36**	**21.33**
其中	人工费(元)			34.97	29.16	23.36	29.16	23.36	21.33
	材料费(元)			—	—	—	—	—	—
	机械费(元)			—	—	—	—	—	—
名称		单位	单价(元)	消耗量					
人工	二类人工	工日	135.00	0.259	0.216	0.173	0.216	0.173	0.158

3. 吻、垂兽、岔兽拆除

工作内容：拆除构件、挑选旧砖瓦件、归类、渣土下架归堆。 计量单位：座

定额编号				4-43	4-44	4-45
项目				琉璃正吻拆除		
				四样、五样	六样、七样	八样、九样
基价(元)				**349.92**	**105.03**	**29.16**
其中	人工费(元)			349.92	105.03	29.16
	材料费(元)			—	—	—
	机械费(元)			—	—	—
名称		单位	单价(元)	消耗量		
人工	二类人工	工日	135.00	2.592	0.778	0.216

工作内容：拆除构件、挑选旧砖瓦件、归类、渣土下架归堆。　　计量单位：座

定额编号				4-46	4-47	4-48
项　目				琉璃垂兽、岔兽拆除		
				四样、五样	六样、七样	八样、九样
基价（元）				**29.16**	**23.36**	**17.55**
其中	人工费（元）			29.16	23.36	17.55
	材料费（元）			—	—	—
	机械费（元）			—	—	—
名　称		单位	单价（元）	消　耗　量		
人工	二类人工	工日	135.00	0.216	0.173	0.130

工作内容：拆除构件、挑选旧砖瓦件、归类、渣土下架归堆。　　计量单位：对

定额编号				4-49	4-50	4-51
项　目				琉璃合角吻拆除		
				四样、五样	六样、七样	八样、九样
基价（元）				**186.57**	**81.68**	**41.85**
其中	人工费（元）			186.57	81.68	41.85
	材料费（元）			—	—	—
	机械费（元）			—	—	—
名　称		单位	单价（元）	消　耗　量		
人工	二类人工	工日	135.00	1.382	0.605	0.310

三、其　　他

1. 灰泥背拆除

工作内容:渣土下架归堆。　　　　**计量单位:**m^2

定额编号				4-52	4-53
项　　目				灰泥背拆除	
				厚度	
				10cm 以内	每增减 2cm
基价(元)				**10.67**	**2.16**
其中	人工费(元)			10.67	2.16
	材料费(元)			—	—
	机械费(元)			—	—
名　　称		单位	单价(元)	消　耗　量	
人工	二类人工	工日	135.00	0.079	0.016

注:灰泥背拆除包括拆至望板以上底瓦泥以下的全部灰泥背。

2. 旧瓦件清理

工作内容:挑选、清理可重新使用的瓦件、整理码放。　　　　**计量单位:**100 个

定额编号				4-54
项　　目				清理带灰泥旧瓦件
基价(元)				**48.60**
其中	人工费(元)			48.60
	材料费(元)			—
	机械费(元)			—
名　　称		单位	单价(元)	消　耗　量
人工	二类人工	工日	135.00	0.360

第二节　屋面整修

一、布瓦屋面整修

1. 布瓦屋面查补

工作内容：洒水防尘、清除破损瓦片、清除杂物、清扫瓦垄、调制灰浆、添配新瓦。　　**计量单位：**m^2

定额编号				4-55	4-56	4-57	4-58
项　目				头#～3#筒瓦屋面查补（捉节夹垄面积）			
				30%以内	60%以内	80%以内	80%以外
基价（元）				**26.64**	**50.33**	**68.30**	**84.80**
其中	人工费（元）			14.57	27.90	35.65	40.15
	材料费（元）			12.07	22.43	32.65	44.65
	机械费（元）			—	—	—	—
名　称		单位	单价（元）	消　耗　量			
人工	三类人工	工日	155.00	0.094	0.180	0.230	0.259
材料	筒瓦 2# 140×280	100张	260.00	0.021	0.043	0.068	0.099
	蝴蝶瓦 180×180	100张	65.52	0.026	0.051	0.068	0.086
	石灰麻刀浆	m^3	321.08	0.006	0.009	0.012	0.015
	青灰	kg	2.00	1.370	2.290	3.010	3.790
	其他材料费	元	1.00	0.24	0.44	0.64	0.88

工作内容：洒水防尘、清除破损瓦片、清除杂物、清扫瓦垄、调制灰浆、添配新瓦等。　　**计量单位：**m^2

定额编号				4-59	4-60	4-61	4-62
项　目				10# 筒瓦屋面查补（捉节夹垄面积）			
				30% 以内	60% 以内	80% 以内	80% 以外
基价（元）				**36.00**	**54.86**	**73.59**	**89.99**
其中	人工费（元）			26.82	37.98	48.05	53.63
	材料费（元）			9.18	16.88	25.54	36.36
	机械费（元）			—	—	—	—
名　称		单位	单价（元）	消　耗　量			
人工	三类人工	工日	155.00	0.173	0.245	0.310	0.346
材料	筒瓦 90×70	100 张	48.00	0.044	0.088	0.117	0.195
	蝴蝶瓦 160×160	100 张	54.40	0.035	0.069	0.148	0.231
	石灰麻刀浆	m^3	321.08	0.007	0.010	0.013	0.015
	青灰	kg	2.00	1.370	2.680	3.600	4.450
	其他材料费	元	1.00	0.18	0.33	0.50	0.71

工作内容：洒水防尘、清除破损瓦片、清除杂物、清扫瓦垄、调制灰浆、添配新瓦等。　　**计量单位：**m^2

定额编号				4-63	4-64	4-65	4-66
项　目				头#～3# 筒瓦屋面查补（裹垄面积）			
				30% 以内	60% 以内	80% 以内	80% 以外
基价（元）				**46.24**	**73.79**	**97.01**	**130.38**
其中	人工费（元）			33.48	46.81	60.30	80.29
	材料费（元）			12.76	26.98	36.71	50.09
	机械费（元）			—	—	—	—
名　称		单位	单价（元）	消　耗　量			
人工	三类人工	工日	155.00	0.216	0.302	0.389	0.518
材料	筒瓦 2# 140×280	100 张	260.00	0.017	0.042	0.055	0.082
	蝴蝶瓦 180×180	100 张	65.52	0.013	0.030	0.053	0.083
	石灰麻刀浆	m^3	321.08	0.014	0.028	0.038	0.046
	青灰	kg	2.00	1.370	2.290	3.010	3.790
	其他材料费	元	1.00	0.25	0.53	0.72	0.98

工作内容：洒水防尘、清除破损瓦片、清除杂物、清扫瓦垄、调制灰浆、添配新瓦等。 **计量单位：**m²

定额编号				4-67	4-68	4-69	4-70
项目				10# 筒瓦屋面查补（裹垄面积）			
				30% 以内	60% 以内	80% 以内	80% 以外
基价（元）				**58.76**	**90.83**	**119.98**	**141.93**
其中	人工费（元）			46.81	65.88	84.79	93.78
	材料费（元）			11.95	24.95	35.19	48.15
	机械费（元）			—	—	—	—
名称		单位	单价（元）	消耗量			
人工	三类人工	工日	155.00	0.302	0.425	0.547	0.605
材料	筒瓦 90×70	100 张	48.00	0.056	0.140	0.187	0.280
	蝴蝶瓦 160×160	100 张	54.40	0.033	0.080	0.142	0.221
	石灰麻刀浆	m^3	321.08	0.014	0.025	0.033	0.040
	青灰	kg	2.00	1.370	2.680	3.600	4.450
	其他材料费	元	1.00	0.23	0.49	0.69	0.94

工作内容：洒水防尘、清除破损瓦片、清除杂物、清扫瓦垄、调制灰浆、添配新瓦等。 **计量单位：**m²

定额编号				4-71	4-72	4-73	4-74
项目				合瓦屋面查补（面积）			
				30% 以内	60% 以内	80% 以内	80% 以外
基价（元）				**22.55**	**42.58**	**54.49**	**70.81**
其中	人工费（元）			15.66	28.99	34.57	44.64
	材料费（元）			6.89	13.59	19.92	26.17
	机械费（元）			—	—	—	—
名称		单位	单价（元）	消耗量			
人工	三类人工	工日	155.00	0.101	0.187	0.223	0.288
材料	蝴蝶瓦 180×180	100 张	65.52	0.022	0.053	0.095	0.148
	石灰麻刀浆	m^3	321.08	0.008	0.014	0.019	0.022
	青灰	kg	2.00	1.370	2.680	3.600	4.450
	其他材料费	元	1.00	0.14	0.27	0.39	0.51

工作内容：洒水防尘、清除破损瓦片、清除杂物、清扫瓦垄、调制灰浆、添配新瓦等。　　**计量单位：**m²

定额编号				4-75	4-76	4-77	4-78	4-79
项　目				仰瓦灰梗屋面查补(面积)				干蹅瓦屋面查补
				30% 以内	60% 以内	80% 以内	80% 以外	
基价(元)				**17.17**	**33.93**	**45.18**	**55.23**	**16.69**
其中	人工费(元)			13.33	26.82	33.48	40.15	11.16
	材料费(元)			3.84	7.11	11.70	15.08	5.53
	机械费(元)			—	—	—	—	—
名　称		单位	单价(元)	消　耗　量				
人工	三类人工	工日	155.00	0.086	0.173	0.216	0.259	0.072
材料	蝴蝶瓦 180×180	100 张	65.52	0.014	0.022	0.065	0.090	0.073
	石灰麻刀浆	m³	321.08	0.004	0.007	0.009	0.011	0.002
	青灰	kg	2.00	0.780	1.640	2.160	2.680	—
	其他材料费	元	1.00	0.08	0.14	0.23	0.30	0.11

工作内容：洒水防尘、清除破损瓦片、清除杂物、清扫瓦垄、调制灰浆、添配新瓦等。　　**计量单位：**m

定额编号				4-80	4-81	4-82	4-83	4-84
项　目				筒瓦檐头查补				
				头#	1#	2#	3#	10#
基价（元）				**19.19**	**16.94**	**14.87**	**13.96**	**15.35**
其中	人工费（元）			6.05	6.20	6.20	6.51	8.06
	材料费（元）			13.14	10.74	8.67	7.45	7.29
	机械费（元）			—	—	—	—	—
名　称		单位	单价（元）	消　耗　量				
人工	三类人工	工日	155.00	0.039	0.040	0.040	0.042	0.052
材料	蝴蝶瓦滴水 头#	100张	489.00	0.011	—	—	—	—
	蝴蝶瓦滴水 1#	100张	411.00	—	0.011	—	—	—
	蝴蝶瓦滴水 2#	100张	308.00	—	—	0.011	—	—
	蝴蝶瓦滴水 3#	100张	265.00	—	—	—	0.011	—
	蝴蝶瓦滴水 10#	100张	196.00	—	—	—	—	0.021
	勾头筒瓦 头#	100张	675.00	0.005	—	—	—	—
	勾头筒瓦 1#	100张	441.00	—	0.005	—	—	—
	勾头筒瓦 2#	100张	391.00	—	—	0.005	—	—
	勾头筒瓦 3#	100张	310.00	—	—	—	0.005	—
	勾头筒瓦 10#	100张	105.00	—	—	—	—	0.011
	石灰麻刀浆	m^3	321.08	0.012	0.011	0.009	0.008	0.005
	松烟	kg	16.00	0.010	0.010	0.010	0.010	0.010
	骨胶	kg	11.21	0.010	0.010	0.010	0.010	0.010
	其他材料费	元	1.00	0.26	0.21	0.17	0.15	0.14

工作内容：洒水防尘、清除破损瓦片、清除杂物、清扫瓦垄、调制灰浆、添配新瓦等。　　**计量单位：**m

定额编号				4-85	4-86	4-87
项　　目				蝴蝶瓦檐头查补		
				1#	2#	3#
基价（元）				**23.59**	**19.77**	**18.83**
其中	人工费（元）			5.74	6.05	6.51
	材料费（元）			17.85	13.72	12.32
	机械费（元）			—	—	—
名　　称		单位	单价（元）	消　耗　量		
人工	三类人工	工日	155.00	0.037	0.039	0.042
材料	蝴蝶瓦花边 1#	100 张	411.00	0.011	—	—
	蝴蝶瓦花边 2#	100 张	308.00	—	0.011	—
	蝴蝶瓦花边 3#	100 张	265.00	—	—	0.011
	蝴蝶瓦滴水 1#	100 张	411.00	0.021	—	—
	蝴蝶瓦滴水 2#	100 张	308.00	—	0.021	—
	蝴蝶瓦滴水 3#	100 张	265.00	—	—	0.021
	石灰麻刀浆	m^3	321.08	0.012	0.010	0.010
	松烟	kg	16.00	0.010	0.010	0.010
	骨胶	kg	11.21	0.030	0.020	0.020
	其他材料费	元	1.00	0.35	0.27	0.24

2. 布瓦屋面揭瓦添配

工作内容：拆除旧瓦面、挑选整理旧瓦件、调制灰浆、补配新瓦、重新盖瓦、刷浆打点。　　计量单位：m^2

定额编号				4-88	4-89	4-90
项目				筒瓦屋面揭瓦（捉节夹垄）		
				头#	1#	2#
				新瓦添配 30% 以内		
基价（元）				**198.82**	**186.51**	**187.24**
其中	人工费（元）			113.77	116.10	120.59
	材料费（元）			85.05	70.41	66.65
	机械费（元）			—	—	—
名称		单位	单价（元）	消耗量		
人工	三类人工	工日	155.00	0.734	0.749	0.778
材料	筒瓦 320×190	100 张	531.20	0.027	—	—
	筒瓦 1# 160×295	100 张	314.00	—	0.034	—
	筒瓦 2# 140×280	100 张	260.00	—	—	0.042
	蝴蝶瓦 225×225	100 张	145.00	0.126	—	—
	蝴蝶瓦 200×200	100 张	84.48	—	0.142	—
	蝴蝶瓦 180×180	100 张	65.52	—	—	0.171
	石灰麻刀浆	m^3	321.08	0.139	0.124	0.113
	青灰	kg	2.00	3.070	3.270	3.470
	其他材料费	元	1.00	1.67	1.38	1.31

工作内容：拆除旧瓦面、挑选整理旧瓦件、调制灰浆、补配新瓦、重新盖瓦、刷浆打点。 **计量单位**：m^2

定额编号				4-91	4-92
项目				筒瓦屋面揭瓦（捉节夹垄）	
				3#	10#
				新瓦添配 30% 以内	
基价（元）				**190.06**	**204.76**
其中	人工费（元）			127.26	133.92
	材料费（元）			62.80	70.84
	机械费（元）			—	—
名称		单位	单价（元）	消耗量	
人工	三类人工	工日	155.00	0.821	0.864
材料	筒瓦 3# 120×220	100 张	208.00	0.054	—
	筒瓦 90×70	100 张	48.00	—	0.196
	蝴蝶瓦 160×160	100 张	54.40	0.171	—
	蝴蝶瓦 110×110	100 张	39.00	—	0.484
	石灰麻刀浆	m^3	321.08	0.105	0.103
	青灰	kg	2.00	3.660	4.050
	其他材料费	元	1.00	1.23	1.39

工作内容：拆除旧瓦面、挑选整理旧瓦件、调制灰浆、补配新瓦、重新盖瓦、刷浆打点。　　**计量单位**：m^2

定额编号				4-93	4-94	4-95
项目				筒瓦屋面揭瓦（裹垄）		
				头#	1#	2#
				新瓦添配 30% 以内		
基价（元）				**248.62**	**234.30**	**257.21**
其中	人工费（元）			154.07	154.07	180.73
	材料费（元）			94.55	80.23	76.48
	机械费（元）			—	—	—
名称		单位	单价（元）	消耗量		
人工	三类人工	工日	155.00	0.994	0.994	1.166
材料	筒瓦 320×190	100 张	531.20	0.027	—	—
	筒瓦 1# 160×295	100 张	314.00	—	0.034	—
	筒瓦 2# 140×280	100 张	260.00	—	—	0.042
	蝴蝶瓦 225×225	100 张	145.00	0.126	—	—
	蝴蝶瓦 200×200	100 张	84.48	—	0.142	—
	蝴蝶瓦 180×180	100 张	65.52	—	—	0.171
	石灰麻刀浆	m^3	321.08	0.168	0.154	0.143
	青灰	kg	2.00	3.070	3.270	3.470
	其他材料费	元	1.00	1.85	1.57	1.50

工作内容：拆除旧瓦面、挑选整理旧瓦件、调制灰浆、补配新瓦、重新盖瓦、刷浆打点。　　计量单位：m^2

定额编号				4-96	4-97
项　目				筒瓦屋面揭瓦(裹垄)	
				3#	10#
				新瓦添配30%以内	
基价(元)				**280.50**	**316.22**
其中	人工费(元)			207.55	236.53
	材料费(元)			72.95	79.69
	机械费(元)			—	—
名　称		单位	单价(元)	消　耗　量	
人工	三类人工	工日	155.00	1.339	1.526
材料	筒瓦 3# 120×220	100张	208.00	0.054	—
	筒瓦 90×70	100张	48.00	—	0.196
	蝴蝶瓦 160×160	100张	54.40	0.171	—
	蝴蝶瓦 110×110	100张	39.00	—	0.484
	石灰麻刀浆	m^3	321.08	0.136	0.130
	青灰	kg	2.00	3.660	4.050
	其他材料费	元	1.00	1.43	1.56

工作内容：拆除旧瓦面、挑选整理旧瓦件、调制灰浆、补配新瓦、重新盖瓦、刷浆打点。 计量单位：m^2

定额编号				4-98	4-99	4-100
项目				蝴蝶瓦屋面揭瓦		
				1#	2#	3#
				新瓦添配30%以内		
基价（元）				**310.83**	**287.08**	**301.23**
其中	人工费（元）			188.33	193.44	202.90
	材料费（元）			122.50	93.64	98.33
	机械费（元）			—	—	—
名称		单位	单价（元）	消耗量		
人工	三类人工	工日	155.00	1.215	1.248	1.309
材料	蝴蝶斜沟瓦 240×240	100张	245.00	0.152	—	—
	蝴蝶瓦 200×200	100张	84.48	0.311	0.182	—
	蝴蝶瓦 180×180	100张	65.52	—	0.298	0.254
	蝴蝶瓦 160×160	100张	54.40	—	—	0.432
	石灰麻刀浆	m^3	321.08	0.151	0.152	0.150
	青灰	kg	2.00	4.050	4.050	4.050
	其他材料费	元	1.00	2.40	1.84	1.93

3. 鸱尾/吻、兽添配

工作内容：拆除残损的饰件、调制灰浆、添配稳安脊件、补换新件。　　计量单位：个

定额编号				4-101	4-102	4-103	4-104	4-105
项目				添配鸱尾/吻、兽（高度）				
				40cm以下	80cm以内	120cm以内	160cm以内	160cm以外
基价（元）				**34.46**	**879.74**	**1 082.36**	**3 094.13**	**4 089.34**
其中	人工费（元）			33.48	266.76	468.72	848.16	1 026.72
	材料费（元）			0.98	612.98	613.64	2 245.97	3 062.62
	机械费（元）			—	—	—	—	—
名称		单位	单价（元）	消耗量				
人工	三类人工	工日	155.00	0.216	1.721	3.024	5.472	6.624
材料	二尺五鸱尾	座	600.00	—	1.000	—	—	—
	三尺五鸱尾	座	600.00	—	—	1.000	—	—
	五尺鸱尾	座	2 200.00	—	—	—	1.000	—
	七尺五鸱尾	座	3 000.00	—	—	—	—	1.000
	石灰麻刀浆	m^3	321.08	0.003	0.003	0.005	0.006	0.008
	其他材料费	元	1.00	0.02	12.02	12.03	44.04	60.05

工作内容： 拆除残损的饰件、调制灰浆、添配稳安脊件、补换新件。

定额编号				4-106	4-107	4-108	4-109	4-110
项　目				规矩盘子、列角盘子添配	瓦条、混砖陡板等添配	跨草添配	平草、落落草添配	蝎子尾添配
计量单位				份	件	块		
基价（元）				**226.11**	**111.42**	**915.17**	**991.65**	**61.83**
其中	人工费（元）			71.46	93.78	837.00	837.00	53.63
	材料费（元）			154.25	17.44	77.97	154.25	8.20
	机械费（元）			0.40	0.20	0.20	0.40	—
名　称		单位	单价（元）	消耗量				
人工	三类人工	工日	155.00	0.461	0.605	5.400	5.400	0.346
材料	尺四方砖 448×448×64	块	133.54	1.130	—	0.570	1.130	—
	尺二方砖 384×384×64（1.2尺×1.2尺×2寸）	块	30.00	—	0.570	—	—	—
	勾头筒瓦 10#	100张	105.00	—	—	—	—	0.011
	石灰麻刀浆	m^3	321.08	0.001	—	0.001	0.001	0.004
	木材（成材）	m^3	2 802.00	—	—	—	—	0.002
	其他材料费	元	1.00	3.02	0.34	1.53	3.02	0.16
机械	切砖机 2.8kW	台班	28.43	0.014	0.007	0.007	0.014	—

4. 套兽、嫔伽 / 仙人、蹲兽 / 走兽添配

工作内容: 拆除残损的饰件、调制灰浆、添配稳安脊件、补换新件。 **计量单位:** 个

定额编号				4-111	4-112	4-113	4-114	4-115
项目				添配套兽(径)				
				25cm以内	30cm以内	35cm以内	40cm以内	40cm以外
基价(元)				**227.30**	**249.87**	**272.60**	**336.30**	**338.62**
其中	人工费(元)			22.32	24.49	26.82	28.99	31.31
	材料费(元)			204.98	225.38	245.78	307.31	307.31
	机械费(元)			—	—	—	—	—
名称		单位	单价(元)	消耗量				
人工	三类人工	工日	155.00	0.144	0.158	0.173	0.187	0.202
材料	八寸套兽	个	200.00	1.000	—	—	—	—
	九寸套兽	个	220.00	—	1.000	—	—	—
	一尺套兽	个	240.00	—	—	1.000	—	—
	尺二套兽	个	300.00	—	—	—	1.000	1.000
	石灰麻刀浆	m^3	321.08	0.003	0.003	0.003	0.004	0.004
	其他材料费	元	1.00	4.02	4.42	4.82	6.03	6.03

工作内容：拆除残损的饰件、调制灰浆、添配稳安脊件、补换新件。　　**计量单位**：个

定额编号				4-116	4-117	4-118	4-119	4-120	4-121
项　目				添配嫔伽 / 仙人（高度）					
				20cm 以内	26cm 以内	32cm 以内	40cm 以内	52cm 以内	52cm 以外
基价（元）				**251.79**	**356.12**	**511.29**	**564.94**	**620.28**	**675.78**
其中	人工费（元）			46.81	49.14	51.31	53.63	57.97	62.47
	材料费（元）			204.98	306.98	459.98	511.31	562.31	613.31
	机械费（元）			—	—	—	—	—	—
名　称		单位	单价（元）	消　耗　量					
人工	三类人工	工日	155.00	0.302	0.317	0.331	0.346	0.374	0.403
材料	六寸嫔伽	座	200.00	1.000	—	—	—	—	—
	八寸嫔伽	座	300.00	—	1.000	—	—	—	—
	一尺嫔伽	座	450.00	—	—	1.000	—	—	—
	尺二嫔伽	座	500.00	—	—	—	1.000	—	—
	尺四嫔伽	座	550.00	—	—	—	—	1.000	—
	尺六嫔伽	座	600.00	—	—	—	—	—	1.000
	石灰麻刀浆	m^3	321.08	0.003	0.003	0.003	0.004	0.004	0.004
	其他材料费	元	1.00	4.02	6.02	9.02	10.03	11.03	12.03

工作内容:拆除残损的饰件、调制灰浆、添配稳安脊件、补换新件。 计量单位:个

定额编号				4-122	4-123	4-124	4-125	4-126
项目				添配蹲兽/走兽(高度)				
				13cm 以内	20cm 以内	26cm 以内	32cm 以内	32cm 以外
基价(元)				**191.96**	**245.13**	**349.45**	**504.95**	**558.45**
其中	人工费(元)			37.98	40.15	42.47	44.64	46.81
	材料费(元)			153.98	204.98	306.98	460.31	511.64
	机械费(元)			—	—	—	—	—
名称		单位	单价(元)	消耗量				
人工	三类人工	工日	155.00	0.245	0.259	0.274	0.288	0.302
材料	四寸蹲兽	座	150.00	1.000	—	—	—	—
	六寸蹲兽	座	200.00	—	1.000	—	—	—
	八寸蹲兽	座	300.00	—	—	1.000	—	—
	九寸蹲兽	座	450.00	—	—	—	1.000	—
	一尺蹲兽	座	500.00	—	—	—	—	1.000
	石灰麻刀浆	m^3	321.08	0.003	0.003	0.003	0.004	0.005
	其他材料费	元	1.00	3.02	4.02	6.02	9.03	10.03

5. 吻、脊构件添配

工作内容:拆除残损的饰件、调制灰浆、添配稳安脊件、补换新件。 计量单位:个

定额编号				4-127	4-128	4-129	4-130	4-131	4-132
项目				背兽添配(脊高)			剑把添配(脊高)		
				50cm 以下	60cm 以下	60cm 以上	50cm 以下	60cm 以下	60cm 以上
基价(元)				**13.66**	**21.13**	**29.11**	**13.66**	**20.48**	**27.48**
其中	人工费(元)			13.33	20.15	26.82	13.33	20.15	26.82
	材料费(元)			0.33	0.98	2.29	0.33	0.33	0.66
	机械费(元)			—	—	—	—	—	—
名称		单位	单价(元)	消耗量					
人工	三类人工	工日	155.00	0.086	0.130	0.173	0.086	0.130	0.173
材料	背兽	个	—	(1.000)	(1.000)	(1.000)	—	—	—
	剑把	个	—	—	—	—	(1.000)	(1.000)	(1.000)
	石灰麻刀浆	m^3	321.08	0.001	0.003	0.007	0.001	0.001	0.002
	其他材料费	元	1.00	0.01	0.02	0.04	0.01	0.01	0.01

工作内容：拆除残损的饰件、调制灰浆、添配稳安脊件、补换新件。 计量单位：个

定额编号				4-133	4-134
项 目				合角剑把添配（脊高）	
				40cm 以下	40cm 以上
基价（元）				**13.66**	**20.48**
其中	人工费（元）			13.33	20.15
	材料费（元）			0.33	0.33
	机械费（元）			—	—
名 称		单位	单价（元）	消 耗 量	
人工	三类人工	工日	155.00	0.086	0.130
材料	合角剑把	对	—	(1.000)	(1.000)
	石灰麻刀浆	m^3	321.08	0.001	0.001
	其他材料费	元	1.00	0.01	0.01

工作内容：拆除残损的饰件、调制灰浆、添配稳安脊件、补换新件。 计量单位：对

定额编号				4-135	4-136	4-137	4-138
项 目				兽角单独添配（脊高）		铁兽角单独添配（脊高）	
				40cm 以下	40cm 以上	40cm 以下	40cm 以上
基价（元）				**5.91**	**8.08**	**5.91**	**8.08**
其中	人工费（元）			5.58	7.75	5.58	7.75
	材料费（元）			0.33	0.33	0.33	0.33
	机械费（元）			—	—	—	—
名 称		单位	单价（元）	消 耗 量			
人工	三类人工	工日	155.00	0.036	0.050	0.036	0.050
材料	兽角	对	—	(1.000)	(1.000)	—	—
	铁兽角	对	—	—	—	(1.000)	(1.000)
	石灰麻刀浆	m^3	321.08	0.001	0.001	0.001	0.001
	其他材料费	元	1.00	0.01	0.01	0.01	0.01

6. 附件拆安归位

工作内容:拆除松动附件、调制灰浆、安装复位。

计量单位:个

定额编号				4-139	4-140	4-141	4-142	4-143	4-144
项目				脊附件拆安归位					
				鸱尾					
				80cm以内	120cm以内	160cm以内	210cm以内	260cm以内	320cm以内
基价(元)				**284.90**	**348.23**	**383.99**	**419.42**	**454.85**	**490.61**
其中	人工费(元)			279.00	334.80	362.70	390.60	418.50	446.40
	材料费(元)			5.90	13.43	21.29	28.82	36.35	44.21
	机械费(元)			—	—	—	—	—	—
名称		单位	单价(元)	消耗量					
人工	三类人工	工日	155.00	1.800	2.160	2.340	2.520	2.700	2.880
材料	石灰麻刀浆	m^3	321.08	0.018	0.041	0.065	0.088	0.111	0.135
	其他材料费	元	1.00	0.12	0.26	0.42	0.57	0.71	0.87

工作内容:拆除松动附件、调制灰浆、安装复位。

计量单位:个

定额编号				4-145	4-146	4-147	4-148	4-149
项目				脊附件拆安归位				
				套兽(径)				
				13cm以内	20cm以内	26cm以内	32cm以内	40cm以内
基价(元)				**84.68**	**224.18**	**280.31**	**336.11**	**392.24**
其中	人工费(元)			83.70	223.20	279.00	334.80	390.60
	材料费(元)			0.98	0.98	1.31	1.31	1.64
	机械费(元)			—	—	—	—	—
名称		单位	单价(元)	消耗量				
人工	三类人工	工日	155.00	0.540	1.440	1.800	2.160	2.520
材料	石灰麻刀浆	m^3	321.08	0.003	0.003	0.004	0.004	0.005
	其他材料费	元	1.00	0.02	0.02	0.03	0.03	0.03

工作内容：拆除松动附件、调制灰浆、安装复位。　　计量单位：个

定额编号				4-150	4-151	4-152	4-153	4-154	4-155
项目				脊附件拆安归位					
				嫔伽（高度）					
				20cm以内	26cm以内	32cm以内	40cm以内	45cm以内	52cm以内
基价（元）				**56.78**	**67.94**	**79.43**	**90.59**	**102.08**	**113.24**
其中	人工费（元）			55.80	66.96	78.12	89.28	100.44	111.60
	材料费（元）			0.98	0.98	1.31	1.31	1.64	1.64
	机械费（元）			—	—	—	—	—	—
名称		单位	单价（元）	消耗量					
人工	三类人工	工日	155.00	0.360	0.432	0.504	0.576	0.648	0.720
材料	石灰麻刀浆	m^3	321.08	0.003	0.003	0.004	0.004	0.005	0.005
	其他材料费	元	1.00	0.02	0.02	0.03	0.03	0.03	0.03

工作内容：拆除松动附件、调制灰浆、安装复位。　　计量单位：个

定额编号				4-156	4-157	4-158	4-159	4-160
项目				脊附件拆安归位				
				蹲兽（高度）				
				13cm以内	20cm以内	26cm以内	29cm以内	32cm以内
基价（元）				**45.62**	**47.79**	**50.45**	**52.62**	**55.27**
其中	人工费（元）			44.64	46.81	49.14	51.31	53.63
	材料费（元）			0.98	0.98	1.31	1.31	1.64
	机械费（元）			—	—	—	—	—
名称		单位	单价（元）	消耗量				
人工	三类人工	工日	155.00	0.288	0.302	0.317	0.331	0.346
材料	石灰麻刀浆	m^3	321.08	0.003	0.003	0.004	0.004	0.005
	其他材料费	元	1.00	0.02	0.02	0.03	0.03	0.03

工作内容：拆除松动附件、调制灰浆、安装复位。　　　　**计量单位**：m

定额编号				4-161	4-162	4-163
项　目				脊附件拆安归位		
				扣脊瓦	线道瓦、垒脊瓦	滚筒瓦
基价（元）				**8.73**	**21.79**	**42.77**
其中	人工费（元）			7.75	20.15	40.15
	材料费（元）			0.98	1.64	2.62
	机械费（元）			—	—	—
名　称		单位	单价（元）	消　耗　量		
人工	三类人工	工日	155.00	0.050	0.130	0.259
材料	石灰麻刀浆	m^3	321.08	0.003	0.005	0.008
	其他材料费	元	1.00	0.02	0.03	0.05

二、琉璃屋面整修

1. 琉璃瓦屋面查补

工作内容：洒水防尘、清除破损瓦片、清除杂物、清扫瓦垄、调制灰浆、添配新瓦等。　　**计量单位：**m^2

定额编号				4-164	4-165	4-166	4-167	4-168	4-169
项　目				琉璃瓦屋面查补 面积在30%以内					
				四样	五样	六样	七样	八样	九样
基价（元）				**22.36**	**26.81**	**25.32**	**29.32**	**29.05**	**28.48**
其中	人工费（元）			17.83	21.39	21.39	25.73	25.73	25.73
	材料费（元）			4.53	5.42	3.93	3.59	3.32	2.75
	机械费（元）			—	—	—	—	—	—
名　称		单位	单价（元）	消　耗　量					
人工	三类人工	工日	155.00	0.115	0.138	0.138	0.166	0.166	0.166
材料	琉璃盖瓦 1# 300×180	张	3.36	0.270	0.340	—	—	—	—
	琉璃盖瓦 2# 300×150	张	1.90	—	—	0.390	—	—	—
	琉璃盖瓦 3# 260×130	张	1.38	—	—	—	0.460	—	—
	琉璃盖瓦 4# 220×110	张	1.21	—	—	—	—	0.540	—
	琉璃盖瓦 5# 160×80	张	0.86	—	—	—	—	—	0.590
	琉璃底瓦 1# 350×280	张	3.36	0.670	0.860	—	—	—	—
	琉璃底瓦 2# 300×220	张	1.90	—	—	0.960	—	—	—
	琉璃底瓦 3# 290×200	张	1.38	—	—	—	1.160	—	—
	琉璃底瓦 4# 260×175	张	1.21	—	—	—	—	1.350	—
	琉璃底瓦 5# 210×120	张	0.86	—	—	—	—	—	1.420
	石灰麻刀浆	m^3	321.08	0.004	0.004	0.004	0.004	0.003	0.003
	其他材料费	元	1.00	0.09	0.11	0.08	0.07	0.07	0.05

工作内容:洒水防尘、清除破损瓦片、清除杂物、清扫瓦垄、调制灰浆、添配新瓦等。

计量单位:m^2

定额编号				4-170	4-171	4-172	4-173	4-174	4-175
项目				琉璃瓦屋面查补 面积在60%以内					
				四样	五样	六样	七样	八样	九样
基价(元)				**38.45**	**47.73**	**40.95**	**44.08**	**43.71**	**41.59**
其中	人工费(元)			22.32	27.90	27.90	32.40	32.40	32.40
	材料费(元)			16.13	19.83	13.05	11.68	11.31	9.19
	机械费(元)			—	—	—	—	—	—
名称		单位	单价(元)	消耗量					
人工	三类人工	工日	155.00	0.144	0.180	0.180	0.209	0.209	0.209
材料	琉璃盖瓦 1# 300×180	张	3.36	1.070	1.380	—	—	—	—
	琉璃盖瓦 2# 300×150	张	1.90	—	—	1.540	—	—	—
	琉璃盖瓦 3# 260×130	张	1.38	—	—	—	1.840	—	—
	琉璃盖瓦 4# 220×110	张	1.21	—	—	—	—	2.160	—
	琉璃盖瓦 5# 160×80	张	0.86	—	—	—	—	—	2.350
	琉璃底瓦 1# 350×280	张	3.36	2.680	3.450	—	—	—	—
	琉璃底瓦 2# 300×220	张	1.90	—	—	3.840	—	—	—
	琉璃底瓦 3# 290×200	张	1.38	—	—	—	4.600	—	—
	琉璃底瓦 4# 260×175	张	1.21	—	—	—	—	5.410	—
	琉璃底瓦 5# 210×120	张	0.86	—	—	—	—	—	5.890
	石灰麻刀浆	m^3	321.08	0.010	0.010	0.008	0.008	0.006	0.006
	其他材料费	元	1.00	0.32	0.39	0.26	0.23	0.22	0.18

工作内容：洒水防尘、清除破损瓦片、清除杂物、清扫瓦垄、调制灰浆、添配新瓦等。　　**计量单位**：m^2

定额编号				4-176	4-177	4-178	4-179	4-180	4-181
项　目				琉璃瓦屋面查补 面积在 80% 以内					
				四样	五样	六样	七样	八样	九样
基价（元）				**58.71**	**73.38**	**60.09**	**62.61**	**62.85**	**58.31**
其中	人工费（元）			28.99	35.65	35.65	41.23	41.23	41.23
	材料费（元）			29.72	37.73	24.44	21.38	21.62	17.08
	机械费（元）			—	—	—	—	—	—
名　称		单位	单价（元）	消 耗 量					
人工	三类人工	工日	155.00	0.187	0.230	0.230	0.266	0.266	0.266
材料	琉璃盖瓦 1# 300×180	张	3.36	2.130	2.760	—	—	—	—
	琉璃盖瓦 2# 300×150	张	1.90	—	—	3.070	—	—	—
	琉璃盖瓦 3# 260×130	张	1.38	—	—	—	3.670	—	—
	琉璃盖瓦 4# 220×110	张	1.21	—	—	—	—	4.320	—
	琉璃盖瓦 5# 160×80	张	0.86	—	—	—	—	—	4.690
	琉璃底瓦 1# 350×280	张	3.36	5.300	6.910	—	—	—	—
	琉璃底瓦 2# 300×220	张	1.90	—	—	7.680	—	—	—
	琉璃底瓦 3# 290×200	张	1.38	—	—	—	9.190	—	—
	琉璃底瓦 4# 260×175	张	1.21	—	—	—	—	10.810	—
	琉璃底瓦 5# 210×120	张	0.86	—	—	—	—	—	11.790
	石灰麻刀浆	m^3	321.08	0.013	0.014	0.011	0.010	0.009	0.008
	其他材料费	元	1.00	0.58	0.74	0.48	0.42	0.42	0.33

工作内容：洒水防尘、清除破损瓦片、清除杂物、清扫瓦垄、调制灰浆、添配新瓦等。 计量单位：m^2

定额编号				4-182	4-183	4-184	4-185	4-186	4-187
项目				琉璃瓦屋面查补 面积在 80% 以外					
				四样	五样	六样	七样	八样	九样
基价(元)				**65.60**	**81.51**	**67.89**	**71.50**	**71.74**	**67.20**
其中	人工费(元)			34.57	42.47	42.47	49.14	49.14	49.14
	材料费(元)			31.03	39.04	25.42	22.36	22.60	18.06
	机械费(元)			—	—	—	—	—	—
名称		单位	单价(元)	消耗量					
人工	三类人工	工日	155.00	0.223	0.274	0.274	0.317	0.317	0.317
材料	琉璃盖瓦 1# 300×180	张	3.36	2.130	2.760	—	—	—	—
	琉璃盖瓦 2# 300×150	张	1.90	—	—	3.070	—	—	—
	琉璃盖瓦 3# 260×130	张	1.38	—	—	—	3.670	—	—
	琉璃盖瓦 4# 220×110	张	1.21	—	—	—	—	4.320	—
	琉璃盖瓦 5# 160×80	张	0.86	—	—	—	—	—	4.690
	琉璃底瓦 1# 350×280	张	3.36	5.300	6.910	—	—	—	—
	琉璃底瓦 2# 300×220	张	1.90	—	—	7.680	—	—	—
	琉璃底瓦 3# 290×200	张	1.38	—	—	—	9.190	—	—
	琉璃底瓦 4# 260×175	张	1.21	—	—	—	—	10.810	—
	琉璃底瓦 5# 210×120	张	0.86	—	—	—	—	—	11.790
	石灰麻刀浆	m^3	321.08	0.017	0.018	0.014	0.013	0.012	0.011
	其他材料费	元	1.00	0.61	0.77	0.50	0.44	0.44	0.35

工作内容：洒水防尘、清除破损瓦片、清除杂物、清扫瓦垄、调制灰浆、添配新瓦等。 **计量单位：**m

定额编号				4-188	4-189	4-190	4-191	4-192	4-193
项目				琉璃瓦檐头整修					
				四样	五样	六样	七样	八样	九样
基价（元）				**20.54**	**22.87**	**19.50**	**18.37**	**18.87**	**18.12**
其中	人工费（元）			6.67	9.30	9.30	9.30	10.70	10.70
	材料费（元）			13.87	13.57	10.20	9.07	8.17	7.42
	机械费（元）			—	—	—	—	—	—
名称		单位	单价（元）	消耗量					
人工	三类人工	工日	155.00	0.043	0.060	0.060	0.060	0.069	0.069
材料	琉璃沟头 1# 300×180	张	6.64	0.470	0.540	—	—	—	—
	琉璃沟头 2# 300×150	张	3.88	—	—	0.580	—	—	—
	琉璃沟头 3# 260×130	张	2.76	—	—	—	0.660	—	—
	琉璃沟头 4# 220×110	张	2.41	—	—	—	—	0.700	—
	琉璃沟头 5# 160×80	张	2.16	—	—	—	—	—	0.750
	琉璃滴水 1# 370×280	张	6.64	0.470	0.540	—	—	—	—
	琉璃滴水 2# 320×220	张	3.88	—	—	0.580	—	—	—
	琉璃滴水 3# 280×200	张	2.76	—	—	—	0.660	—	—
	琉璃滴水 4# 180×260	张	2.41	—	—	—	—	0.700	—
	琉璃滴水 5# 210×120	张	2.16	—	—	—	—	—	0.750
	钉帽 60mm	个	0.37	1.250	1.460	1.530	1.740	1.860	2.000
	瓦钉	kg	4.34	0.035	0.031	0.028	0.025	0.022	0.020
	石灰麻刀浆	m^3	321.08	0.021	0.017	0.015	0.014	0.012	0.010
	其他材料费	元	1.00	0.27	0.27	0.20	0.18	0.16	0.15

2. 琉璃瓦屋面揭瓦添配

工作内容:拆除旧瓦面、挑选整理旧瓦件、调制灰浆、补配新瓦、重新盖瓦、刷浆打点。　　计量单位:m^2

定额编号				4-194	4-195	4-196
项　目				琉璃瓦屋面揭瓦		
				四样	五样	六样
				新瓦添配 20% 以内		
基价(元)				**203.82**	**216.12**	**204.91**
其中	人工费(元)			135.32	141.36	144.00
	材料费(元)			68.50	74.76	60.91
	机械费(元)			—	—	—
名　称		单位	单价(元)	消　耗　量		
人工	三类人工	工日	155.00	0.873	0.912	0.929
材料	琉璃盖瓦 1# 300×180	张	3.36	1.779	2.301	—
	琉璃盖瓦 2# 300×150	张	1.90	—	—	2.558
	琉璃底瓦 1# 350×280	张	3.36	4.448	5.751	—
	琉璃底瓦 2# 300×220	张	1.90	—	—	6.396
	石灰麻刀浆	m^3	321.08	0.144	0.144	0.133
	其他材料费	元	1.00	1.34	1.47	1.19

工作内容：拆除旧瓦面、挑选整理旧瓦件、调制灰浆、补配新瓦、重新盖瓦、刷浆打点。　　**计量单位：**m^2

定额编号				4-197	4-198	4-199
项　目				琉璃瓦屋面揭瓦		
				七样	八样	九样
				新瓦添配 20% 以内		
基价（元）				**204.32**	**202.21**	**200.23**
其中	人工费（元）			149.27	151.28	156.09
	材料费（元）			55.05	50.93	44.14
	机械费（元）			—	—	—
名　称		单位	单价（元）	消　耗　量		
人工	三类人工	工日	155.00	0.963	0.976	1.007
材料	琉璃盖瓦 3# 260×130	张	1.38	3.064	—	—
	琉璃盖瓦 4# 220×110	张	1.21	—	3.601	—
	琉璃盖瓦 5# 160×80	张	0.86	—	—	3.924
	琉璃底瓦 3# 290×200	张	1.38	7.661	—	—
	琉璃底瓦 4# 260×175	张	1.21	—	9.003	—
	琉璃底瓦 5# 210×120	张	0.86	—	—	9.809
	石灰麻刀浆	m^3	321.08	0.122	0.108	0.098
	其他材料费	元	1.00	1.08	1.00	0.87

3.吻兽添配

工作内容:拆除残损的饰件、调制灰浆、添配稳安脊件、补换新件。 计量单位:件

定额编号				4-200	4-201	4-202	4-203	4-204	4-205
项目				琉璃垂兽添配					
				四样	五样	六样	七样	八样	九样
基价(元)				109.50	87.41	68.59	55.90	42.44	34.46
其中	人工费(元)			93.78	75.95	61.38	51.31	40.15	33.48
	材料费(元)			15.72	11.46	7.21	4.59	2.29	0.98
	机械费(元)			—	—	—	—	—	—
名称		单位	单价(元)	消耗量					
人工	三类人工	工日	155.00	0.605	0.490	0.396	0.331	0.259	0.216
材料	琉璃垂兽	座	—	(1.000)	(1.000)	(1.000)	(1.000)	(1.000)	(1.000)
	石灰麻刀浆	m^3	321.08	0.048	0.035	0.022	0.014	0.007	0.003
	其他材料费	元	1.00	0.31	0.22	0.14	0.09	0.04	0.02

工作内容:拆除残损的饰件、调制灰浆、添配稳安脊件、补换新件。 计量单位:件

定额编号				4-206	4-207	4-208	4-209	4-210	4-211
项目				琉璃岔(戗)兽添配					
				四样	五样	六样	七样	八样	九样
基价(元)				87.41	68.59	56.22	42.44	34.46	27.80
其中	人工费(元)			75.95	61.38	51.31	40.15	33.48	26.82
	材料费(元)			11.46	7.21	4.91	2.29	0.98	0.98
	机械费(元)			—	—	—	—	—	—
名称		单位	单价(元)	消耗量					
人工	三类人工	工日	155.00	0.490	0.396	0.331	0.259	0.216	0.173
材料	琉璃岔兽	座	—	(1.000)	(1.000)	(1.000)	(1.000)	(1.000)	(1.000)
	石灰麻刀浆	m^3	321.08	0.035	0.022	0.015	0.007	0.003	0.003
	其他材料费	元	1.00	0.22	0.14	0.10	0.04	0.02	0.02

工作内容：拆除残损的饰件、调制灰浆、添配稳安脊件、补换新件。　　计量单位：对

定额编号					4-212	4-213	4-214	4-215	4-216	4-217
项　目					琉璃兽角添配					
					四样	五样	六样	七样	八样	九样
基价（元）					**11.49**	**11.49**	**9.32**	**9.32**	**7.00**	**7.00**
其中	人工费（元）				11.16	11.16	8.99	8.99	6.67	6.67
	材料费（元）				0.33	0.33	0.33	0.33	0.33	0.33
	机械费（元）				—	—	—	—	—	—
名　称			单位	单价（元）	消　耗　量					
人工	三类人工		工日	155.00	0.072	0.072	0.058	0.058	0.043	0.043
材料	石灰麻刀浆		m^3	321.08	0.001	0.001	0.001	0.001	0.001	0.001
	琉璃兽角		对	—	（1.000）	（1.000）	（1.000）	（1.000）	（1.000）	（1.000）
	其他材料费		元	1.00	0.01	0.01	0.01	0.01	0.01	0.01

4. 套兽、嫔伽/仙人、蹲兽/走兽添配

工作内容：拆除残损的饰件、调制灰浆、添配稳安脊件、补换新件。　　计量单位：件

定额编号					4-218	4-219	4-220	4-221	4-222	4-223
项　目					琉璃套兽添配					
					四样	五样	六样	七样	八样	九样
基价（元）					**49.10**	**42.12**	**35.12**	**28.13**	**21.13**	**13.99**
其中	人工费（元）				46.81	40.15	33.48	26.82	20.15	13.33
	材料费（元）				2.29	1.97	1.64	1.31	0.98	0.66
	机械费（元）				—	—	—	—	—	—
名　称			单位	单价（元）	消　耗　量					
人工	三类人工		工日	155.00	0.302	0.259	0.216	0.173	0.130	0.086
材料	琉璃套兽		个	—	（1.000）	（1.000）	（1.000）	（1.000）	（1.000）	（1.000）
	石灰麻刀浆		m^3	321.08	0.007	0.006	0.005	0.004	0.003	0.002
	其他材料费		元	1.00	0.04	0.04	0.03	0.03	0.02	0.01

工作内容: 拆除残损的饰件、调制灰浆、添配稳安脊件、补换新件。

计量单位: 件

定额编号				4-224	4-225	4-226	4-227	4-228	4-229
项　目				琉璃走兽添配					
				四样	五样	六样	七样	八样	九样
基价(元)				**49.43**	**42.12**	**35.12**	**28.13**	**21.13**	**13.99**
其中	人工费(元)			46.81	40.15	33.48	26.82	20.15	13.33
	材料费(元)			2.62	1.97	1.64	1.31	0.98	0.66
	机械费(元)			—	—	—	—	—	—
名　称		单位	单价(元)	消　耗　量					
人工	三类人工	工日	155.00	0.302	0.259	0.216	0.173	0.130	0.086
材料	琉璃走兽	座	—	(1.000)	(1.000)	(1.000)	(1.000)	(1.000)	(1.000)
	石灰麻刀浆	m^3	321.08	0.008	0.006	0.005	0.004	0.003	0.002
	其他材料费	元	1.00	0.05	0.04	0.03	0.03	0.02	0.01

工作内容: 拆除残损的饰件、调制灰浆、添配稳安脊件、补换新件。

计量单位: 份

定额编号				4-230	4-231	4-232	4-233	4-234	4-235
项　目				琉璃仙人添配					
				四样	五样	六样	七样	八样	九样
基价(元)				**47.14**	**40.48**	**33.81**	**27.15**	**20.48**	**13.66**
其中	人工费(元)			46.81	40.15	33.48	26.82	20.15	13.33
	材料费(元)			0.33	0.33	0.33	0.33	0.33	0.33
	机械费(元)			—	—	—	—	—	—
名　称		单位	单价(元)	消　耗　量					
人工	三类人工	工日	155.00	0.302	0.259	0.216	0.173	0.130	0.086
材料	琉璃仙人	座	—	(1.000)	(1.000)	(1.000)	(1.000)	(1.000)	(1.000)
	石灰麻刀浆	m^3	321.08	0.001	0.001	0.001	0.001	0.001	0.001
	其他材料费	元	1.00	0.01	0.01	0.01	0.01	0.01	0.01

工作内容：拆除残损的饰件、调制灰浆、添配稳安脊件、补换新件。 计量单位：件

定额编号				4-236	4-237	4-238	4-239	4-240	4-241
项目				琉璃淌头添配					
				四样	五样	六样	七样	八样	九样
基价（元）				**28.56**	**28.56**	**22.98**	**22.65**	**17.07**	**17.07**
其中	人工费（元）			27.90	27.90	22.32	22.32	16.74	16.74
	材料费（元）			0.66	0.66	0.66	0.33	0.33	0.33
	机械费（元）			—	—	—	—	—	—
名称		单位	单价（元）	消耗量					
人工	三类人工	工日	155.00	0.180	0.180	0.144	0.144	0.108	0.108
材料	琉璃淌头	块	—	（1.000）	（1.000）	（1.000）	（1.000）	（1.000）	（1.000）
	石灰麻刀浆	m^3	321.08	0.002	0.002	0.002	0.001	0.001	0.001
	其他材料费	元	1.00	0.01	0.01	0.01	0.01	0.01	0.01

工作内容：拆除残损的饰件、调制灰浆、添配稳安脊件、补换新件。 计量单位：件

定额编号				4-242	4-243	4-244	4-245	4-246	4-247
项目				琉璃撺头添配					
				四样	五样	六样	七样	八样	九样
基价（元）				**22.98**	**22.98**	**17.40**	**17.07**	**11.49**	**11.49**
其中	人工费（元）			22.32	22.32	16.74	16.74	11.16	11.16
	材料费（元）			0.66	0.66	0.66	0.33	0.33	0.33
	机械费（元）			—	—	—	—	—	—
名称		单位	单价（元）	消耗量					
人工	三类人工	工日	155.00	0.144	0.144	0.108	0.108	0.072	0.072
材料	琉璃撺头	块	—	（1.000）	（1.000）	（1.000）	（1.000）	（1.000）	（1.000）
	石灰麻刀浆	m^3	321.08	0.002	0.002	0.002	0.001	0.001	0.001
	其他材料费	元	1.00	0.01	0.01	0.01	0.01	0.01	0.01

5.构件添配

工作内容:拆除残损的饰件、调制灰浆、添配稳安脊件、补换新件。

计量单位:件

定额编号				4-248	4-249	4-250	4-251	4-252	4-253
项目				琉璃背兽添配					
				四样	五样	六样	七样	八样	九样
基价(元)				**54.67**	**44.74**	**35.45**	**27.80**	**20.48**	**13.66**
其中	人工费(元)			46.81	40.15	33.48	26.82	20.15	13.33
	材料费(元)			7.86	4.59	1.97	0.98	0.33	0.33
	机械费(元)			—	—	—	—	—	—
名称		单位	单价(元)	消耗量					
人工	三类人工	工日	155.00	0.302	0.259	0.216	0.173	0.130	0.086
材料	琉璃背兽	个	—	(1.000)	(1.000)	(1.000)	(1.000)	(1.000)	(1.000)
	石灰麻刀浆	m^3	321.08	0.024	0.014	0.006	0.003	0.001	0.001
	其他材料费	元	1.00	0.15	0.09	0.04	0.02	0.01	0.01

工作内容:拆除残损的饰件、调制灰浆、添配稳安脊件、补换新件。

计量单位:件

定额编号				4-254	4-255	4-256	4-257	4-258	4-259
项目				琉璃剑把添配					
				四样	五样	六样	七样	八样	九样
基价(元)				**48.12**	**41.13**	**34.14**	**27.48**	**20.48**	**13.66**
其中	人工费(元)			46.81	40.15	33.48	26.82	20.15	13.33
	材料费(元)			1.31	0.98	0.66	0.66	0.33	0.33
	机械费(元)			—	—	—	—	—	—
名称		单位	单价(元)	消耗量					
人工	三类人工	工日	155.00	0.302	0.259	0.216	0.173	0.130	0.086
材料	琉璃剑把	个	—	(1.000)	(1.000)	(1.000)	(1.000)	(1.000)	(1.000)
	石灰麻刀浆	m^3	321.08	0.004	0.003	0.002	0.002	0.001	0.001
	其他材料费	元	1.00	0.03	0.02	0.01	0.01	0.01	0.01

工作内容：拆除残损的饰件、调制灰浆、添配稳安脊件、补换新件。 计量单位：对

定额编号				4-260	4-261	4-262	4-263	4-264	4-265
项目				琉璃合角剑把添配					
				四样	五样	六样	七样	八样	九样
基价(元)				**28.23**	**28.23**	**20.48**	**20.48**	**13.66**	**13.66**
其中	人工费(元)			27.90	27.90	20.15	20.15	13.33	13.33
	材料费(元)			0.33	0.33	0.33	0.33	0.33	0.33
	机械费(元)			—	—	—	—	—	—
名称		单位	单价(元)	消耗量					
人工	三类人工	工日	155.00	0.180	0.180	0.130	0.130	0.086	0.086
材料	琉璃合角剑把	对	—	(1.000)	(1.000)	(1.000)	(1.000)	(1.000)	(1.000)
	石灰麻刀浆	m^3	321.08	0.001	0.001	0.001	0.001	0.001	0.001
	其他材料费	元	1.00	0.01	0.01	0.01	0.01	0.01	0.01

工作内容：拆除残损的饰件、调制灰浆、添配稳安脊件、补换新件。 计量单位：件

定额编号				4-266	4-267	4-268	4-269	4-270	4-271
项目				博脊瓦添配					
				四样	五样	六样	七样	八样	九样
基价(元)				**24.94**	**24.61**	**24.29**	**23.96**	**23.63**	**23.30**
其中	人工费(元)			22.32	22.32	22.32	22.32	22.32	22.32
	材料费(元)			2.62	2.29	1.97	1.64	1.31	0.98
	机械费(元)			—	—	—	—	—	—
名称		单位	单价(元)	消耗量					
人工	三类人工	工日	155.00	0.144	0.144	0.144	0.144	0.144	0.144
材料	博脊瓦	块	—	(1.000)	(1.000)	(1.000)	(1.000)	(1.000)	(1.000)
	石灰麻刀浆	m^3	321.08	0.008	0.007	0.006	0.005	0.004	0.003
	其他材料费	元	1.00	0.05	0.04	0.04	0.03	0.03	0.02

工作内容：清理基层、调制灰浆、分层摊抹、拍实。

计量单位：m^2

定额编号				4-272
项　目				护板灰
基价(元)				**11.79**
其中	人工费(元)			4.50
	材料费(元)			7.29
	机械费(元)			—
名　称		单位	单价(元)	消　耗　量
人工	三类人工	工日	155.00	0.029
材料	石灰麻刀浆	m^3	321.08	0.019
	松锯材	m^3	1 121.00	0.001
	其他材料费	元	1.00	0.07

第三节 新作布瓦屋面

一、铺 望 砖

工作内容：劈望、运输、浇刷、披线、铺设。 **计量单位：**$10m^2$

定额编号					4-273	4-274	4-275	4-276	4-277
项 目					铺望砖				
					糙望	浇刷披线	做细平望	做细船篷轩望	做细双弯轩望
基价（元）					**467.44**	**1 077.32**	**1 619.94**	**1 955.62**	**2 011.29**
其中	人工费（元）				160.12	371.69	233.43	483.60	504.06
	材料费（元）				307.32	705.63	1 386.51	1 472.02	1 507.23
	机械费（元）				—	—	—	—	—
名 称			单位	单价（元）	消 耗 量				
人工	三类人工		工日	155.00	1.033	2.398	1.506	3.120	3.252
材料	望砖 210×105×15		100 块	61.21	5.010	—	—	—	—
	细望砖糙直缝		100 块	134.00	—	5.010	—	—	—
	细望砖平面望		100 块	271.00	—	—	5.030	—	—
	细望砖船篷轩望		100 块	288.00	—	—	—	5.030	—
	细望砖双弯轩望		100 块	295.00	—	—	—	—	5.030
	石油沥青油毡 350g		m^2	1.90	—	—	11.000	11.000	11.000
	生石灰		kg	0.30	—	3.750	—	—	—
	黑涂料		kg	21.55	—	1.500	—	—	—

注：1 做细望砖加工已包括在材料单价内。

2 子目中有油毡的，如设计无油毡，则扣除。

二、布 瓦 屋 面

1. 蝴蝶瓦屋面

工作内容：运瓦、调运砂浆、部分铺底灰，轧楞，铺瓦。　　**计量单位：**$10m^2$

定额编号				4-278	4-279	4-280	4-281
项　目				蝴蝶瓦屋面			
				亭、塔	走廊、平房	厅堂	大殿
基价（元）				**2 082.02**	**1 708.82**	**2 002.82**	**3 348.78**
其中	人工费（元）			631.47	521.27	558.62	733.00
	材料费（元）			1 442.34	1 182.13	1 436.92	2 606.33
	机械费（元）			8.21	5.42	7.28	9.45
名　称		单位	单价（元）	消　耗　量			
人工	三类人工	工日	155.00	4.074	3.363	3.604	4.729
材料	中蝴蝶瓦（盖）180×180×13	100张	65.52	11.670	8.370	11.920	—
	大蝴蝶瓦（底）200×200×13	100张	84.48	7.280	7.280	7.280	12.440
	蝴蝶斜沟瓦 240×240	100张	245.00	—	—	—	6.090
	石灰砂浆 1∶3	m^3	236.24	0.245	0.061	0.153	0.245
	纸筋灰浆	m^3	331.19	0.003	0.003	0.003	0.003
	黑涂料	kg	21.55	0.060	0.060	0.060	0.060
机械	灰浆搅拌机 200L	台班	154.97	0.053	0.035	0.047	0.061

注：1　大殿材料用底瓦做盖瓦，用斜沟做底瓦。

2　瓦的规格不同，瓦的用量和单价进行换算，其他不变。

2. 蝴蝶瓦瓦脊

工作内容：运砖瓦、调运砂浆、砌筑、抹面、刷黑涂料二度。　　计量单位：10m

定额编号				4-282	4-283	4-284	4-285
项　目				蝴蝶瓦屋脊			
				游脊	黄瓜环	一瓦条筑脊盖头灰	二瓦条筑脊盖头灰
基价（元）				**827.43**	**857.06**	**1 678.27**	**2 135.39**
其中	人工费（元）			403.93	286.75	911.71	1 222.02
	材料费（元）			423.50	570.31	766.56	913.37
	机械费（元）			—	—	—	—
名　称		单位	单价（元）	消　耗　量			
人工	三类人工	工日	155.00	2.606	1.850	5.882	7.884
材料	中蝴蝶瓦（盖）180×180×13	100张	65.52	3.940	1.310	8.310	8.310
	蝴蝶瓦黄瓜环（盖）	100张	456.00	—	0.460	—	—
	蝴蝶瓦黄瓜环（底）	100张	456.00	—	0.460	—	—
	望砖 210×105×15	100块	61.21	0.960	—	0.960	2.880
	标准砖 240×115×53	100块	38.79	—	—	0.460	0.460
	石灰砂浆 1∶3	m^3	236.24	0.198	0.204	0.172	0.172
	纸筋灰浆	m^3	331.19	0.143	0.013	0.236	0.298
	黑涂料	kg	21.55	0.540	0.530	1.170	1.560

注：屋脊头按相应定额执行。

工作内容: 运瓦、调运砂浆、铺灰、上瓦、叠瓦、扣脊瓦。 **计量单位:** 10 延长米

定额编号				4-286	4-287
项目				小青瓦叠脊	
				五层为准	每增减一层
基价(元)				**1 875.80**	**361.06**
其中	人工费(元)			1 655.09	316.98
	材料费(元)			220.71	44.08
	机械费(元)			—	—
名称		单位	单价(元)	消耗量	
人工	三类人工	工日	155.00	10.678	2.045
材料	大蝴蝶瓦(底)200×200×13	100 张	84.48	2.500	0.500
	纸筋灰浆	m^3	331.19	0.021	0.004

3. 蝴蝶瓦围墙瓦顶

工作内容: 运料、调运砂浆、铺底瓦、铺瓦、砌瓦头、嵌缝、刷黑涂料二度。 **计量单位:** 10m

定额编号				4-288	4-289	4-290
项目				蝴蝶瓦围墙瓦顶		
				宽 85cm	宽 56cm	每增减 10cm
				双落水	单落水	
基价(元)				**1 308.45**	**824.66**	**124.25**
其中	人工费(元)			533.82	316.36	35.19
	材料费(元)			774.63	508.30	89.06
	机械费(元)			—	—	—
名称		单位	单价(元)	消耗量		
人工	三类人工	工日	155.00	3.444	2.041	0.227
材料	中蝴蝶瓦(盖)180×180×13	100 张	65.52	6.070	4.000	0.710
	大蝴蝶瓦(底)200×200×13	100 张	84.48	3.880	2.560	0.460
	石灰砂浆 1:3	m^3	236.24	0.111	0.077	0.015
	纸筋灰浆	m^3	331.19	0.036	0.018	—
	黑涂料	kg	21.55	0.450	0.230	—

4. 蝴蝶瓦花边滴水

工作内容：运瓦、调运砂浆、沟头打眼，滴水锯口、铺瓦抹面、清理。　　　　计量单位：10m

定额编号				4-291	4-292
项　目				蝴蝶瓦花边滴水	
				花边	滴水
基价（元）				**161.82**	**280.83**
其中	人工费（元）			36.89	120.59
	材料费（元）			124.93	160.24
	机械费（元）			—	—
名　称		单位	单价（元）	消　耗　量	
人工	三类人工	工日	155.00	0.238	0.778
材料	蝴蝶瓦小号花边	100 张	265.00	0.470	—
	蝴蝶瓦大号花边	100 张	—	（0.400）	—
	蝴蝶瓦大号滴水	100 张	308.00	—	0.470
	蝴蝶瓦斜沟滴水	100 张	—	—	（0.400）
	石灰砂浆 1∶3	m^3	236.24	—	0.031
	纸筋灰浆	m^3	331.19	—	0.023
	其他材料费	元	1.00	0.38	0.54

注：如用蝴蝶瓦大号花边、斜沟滴水，则用括号内数量，小号花边、大号滴水数量扣除。

5. 蝴蝶瓦泛水、斜沟

工作内容:运瓦、调运砂浆、砌筑、铺瓦、清理、抹净。　　计量单位:10m

定额编号				4-293	4-294
项　目				砖砌泛水	斜沟(阴角)
					蝴蝶瓦
基价(元)				277.69	601.52
其中	人工费(元)			222.12	206.46
	材料费(元)			55.57	395.06
	机械费(元)			—	—
名　称		单位	单价(元)	消　耗　量	
人工	三类人工	工日	155.00	1.433	1.332
材料	蝴蝶斜沟瓦 240×240	100 张	245.00	—	1.530
	标准砖 240×115×53	100 块	38.79	0.410	—
	混合砂浆 M5.0	m^3	227.82	0.014	—
	水泥石灰纸筋砂浆 1:1:4	m^3	285.42	0.073	—
	纸筋灰浆	m^3	331.19	—	0.041
	黑涂料	kg	21.55	0.720	0.300

三、筒 瓦 屋 面

1. 筒 瓦 屋 面

工作内容：运瓦、调运砂浆、轧楞木制作、部分打眼、铺底灰、铺瓦、嵌缝。　　　　**计量单位：**10m²

定额编号				4-295	4-296	4-297
项　目				黏土筒瓦屋面		
				亭、塔	走廊、平房、厅堂	大殿
基价（元）				**2 227.81**	**2 004.33**	**2 891.57**
其中	人工费（元）			933.72	716.41	759.66
	材料费（元）			1 287.74	1 281.88	2 125.40
	机械费（元）			6.35	6.04	6.51
名　称		单位	单价（元）	消　耗　量		
人工	三类人工	工日	155.00	6.024	4.622	4.901
材料	筒瓦 1# 160×295	100 张	314.00	—	—	1.360
	筒瓦 2# 140×280	100 张	260.00	—	1.690	—
	筒瓦 3# 120×220	100 张	208.00	2.140	—	—
	大蝴蝶瓦（底）200×200×13	100 张	84.48	6.850	6.850	—
	蝴蝶斜沟瓦 240×240	100 张	245.00	—	—	5.670
	石灰砂浆 1∶3	m³	236.24	0.784	0.784	0.837
	纸筋灰浆	m³	331.19	0.002	0.002	0.002
	木模板	m³	1 445.00	0.027	0.027	0.047
	铁件	kg	3.71	1.420	1.420	2.660
	黑涂料	kg	21.55	1.430	1.430	1.390
机械	灰浆搅拌机 200L	台班	154.97	0.041	0.039	0.042

2.筒瓦瓦脊

工作内容:运砖瓦,调运砂浆,砌筑、抹面、刷黑涂料二度。 计量单位:10m

定额编号				4-298	4-299	4-300	4-301
项目				筒瓦脊(高度)			
				四瓦条暗亮花筒	五瓦条暗亮花筒	七瓦条暗亮花筒	九瓦条暗亮花筒
				80cm 以内	120cm 以内	150cm 以内	195cm 以内
基价(元)				**5 393.41**	**6 936.35**	**8 647.25**	**10 756.47**
其中	人工费(元)			3 787.74	5 122.44	6 274.09	7 655.76
	材料费(元)			1 605.67	1 813.91	2 373.16	3 100.71
	机械费(元)			—	—	—	—
名称		单位	单价(元)	消耗量			
人工	三类人工	工日	155.00	24.437	33.048	40.478	49.392
材料	中蝴蝶瓦(盖)180×180×13	100 张	65.52	1.310	1.310	1.310	1.310
	筒瓦 1# 160×295	100 张	314.00	—	—	—	1.080
	筒瓦 2# 140×280	100 张	260.00	1.140	1.140	1.140	—
	筒瓦 3# 120×220	100 张	208.00	1.870	2.340	2.340	2.340
	望砖 210×105×15	100 块	61.21	5.770	4.800	10.570	16.330
	标准砖 240×115×53	100 块	38.79	1.590	4.000	5.180	7.740
	混合砂浆 M5.0	m^3	227.82	0.136	0.208	0.328	0.498
	石灰砂浆 1:3	m^3	236.24	0.264	—	—	—
	水泥石灰麻刀砂浆 1:2:4	m^3	328.16	0.236	0.236	0.236	0.308
	纸筋灰浆	m^3	331.19	0.347	0.484	0.613	0.704
	铁件	kg	3.71	14.970	26.190	42.000	73.990
	黑涂料	kg	21.55	3.420	5.020	6.400	7.290

注:1 屋脊头按相应定额执行。

2 屋脊中间塌花色人工、材料另行计算。

3 如设计用材不同可做调整,其余不变。

工作内容:运砖瓦,调运砂浆,砌筑、抹面、刷黑涂料二度。 **计量单位:**10m

定额编号				4-302	4-303	4-304
项 目				筒瓦脊(高度)		
				四瓦条竖带	三瓦条干塘	竖带、干塘花筒脊
				80cm 以内	54cm 以内	每增减 10cm
基价(元)				**4 920.60**	**3 786.54**	**229.66**
其中	人工费(元)			3 600.19	2 767.68	183.06
	材料费(元)			1 320.41	1 018.86	46.60
	机械费(元)			—	—	—
名 称		单位	单价(元)	消 耗 量		
人工	三类人工	工日	155.00	23.227	17.856	1.181
材料	筒瓦 3# 120×220	100 张	208.00	2.380	2.040	—
	望砖 210×105×15	100 块	61.21	5.770	4.800	—
	标准砖 240×115×53	100 块	38.79	4.050	1.600	0.690
	混合砂浆 M5.0	m^3	227.82	0.221	0.123	0.023
	水泥石灰麻刀砂浆 1:2:4	m^3	328.16	0.173	0.173	—
	纸筋灰浆	m^3	331.19	0.376	0.286	0.024
	黑涂料	kg	21.55	3.680	2.600	0.300

工作内容:运砖瓦,调运砂浆,砌筑、抹面、刷黑涂料二度。　　　　**计量单位:**10m

定额编号				4-305	4-306
项　目				筒瓦过桥脊(黄瓜环)	
				2# 筒瓦	3# 筒瓦
基价(元)				**1 495.27**	**1 402.96**
其中	人工费(元)			342.55	364.87
	材料费(元)			1 152.72	1 038.09
	机械费(元)			—	—
名　称		单位	单价(元)	消　耗　量	
人工	三类人工	工日	155.00	2.210	2.354
材料	筒瓦过桥盖瓦 2# 340×180	100张	862.00	0.583	—
	筒瓦过桥底瓦 2# 340×180	100张	862.00	0.583	—
	筒瓦过桥盖瓦 3# 320×160	100张	690.00	—	0.656
	筒瓦过桥底瓦 3# 320×160	100张	690.00	—	0.656
	石灰砂浆　1:3	m^3	236.24	0.541	0.483
	黑涂料	kg	21.55	0.686	0.634

工作内容：运砖瓦，调运砂浆，砌筑、抹面、刷黑涂料二度。　　**计量单位**：10m

定额编号				4-307	4-308
项　目				滚筒脊	
				二瓦条滚筒筑脊	三瓦条滚筒筑脊
基价（元）				**2 997.30**	**3 545.18**
其中	人工费（元）			1 740.96	2 072.35
	材料费（元）			1 256.34	1 472.83
	机械费（元）			—	—
名　称		单位	单价（元）	消　耗　量	
人工	三类人工	工日	155.00	11.232	13.370
材料	中蝴蝶瓦（盖）180×180×13	100张	65.52	8.310	8.310
	筒瓦 3# 120×220	100张	208.00	0.960	0.960
	望砖 210×105×15	100块	61.21	2.880	5.770
	标准砖 240×115×53	100块	38.79	1.380	1.380
	混合砂浆 M5.0	m^3	227.82	0.089	0.128
	石灰砂浆　1:3	m^3	236.24	0.264	0.264
	水泥石灰麻刀砂浆　1:2:4	m^3	328.16	0.115	0.115
	纸筋灰浆	m^3	331.19	0.260	0.309
	铁件	kg	3.71	6.700	7.660
	黑涂料	kg	21.55	2.220	2.700

工作内容:运砖瓦,调运砂浆,砌筑、抹面、刷黑涂料二度。 **计量单位:**10 支

定额编号				4-309	4-310	4-311	4-312
项目				滚筒戗脊(长度)			滚筒戗脊
				100cm 以内	150cm 以内	250cm 以内	每增减 50cm
基价(元)				**3 486.12**	**5 072.51**	**9 395.26**	**1 716.60**
其中	人工费(元)			1 774.44	3 113.64	4 436.10	887.22
	材料费(元)			1 711.68	1 958.87	4 959.16	829.38
	机械费(元)			—	—	—	—
名称		单位	单价(元)	消耗量			
人工	三类人工	工日	155.00	11.448	20.088	28.620	5.724
材料	沟头筒瓦 2#	100 张	391.00	—	—	0.100	—
	沟头筒瓦 3#	100 张	310.00	0.100	0.100	—	—
	筒瓦 1# 160×295	100 张	314.00	—	—	0.700	—
	筒瓦 3# 120×220	100 张	208.00	0.400	0.400	—	0.200
	蝴蝶瓦大号滴水	100 张	308.00	—	0.100	0.100	—
	中蝴蝶瓦(盖)180×180×13	100 张	65.52	3.000	4.000	—	1.500
	大蝴蝶瓦(底)200×200×13	100 张	84.48	—	—	6.000	—
	土青砖 220×105×42	千块	1 293.00	1.000	1.000	2.800	0.500
	铁件	kg	3.71	22.000	47.200	70.800	7.930
	混合砂浆 M5.0	m^3	227.82	0.090	0.320	1.130	0.045
	黑涂料	kg	21.55	0.150	0.245	0.435	0.095

工作内容：运砖瓦，调运砂浆，砌筑、抹面、刷黑涂料二度。　　**计量单位：**10m

定额编号				4-313	4-314
项　目				环包脊	泥鳅脊
基价（元）				**2 794.82**	**1 014.46**
其中	人工费（元）			1 939.36	857.15
	材料费（元）			855.46	157.31
	机械费（元）			—	—
名　称		单位	单价（元）	消　耗　量	
人工	三类人工	工日	155.00	12.512	5.530
材料	筒瓦 3# 120×220	100 张	208.00	1.440	—
	中蝴蝶瓦（盖）180×180×13	100 张	65.52	—	0.420
	望砖 210×105×15	100 块	61.21	3.840	—
	标准砖 240×115×53	100 块	38.79	2.000	—
	混合砂浆 M5.0	m^3	227.82	0.250	0.360
	水泥石灰麻刀砂浆 1∶2∶4	m^3	328.16	0.173	—
	纸筋灰浆	m^3	331.19	0.247	—
	黑涂料	kg	21.55	2.090	2.090

工作内容：运砖瓦，调运砂浆，砌筑、抹面、刷黑涂料二度。

计量单位：10m

定额编号				4-315	4-316	4-317	4-318
项目				花砖脊（高度）			
				一皮花砖二线脚正垂戗脊	二皮花砖二线脚正垂脊	三皮花砖三线脚正脊	四皮花砖三线脚正脊
				35cm 以内	49cm 以内	66cm 以内	80cm 以内
基价（元）				**1 202.74**	**1 477.16**	**1 794.90**	**2 051.17**
其中	人工费（元）			540.33	674.41	820.26	936.20
	材料费（元）			662.41	802.75	974.64	1 114.97
	机械费（元）			—	—	—	—
名称		单位	单价（元）	消耗量			
人工	三类人工	工日	155.00	3.486	4.351	5.292	6.040
材料	中蝴蝶瓦（盖）180×180×13	100 张	65.52	3.090	3.090	3.090	3.090
	三开砖	100 块	125.00	0.860	0.860	0.860	0.860
	定形砖	100 块	21.72	0.410	0.410	0.410	0.410
	万字脊花砖	100 块	129.00	0.680	1.350	2.030	2.700
	望砖 210×105×15	100 块	61.21	0.340	0.680	1.010	1.350
	鼓钉砖	100 块	65.95	0.710	0.710	1.070	1.070
	披水砖	100 块	28.45	0.330	0.330	0.330	0.330
	压脊砖	100 块	233.00	0.330	0.330	0.330	0.330
	石灰砂浆 1∶2.5	m^3	249.67	0.266	0.359	0.471	0.564
	黑涂料	kg	21.55	1.500	1.920	2.430	2.850

工作内容：运砖瓦，调运砂浆，砌筑、抹面、刷黑涂料二度。　　　　**计量单位：**10m

定额编号				4-319	4-320	4-321
项　目				花砖脊（高度）	单面花砖博脊（高度）	
				五皮花砖 三线脚正脊	一皮花砖 二线脚博脊	二皮花砖 二线脚博脊
				94cm 以内	34cm 以内	49cm 以内
基价（元）				**2 583.41**	**947.51**	**1 173.22**
其中	人工费（元）			1 326.80	479.11	623.72
	材料费（元）			1 256.61	468.40	549.50
	机械费（元）			—	—	—
名　称		单位	单价（元）	消　耗　量		
人工	三类人工	工日	155.00	8.560	3.091	4.024
材料	中蝴蝶瓦（盖）180×180×13	100 张	65.52	3.090	1.540	1.540
	三开砖	100 块	125.00	0.860	0.860	0.860
	定形砖	100 块	21.72	0.410	0.410	0.410
	万字脊花砖	100 块	129.00	3.380	0.340	0.680
	望砖 210×105×15	100 块	61.21	1.690	0.340	0.680
	鼓钉砖	100 块	65.95	1.070	0.710	0.710
	披水砖	100 块	28.45	0.330	0.330	0.330
	压脊砖	100 块	233.00	0.330	0.330	0.330
	石灰砂浆 1:2.5	m^3	249.67	0.657	0.138	0.184
	黑涂料	kg	21.55	3.270	0.750	0.960

3. 筒瓦围墙瓦顶

工作内容：运瓦、调运砂浆、铺底瓦、铺瓦、砌瓦头、嵌缝、刷黑涂料二度。

计量单位：10m

定额编号				4-322	4-323	4-324
项目				黏土筒瓦围墙瓦顶		
				宽85cm	宽56cm	每增减10cm
				双落水	单落水	
基价(元)				**1 962.28**	**1 140.04**	**169.41**
其中	人工费(元)			558.00	355.57	72.23
	材料费(元)			1 404.28	784.47	97.18
	机械费(元)			—	—	—
名称		单位	单价(元)	消耗量		
人工	三类人工	工日	155.00	3.600	2.294	0.466
材料	大蝴蝶瓦(底)200×200×13	100张	84.48	3.880	2.560	0.460
	筒瓦3# 120×220	100张	208.00	1.320	0.710	0.210
	沟头筒瓦3#	100张	310.00	0.940	0.470	—
	大号滴水瓦	100张	411.00	0.940	0.470	—
	石灰砂浆 1:3	m^3	236.24	0.412	0.273	0.050
	纸筋灰浆	m^3	331.19	0.002	0.001	—
	黑涂料	kg	21.55	1.050	0.690	0.120

4. 筒瓦排山

工作内容：运瓦、调运砂浆、沟头打眼、滴水锯口、铺瓦抹面、刷黑涂料二度、清理、抹净。 **计量单位：**10m

定额编号				4-325	4-326	4-327
项目				筒瓦排山		
				1# 筒瓦	2# 筒瓦	3# 筒瓦
基价（元）				**1 418.61**	**1 415.04**	**1 434.21**
其中	人工费（元）			707.58	747.72	786.78
	材料费（元）			711.03	667.32	647.43
	机械费（元）			—	—	—
名称		单位	单价（元）	消耗量		
人工	三类人工	工日	155.00	4.565	4.824	5.076
材料	大蝴蝶瓦（底）200×200×13	100张	84.48	1.830	1.830	1.830
	蝴蝶瓦大号花边	100张	308.00	0.470	0.470	0.470
	筒瓦 1# 160×295	100张	314.00	0.340	—	—
	筒瓦 2# 140×280	100张	260.00	—	0.386	—
	筒瓦 3# 120×220	100张	208.00	—	—	0.470
	沟头筒瓦 1#	100张	441.00	0.340	—	—
	沟头筒瓦 2#	100张	391.00	—	0.386	—
	沟头筒瓦 3#	100张	310.00	—	—	0.470
	石灰砂浆 1:3	m^3	236.24	0.474	0.313	0.263
	纸筋灰浆	m^3	331.19	0.082	0.082	0.082
	黑涂料	kg	21.55	0.590	0.580	0.570
	生桐油	kg	4.31	0.330	0.320	0.310

5. 筒瓦花边滴水

工作内容: 运瓦、调运砂浆、沟头打眼,滴水锯口、铺瓦抹面、清理。

计量单位: 10m

定额编号				4-328	4-329	4-330
项目				筒瓦花边滴水		
				1# 花滴	2# 花滴	3# 花滴
基价(元)				**700.21**	**696.22**	**678.98**
其中	人工费(元)			315.89	323.64	344.88
	材料费(元)			384.32	372.58	334.10
	机械费(元)			—	—	—
名称		单位	单价(元)	消耗量		
人工	三类人工	工日	155.00	2.038	2.088	2.225
材料	蝴蝶瓦大号滴水	100 张	308.00	—	0.470	0.470
	蝴蝶瓦斜沟滴水	100 张	391.00	0.400	—	—
	沟头筒瓦 1#	100 张	441.00	0.400	—	—
	沟头筒瓦 2#	100 张	391.00	—	0.470	—
	沟头筒瓦 3#	100 张	310.00	—	—	0.470
	石灰砂浆 1∶3	m^3	236.24	0.148	0.126	0.126
	纸筋灰浆	m^3	331.19	0.023	0.023	0.023
	铁件	kg	3.71	2.210	1.490	1.380

注: 如用蝴蝶瓦大号花边、斜沟滴水,则用括号内数量,小号花边、大号滴水数量扣除。

6. 屋脊头(烧制品)

工作内容:运砖瓦,调运砂浆,砌筑、安装、抹面,刷黑涂料二度。 计量单位:只

定额编号				4-331	4-332	4-333	4-334	4-335
项目				屋脊头(烧制品)(长度)				
				九套龙吻	七套龙吻	五套龙吻	哺龙头	哺鸡头
				38cm	33cm	30cm	55cm	
基价(元)				**1 281.49**	**996.89**	**760.02**	**210.00**	**210.00**
其中	人工费(元)			1 126.39	886.91	675.49	160.74	160.74
	材料费(元)			155.10	109.98	84.53	49.26	49.26
	机械费(元)			—	—	—	—	—
名称		单位	单价(元)	消耗量				
人工	三类人工	工日	155.00	7.267	5.722	4.358	1.037	1.037
材料	九套龙吻 烧制品	只	—	(1.000)	—	—	—	—
	七套龙吻 烧制品	只	—	—	(1.000)	—	—	—
	五套龙吻 烧制品	只	—	—	—	(1.000)	—	—
	哺龙头 烧制品长 550	只	—	—	—	—	(1.000)	—
	哺鸡头 烧制品长 550	只	—	—	—	—	—	(1.000)
	中蝴蝶瓦(盖)180×180×13	100 张	65.52	—	—	—	0.080	0.080
	蝴蝶瓦小号花边	100 张	265.00	—	—	—	0.010	0.010
	筒瓦 1# 160×295	100 张	314.00	0.030	—	—	—	—
	筒瓦 2# 140×280	100 张	260.00	—	0.030	0.020	—	—
	筒瓦 3# 120×220	100 张	208.00	—	—	—	0.060	0.060
	尺八方砖	100 块	1 810.00	0.020	0.020	0.020	—	—
	望砖 210×105×15	100 块	61.21	0.150	0.130	0.120	0.230	0.230
	标准砖 240×115×53	100 块	38.79	0.050	0.040	0.040	—	—
	现浇现拌混凝土 C15(16)	m^3	290.06	0.084	0.038	0.019	—	—
	混合砂浆 M5.0	m^3	227.82	0.008	0.007	0.007	—	—
	石灰砂浆 1∶2.5	m^3	249.67	—	—	—	0.028	0.028
	水泥石灰纸筋砂浆 1∶1∶4	m^3	285.42	0.008	0.005	0.005	0.005	0.005
	纸筋灰浆	m^3	331.19	0.026	0.018	0.005	0.011	0.011
	铁件	kg	3.71	14.320	8.410	5.320	—	—
	黑涂料	kg	21.55	0.300	0.200	0.180	0.110	0.110
	生桐油	kg	4.31	0.160	0.100	0.010	0.060	0.060

工作内容：运砖瓦，调运砂浆，砌筑、安装、抹面，刷黑涂料二度。　　计量单位：只

定额编号				4-336	4-337	4-338	4-339	4-340
项　目				屋脊头（烧制品）				
				长 55cm				
				纹头	方脚头	云头	果子头	雌毛脊头
基价（元）				**213.73**	**213.73**	**213.73**	**213.73**	**132.78**
其中	人工费（元）			180.73	180.73	180.73	180.73	110.83
	材料费（元）			33.00	33.00	33.00	33.00	21.95
	机械费（元）			—	—	—	—	—
名　称		单位	单价（元）	消　耗　量				
人工	三类人工	工日	155.00	1.166	1.166	1.166	1.166	0.715
材料	纹头 烧制品长 550	只	—	（1.000）	—	—	—	—
	方脚头 烧制品长 550	只	—	—	（1.000）	—	—	—
	云头 烧制品长 550	只	—	—	—	（1.000）	—	—
	果子头 烧制品长 550	只	—	—	—	—	（1.000）	—
	雌毛脊头 烧制品长 550	只	—	—	—	—	—	（1.000）
	中蝴蝶瓦（盖）180×180×13	100 张	65.52	0.080	0.080	0.080	0.080	0.080
	蝴蝶瓦小号花边	100 张	265.00	0.010	0.010	0.010	0.010	0.010
	望砖 210×105×15	100 块	61.21	0.230	0.230	0.230	0.230	0.100
	石灰砂浆 1∶2.5	m^3	249.67	0.028	0.028	0.028	0.028	0.020
	纸筋灰浆	m^3	331.19	0.007	0.007	0.007	0.007	0.005
	黑涂料	kg	21.55	0.080	0.080	0.080	0.080	0.060

工作内容：运砖瓦，调运砂浆，砌筑、安装、抹面，刷黑涂料二度。　　计量单位：只

定额编号				4-341	4-342	4-343
项　目				屋脊头（烧制品）		
				长 20cm	宝顶	
				甘蔗段	葫芦状	六、八角状
基价（元）				**36.70**	**578.57**	**395.34**
其中	人工费（元）			26.04	496.31	330.31
	材料费（元）			10.66	82.26	65.03
	机械费（元）			—	—	—
名　称		单位	单价（元）	消　耗　量		
人工	三类人工	工日	155.00	0.168	3.202	2.131
材料	甘蔗脊头 烧制品长 200	只	—	（1.000）	—	—
	葫芦顶 烧制品宝顶	只	—	—	（1.000）	—
	六、八角状顶 烧制品宝顶	只	—	—	—	（1.000）
	中蝴蝶瓦（盖）180×180×13	100 张	65.52	0.030	—	—
	蝴蝶瓦小号花边	100 张	265.00	0.010	—	—
	望砖 210×105×15	100 块	61.21	0.070	—	—
	标准砖 240×115×53	100 块	38.79	—	0.380	0.380
	石灰砂浆 1∶2.5	m^3	249.67	0.004	—	—
	纸筋灰浆	m^3	331.19	0.001	—	—
	黑涂料	kg	21.55	0.020	0.080	0.080
	现浇现拌混凝土 C15（16）	m^3	290.06	—	0.134	0.098
	混合砂浆 M5.0	m^3	227.82	—	0.013	0.013
	水泥石灰麻刀砂浆 1∶2∶4	m^3	328.16	—	0.011	0.011
	铁件	kg	3.71	—	5.440	3.610
	生桐油	kg	4.31	—	0.040	0.040

7. 屋脊头(堆塑)

工作内容:放样、运料,调运砂浆,钢筋制作安装、砌筑、安铁丝网、抹面、堆塑,刷黑涂料二度、桐油一度。

计量单位:只

定额编号				4-344	4-345	4-346	4-347	4-348
项目				屋脊头(堆塑)(长 × 高)				
				九套龙吻	七套龙吻	五套龙吻	哺龙头	哺鸡头
				38cm × 195cm	33cm × 150cm	30cm × 120cm	长 70cm	长 55cm
基价(元)				**4 102.14**	**3 271.22**	**2 737.57**	**1 055.74**	**794.53**
其中	人工费(元)			3 566.71	2 903.77	2 459.70	882.73	597.06
	材料费(元)			535.43	367.45	277.87	173.01	197.47
	机械费(元)			—	—	—	—	—
	名称	单位	单价(元)	消耗量				
人工	三类人工	工日	155.00	23.011	18.734	15.869	5.695	3.852
材料	中蝴蝶瓦(盖)180 × 180 × 13	100 张	65.52	—	—	—	0.090	0.330
	蝴蝶瓦小号花边	100 张	265.00	—	—	—	0.010	0.010
	筒瓦 1# 160 × 295	100 张	314.00	0.030	—	—	—	—
	筒瓦 2# 140 × 280	100 张	260.00	—	0.030	0.020	—	—
	筒瓦 3# 120 × 220	100 张	208.00	—	—	—	0.080	0.060
	尺八方砖	100 块	1 810.00	0.020	0.020	0.020	—	—
	望砖 210 × 105 × 15	100 块	61.21	0.150	0.130	0.120	0.300	0.230
	标准砖 240 × 115 × 53	100 块	38.79	0.150	0.130	0.120	0.300	0.230
	混合砂浆 M5.0	m^3	227.82	0.710	0.370	0.230	—	—
	石灰砂浆 1 : 2.5	m^3	249.67	0.034	0.020	0.014	—	—
	水泥砂浆 1 : 1	m^3	294.20	—	—	—	0.030	0.030
	水泥石灰纸筋砂浆 1 : 1 : 4	m^3	285.42	0.131	0.100	0.081	—	—
	纸筋灰浆	m^3	331.19	0.117	0.089	0.072	0.056	0.022
	热轧光圆钢筋 HPB300 综合	t	3 981.00	0.033	0.023	0.017	0.019	0.015
	镀锌铁丝 20#	kg	6.55	0.032	0.020	0.013	—	—
	镀锌铁丝 16#	kg	6.55	0.390	0.260	0.170	—	—
	钢丝网	m^2	6.29	1.560	1.210	0.980	—	—
	铁件	kg	3.71	9.440	7.260	5.810	—	—
	黑涂料	kg	21.55	1.990	1.410	0.960	0.630	2.830
	生桐油	kg	4.31	0.940	0.690	0.540	0.230	0.150

工作内容：放样、运料，调运砂浆，砌筑、堆塑，抹面，刷黑涂料二度。　　计量单位：只

定额编号				4-349	4-350	4-351	4-352	4-353
项　目				屋脊头（堆塑）				
				长 55cm				
				纹头	方脚头	云头	果子头	雌毛脊头
基价（元）				**307.37**	**290.63**	**342.52**	**345.93**	**233.68**
其中	人工费（元）			262.26	245.52	296.83	300.24	171.90
	材料费（元）			45.11	45.11	45.69	45.69	61.78
	机械费（元）			—	—	—	—	—
名　称		单位	单价（元）	消　耗　量				
人工	三类人工	工日	155.00	1.692	1.584	1.915	1.937	1.109
材料	中蝴蝶瓦（盖）180×180×13	100 张	65.52	0.080	0.080	0.080	0.080	0.420
	蝴蝶瓦小号花边	100 张	265.00	0.010	0.010	0.010	0.010	0.010
	蝴蝶瓦小号滴水	100 张	265.00	—	—	—	—	0.010
	望砖 210×105×15	100 块	61.21	0.360	0.360	0.360	0.360	0.100
	石灰砂浆 1∶2.5	m^3	249.67	0.024	0.024	0.024	0.024	0.020
	水泥石灰纸筋砂浆 1∶1∶4	m^3	285.42	—	—	0.024	0.024	—
	纸筋灰浆	m^3	331.19	0.019	0.019	—	—	0.009
	铁件	kg	3.71	—	—	—	—	3.430
	黑涂料	kg	21.55	0.130	0.130	0.130	0.130	0.090

工作内容:放样、运料,调运砂浆,砌筑、堆塑,抹面,刷黑涂料二度。　　　　计量单位:只

定额编号				4-354	4-355	4-356	4-357	4-358
项　目				屋脊头(堆塑)				
				甘蔗段长20cm	竖带吞头	戗根吞头	宝顶葫芦状	宝顶六角状
基价(元)				**85.75**	**563.32**	**465.05**	**851.04**	**669.55**
其中	人工费(元)			65.88	491.04	392.77	755.47	615.97
	材料费(元)			19.87	72.28	72.28	95.57	53.58
	机械费(元)			—	—	—	—	—
名　称		单位	单价(元)	消　耗　量				
人工	三类人工	工日	155.00	0.425	3.168	2.534	4.874	3.974
材料	中蝴蝶瓦(盖)180×180×13	100张	65.52	0.140	—	—	—	—
	蝴蝶瓦小号花边	100张	265.00	0.010	—	—	—	—
	尺八方砖	100块	1 810.00	—	0.010	0.010	—	—
	望砖 210×105×15	100块	61.21	0.070	0.500	0.500	—	—
	标准砖 240×115×53	100块	38.79	—	—	—	0.930	0.910
	混合砂浆 M5.0	m^3	227.82	—	0.030	0.030	0.033	0.033
	水泥砂浆 1:2.5	m^3	252.49	—	—	—	0.036	—
	混合砂浆 1:1:6	m^3	250.72	—	—	—	—	0.013
	石灰砂浆 1:2.5	m^3	249.67	0.007	—	—	—	—
	石灰砂浆 1:3	m^3	236.24	—	0.020	0.020	—	—
	水泥石灰纸筋砂浆 1:1:4	m^3	285.42	—	—	—	0.021	0.013
	纸筋灰浆	m^3	331.19	0.004	0.030	0.030	—	—
	钢丝网	m^2	6.29	—	—	—	1.560	—
	镀锌铁丝 16#	kg	6.55	—	—	—	0.450	—
	铁件	kg	3.71	—	0.500	0.500	4.670	—
	黑涂料	kg	21.55	0.030	—	—	0.260	0.150
	生桐油	kg	4.31	—	—	—	0.140	0.080

工作内容：放样、运料，调运砂浆，方砖加工雕刻，砌筑、刷黑涂料二度。 计量单位：只

定额编号				4-359	4-360
项目				花砖屋脊头（正吻座高度）	
				40cm × 100cm	40cm × 55cm
基价（元）				**1 516.98**	**1 211.86**
其中	人工费（元）			1 233.03	1 027.34
	材料费（元）			283.95	184.52
	机械费（元）			—	—
名称		单位	单价（元）	消耗量	
人工	三类人工	工日	155.00	7.955	6.628
材料	中蝴蝶瓦（盖）180 × 180 × 13	100 张	65.52	0.130	0.130
	尺六方砖	100 块	1 448.00	0.010	0.010
	做细中加厚方砖 400 × 400 × 40	100 块	1 988.00	0.090	0.050
	混合砂浆 M5.0	m^3	227.82	0.340	0.260
	黑涂料	kg	21.55	0.190	0.120

8. 琉　球　窗

工作内容: 放样,选料,砖加工,调浆,塑砌,砌砖、清理、抹净。　　　　**计量单位:** $10m^2$

定额编号				4-361	4-362
项　目				琉球漏窗	琉球组合窗
基价(元)				**1 376.36**	**1 853.00**
其中	人工费(元)			1 025.64	1 605.96
	材料费(元)			350.72	247.04
	机械费(元)			—	—
名　称		单位	单价(元)	消　耗　量	
人工	三类人工	工日	155.00	6.617	10.361
材料	纸筋灰浆	m^3	331.19	0.020	0.020
	石灰砂浆 1∶3	m^3	236.24	0.010	0.020
	普通硅酸盐水泥 P·O 42.5 综合	kg	0.34	2.000	7.000
	土青砖 220×105×42	千块	1 293.00	0.084	0.084
	望砖 210×105×15	100 块	61.21	—	0.660
	筒瓦 2# 140×280	100 张	260.00	0.890	0.320
	圆钉	kg	4.74	—	0.020
	镀锌铁丝 12#	kg	5.38	—	0.020
	其他材料费	元	1.00	1.04	0.90

第四节　新作琉璃瓦屋面

一、琉璃瓦盖瓦

工作内容：运瓦，调运砂浆，铺底灰、底瓦，石灰铺盖，清理，抹净。　　计量单位：$10m^2$

定额编号				4-363	4-364	4-365	4-366
项　目				走廊、平房		厅堂	
				3# 瓦	4# 瓦	2# 瓦	3# 瓦
基价（元）				**1 475.49**	**1 600.70**	**1 567.02**	**1 592.45**
其中	人工费（元）			802.59	846.30	850.95	895.59
	材料费（元）			663.91	745.41	707.08	687.87
	机械费（元）			8.99	8.99	8.99	8.99
名　称		单位	单价（元）	消　耗　量			
人工	三类人工	工日	155.00	5.178	5.460	5.490	5.778
材料	琉璃底瓦 2# 300×220	张	1.90	—	—	152.000	—
	琉璃底瓦 3# 290×200	张	1.38	195.000	—	—	195.000
	琉璃底瓦 4# 260×175	张	1.21	—	258.000	—	—
	琉璃盖瓦 2# 300×150	张	1.90	—	—	127.000	—
	琉璃盖瓦 3# 260×130	张	1.38	180.000	—	—	180.000
	琉璃盖瓦 4# 220×110	张	1.21	—	247.000	—	—
	石灰砂浆　1∶3	m^3	236.24	0.568	0.517	0.698	0.670
	铁件	kg	3.71	1.420	1.420	1.420	1.420
机械	灰浆搅拌机 200L	台班	154.97	0.058	0.058	0.058	0.058

工作内容:运瓦,调运砂浆,铺底灰、底瓦,石灰铺盖,清理,抹净。　　**计量单位:**$10m^2$

定额编号				4-367	4-368	4-369	4-370
项　目				大殿		塔顶	
				1# 瓦	2# 瓦	3# 瓦	4# 瓦
基价(元)				**1 927.55**	**1 718.20**	**1 825.98**	**1 982.10**
其中	人工费(元)			941.16	996.96	1 120.50	1 176.30
	材料费(元)			977.09	711.94	693.39	793.71
	机械费(元)			9.30	9.30	12.09	12.09
名　称		单位	单价(元)	消　耗　量			
人工	三类人工	工日	155.00	6.072	6.432	7.229	7.589
材料	琉璃底瓦 1# 350×280	张	3.36	115.000	—	—	5.734
	琉璃底瓦 2# 300×220	张	1.90	—	152.000	—	—
	琉璃底瓦 3# 290×200	张	1.38	—	—	197.000	—
	琉璃底瓦 4# 260×175	张	1.21	—	—	—	260.000
	琉璃盖瓦 1# 300×180	张	3.36	115.000	—	—	—
	琉璃盖瓦 2# 300×150	张	1.90	—	127.000	—	—
	琉璃盖瓦 3# 260×130	张	1.38	—	—	182.000	—
	琉璃盖瓦 4# 220×110	张	1.21	—	—	—	249.000
	石灰砂浆 1:3	m^3	236.24	0.793	0.698	0.670	0.620
	铁件	kg	3.71	2.660	2.660	1.420	1.420
机械	灰浆搅拌机 200L	台班	154.97	0.060	0.060	0.078	0.078

工作内容：运瓦，调运砂浆，铺底灰、底瓦，石灰铺盖，清理，抹净。　　**计量单位：**10m²

定额编号				4-371	4-372
项　目				四方亭、多角亭	
				4# 瓦	5# 瓦
基价（元）				**1 853.54**	**2 022.16**
其中	人工费（元）			1 091.51	1 144.99
	材料费（元）			750.25	865.39
	机械费（元）			11.78	11.78
名　称		单位	单价（元）	消　耗　量	
人工	三类人工	工日	155.00	7.042	7.387
材料	琉璃底瓦 4# 260 × 175	张	1.21	260.000	—
	琉璃底瓦 5# 210 × 120	张	0.86	—	436.000
	琉璃盖瓦 4# 220 × 110	张	1.21	249.000	—
	琉璃盖瓦 5# 160 × 80	张	0.86	—	436.000
	石灰砂浆　1∶3	m³	236.24	0.517	0.437
	铁件	kg	3.71	1.420	1.420
机械	灰浆搅拌机 200L	台班	154.97	0.076	0.076

工作内容:运瓦,调运砂浆,铺底灰、底瓦,石灰铺盖,清理,抹净。 **计量单位**:10m

定额编号				4-373	4-374	4-375
项目				琉璃瓦剪边		
				1# 瓦	2# 瓦	3# 瓦
基价(元)				**2 647.07**	**2 101.81**	**3 044.38**
其中	人工费(元)			808.02	832.20	857.15
	材料费(元)			1 809.61	1 244.04	2 168.17
	机械费(元)			29.44	25.57	19.06
名称		单位	单价(元)	消耗量		
人工	三类人工	工日	155.00	5.213	5.369	5.530
材料	琉璃底瓦 1# 350×280	张	3.36	248.000	—	—
	琉璃底瓦 2# 300×220	张	1.90	—	298.000	—
	琉璃底瓦 3# 290×200	张	1.38	—	—	318.000
	琉璃盖瓦 1# 300×180	张	3.36	76.000	—	—
	琉璃盖瓦 2# 300×150	张	1.90	—	80.000	—
	琉璃盖瓦 3# 260×130	张	1.38	—	—	91.000
	琉璃沟头 1# 300×180	张	6.64	34.330	—	—
	琉璃沟头 2# 300×150	张	3.88	—	38.150	—
	琉璃沟头 3# 260×130	张	2.76	—	—	46.820
	琉璃滴水 1# 370×280	张	6.64	34.330	—	—
	琉璃滴水 2# 320×220	张	3.88	—	38.150	—
	琉璃滴水 3# 280×200	张	2.76	—	—	46.820
	琉璃普通顶帽 1# 80	座	2.41	34.330	—	—
	琉璃普通顶帽 2# 60	座	1.81	—	38.150	—
	琉璃普通顶帽 3# 50	座	1.12	—	—	46.820
	混合砂浆 M5.0	m^3	227.82	0.758	0.659	0.492
	铁件	kg	3.71	2.330	2.590	318.000
机械	灰浆搅拌机 200L	台班	154.97	0.190	0.165	0.123

工作内容：运瓦，调运砂浆，铺底灰、底瓦，石灰铺盖，清理，抹净。　　计量单位：10m

定额编号				4-376	4-377
项　目				琉璃瓦剪边	
				4# 瓦	5# 瓦
基价（元）				**1 963.11**	**2 114.00**
其中	人工费（元）			882.88	909.70
	材料费（元）			1 067.06	1 196.55
	机械费（元）			13.17	7.75
名　称		单位	单价（元）	消　耗　量	
人工	三类人工	工日	155.00	5.696	5.869
材料	琉璃底瓦 4# 260×175	张	1.21	420.000	—
	琉璃底瓦 5# 210×120	张	0.86	—	670.000
	琉璃盖瓦 4# 220×110	张	1.21	120.000	—
	琉璃盖瓦 5# 160×80	张	0.86	—	210.000
	琉璃沟头 4# 220×110	张	2.41	54.210	—
	琉璃沟头 5# 160×80	张	2.16	—	69.000
	琉璃滴水 4# 180×260	张	2.41	54.210	—
	琉璃滴水 5# 210×120	张	2.16	—	69.000
	琉璃普通顶帽 3# 50	座	1.12	54.210	69.000
	混合砂浆 M5.0	m^3	227.82	0.338	0.210
	铁件	kg	3.71	3.680	4.190
机械	灰浆搅拌机 200L	台班	154.97	0.085	0.050

二、琉璃屋脊

工作内容: 运料、调运砂浆、混凝土拌和浇灌、钢筋制作安装、脊柱当钩、安装、嵌缝、清理、抹净。 **计量单位:** 10m

定额编号				4-378	4-379	4-380	4-381
项目				正脊		竖带脊	
				1# 脊头	2# 脊头	1# 脊头	2# 脊头
基价(元)				**2 797.41**	**1 966.18**	**2 473.74**	**1 743.21**
其中	人工费(元)			815.77	738.73	779.03	704.17
	材料费(元)			1 981.64	1 227.45	1 694.71	1 039.04
	机械费(元)			—	—	—	—
名称		单位	单价(元)	消耗量			
人工	三类人工	工日	155.00	5.263	4.766	5.026	4.543
材料	琉璃正脊 1# 450×300×450	张	51.72	22.890	—	22.890	—
	琉璃正脊 2# 300×200×300	张	21.55	—	34.330	—	34.330
	琉璃正当沟 1# 260×880	张	2.33	79.000	—	—	—
	琉璃正当沟 2# 260×180	张	1.55	—	79.000	—	—
	现浇现拌混凝土 C15(16)	m^3	290.06	0.945	0.420	0.945	0.420
	标准砖 240×115×53	100块	38.79	3.720	2.030	1.520	0.840
	混合砂浆 M5.0	m^3	227.82	0.144	0.078	0.059	0.031
	水泥砂浆 1:2	m^3	268.85	0.061	0.041	0.059	0.041
	水泥砂浆 1:3	m^3	238.10	0.046	0.038	0.061	—
	混合砂浆 1:0.2:2	m^3	287.68	0.025	0.021	—	—
	热轧光圆钢筋 HPB300 综合	kg	3.98	30.850	29.040	30.850	29.040

工作内容：运料、调运砂浆、混凝土拌和浇灌、钢筋制作安装、脊柱当钩、安装、嵌缝、清理、抹净。 **计量单位：**10m

定额编号				4-382	4-383	4-384	4-385
项目				戗脊		博脊	围脊
				1# 脊头	2# 脊头	1# 脊头	2# 脊头
基价（元）				**2 909.21**	**2 603.71**	**2 552.80**	**1 772.52**
其中	人工费（元）			1 288.98	1 166.22	707.58	640.62
	材料费（元）			1 620.23	1 437.49	1 845.22	1 131.90
	机械费（元）			—	—	—	—
名称		单位	单价（元）	消耗量			
人工	三类人工	工日	155.00	8.316	7.524	4.565	4.133
材料	琉璃花脊 1# 400×150×600	节	81.90	—	—	17.170	—
	琉璃花脊 2# 200×150×400	节	32.76	—	—	—	25.750
	琉璃二戗脊 1# 400×240×300	节	27.59	34.330	—	—	—
	琉璃二戗脊 2# 300×240×300	节	27.59	—	34.330	—	—
	琉璃正当沟 1# 260×880	张	2.33	—	—	40.000	—
	琉璃正当沟 2# 260×180	张	1.55	—	—	—	40.000
	琉璃斜当沟 1#	张	2.33	79.000	—	—	—
	琉璃斜当沟 2#	张	1.55	—	82.400	—	—
	现浇现拌混凝土 C15（16）	m^3	290.06	0.672	0.420	0.420	0.210
	标准砖 240×115×53	100 块	38.79	2.970	2.030	1.860	1.520
	混合砂浆 M5.0	m^3	227.82	0.129	0.078	0.072	0.059
	水泥砂浆 1∶2	m^3	268.85	0.049	0.041	0.031	0.031
	水泥砂浆 1∶3	m^3	238.10	0.046	0.038	0.023	0.019
	混合砂浆 1∶0.2∶2	m^3	287.68	0.025	0.021	0.012	0.010
	热轧光圆钢筋 HPB300 综合	kg	3.98	29.040	29.040	29.040	18.770

工作内容: 运料、调运砂浆、混凝土拌和浇灌、钢筋制作安装、脊柱当钩、安装、嵌缝、清理、抹净、围墙脊。

计量单位: 10m

定额编号				4-386	4-387	4-388	4-389
项目				围墙脊			
				双落水		单落水	
				1# 脊头	2# 脊头	1# 脊头	2# 脊头
基价(元)				**2 270.93**	**2 071.69**	**2 128.49**	**1 941.55**
其中	人工费(元)			738.73	702.00	665.11	631.63
	材料费(元)			1 532.20	1 369.69	1 463.38	1 309.92
	机械费(元)			—	—	—	—
名称		单位	单价(元)	消耗量			
人工	三类人工	工日	155.00	4.766	4.529	4.291	4.075
材料	琉璃二戗脊 1# 400×240×300	节	27.59	34.330	—	34.330	—
	琉璃二戗脊 2# 300×240×300	节	27.59	—	34.330	—	34.330
	琉璃正当沟 2# 260×180	张	1.55	79.000	—	40.000	—
	琉璃正当沟 3# 240×100	张	1.29	—	86.000	—	43.000
	现浇现拌混凝土 C15(16)	m^3	290.06	0.672	0.420	0.672	0.420
	标准砖 240×115×53	100 块	38.79	2.430	1.130	2.430	1.130
	混合砂浆 M5.0	m^3	227.82	0.094	0.043	0.094	0.043
	水泥砂浆 1:2	m^3	268.85	0.054	0.041	0.054	0.041
	水泥砂浆 1:3	m^3	238.10	0.038	0.021	0.019	0.011
	白水泥浆 1:2	m^3	384.35	0.020	0.011	0.010	0.006
	热轧光圆钢筋 HPB300 综合	kg	3.98	29.040	27.820	29.040	27.820

工作内容：运料、调运砂浆、铺灰、沿瓦、清理、抹净。　　计量单位：10m

定额编号				4-390	4-391
项目				过桥脊（黄瓜环）	
				2# 过桥脊	3# 过桥脊
基价（元）				**1 053.47**	**938.40**
其中	人工费（元）			274.51	286.75
	材料费（元）			778.96	651.65
	机械费（元）			—	—
名称		单位	单价（元）	消耗量	
人工	三类人工	工日	155.00	1.771	1.850
材料	琉璃过桥底瓦 2# 420×220	张	6.90	46.820	—
	琉璃过桥盖瓦 2# 420×220	张	6.90	46.820	—
	琉璃过桥底瓦 3# 420×220	张	5.17	—	51.500
	琉璃过桥盖瓦 3# 420×220	张	5.17	—	51.500
	石灰砂浆 1∶3	m^3	236.24	0.541	0.483

三、琉璃瓦花边滴水

工作内容:运瓦、调运砂浆、铺灰、沿瓦、顶帽安装、清理、抹净。　　计量单位:10m

定额编号				4-392	4-393	4-394	4-395	4-396
项目				琉璃瓦花边滴水				
				1# 花滴	2# 花滴	3# 花滴	4# 花滴	5# 花滴
基价(元)				**933.32**	**769.15**	**721.72**	**737.08**	**800.37**
其中	人工费(元)			318.06	334.80	351.54	368.28	386.11
	材料费(元)			615.26	434.35	370.18	368.80	414.26
	机械费(元)			—	—	—	—	—
名称		单位	单价(元)	消耗量				
人工	三类人工	工日	155.00	2.052	2.160	2.268	2.376	2.491
材料	琉璃沟头 1# 300×180	张	6.64	34.330	—	—	—	—
	琉璃滴水 1# 370×280	张	6.64	34.330	—	—	—	—
	琉璃沟头 2# 300×150	张	3.88	—	38.150	—	—	—
	琉璃滴水 2# 320×220	张	3.88	—	38.150	—	—	—
	琉璃沟头 3# 260×130	张	2.76	—	—	46.820	—	—
	琉璃滴水 3# 280×200	张	2.76	—	—	46.820	—	—
	琉璃沟头 4# 220×110	张	2.41	—	—	—	54.210	—
	琉璃滴水 4# 180×260	张	2.41	—	—	—	54.210	—
	琉璃沟头 5# 160×80	张	2.16	—	—	—	—	69.000
	琉璃滴水 5# 210×120	张	2.16	—	—	—	—	69.000
	琉璃普通顶帽 1# 80	座	2.41	34.330	—	—	—	—
	琉璃普通顶帽 2# 60	座	1.81	—	38.150	—	—	—
	琉璃普通顶帽 3# 50	座	1.12	—	—	46.820	54.210	69.000
	混合砂浆 M5.0	m^3	227.82	0.151	0.131	0.114	0.080	0.064
	石灰砂浆 1:3	m^3	236.24	0.139	0.123	0.088	0.060	0.034
	铁件	kg	3.71	2.330	2.590	3.180	3.680	4.190

计量单位：m

定额编号				4-397	4-398	4-399
项　　目				钉瓦钉、安钉帽		
				普通钉帽		
				80mm	60mm	50mm
基价（元）				**24.74**	**24.32**	**25.94**
其中	人工费（元）			20.46	20.46	22.32
	材料费（元）			4.28	3.86	3.62
	机械费（元）			—	—	—
名　　称		单位	单价（元）	消　耗　量		
人工	三类人工	工日	155.00	0.132	0.132	0.144
材料	钉帽 80mm	个	0.55	3.465	—	—
	钉帽 60mm	个	0.37	—	4.026	—
	钉帽 50mm	个	0.28	—	—	4.268
	瓦钉	kg	4.34	0.286	0.286	0.286
	纸筋灰浆	m^3	331.19	0.002	0.002	0.002

四、琉璃瓦斜沟

工作内容:运瓦、调运砂浆、砌筑、铺瓦、清理、抹净。 **计量单位**:10m

定额编号				4-400
项　目				斜沟(阴角)
基价(元)				**1 727.03**
其中	人工费(元)			673.01
	材料费(元)			1 054.02
	机械费(元)			—
名　称		单位	单价(元)	消　耗　量
人工	三类人工	工日	155.00	4.342
材料	琉璃斜沟盖瓦 300×180×450	节	5.17	73.570
	琉璃斜沟底瓦 300×180×450	节	5.17	73.570
	琉璃底瓦 1# 350×280	张	3.36	35.520
	石灰砂浆 1:3	m^3	236.24	0.658
	铁件	kg	3.71	4.860

五、琉璃瓦排山

工作内容： 运瓦、调运砂浆、铺灰、沿瓦、顶帽安装、清理、抹净。　　**计量单位：** 10m

定额编号				4-401	4-402	4-403	4-404
项　目				琉璃瓦排山			
				1# 瓦	2# 瓦	3# 瓦	4# 瓦
基价（元）				**1 676.69**	**1 426.90**	**1 389.83**	**1 441.37**
其中	人工费（元）			744.31	786.78	828.01	868.31
	材料费（元）			932.38	640.12	561.82	573.06
	机械费（元）			—	—	—	—
名　称		单位	单价（元）	消　耗　量			
人工	三类人工	工日	155.00	4.802	5.076	5.342	5.602
材料	琉璃滴水 1# 370×280	张	6.64	34.330	—	—	—
	琉璃底瓦 1# 350×280	张	3.36	34.330	—	—	—
	琉璃沟头 1# 300×180	张	6.64	34.330	—	—	—
	琉璃盖瓦 1# 300×180	张	3.36	34.330	—	—	—
	琉璃斜当沟 1#	张	2.33	34.330	—	—	—
	琉璃普通顶帽 1# 80	座	2.41	34.330	—	—	—
	琉璃滴水 2# 320×220	张	3.88	—	38.150	—	—
	琉璃底瓦 2# 300×220	张	1.90	—	38.150	—	—
	琉璃沟头 2# 300×150	张	3.88	—	38.150	—	—
	琉璃盖瓦 2# 300×150	张	1.90	—	38.150	—	—
	琉璃斜当沟 2#	张	1.55	—	38.150	—	—
	琉璃普通顶帽 2# 60	座	1.81	—	38.150	—	—
	琉璃滴水 3# 280×200	张	2.76	—	—	46.820	—
	琉璃底瓦 3# 290×200	张	1.38	—	—	46.820	—
	琉璃沟头 3# 260×130	张	2.76	—	—	46.820	—
	琉璃盖瓦 3# 260×130	张	1.38	—	—	46.820	—
	琉璃斜当沟 3#	张	1.29	—	—	46.820	54.210
	琉璃普通顶帽 3# 50	座	1.12	—	—	46.820	54.210
	琉璃滴水 4# 180×260	张	2.41	—	—	—	54.210
	琉璃底瓦 4# 260×175	张	1.21	—	—	—	54.210
	琉璃沟头 4# 220×110	张	2.41	—	—	—	54.210
	琉璃盖瓦 4# 220×110	张	1.21	—	—	—	54.210
	石灰砂浆 1∶3	m^3	236.24	0.270	0.221	0.184	0.128
	水泥砂浆 1∶3	m^3	238.10	0.023	0.019	0.011	0.011
	混合砂浆 1∶0.2∶2	m^3	287.68	0.012	0.010	0.006	0.006
	铁件	kg	3.71	2.330	2.590	3.180	3.680

六、琉璃围墙瓦顶

工作内容:运瓦、调运砂浆、铺底灰、铺底瓦、石灰铺盖、清理、抹净。　　**计量单位:**10m

定额编号				4-405	4-406	4-407
项　目				3# 琉璃瓦围墙瓦顶		
				宽 85cm	宽 56cm	每增减 10cm
				双落水	单落水	
基价(元)				**1 382.53**	**909.50**	**161.70**
其中	人工费(元)			819.18	539.09	95.95
	材料费(元)			563.35	370.41	65.75
	机械费(元)			—	—	—
名　称		单位	单价(元)	消　耗　量		
人工	三类人工	工日	155.00	5.285	3.478	0.619
材料	琉璃底瓦 3# 290×200	张	1.38	165.000	109.000	19.000
	琉璃盖瓦 3# 260×130	张	1.38	153.000	100.000	18.000
	石灰砂浆 1∶3	m^3	236.24	0.483	0.318	0.057
	铁件	kg	3.71	1.210	0.800	0.140

注:3# 琉璃瓦围墙瓦顶不包括花沿滴水,要做花沿滴水者,每单面扣盖瓦、底瓦各 4.6 张 /m,花沿滴水另行计算。

工作内容：运瓦、调运砂浆、铺底灰、铺底瓦、石灰铺盖、清理、抹净。 计量单位：10m

定额编号				4-408	4-409	4-410
项 目				4# 琉璃瓦围墙瓦顶		
				宽 85cm	宽 56cm	每增减 10cm
				双落水	单落水	
基价（元）				**1 494.07**	**983.57**	**173.50**
其中	人工费（元）			863.82	569.16	101.53
	材料费（元）			630.25	414.41	71.97
	机械费（元）			—	—	—
名 称		单位	单价（元）	消 耗 量		
人工	三类人工	工日	155.00	5.573	3.672	0.655
材料	琉璃底瓦 4# 260×175	张	1.21	219.000	144.000	25.000
	琉璃盖瓦 4# 220×110	张	1.21	210.000	138.000	24.000
	铁件	kg	3.71	1.210	0.800	0.140
	石灰砂浆 1∶3	m^3	236.24	0.439	0.289	0.050

注：4# 琉璃瓦围墙瓦顶不包括花沿滴水，要做花沿滴水者，每单面扣盖瓦、底瓦各 5.4 张 /m，花沿滴水另行计算。

七、琉璃吻(兽)

工作内容:运料,调运砂浆,铺灰、沿瓦、顶帽安装、清理、抹净。　　**计量单位**:座

定额编号				4-411	4-412	4-413
项目				琉璃瓦正吻		
				回吻(高度)		
				50cm	60cm	70cm
基价(元)				**237.08**	**329.45**	**516.66**
其中	人工费(元)			143.22	163.68	186.00
	材料费(元)			93.86	165.77	330.66
	机械费(元)			—	—	—
名称		单位	单价(元)	消耗量		
人工	三类人工	工日	155.00	0.924	1.056	1.200
材料	琉璃回吻 1# 700×200×700	座	276.00	—	—	1.000
	琉璃回吻 2# 600×180×600	座	129.00	—	1.000	—
	琉璃回吻 3# 470×200×500	座	68.97	1.000	—	—
	琉璃正当沟 1# 260×880	张	2.33	—	—	5.550
	琉璃正当沟 2# 260×180	张	1.55	—	4.750	—
	琉璃正当沟 3# 240×100	张	1.29	4.030	—	—
	现浇现拌混凝土 C15(16)	m^3	290.06	0.032	0.050	0.070
	标准砖 240×115×53	100块	38.79	0.053	0.120	0.170
	混合砂浆 M5.0	m^3	227.82	0.002	0.005	0.007
	混合砂浆 1:0.2:2	m^3	287.68	0.001	0.001	0.002
	水泥砂浆 1:2	m^3	268.85	0.002	0.003	0.003
	水泥砂浆 1:3	m^3	238.10	0.001	0.002	0.003
	铁件	kg	3.71	1.810	1.990	2.960

工作内容：运料，调运砂浆，铺灰、沿瓦、顶帽安装、清理、抹净。　　　　计量单位：座

定额编号				4-414	4-415	4-416
项目				琉璃瓦正吻		
				龙吻（高度）		
				80cm	100cm	120cm
基价（元）				**550.99**	**1 011.58**	**1 319.62**
其中	人工费（元）			219.48	251.10	284.58
	材料费（元）			331.51	760.48	1 035.04
	机械费（元）			—	—	—
名称		单位	单价（元）	消耗量		
人工	三类人工	工日	155.00	1.416	1.620	1.836
材料	琉璃龙吻 高 800	座	276.00	1.000	—	—
	琉璃龙吻 高 1 000	座	690.00	—	1.000	—
	琉璃龙吻 高 1 200	座	948.00	—	—	1.000
	现浇现拌混凝土 C15（16）	m^3	290.06	0.084	0.120	0.162
	标准砖 240×115×53	100 块	38.79	0.260	0.300	0.330
	混合砂浆 M5.0	m^3	227.82	0.010	0.011	0.013
	混合砂浆 1∶0.2∶2	m^3	287.68	0.002	0.002	0.002
	水泥砂浆 1∶2	m^3	268.85	0.005	0.005	0.006
	水泥砂浆 1∶3	m^3	238.10	0.003	0.004	0.004
	铁件	kg	3.71	4.310	4.980	5.640

工作内容:运料,调运砂浆,铺灰、沿瓦、顶帽安装、清理、抹净。 **计量单位:**座

定额编号				4-417	4-418	4-419
项　目				合角吻		
				3# 合角吻	2# 合角吻	1# 合角吻
基价(元)				**285.12**	**410.85**	**672.75**
其中	人工费(元)			159.96	184.14	210.18
	材料费(元)			125.16	226.71	462.57
	机械费(元)			—	—	—
名　称		单位	单价(元)	消耗量		
人工	三类人工	工日	155.00	1.032	1.188	1.356
材料	琉璃合角吻 1# 700×200×700	座	414.00	—	—	1.000
	琉璃合角吻 2# 600×200×600	座	194.00	—	1.000	—
	琉璃合角吻 3# 470×200×490	座	103.00	1.000	—	—
	琉璃正当沟 1# 260×880	张	2.33	—	—	5.550
	琉璃正当沟 2# 260×180	张	1.55	—	4.750	—
	琉璃正当沟 3# 240×100	张	1.29	4.030	—	—
	现浇现拌混凝土 C15(16)	m^3	290.06	0.023	0.036	0.049
	标准砖 240×115×53	100 块	38.79	0.050	0.120	0.170
	混合砂浆 M5.0	m^3	227.82	0.002	0.005	0.007
	混合砂浆 1:0.2:2	m^3	287.68	0.001	0.001	0.002
	水泥砂浆 1:2	m^3	268.85	0.002	0.003	0.003
	水泥砂浆 1:3	m^3	238.10	0.001	0.002	0.003
	铁件	kg	3.71	1.810	1.990	2.960

工作内容：运料，调运砂浆，铺灰、沿瓦、顶帽安装、清理、抹净。　　　　**计量单位：**座

定额编号				4-420	4-421	4-422
项　目				半面吻		
				3# 半面正吻	2# 半面正吻	1# 半面正吻
基价（元）				**183.87**	**254.05**	**393.62**
其中	人工费（元）			115.32	130.20	148.80
	材料费（元）			68.55	123.85	244.82
	机械费（元）			—	—	—
名　称		单位	单价（元）	消　耗　量		
人工	三类人工	工日	155.00	0.744	0.840	0.960
材料	琉璃半面正吻 1# 700×100×700	座	207.00	—	—	1.000
	琉璃半面正吻 2# 600×100×600	座	99.14	—	1.000	—
	琉璃半面正吻 3# 470×100×490	座	51.72	1.000	—	—
	琉璃正当沟 1# 260×880	张	2.33	—	—	5.550
	琉璃正当沟 2# 260×180	张	1.55	—	4.750	—
	琉璃正当沟 3# 240×100	张	1.29	4.030	—	—
	现浇现拌混凝土 C15（16）	m^3	290.06	0.009	0.018	0.025
	标准砖 240×115×53	100 块	38.79	0.030	0.060	0.090
	混合砂浆 M5.0	m^3	227.82	0.001	0.003	0.004
	混合砂浆　1∶0.2∶2	m^3	287.68	0.001	0.001	0.002
	水泥砂浆　1∶2	m^3	268.85	0.001	0.003	0.003
	水泥砂浆　1∶3	m^3	238.10	0.001	0.002	0.003
	铁件	kg	3.71	1.810	1.990	2.960

八、琉璃包头脊、翘角、套兽

工作内容:运料,调运砂浆,铺灰、沿瓦、顶帽安装、清理、抹净。　　计量单位:座

定额编号				4-423	4-424	4-425	4-426
项　目				包头脊		套兽	
				1# 包头脊	2# 包头脊	1# 套兽	2# 套兽
基价(元)				**441.22**	**283.28**	**213.46**	**187.55**
其中	人工费(元)			163.68	143.22	130.20	130.20
	材料费(元)			277.54	140.06	83.26	57.35
	机械费(元)			—	—	—	—
名　称		单位	单价(元)	消耗量			
人工	三类人工	工日	155.00	1.056	0.924	0.840	0.840
材料	琉璃包头脊 1# 450×300×450	座	129.00	1.000	—	—	—
	琉璃包头脊 2# 300×200×300	座	65.52	—	1.000	—	—
	琉璃套兽 1# A 型 310×200×200	座	68.97	—	—	1.000	—
	琉璃套兽 2# B 型 270×200×220	座	43.10	—	—	—	1.000
	琉璃正当沟 1# 260×880	张	2.33	3.570	—	—	—
	琉璃正当沟 2# 260×180	张	1.55	—	2.380	—	—
	现浇现拌混凝土 C15(16)	m^3	290.06	0.427	0.203	—	—
	标准砖 240×115×53	100块	38.79	0.170	0.070	—	—
	混合砂浆 M5.0	m^3	227.82	0.006	0.003	—	—
	混合砂浆 1:0.2:2	m^3	287.68	0.001	0.001	—	—
	水泥砂浆 1:2	m^3	268.85	0.003	0.002	—	—
	水泥砂浆 1:3	m^3	238.10	0.002	0.001	—	—
	铁件	kg	3.71	1.810	1.990	3.680	3.680

工作内容：运料，调运砂浆，铺灰、沿瓦、顶帽安装、清理、抹净。　　**计量单位**：座

定额编号				4-427	4-428
项　目				翘角	
				普通翘角	兽型翘角
基价（元）				**451.30**	**451.30**
其中	人工费（元）			186.00	186.00
	材料费（元）			265.30	265.30
	机械费（元）			—	—
名　称		单位	单价（元）	消耗量	
人工	三类人工	工日	155.00	1.200	1.200
材料	琉璃翘角（普通型）500×200×180	座	241.00	1.000	—
	琉璃翘角（兽型）500×200×180	节	241.00	—	1.000
	铁件	kg	3.71	6.220	6.220

九、琉璃宝顶、走兽

工作内容：运料，调运砂浆，铺灰、安装、清理、抹净。　　**计量单位**：座

定额编号				4-429	4-430	4-431
项　目				琉璃宝顶（珠泡）（高度）		
				600mm	800mm	1 000mm
基价（元）				**714.51**	**1 137.51**	**1 888.29**
其中	人工费（元）			526.07	741.06	1 059.12
	材料费（元）			188.44	396.45	829.17
	机械费（元）			—	—	—
名　称		单位	单价（元）	消耗量		
人工	三类人工	工日	155.00	3.394	4.781	6.833
材料	琉璃宝顶（珠泡）7# 600	座	155.00	1.000	—	—
	琉璃宝顶（珠泡）5# 800	座	328.00	—	1.000	—
	琉璃宝顶（珠泡）4# 1 000	座	690.00	—	—	1.000
	现浇现拌混凝土 C15（16）	m^3	290.06	0.058	0.155	0.323
	水泥砂浆 1∶2	m^3	268.85	0.006	0.011	0.018
	铁件	kg	3.71	3.980	5.470	10.890

注：宝顶包括配套底座。

工作内容:运料,调运砂浆,铺灰、安装、清理、抹净。　　计量单位:座

定额编号				4-432	4-433	4-434
项目				琉璃宝顶(珠泡)(高度)		
				1 200mm	1 500mm	1 800mm
基价(元)				**2 530.89**	**3 356.56**	**4 447.80**
其中	人工费(元)			1 271.16	1 590.30	1 985.40
	材料费(元)			1 259.73	1 766.26	2 462.40
	机械费(元)			—	—	—
名称		单位	单价(元)	消耗量		
人工	三类人工	工日	155.00	8.201	10.260	12.809
材料	琉璃宝顶(珠泡)3# 1 200	座	1 034.00	1.000	—	—
	琉璃宝顶(珠泡)2# 1 500	座	1 379.00	—	1.000	—
	琉璃宝顶(珠泡)1# 1 800	座	1 983.00	—	—	1.000
	现浇现拌混凝土 C15(16)	m^3	290.06	0.585	1.092	1.350
	水泥砂浆 1:2	m^3	268.85	0.025	0.040	0.058
	铁件	kg	3.71	13.230	16.010	19.370
	其他材料费	元	1.00	0.24	0.36	0.36

工作内容：运料，调运砂浆，铺灰、安装、清理、抹净。　　计量单位：座

定额编号					4-435	4-436	4-437
项　目					琉璃宝顶（葫芦）（高度）		
					600mm	800mm	1 000mm
基价（元）					**806.74**	**1 261.35**	**2 064.52**
其中	人工费（元）				618.30	864.90	1 235.35
	材料费（元）				188.44	396.45	829.17
	机械费（元）				—	—	—
名　称		单位	单价（元）		消　耗　量		
人工	三类人工	工日	155.00		3.989	5.580	7.970
材料	琉璃葫芦宝顶　高 600	只	155.00		1.000	—	—
	琉璃葫芦宝顶　高 800	只	328.00		—	1.000	—
	琉璃葫芦宝顶　高 1 000	只	690.00		—	—	1.000
	现浇现拌混凝土 C15（16）	m^3	290.06		0.058	0.155	0.323
	水泥砂浆　1∶2	m^3	268.85		0.006	0.011	0.018
	铁件	kg	3.71		3.980	5.470	10.890

工作内容:运料,调运砂浆,铺灰、安装、清理、抹净。　　**计量单位**:座

定额编号				4-438	4-439	4-440
项　目				琉璃宝顶(葫芦)(高度)		
				120mm	1 500mm	1 800mm
基价(元)				**2 740.97**	**3 618.82**	**4 818.25**
其中	人工费(元)			1 482.11	1 852.56	2 355.85
	材料费(元)			1 258.86	1 766.26	2 462.40
	机械费(元)			—	—	—
名　称		单位	单价(元)	消　耗　量		
人工	三类人工	工日	155.00	9.562	11.952	15.199
材料	琉璃葫芦宝顶　高 1 200	只	1 034.00	1.000	—	—
	琉璃葫芦宝顶　高 1 500	只	1 379.00	—	1.000	—
	琉璃葫芦宝顶　高 1 800	只	1 983.00	—	—	1.000
	现浇现拌混凝土 C15(16)	m^3	290.06	0.582	1.092	1.350
	水泥砂浆　1:2	m^3	268.85	0.025	0.040	0.058
	铁件	kg	3.71	13.230	16.010	19.370

工作内容:运料,调运砂浆,铺灰、安装、清理、抹净。　　**计量单位**:座

定额编号				4-441	4-442	4-443
项　目				琉璃走兽(高度)		
				200mm	300mm	400mm
基价(元)				**55.93**	**72.72**	**55.89**
其中	人工费(元)			16.74	22.32	27.90
	材料费(元)			39.19	50.40	27.99
	机械费(元)			—	—	—
名　称		单位	单价(元)	消　耗　量		
人工	三类人工	工日	155.00	0.108	0.144	0.180
材料	琉璃走兽 1# 400	座	50.00	—	1.000	—
	琉璃走兽 2# 300	座	38.79	1.000	—	—
	琉璃走兽 3# 200	座	27.59	—	—	1.000

第五章
木构架及木基层工程

说 明

一、本章定额包括拆除、整修、制作与安装三节。拆除包括木构件拆除，博缝板、雁翅板、山花板（垫痂板）、垂鱼（悬鱼）、惹草、木楼板、木楼梯、楞木、沿边木（格栅）拆除，木基层拆除，木作配件拆除，牌楼特殊构部件拆除等共五小节；整修包括木构件整修，博缝板、雁翅板、山花板（垫痂板）、垂鱼（悬鱼）、惹草、木楼板、木楼梯、楞木、沿边木（格栅）整修，木基层整修，木作配件整修，牌楼特殊构部件整修等共五小节；制作与安装包括木构件制作、安装，博缝板、雁翅板、山花板（垫痂板）、垂鱼（悬鱼）、惹草、木楼板、木楼梯、楞木、沿边木（格栅）制作与安装，木基层制作与安装，木作配件制作与安装，牌楼特殊构部件制作与安装等共十四小节。

二、定额中各类构件、部件分档规格以图示尺寸（即成品净尺寸）为准，梭柱直径以柱中最大截面为准，圆柱直径以图示尺寸为准。

三、定额中的木结构除注明外，均以刨光为准，刨光木材损耗已包括在定额内，定额中木材含量均为毛料。

四、定额中木材以自然干燥为准，如需烘干时，其费用另行计算。

五、柱墩接高度以 1.5m 以内为准，超过 1.5m 时，每增高 0.5m，杉原木或杉板枋材增加 1/3，人工增加 10%，其他不变。

六、新制作的木构件除注明者外，均不包括铁箍、铁件制作与安装。实际工程需要时，按安装加固铁件定额执行。

七、各种柱拆除、整修、制作与安装定额已综合考虑了角柱的情况，实际工程中遇有角柱的拆除、整修、制作与安装时，定额均不调整。

八、各种梁、枋制作已综合考虑制作用工，无论梁、枋头一端入柱或两端头入柱内，均不做调整。

九、槫木（桁、檩条）制作一端或两端带搭角头（包括脊槫一个端头或两个端头凿透眼）均以同一根槫木为准。

十、替木以两端做栱头为准，一端做栱头者人工乘以系数 0.9，其他不变。

十一、柱类制作管脚榫已考虑在内，计算工程量时不再另计算长度。

十二、垂鱼（悬鱼）按竖向长度为标准执行定额，惹草以宽度为标准套用定额。

十三、木构件安装、拆除定额以单檐建筑为准，重檐、三层檐或多层檐建筑木构件安装、拆除定额乘以系数 1.1。

十四、望板、连檐制作与安装定额以正身为准，翼角部分望板、连檐制作与安装定额乘以系数 1.3；同一坡屋面望板（连檐）正身部分的面积（长度）小于翼角部分的面积（长度）时，正身部分与翼角翘飞部分的工程量合并计算，定额乘以系数 1.2。

十五、额枋下大雀替以单翘为准，不包括三幅云栱、麻叶云栱，不带翘者定额不调整。

工程量计算规则

一、柱、额、串、枋、梁、蜀柱(童柱、矮柱)、圆梁、合(木沓)(角背)、叉手、托脚、替木、角梁、承阁梁、槫(桁、檩条)、垫板等木构件拆除、制作与安装均按设计最大外形尺寸(长、宽、高)以"m^3"计算(其中圆木构件工程量按设计长度及设计的小头直径查木材材积表计算,有收分的圆木柱直径按未收分前的圆木柱小头直径查木材材积表计算),柱拆安归位工程量按数量以"根"计算。

二、梁、枋各构件长度的取定:当梁、枋端头为半榫或银锭(燕尾)榫者,长度算至柱子中心;当端头为穿透榫或箍头榫者,长度算至榫头外端;当长度整体外伸时,应算至端头。

三、安装加固铁件质量以"kg"计算,圆钉、倒刺钉、机制螺栓、螺母的质量不计算在内。

四、木楼梯拆除、拆安归位、制作与安装按水平投影面积计算,未包括楼梯栏杆望柱。

五、博缝板、雁翅板、山花板(垫疝板)、垂鱼(悬鱼)、惹草、木楼板、木楼梯、楞木、沿边木(格栅)拆除、拆安归位、制作与安装均按最大外接长度乘以宽度以"m^2"计算。博缝板按上沿长乘以宽计算面积;雁翅板按垂直投影面积计算;木楼板按水平投影面积计算,不扣除柱所占面积。

六、直椽按槫中至槫中斜长计算,檐椽出挑量至端头外皮,翼角椽单根长度按其正身檐椽单根长度计算。

七、小连檐、燕颌板"不厦两头造",硬山建筑两端量至博风板外皮,带角梁的建筑按子角梁端中点连线分段计算。

八、大连檐"不厦两头造",硬山建筑两端量至博风板外皮,带角梁的建筑端头量至大角梁端中线。

九、望板、摔网板等按其屋面展开面积以"m^2"计算。不扣除连檐、扶脊木、角梁等所占面积,飞椽、立角飞椽等下重叠部分的望板、摔网板的工程量另行计算,并入望板、摔网板工程量。

十、升头木厦两头造(歇山),不厦两头造(悬山)建筑长量至两端博风板外皮,硬山建筑量至山墙中线,五脊殿建筑均同两端头槫长。

十一、驼峰、墩木、木(榹)按露明最大尺寸计算。

第一节　拆　　除

一、木构件拆除

工作内容：检查、分解出位、拆除的旧料搬运到场内指定地点、分类堆放。　　计量单位：m^3

定额编号				5-1	5-2	5-3	5-4
项　目				梭形内柱、檐柱、圆形直柱（立贴式圆柱）拆除			
				柱径			
				20cm 以内	25cm 以内	30cm 以内	40cm 以内
基价（元）				**1 020.95**	**824.55**	**666.94**	**580.14**
其中	人工费（元）			985.10	795.02	641.66	557.96
	材料费（元）			35.85	29.53	25.28	22.18
	机械费（元）			—	—	—	—
名　　称		单位	单价（元）	消　耗　量			
人工	二类人工	工日	135.00	7.297	5.889	4.753	4.133
材料	镀锌铁丝 综合	kg	5.40	2.266	1.800	1.430	1.130
	扎绑绳	kg	3.45	2.606	1.540	0.910	0.500
	大麻绳	kg	14.50	0.960	0.960	0.960	0.960
	其他材料费	元	1.00	0.70	0.58	0.50	0.43

工作内容：检查、分解出位、拆除的旧料搬运到场内指定地点、分类堆放。　　　　计量单位：m^3

定额编号				5-5	5-6	5-7
项　目				梭形内柱、檐柱、圆形直柱（立贴式圆柱）拆除		
				柱径		
				50cm以内	60cm以内	60cm以外
基价（元）				**522.76**	**409.84**	**394.66**
其中	人工费（元）			502.20	390.56	376.65
	材料费（元）			20.56	19.28	18.01
	机械费（元）			—	—	—
名　称		单位	单价（元）	消　耗　量		
人工	二类人工	工日	135.00	3.720	2.893	2.790
材料	镀锌铁丝 综合	kg	5.40	0.900	0.680	0.450
	扎绑绳	kg	3.45	0.400	0.380	0.380
	大麻绳	kg	14.50	0.960	0.960	0.960
	其他材料费	元	1.00	0.40	0.38	0.35

工作内容：检查、分解出位、拆除的旧料搬运到场内指定地点、分类堆放。　　　　计量单位：m^3

定额编号				5-8	5-9	5-10	5-11
项　目				方形直柱（立贴式方柱）拆除			
				规格（cm）			
				14×14以内	18×18以内	22×22以内	26×26以内
基价（元）				**723.50**	**548.63**	**395.37**	**290.02**
其中	人工费（元）			687.15	516.51	366.93	264.74
	材料费（元）			36.35	32.12	28.44	25.28
	机械费（元）			—	—	—	—
名　称		单位	单价（元）	消　耗　量			
人工	二类人工	工日	135.00	5.090	3.826	2.718	1.961
材料	镀锌铁丝 综合	kg	5.40	2.840	2.270	1.800	1.430
	扎绑绳	kg	3.45	1.850	1.540	1.230	0.910
	大麻绳	kg	14.50	0.960	0.960	0.960	0.960
	其他材料费	元	1.00	0.71	0.63	0.56	0.50

工作内容：检查、分解出位、拆除的旧料搬运到场内指定地点、分类堆放。　　计量单位：m^3

定额编号				5-12	5-13	5-14
项　目				方形直柱（立贴式方柱）拆除		
				规格（cm）		规格（cm）
				30×30 以内	45×45 以外	
基价（元）				**241.29**	**217.83**	**198.25**
其中	人工费（元）			219.11	197.24	177.66
	材料费（元）			22.18	20.59	20.59
	机械费（元）			—	—	—
名　称		单位	单价（元）	消　耗　量		
人工	二类人工	工日	135.00	1.623	1.461	1.316
材料	镀锌铁丝 综合	kg	5.40	1.130	0.904	0.904
	扎绑绳	kg	3.45	0.500	0.400	0.400
	大麻绳	kg	14.50	0.960	0.960	0.960
	其他材料费	元	1.00	0.43	0.40	0.40

工作内容：检查、分解出位、拆除的旧料搬运到场内指定地点、分类堆放。　　计量单位：m^3

定额编号				5-15	5-16	5-17	5-18	5-19	5-20
项　目				异型直柱拆除					
				边长					
				15cm 以内	20cm 以内	25cm 以内	30cm 以内	35cm 以内	35cm 以外
基价（元）				**619.29**	**603.24**	**587.19**	**569.82**	**553.01**	**536.76**
其中	人工费（元）			597.11	581.45	565.79	548.78	532.31	516.38
	材料费（元）			22.18	21.79	21.40	21.04	20.70	20.38
	机械费（元）			—	—	—	—	—	—
名　称		单位	单价（元）	消　耗　量					
人工	二类人工	工日	135.00	4.423	4.307	4.191	4.065	3.943	3.825
材料	镀锌铁丝 综合	kg	5.40	1.130	1.075	1.020	0.969	0.921	0.875
	扎绑绳	kg	3.45	0.500	0.475	0.450	0.428	0.407	0.387
	大麻绳	kg	14.50	0.960	0.960	0.960	0.960	0.960	0.960
	其他材料费	元	1.00	0.43	0.43	0.42	0.41	0.41	0.40

工作内容：检查、分解出位、拆除的旧料搬运到场内指定地点、分类堆放。 计量单位：m^3

定额编号				5-21	5-22	5-23	5-24	5-25	5-26
项目				阑额（额枋）拆除					
				枋高					
				20cm以内	30cm以内	40cm以内	50cm以内	60cm以内	60cm以外
基价（元）				**441.45**	**314.78**	**298.73**	**282.66**	**266.55**	**250.33**
其中	人工费（元）			426.87	300.38	284.58	268.79	252.99	237.06
	材料费（元）			14.58	14.40	14.15	13.87	13.56	13.27
	机械费（元）			—	—	—	—	—	—
名称		单位	单价（元）	消耗量					
人工	二类人工	工日	135.00	3.162	2.225	2.108	1.991	1.874	1.756
材料	扎绑绳	kg	3.45	0.780	0.730	0.660	0.580	0.490	0.410
	大麻绳	kg	14.50	0.800	0.800	0.800	0.800	0.800	0.800
	其他材料费	元	1.00	0.29	0.28	0.28	0.27	0.27	0.26

工作内容：检查、分解出位、拆除的旧料搬运到场内指定地点、分类堆放。 计量单位：m^3

定额编号				5-27	5-28	5-29
项目				襻间、顺脊串（穿枋）、顺栿串（夹底、随梁枋）等拆除		
				厚度		
				8cm 以内	12cm 以内	12cm 以外
基价（元）				**505.48**	**397.58**	**372.09**
其中	人工费（元）			492.21	384.62	359.24
	材料费（元）			13.27	12.96	12.85
	机械费（元）			—	—	—
名称		单位	单价（元）	消耗量		
人工	二类人工	工日	135.00	3.646	2.849	2.661
材料	扎绑绳	kg	3.45	0.410	0.320	0.290
	大麻绳	kg	14.50	0.800	0.800	0.800
	其他材料费	元	1.00	0.26	0.25	0.25

工作内容：检查、分解出位、拆除的旧料搬运到场内指定地点、分类堆放。　　计量单位：m^3

定额编号				5-30	5-31	5-32	5-33	5-34
项目				普拍枋（斗盘枋、平板枋、算程枋、随瓣枋）拆除				
				枋高				
				20cm以内	25cm以内	30cm以内	35cm以内	35cm以外
基价（元）				**572.41**	**382.20**	**318.88**	**287.08**	**265.84**
其中	人工费（元）			569.03	379.35	316.17	284.58	263.52
	材料费（元）			3.38	2.85	2.71	2.50	2.32
	机械费（元）			—	—	—	—	—
名称		单位	单价（元）	消耗量				
人工	二类人工	工日	135.00	4.215	2.810	2.342	2.108	1.952
材料	扎绑绳	kg	3.45	0.960	0.810	0.770	0.710	0.660
	其他材料费	元	1.00	0.07	0.06	0.05	0.05	0.05

工作内容：检查、分解出位、拆除的旧料搬运到场内指定地点、分类堆放。　　计量单位：m^3

定额编号				5-35	5-36	5-37	5-38	5-39
项目				撩檐枋（挑檐枋）拆除				
				枋高				
				35cm以内	40cm以内	45cm以内	50cm以内	50cm以外
基价（元）				**306.69**	**298.73**	**290.00**	**282.66**	**274.36**
其中	人工费（元）			292.41	284.58	276.08	268.79	260.69
	材料费（元）			14.28	14.15	13.92	13.87	13.67
	机械费（元）			—	—	—	—	—
名称		单位	单价（元）	消耗量				
人工	二类人工	工日	135.00	2.166	2.108	2.045	1.991	1.931
材料	大麻绳	kg	14.50	0.800	0.800	0.800	0.800	0.800
	扎绑绳	kg	3.45	0.695	0.660	0.594	0.580	0.522
	其他材料费	元	1.00	0.28	0.28	0.27	0.27	0.27

工作内容:检查、分解出位、拆除的旧料搬运到场内指定地点、分类堆放。 **计量单位:**m³

定额编号				5-40	5-41	5-42	5-43	5-44
项目				承椽枋拆除				
				厚度				
				30cm以内	40cm以内	50cm以内	60cm以内	60cm以外
基价(元)				**409.92**	**377.95**	**361.84**	**345.82**	**328.97**
其中	人工费(元)			395.15	363.56	347.76	331.97	315.36
	材料费(元)			14.77	14.39	14.08	13.85	13.61
	机械费(元)			—	—	—	—	—
名称		单位	单价(元)	消耗量				
人工	二类人工	工日	135.00	2.927	2.693	2.576	2.459	2.336
材料	大麻绳	kg	14.50	0.800	0.800	0.800	0.800	0.800
	扎绑绳	kg	3.45	0.834	0.726	0.638	0.574	0.505
	其他材料费	元	1.00	0.29	0.28	0.28	0.27	0.27

工作内容:检查、分解出位、拆除的旧料搬运到场内指定地点、分类堆放。 **计量单位:**m³

定额编号				5-45	5-46	5-47	5-48	5-49	5-50
项目				各种椽栿梁拆除					
				厚度					
				20cm以内	25cm以内	30cm以内	40cm以内	50cm以内	50cm以外
基价(元)				**444.65**	**380.15**	**332.00**	**299.74**	**283.69**	**275.18**
其中	人工费(元)			426.87	363.56	316.17	284.58	268.79	260.82
	材料费(元)			17.78	16.59	15.83	15.16	14.90	14.36
	机械费(元)			—	—	—	—	—	—
名称		单位	单价(元)	消耗量					
人工	二类人工	工日	135.00	3.162	2.693	2.342	2.108	1.991	1.932
材料	镀锌铁丝 综合	kg	5.40	0.480	0.430	0.380	0.330	0.340	0.280
	扎绑绳	kg	3.45	0.940	0.680	0.540	0.430	0.340	0.280
	大麻绳	kg	14.50	0.800	0.800	0.800	0.800	0.800	0.800
	其他材料费	元	1.00	0.35	0.33	0.31	0.30	0.29	0.28

工作内容：检查、分解出位、拆除的旧料搬运到场内指定地点、分类堆放。　　计量单位：m³

定额编号				5-51	5-52	5-53	5-54	5-55
项　目				桃尖假梁头拆除				
				厚度				
				25cm以内	30cm以内	40cm以内	50cm以内	50cm以外
基价（元）				**760.38**	**726.55**	**692.72**	**625.44**	**558.17**
其中	人工费（元）			753.17	719.69	686.21	619.25	552.29
	材料费（元）			7.21	6.86	6.51	6.19	5.88
	机械费（元）			—	—	—	—	—
名　称		单位	单价（元）	消　耗　量				
人工	二类人工	工日	135.00	5.579	5.331	5.083	4.587	4.091
材料	扎绑绳	kg	3.45	2.050	1.948	1.851	1.758	1.670
	其他材料费	元	1.00	0.14	0.13	0.13	0.12	0.12

工作内容：检查、分解出位、拆除的旧料搬运到场内指定地点、分类堆放。　　计量单位：m³

定额编号				5-56	5-57	5-58	5-59	5-60
项　目				抱头假梁头拆除				
				厚度				
				25cm以内	30cm以内	40cm以内	50cm以内	50cm以外
基价（元）				**609.55**	**558.98**	**508.55**	**474.76**	**357.27**
其中	人工费（元）			602.51	552.29	502.20	468.72	351.54
	材料费（元）			7.04	6.69	6.35	6.04	5.73
	机械费（元）			—	—	—	—	—
名　称		单位	单价（元）	消　耗　量				
人工	二类人工	工日	135.00	4.463	4.091	3.720	3.472	2.604
材料	扎绑绳	kg	3.45	2.000	1.900	1.805	1.715	1.629
	其他材料费	元	1.00	0.14	0.13	0.12	0.12	0.11

工作内容:检查、分解出位、拆除的旧料搬运到场内指定地点、分类堆放。 **计量单位:**m³

定额编号				5-61	5-62	5-63	5-64
项目				角云、捧梁云、通雀替拆除			
				截面宽度			
				25cm 以内	30cm 以内	40cm 以内	40cm 以外
基价(元)				**602.51**	**552.29**	**502.20**	**468.72**
其中	人工费(元)			602.51	552.29	502.20	468.72
	材料费(元)			—	—	—	—
	机械费(元)			—	—	—	—
名称		单位	单价(元)	消耗量			
人工	二类人工	工日	135.00	4.463	4.091	3.720	3.472

工作内容:检查、分解出位、拆除的旧料搬运到场内指定地点、分类堆放。 **计量单位:**m³

定额编号				5-65	5-66	5-67	5-68
项目				明栿不带合(木沓)卯口的蜀柱(童柱、矮柱)、圆梁拆除			
				柱径			
				25cm 以内	30cm 以内	35cm 以内	35cm 以外
基价(元)				**926.20**	**706.37**	**451.99**	**302.50**
其中	人工费(元)			920.57	701.19	447.26	298.22
	材料费(元)			5.63	5.18	4.73	4.28
	机械费(元)			—	—	—	—
名称		单位	单价(元)	消耗量			
人工	二类人工	工日	135.00	6.819	5.194	3.313	2.209
材料	扎绑绳	kg	3.45	1.600	1.472	1.344	1.216
	其他材料费	元	1.00	0.11	0.10	0.09	0.08

工作内容：检查、分解出位、拆除的旧料搬运到场内指定地点、分类堆放。 计量单位：m^3

定额编号				5-69	5-70	5-71	5-72
项目				草栿不带合（木沓）卯口的蜀柱（童柱、矮柱）、圆梁拆除			
				柱径			
				25cm 以内	30cm 以内	35cm 以内	35cm 以外
基价（元）				**972.06**	**741.19**	**618.84**	**317.22**
其中	人工费（元）			966.60	736.16	614.25	313.07
	材料费（元）			5.46	5.03	4.59	4.15
	机械费（元）			—	—	—	—
名称		单位	单价（元）	消耗量			
人工	二类人工	工日	135.00	7.160	5.453	4.550	2.319
材料	扎绑绳	kg	3.45	1.552	1.428	1.304	1.180
	其他材料费	元	1.00	0.11	0.10	0.09	0.08

工作内容：检查、分解出位、拆除的旧料搬运到场内指定地点、分类堆放。 计量单位：m^3

定额编号				5-73	5-74	5-75	5-76
项目				明栿带合（木沓）卯口的蜀柱（童柱、矮柱）、圆梁拆除			
				柱径			
				25cm 以内	30cm 以内	35cm 以内	35cm 以外
基价（元）				**1 019.68**	**761.53**	**487.59**	**326.52**
其中	人工费（元）			1 012.64	755.06	481.68	321.17
	材料费（元）			7.04	6.47	5.91	5.35
	机械费（元）			—	—	—	—
名称		单位	单价（元）	消耗量			
人工	二类人工	工日	135.00	7.501	5.593	3.568	2.379
材料	扎绑绳	kg	3.45	2.000	1.840	1.680	1.520
	其他材料费	元	1.00	0.14	0.13	0.12	0.10

工作内容：检查、分解出位、拆除的旧料搬运到场内指定地点、分类堆放。

计量单位：m^3

定额编号				5-77	5-78	5-79	5-80
项　目				草栿带合（木沓）卯口的蜀柱（童柱、矮柱）、圆梁拆除			
				柱径			
				25cm 以内	30cm 以内	35cm 以内	35cm 以外
基价（元）				**1 070.09**	**799.14**	**511.45**	**342.42**
其中	人工费（元）			1 063.26	792.86	505.71	337.23
	材料费（元）			6.83	6.28	5.74	5.19
	机械费（元）			—	—	—	—
名　称		单位	单价（元）	消　耗　量			
人工	二类人工	工日	135.00	7.876	5.873	3.746	2.498
材料	扎绑绳	kg	3.45	1.940	1.785	1.630	1.474
	其他材料费	元	1.00	0.13	0.12	0.11	0.10

工作内容：检查、分解出位、拆除的旧料搬运到场内指定地点、分类堆放。

计量单位：m^3

定额编号				5-81	5-82	5-83	5-84
项　目				合（木沓）（角背）拆除			
				高度			
				30cm 以内	35cm 以内	40cm 以内	40cm 以外
基价（元）				**871.85**	**676.19**	**508.64**	**368.77**
其中	人工费（元）			864.81	669.47	502.20	362.61
	材料费（元）			7.04	6.72	6.44	6.16
	机械费（元）			—	—	—	—
名　称		单位	单价（元）	消　耗　量			
人工	二类人工	工日	135.00	6.406	4.959	3.720	2.686
材料	扎绑绳	kg	3.45	2.000	1.910	1.830	1.750
	其他材料费	元	1.00	0.14	0.13	0.13	0.12

工作内容：检查、分解出位、拆除的旧料搬运到场内指定地点、分类堆放。　　计量单位：m³

定额编号				5-85	5-86	5-87	5-88	5-89	5-90
项　目				明栿托脚、叉手拆除				草栿叉手、托脚拆除	
				高度					
				20cm以内	25cm以内	35cm以内	35cm以外	30cm以内	30cm以外
基价（元）				**1 015.09**	**923.01**	**720.62**	**541.74**	**809.86**	**497.19**
其中	人工费（元）			1 008.05	916.25	714.15	535.55	803.39	491.00
	材料费（元）			7.04	6.76	6.47	6.19	6.47	6.19
	机械费（元）			—	—	—	—	—	—
名　称		单位	单价（元）	消　耗　量					
人工	二类人工	工日	135.00	7.467	6.787	5.290	3.967	5.951	3.637
材料	扎绑绳	kg	3.45	2.000	1.920	1.840	1.760	1.840	1.760
	其他材料费	元	1.00	0.14	0.13	0.13	0.12	0.13	0.12

工作内容：检查、分解出位、拆除的旧料搬运到场内指定地点、分类堆放。　　计量单位：m³

定额编号				5-91	5-92
项　目				驼峰拆除	
				高度	
				50cm 以内	50cm 以外
基价（元）				**1 139.96**	**765.17**
其中	人工费（元）			1 132.92	758.84
	材料费（元）			7.04	6.33
	机械费（元）			—	—
名　称		单位	单价（元）	消　耗　量	
人工	二类人工	工日	135.00	8.392	5.621
材料	扎绑绳	kg	3.45	2.000	1.800
	其他材料费	元	1.00	0.14	0.12

工作内容:检查、分解出位、拆除的旧料搬运到场内指定地点、分类堆放。　　**计量单位:**m³

定额编号				5-93	5-94	5-95	5-96	5-97	5-98
项目				明栿墩木(柁墩)拆除			草栿墩木(柁墩)拆除		
				长度					
				60cm以内	80cm以内	80cm以外	60cm以内	80cm以内	80cm以外
基价(元)				**1 002.37**	**733.02**	**455.71**	**1 051.06**	**768.48**	**477.57**
其中	人工费(元)			995.90	727.11	450.50	1 045.71	763.56	473.04
	材料费(元)			6.47	5.91	5.21	5.35	4.92	4.53
	机械费(元)			—	—	—	—	—	—
名称		单位	单价(元)	消耗量					
人工	二类人工	工日	135.00	7.377	5.386	3.337	7.746	5.656	3.504
材料	扎绑绳	kg	3.45	1.840	1.680	1.480	1.520	1.398	1.286
	其他材料费	元	1.00	0.13	0.12	0.10	0.10	0.10	0.09

工作内容:检查、分解出位、拆除的旧料搬运到场内指定地点、分类堆放。　　**计量单位:**m³

定额编号				5-99	5-100	5-101	5-102	5-103
项目				替木(方木连机)拆除				
				厚度				
				8cm以内	10cm以内	12cm以内	15cm以内	15cm以外
基价(元)				**513.31**	**415.45**	**374.23**	**336.92**	**303.39**
其中	人工费(元)			510.57	412.83	371.66	334.40	300.92
	材料费(元)			2.74	2.62	2.57	2.52	2.47
	机械费(元)			—	—	—	—	—
名称		单位	单价(元)	消耗量				
人工	二类人工	工日	135.00	3.782	3.058	2.753	2.477	2.229
材料	扎绑绳	kg	3.45	0.780	0.745	0.730	0.715	0.701
	其他材料费	元	1.00	0.05	0.05	0.05	0.05	0.05

工作内容：检查、分解出位、拆除的旧料搬运到场内指定地点、分类堆放。　　　　**计量单位：**m^3

定额编号				5-104	5-105	5-106	5-107
项　目				大角梁（老戗木、老角梁）拆除			
				厚度			
				20cm 以内	25cm 以内	30cm 以内	30cm 以外
基价（元）				**511.36**	**401.99**	**353.10**	**316.35**
其中	人工费（元）			495.59	386.78	338.45	302.27
	材料费（元）			15.77	15.21	14.65	14.08
	机械费（元）			—	—	—	—
名　称		单位	单价（元）	消　耗　量			
人工	二类人工	工日	135.00	3.671	2.865	2.507	2.239
材料	扎绑绳	kg	3.45	1.120	0.960	0.800	0.640
	大麻绳	kg	14.50	0.800	0.800	0.800	0.800
	其他材料费	元	1.00	0.31	0.30	0.29	0.28

工作内容：检查、分解出位、拆除的旧料搬运到场内指定地点、分类堆放。　　　　**计量单位：**m^3

定额编号				5-108	5-109	5-110	5-111
项　目				子角梁（嫩戗木、仔角梁）拆除			
				厚度			
				20cm 以内	25cm 以内	30cm 以内	30cm 以外
基价（元）				**550.70**	**432.74**	**382.84**	**344.68**
其中	人工费（元）			545.13	425.52	372.33	332.37
	材料费（元）			5.57	7.22	10.51	12.31
	机械费（元）			—	—	—	—
名　称		单位	单价（元）	消　耗　量			
人工	二类人工	工日	135.00	4.038	3.152	2.758	2.462
材料	扎绑绳	kg	3.45	1.120	0.960	0.800	0.640
	大麻绳	kg	14.50	0.110	0.260	0.520	0.680
	其他材料费	元	1.00	0.11	0.14	0.21	0.24

工作内容：检查、分解出位、拆除的旧料搬运到场内指定地点、分类堆放。 **计量单位：**m^3

定额编号				5-112	5-113	5-114	5-115
项目				隐角梁、续角梁拆除			
				厚度			
				20cm 以内	25cm 以内	30cm 以内	30cm 以外
基价(元)				**329.65**	**196.52**	**140.20**	**111.69**
其中	人工费(元)			313.88	181.31	125.55	97.61
	材料费(元)			15.77	15.21	14.65	14.08
	机械费(元)			—	—	—	—
名称		单位	单价(元)	消耗量			
人工	二类人工	工日	135.00	2.325	1.343	0.930	0.723
材料	扎绑绳	kg	3.45	1.120	0.960	0.800	0.640
	大麻绳	kg	14.50	0.800	0.800	0.800	0.800
	其他材料费	元	1.00	0.31	0.30	0.29	0.28

工作内容：检查、分解出位、拆除的旧料搬运到场内指定地点、分类堆放。 **计量单位：**m^3

定额编号				5-116	5-117	5-118	5-119	5-120
项目				由戗拆除				
				厚度				
				15cm 以内	20cm 以内	25cm 以内	30cm 以内	30cm 以外
基价(元)				**393.30**	**223.63**	**184.26**	**131.83**	**105.50**
其中	人工费(元)			377.60	208.31	169.29	117.18	91.13
	材料费(元)			15.70	15.32	14.97	14.65	14.37
	机械费(元)			—	—	—	—	—
名称		单位	单价(元)	消耗量				
人工	二类人工	工日	135.00	2.797	1.543	1.254	0.868	0.675
材料	扎绑绳	kg	3.45	1.100	0.990	0.891	0.802	0.722
	大麻绳	kg	14.50	0.800	0.800	0.800	0.800	0.800
	其他材料费	元	1.00	0.31	0.30	0.29	0.29	0.28

工作内容：检查、分解出位、拆除的旧料搬运到场内指定地点、分类堆放。　　**计量单位：**m^3

定额编号				5-121	5-122	5-123
项　目				承阁梁拆除		
				厚度		
				30cm 以内	40cm 以内	40cm 以外
基价（元）				**307.95**	**293.59**	**265.50**
其中	人工费（元）			292.95	278.91	251.10
	材料费（元）			15.00	14.68	14.40
	机械费（元）			—	—	—
名　称		单位	单价（元）	消　耗　量		
人工	二类人工	工日	135.00	2.170	2.066	1.860
材料	扎绑绳	kg	3.45	0.900	0.810	0.729
	大麻绳	kg	14.50	0.800	0.800	0.800
	其他材料费	元	1.00	0.29	0.29	0.28

工作内容：检查、分解出位、拆除的旧料搬运到场内指定地点、分类堆放。　　**计量单位：**m^3

定额编号				5-124	5-125	5-126	5-127
项　目				明栿圆槫（圆木桁、檩条）拆除			
				径			
				16cm 以内	20cm 以内	24cm 以内	28cm 以内
基价（元）				**460.09**	**305.57**	**250.41**	**202.00**
其中	人工费（元）			443.75	289.44	234.50	186.30
	材料费（元）			16.34	16.13	15.91	15.70
	机械费（元）			—	—	—	—
名　称		单位	单价（元）	消　耗　量			
人工	二类人工	工日	135.00	3.287	2.144	1.737	1.380
材料	扎绑绳	kg	3.45	1.280	1.220	1.160	1.100
	大麻绳	kg	14.50	0.800	0.800	0.800	0.800
	其他材料费	元	1.00	0.32	0.32	0.31	0.31

工作内容：检查、分解出位、拆除的旧料搬运到场内指定地点、分类堆放。 **计量单位**：m^3

定额编号				5-128	5-129	5-130	5-131
项目				明栿圆槫（圆木桁、檩条）拆除			
				径			
				30cm 以内	36cm 以内	40cm 以内	50cm 以内
基价（元）				**181.81**	**159.19**	**132.79**	**120.86**
其中	人工费（元）			166.32	143.91	117.72	105.98
	材料费（元）			15.49	15.28	15.07	14.88
	机械费（元）			—	—	—	—
名称		单位	单价（元）	消耗量			
人工	二类人工	工日	135.00	1.232	1.066	0.872	0.785
材料	扎绑绳	kg	3.45	1.040	0.980	0.920	0.865
	大麻绳	kg	14.50	0.800	0.800	0.800	0.800
	其他材料费	元	1.00	0.30	0.30	0.30	0.29

工作内容：检查、分解出位、拆除的旧料搬运到场内指定地点、分类堆放。 **计量单位**：m^3

定额编号				5-132	5-133	5-134	5-135
项目				草栿圆槫（圆木桁、檩条）拆除			
				径			
				16cm 以内	20cm 以内	24cm 以内	28cm 以内
基价（元）				**481.74**	**319.53**	**261.68**	**210.85**
其中	人工费（元）			465.89	303.89	246.24	195.62
	材料费（元）			15.85	15.64	15.44	15.23
	机械费（元）			—	—	—	—
名称		单位	单价（元）	消耗量			
人工	二类人工	工日	135.00	3.451	2.251	1.824	1.449
材料	扎绑绳	kg	3.45	1.242	1.183	1.125	1.067
	大麻绳	kg	14.50	0.776	0.776	0.776	0.776
	其他材料费	元	1.00	0.31	0.31	0.30	0.30

工作内容：检查、分解出位、拆除的旧料搬运到场内指定地点、分类堆放。　　计量单位：m^3

定额编号				5-136	5-137	5-138	5-139
项　目				草栿圆槫（圆木桁、檩条）拆除			
				径			
				30cm 以内	36cm 以内	40cm 以内	50cm 以内
基价（元）				**189.72**	**165.89**	**138.28**	**126.12**
其中	人工费（元）			174.69	151.07	123.66	111.24
	材料费（元）			15.03	14.82	14.62	14.88
	机械费（元）			—	—	—	—
名　称		单位	单价（元）	消　耗　量			
人工	二类人工	工日	135.00	1.294	1.119	0.916	0.824
材料	扎绑绳	kg	3.45	1.009	0.951	0.892	0.865
	大麻绳	kg	14.50	0.776	0.776	0.776	0.800
	其他材料费	元	1.00	0.29	0.29	0.29	0.29

工作内容：检查、分解出位、拆除的旧料搬运到场内指定地点、分类堆放。　　计量单位：m^3

定额编号				5-140	5-141	5-142
项　目				明栿方槫（方木桁、檩条）拆除		
				厚度		
				11cm 以内	14cm 以内	14cm 以外
基价（元）				**345.74**	**276.01**	**233.53**
其中	人工费（元）			329.40	259.88	217.62
	材料费（元）			16.34	16.13	15.91
	机械费（元）			—	—	—
名　称		单位	单价（元）	消　耗　量		
人工	二类人工	工日	135.00	2.440	1.925	1.612
材料	扎绑绳	kg	3.45	1.280	1.220	1.160
	大麻绳	kg	14.50	0.800	0.800	0.800
	其他材料费	元	1.00	0.32	0.32	0.31

工作内容：检查、分解出位、拆除的旧料搬运到场内指定地点、分类堆放。 **计量单位：**m^3

定额编号				5-143	5-144	5-145
项目				草栿方榑（方木桁、檩条）拆除		
				厚度		
				11cm以内	14cm以内	14cm以外
基价（元）				**361.59**	**288.61**	**243.86**
其中	人工费（元）			345.74	272.97	228.42
	材料费（元）			15.85	15.64	15.44
	机械费（元）			—	—	—
名称		单位	单价（元）	消耗量		
人工	二类人工	工日	135.00	2.561	2.022	1.692
材料	扎绑绳	kg	3.45	1.242	1.183	1.125
	大麻绳	kg	14.50	0.776	0.776	0.776
	其他材料费	元	1.00	0.31	0.31	0.30

工作内容：检查、分解出位、拆除的旧料搬运到场内指定地点、分类堆放。 **计量单位：**m^3

定额编号				5-146	5-147	5-148	5-149
项目				扶脊木、帮脊木拆除			
				径			
				20cm以内	30cm以内	40cm以内	40cm以外
基价（元）				**380.55**	**289.01**	**262.57**	**249.27**
其中	人工费（元）			364.50	273.38	247.32	234.36
	材料费（元）			16.05	15.63	15.25	14.91
	机械费（元）			—	—	—	—
名称		单位	单价（元）	消耗量			
人工	二类人工	工日	135.00	2.700	2.025	1.832	1.736
材料	扎绑绳	kg	3.45	1.200	1.080	0.972	0.875
	大麻绳	kg	14.50	0.800	0.800	0.800	0.800
	其他材料费	元	1.00	0.31	0.31	0.30	0.29

工作内容：检查、分解出位、拆除的旧料搬运到场内指定地点、分类堆放。　　计量单位：m^2

定额编号				5-150	5-151
项　目				垫板拆除	
				板厚	
				4cm	每增减 1cm
基价（元）				**22.14**	**1.22**
其中	人工费（元）			22.14	1.22
	材料费（元）			—	—
	机械费（元）			—	—
名　称		单位	单价（元）	消　耗　量	
人工	二类人工	工日	135.00	0.164	0.009

二、博缝板、雁翅板、山花板（垫疝板）、垂鱼（悬鱼）、惹草、木楼板、木楼梯、楞木、沿边木（格栅）拆除

工作内容：检查、分解出位、拆除的旧料搬运到场内指定地点、分类堆放。　　计量单位：m^2

定额编号				5-152	5-153	5-154	5-155	5-156	5-157
项　目				板类拆除					
				博缝板（排疝板）（板厚）		雁翅板（板厚）		山花板（垫疝板）（板厚）	
				3cm以内	3cm以外	3cm以内	3cm以外	3cm以内	3cm以外
基价（元）				**21.06**	**23.76**	**18.63**	**20.93**	**31.05**	**34.83**
其中	人工费（元）			21.06	23.76	18.63	20.93	31.05	34.83
	材料费（元）			—	—	—	—	—	—
	机械费（元）			—	—	—	—	—	—
名　称		单位	单价（元）	消　耗　量					
人工	二类人工	工日	135.00	0.156	0.176	0.138	0.155	0.230	0.258

工作内容:检查、分解出位、拆除的旧料搬运到场内指定地点、分类堆放。 **计量单位:**组

定额编号				5-158	5-159	5-160	5-161	5-162
项目				垂鱼(悬鱼)、惹草拆除				
				长度				
				100cm以内	160cm以内	230cm以内	290cm以内	290cm以外
基价(元)				**22.28**	**28.49**	**37.26**	**48.33**	**61.97**
其中	人工费(元)			22.28	28.49	37.26	48.33	61.97
	材料费(元)			—	—	—	—	—
	机械费(元)			—	—	—	—	—
名称		单位	单价(元)	消耗量				
人工	二类人工	工日	135.00	0.165	0.211	0.276	0.358	0.459

工作内容:检查、分解出位、拆除的旧料搬运到场内指定地点、分类堆放。 **计量单位:**m^2

定额编号				5-163	5-164	5-165	5-166	5-167	5-168
项目				平口木楼板拆除		企口木楼板拆除		木楼梯拆除	
				板厚2cm	每增减1cm	板厚2cm	每增减1cm	投影面积	
								不带底板	带底板
基价(元)				**15.93**	**1.08**	**18.50**	**1.08**	**37.26**	**44.69**
其中	人工费(元)			15.93	1.08	18.50	1.08	37.26	44.69
	材料费(元)			—	—	—	—	—	—
	机械费(元)			—	—	—	—	—	—
名称		单位	单价(元)	消耗量					
人工	二类人工	工日	135.00	0.118	0.008	0.137	0.008	0.276	0.331

工作内容：检查、分解出位、拆除的旧料搬运到场内指定地点、分类堆放。　　计量单位：m^3

定额编号				5-169	5-170	5-171
项　目				楞木、沿边木（方木格栅）拆除		
				厚度		
				11cm 以内	14cm 以内	14cm 以外
基价（元）				**331.03**	**263.04**	**221.50**
其中	人工费（元）			319.68	252.32	211.41
	材料费（元）			11.35	10.72	10.09
	机械费（元）			—	—	—
名　称		单位	单价（元）	消　耗　量		
人工	二类人工	工日	135.00	2.368	1.869	1.566
材料	绑扎绳	kg	7.76	0.660	0.580	0.500
	麻绳	kg	7.51	0.800	0.800	0.800
	其他材料费	元	1.00	0.22	0.21	0.20

工作内容：检查、分解出位、拆除的旧料搬运到场内指定地点、分类堆放。　　计量单位：m^3

定额编号				5-172	5-173	5-174	5-175	5-176
项　目				楞木、沿边木（圆木格栅）拆除				
				径				
				11cm 以内	14cm 以内	16cm 以内	20cm 以内	20cm 以外
基价（元）				**408.52**	**365.69**	**330.95**	**258.92**	**245.22**
其中	人工费（元）			401.76	364.50	329.81	257.85	244.22
	材料费（元）			6.76	1.19	1.14	1.07	1.00
	机械费（元）			—	—	—	—	—
名　称		单位	单价（元）	消　耗　量				
人工	二类人工	工日	135.00	2.976	2.700	2.443	1.910	1.809
材料	绑扎绳	kg	7.76	0.080	0.073	0.066	0.058	0.049
	麻绳	kg	7.51	0.800	0.080	0.080	0.080	0.080
	其他材料费	元	1.00	0.13	0.02	0.02	0.02	0.02

三、木基层拆除

工作内容:检查、分解出位、拆除的旧料搬运到场内指定地点、分类堆放。 **计量单位:**m²

定额编号				5-177	5-178	5-179	5-180
项目				望板拆除			
				板厚			
				平口		企口	
				3.5cm 以内	3.5cm 以外	3.5cm 以内	3.5cm 以外
基价(元)				**8.10**	**9.72**	**9.45**	**11.75**
其中	人工费(元)			8.10	9.72	9.45	11.75
	材料费(元)			—	—	—	—
	机械费(元)			—	—	—	—
名称		单位	单价(元)	消耗量			
人工	二类人工	工日	135.00	0.060	0.072	0.070	0.087

工作内容:检查、分解出位、拆除的旧料搬运到场内指定地点、分类堆放。 **计量单位:**m²

定额编号				5-181	5-182
项目				摔网板	卷戗板
基价(元)				**10.26**	**13.64**
其中	人工费(元)			10.26	13.64
	材料费(元)			—	—
	机械费(元)			—	—
名称		单位	单价(元)	消耗量	
人工	二类人工	工日	135.00	0.076	0.101

工作内容：检查、分解出位、拆除的旧料搬运到场内指定地点、分类堆放。　　计量单位：m^3

定额编号				5-183	5-184	5-185
项目				圆椽拆除		
				椽径		
				7cm 以内	10cm 以内	10cm 以外
基价（元）				**433.69**	**261.65**	**228.57**
其中	人工费（元）			425.52	253.80	221.00
	材料费（元）			8.17	7.85	7.57
	机械费（元）			—	—	—
名称		单位	单价（元）	消耗量		
人工	二类人工	工日	135.00	3.152	1.880	1.637
材料	扎绑绳	kg	3.45	0.580	0.490	0.410
	麻绳	kg	7.51	0.800	0.800	0.800
	其他材料费	元	1.00	0.16	0.15	0.15

工作内容：检查、分解出位、拆除的旧料搬运到场内指定地点、分类堆放。　　计量单位：m^3

定额编号				5-186	5-187	5-188
项目				方椽拆除		
				周长		
				30cm 以内	40cm 以内	40cm 以外
基价（元）				**369.30**	**201.58**	**158.10**
其中	人工费（元）			361.13	193.73	150.53
	材料费（元）			8.17	7.85	7.57
	机械费（元）			—	—	—
名称		单位	单价（元）	消耗量		
人工	二类人工	工日	135.00	2.675	1.435	1.115
材料	扎绑绳	kg	3.45	0.580	0.490	0.410
	麻绳	kg	7.51	0.800	0.800	0.800
	其他材料费	元	1.00	0.16	0.15	0.15

工作内容:检查、分解出位、拆除的旧料搬运到场内指定地点、分类堆放。　　　　**计量单位:**m^3

定额编号				5-189	5-190	5-191
项　目				圆翼角椽(圆形摔网椽)拆除		
				椽径		
				7cm以内	10cm以内	12cm以内
基价(元)				**999.07**	**680.83**	**612.51**
其中	人工费(元)			990.90	672.98	604.94
	材料费(元)			8.17	7.85	7.57
	机械费(元)			—	—	—
名　称		单位	单价(元)	消　耗　量		
人工	二类人工	工日	135.00	7.340	4.985	4.481
材料	扎绑绳	kg	3.45	0.580	0.490	0.410
	麻绳	kg	7.51	0.800	0.800	0.800
	其他材料费	元	1.00	0.16	0.15	0.15

工作内容:检查、分解出位、拆除的旧料搬运到场内指定地点、分类堆放。　　　　**计量单位:**m^3

定额编号				5-192	5-193	5-194	5-195
项　目				方翼角椽(矩形摔网椽)拆除			
				规格(cm)			
				5.5×8以内	6.5×8.5以内	8×10.5以内	9×12以内
基价(元)				**527.38**	**437.83**	**354.25**	**281.48**
其中	人工费(元)			519.21	429.98	346.68	274.19
	材料费(元)			8.17	7.85	7.57	7.29
	机械费(元)			—	—	—	—
名　称		单位	单价(元)	消　耗　量			
人工	二类人工	工日	135.00	3.846	3.185	2.568	2.031
材料	扎绑绳	kg	3.45	0.580	0.490	0.410	0.330
	麻绳	kg	7.51	0.800	0.800	0.800	0.800
	其他材料费	元	1.00	0.16	0.15	0.15	0.14

工作内容：检查、分解出位、拆除的旧料搬运到场内指定地点、分类堆放。 计量单位：m³

定额编号				5-196	5-197	5-198
项目				圆形飞椽拆除		
				椽径		
				7cm 以内	10cm 以内	10cm 以外
基价（元）				**809.26**	**431.75**	**339.12**
其中	人工费（元）			801.09	423.90	331.83
	材料费（元）			8.17	7.85	7.29
	机械费（元）			—	—	—
名称		单位	单价（元）	消耗量		
人工	二类人工	工日	135.00	5.934	3.140	2.458
材料	扎绑绳	kg	3.45	0.580	0.490	0.330
	麻绳	kg	7.51	0.800	0.800	0.800
	其他材料费	元	1.00	0.16	0.15	0.14

工作内容：检查、分解出位、拆除的旧料搬运到场内指定地点、分类堆放。 计量单位：m³

定额编号				5-199	5-200	5-201	5-202
项目				方形飞椽拆除			
				周长			
				25cm 以内	35cm 以内	45cm 以内	45cm 以外
基价（元）				**775.92**	**508.84**	**347.50**	**330.08**
其中	人工费（元）			767.75	500.99	339.93	322.79
	材料费（元）			8.17	7.85	7.57	7.29
	机械费（元）			—	—	—	—
名称		单位	单价（元）	消耗量			
人工	二类人工	工日	135.00	5.687	3.711	2.518	2.391
材料	扎绑绳	kg	3.45	0.580	0.490	0.410	0.330
	麻绳	kg	7.51	0.800	0.800	0.800	0.800
	其他材料费	元	1.00	0.16	0.15	0.15	0.14

工作内容:检查、分解出位、拆除的旧料搬运到场内指定地点、分类堆放。 **计量单位:**m^3

定额编号				5-203	5-204	5-205
项目				圆形翘飞椽(立脚飞椽)拆除		
				椽径		
				7cm 以内	10cm 以内	10cm 以外
基价(元)				**1 610.35**	**855.79**	**671.09**
其中	人工费(元)			1 602.18	847.94	663.80
	材料费(元)			8.17	7.85	7.29
	机械费(元)			—	—	—
名称		单位	单价(元)	消耗量		
人工	二类人工	工日	135.00	11.868	6.281	4.917
材料	扎绑绳	kg	3.45	0.580	0.490	0.330
	麻绳	kg	7.51	0.800	0.800	0.800
	其他材料费	元	1.00	0.16	0.15	0.14

工作内容:检查、分解出位、拆除的旧料搬运到场内指定地点、分类堆放。 **计量单位:**m^3

定额编号				5-206	5-207	5-208	5-209
项目				弯轩椽、茶壶档、荷包椽拆除			
				周长			
				25cm 以内	35cm 以内	45cm 以内	45cm 以外
基价(元)				**929.55**	**609.14**	**415.54**	**394.74**
其中	人工费(元)			921.38	601.29	407.97	387.45
	材料费(元)			8.17	7.85	7.57	7.29
	机械费(元)			—	—	—	—
名称		单位	单价(元)	消耗量			
人工	二类人工	工日	135.00	6.825	4.454	3.022	2.870
材料	麻绳	kg	7.51	0.800	0.800	0.800	0.800
	扎绑绳	kg	3.45	0.580	0.490	0.410	0.330
	其他材料费	元	1.00	0.16	0.15	0.15	0.14

工作内容：检查、分解出位、拆除的旧料搬运到场内指定地点、分类堆放。

定额编号				5-210	5-211	5-212	5-213	5-214	5-215	5-216
项　目				里口木拆除	关刀里口木拆除				单独拆除小连檐	单独拆除燕颔板、大连檐
					规格（cm）					
				6×8÷2	16×14÷2以内	20×26÷2以内	21×29÷2以内	24×32÷2以内		
计量单位				m	m^3				m	
基价（元）				**6.89**	**1 007.78**	**920.30**	**829.98**	**762.08**	**1.89**	**2.16**
其中	人工费（元）			6.89	1 007.78	920.30	829.98	762.08	1.89	2.16
	材料费（元）			—	—	—	—	—	—	—
	机械费（元）			—	—	—	—	—	—	—
名　称		单位	单价（元）	消　耗　量						
人工	二类人工	工日	135.00	0.051	7.465	6.817	6.148	5.645	0.014	0.016

工作内容：检查、分解出位、拆除的旧料搬运到场内指定地点、分类堆放。　　计量单位：m^3

定额编号				5-217	5-218	5-219
项　目				生头木（枕头木、衬头木）拆除		
				高度		
				20cm以内	25cm以内	25cm以外
基价（元）				**604.42**	**434.65**	**317.86**
其中	人工费（元）			575.51	409.05	295.11
	材料费（元）			28.91	25.60	22.75
	机械费（元）			—	—	—
名　称		单位	单价（元）	消　耗　量		
人工	二类人工	工日	135.00	4.263	3.030	2.186
材料	镀锌铁丝 综合	kg	5.40	2.043	1.620	1.287
	扎绑绳	kg	3.45	1.386	1.107	0.819
	大麻绳	kg	14.50	0.864	0.864	0.864
	其他材料费	元	1.00	0.57	0.50	0.45

工作内容:检查、分解出位、拆除的旧料搬运到场内指定地点、分类堆放。

计量单位:m

定额编号				5-220	5-221	5-222	5-223
项目				闸档板拆除		隔椽板拆除	
				规格(cm)			
				1×10 以内	1×10 以外	1×10 以内	1×10 以外
基价(元)				**1.89**	**2.30**	**3.65**	**4.32**
其中	人工费(元)			1.89	2.30	3.65	4.32
	材料费(元)			—	—	—	—
	机械费(元)			—	—	—	—
名称		单位	单价(元)	消耗量			
人工	二类人工	工日	135.00	0.014	0.017	0.027	0.032

工作内容:检查、分解出位、拆除的旧料搬运到场内指定地点、分类堆放。

计量单位:m

定额编号				5-224	5-225	5-226	5-227	5-228	5-229
项目				封沿板拆除	弯封沿板拆除				瓦口板拆除
				规格(cm)					
				25×2.5	20×2.5 以内	28×3	30×3.5 以内	35×4 以内	25×8÷2
基价(元)				**1.62**	**5.27**	**7.97**	**10.13**	**14.04**	**2.43**
其中	人工费(元)			1.62	5.27	7.97	10.13	14.04	2.43
	材料费(元)			—	—	—	—	—	—
	机械费(元)			—	—	—	—	—	—
名称		单位	单价(元)	消耗量					
人工	二类人工	工日	135.00	0.012	0.039	0.059	0.075	0.104	0.018

四、木作配件拆除

工作内容：检查、分解出位、拆除的旧料搬运到场内指定地点、分类堆放。

定额编号				5-230	5-231	5-232	5-233
项　目				梁垫拆除	工字花、花篮斗、霸王拳拆除	栏杆花结拆除	山雾云
				规格（cm）			规格（cm）
				70×14×18以内			200×80×5÷2以内
计量单位				块	只	个	块
基价（元）				**9.86**	**64.94**	**19.85**	**23.09**
其中	人工费（元）			9.86	64.94	19.85	23.09
	材料费（元）			—	—	—	—
	机械费（元）			—	—	—	—
名　称		单位	单价（元）	消　耗　量			
人工	二类人工	工日	135.00	0.073	0.481	0.147	0.171

工作内容：检查、分解出位、拆除的旧料搬运到场内指定地点、分类堆放。

定额编号				5-234	5-235	5-236	5-237	5-238
项　目				牛腿拆除		雀替拆除	雀替下云墩拆除	菱角木（龙径木）拆除
				规格（cm）				
				45×30×12以内	65×45×15以内			
计量单位				只		块		
基价（元）				**46.98**	**62.64**	**39.56**	**55.22**	**56.57**
其中	人工费（元）			46.98	62.64	39.56	55.22	56.57
	材料费（元）			—	—	—	—	—
	机械费（元）			—	—	—	—	—
名　称		单位	单价（元）	消　耗　量				
人工	二类人工	工日	135.00	0.348	0.464	0.293	0.409	0.419

五、牌楼特殊构部件拆除

工作内容:检查、分解出位、拆除的旧料搬运到场内指定地点、分类堆放。 **计量单位:**m^3

定额编号				5-239	5-240
项目				牌楼柱拆除	
				柱径	
				40cm以内	40cm以外
基价(元)				**483.57**	**435.24**
其中	人工费(元)			483.57	435.24
	材料费(元)			—	—
	机械费(元)			—	—
名称		单位	单价(元)	消耗量	
人工	二类人工	工日	135.00	3.582	3.224

工作内容:检查、分解出位、拆除的旧料搬运到场内指定地点、分类堆放。 **计量单位:**m^2

定额编号				5-241	5-242	5-243	5-244
项目				龙凤板、花板拆除(厚度)		牌楼匾拆除(厚度)	
				4cm	每增1cm	心板3cm	每增1cm
基价(元)				**18.09**	**4.05**	**17.15**	**4.05**
其中	人工费(元)			18.09	4.05	17.15	4.05
	材料费(元)			—	—	—	—
	机械费(元)			—	—	—	—
名称		单位	单价(元)	消耗量			
人工	二类人工	工日	135.00	0.134	0.030	0.127	0.030

第二节　整　　修

一、木构件整修

工作内容：剔除腐朽部分在截面深5cm及高50cm以内、选用新料、刨光、用胶钉镶补牢固等。　　**计量单位：**根

定额编号					5-245	5-246	5-247	5-248	5-249
项　目					包镶圆柱根				
					柱径				
					30cm以内	45cm以内	60cm以内	75cm以内	75cm以外
基价（元）					**143.10**	**197.76**	**281.11**	**379.92**	**458.59**
其中	人工费（元）				47.43	71.15	94.86	118.58	158.10
	材料费（元）				95.67	126.61	186.25	261.34	300.49
	机械费（元）				—	—	—	—	—
名　称			单位	单价（元）	消　耗　量				
人工	三类人工		工日	155.00	0.306	0.459	0.612	0.765	1.020
材料	杉板枋材		m^3	1 625.00	0.057	0.075	0.110	0.154	0.176
	圆钉		kg	4.74	0.200	0.400	0.700	1.100	1.600
	水柏油		kg	0.44	0.500	0.800	1.200	1.700	2.300
	其他材料费		元	1.00	1.88	2.48	3.65	5.12	5.89

工作内容：支顶牢固、锯截腐朽部分高度 1.5m 以内、添配新料、刨光、榫卯连接牢固等。 计量单位：根

定额编号				5-250	5-251	5-252	5-253	5-254	5-255
项　目				圆柱墩接					
				柱径					
				21cm 以内		24cm 以内		27cm 以内	
				明柱	暗柱	明柱	暗柱	明柱	暗柱
基价(元)				**830.21**	**732.44**	**931.52**	**848.77**	**1 301.07**	**1 204.28**
其中	人工费(元)			209.25	223.20	285.98	304.58	377.89	399.90
	材料费(元)			620.96	509.24	645.54	544.19	923.18	804.38
	机械费(元)			—	—	—	—	—	—
名　称		单位	单价(元)	消　耗　量					
人工	三类人工	工日	155.00	1.350	1.440	1.845	1.965	2.438	2.580
材料	杉原木 综合	m^3	1 466.00	0.029	0.047	0.040	0.065	0.054	0.087
	木砖	m^3	925.00	0.012	0.012	0.019	0.019	0.026	0.026
	铁件	kg	3.71	3.250	3.250	3.680	3.680	4.150	4.150
	镀锌铁丝 综合	kg	5.40	0.160	0.160	0.180	0.180	0.200	0.200
	杉槁 3m 以下	根	36.00	8.000	6.000	8.000	6.000	4.000	3.000
	杉槁 4 ~ 7m	根	65.00	4.000	3.000	4.000	3.000	10.000	8.000
	扎绑绳	kg	3.45	0.080	0.080	0.090	0.090	0.100	0.100
	其他材料费	元	1.00	6.15	5.04	6.39	5.39	9.14	7.96

工作内容：支顶牢固、锯截腐朽部分高度1.5m以内、添配新料、刨光、榫卯连接牢固等。　　　计量单位：根

定额编号				5-256	5-257	5-258	5-259	5-260	5-261
项　目				圆柱墩接					
				柱径					
				30cm 以内		33cm 以内		36cm 以内	
				明柱	暗柱	明柱	暗柱	明柱	暗柱
基价（元）				**1 444.41**	**1 367.08**	**1 732.51**	**1 612.33**	**1 913.14**	**1 813.31**
其中	人工费（元）			482.52	509.18	602.18	632.40	738.27	769.58
	材料费（元）			961.89	857.90	1 130.33	979.93	1 174.87	1 043.73
	机械费（元）			—	—	—	—	—	—
名　称		单位	单价（元）	消　耗　量					
人工	三类人工	工日	155.00	3.113	3.285	3.885	4.080	4.763	4.965
材料	杉原木 综合	m^3	1 466.00	0.071	0.114	0.090	0.146	0.114	0.183
	木砖	m^3	925.00	0.033	0.033	0.040	0.040	0.047	0.047
	铁件	kg	3.71	5.980	5.980	6.600	6.600	7.220	7.220
	镀锌铁丝 综合	kg	5.40	0.220	0.220	0.240	0.240	0.260	0.260
	杉槁 3m 以下	根	36.00	4.000	3.000	4.000	3.000	4.000	3.000
	杉槁 4 ~ 7m	根	65.00	10.000	8.000	12.000	9.000	12.000	9.000
	扎绑绳	kg	3.45	0.110	0.110	0.120	0.120	0.130	0.130
	其他材料费	元	1.00	9.52	8.49	11.19	9.70	11.63	10.33

工作内容：支顶牢固、锯截腐朽部分高度1.5m以内、添配新料、刨光、榫卯连接牢固等。 **计量单位：**根

定额编号				5-262	5-263	5-264	5-265	5-266	5-267
项目				圆柱墩接					
				柱径					
				39cm 以内		42cm 以内		45cm 以内	
				明柱	暗柱	明柱	暗柱	明柱	暗柱
基价（元）				**2 239.24**	**2 104.82**	**2 459.22**	**2 359.91**	**2 830.08**	**2 768.83**
其中	人工费（元）			885.83	923.03	1 050.90	1 095.08	1 229.93	1 281.08
	材料费（元）			1 353.41	1 181.79	1 408.32	1 264.83	1 600.15	1 487.75
	机械费（元）			—	—	—	—	—	—
名称		单位	单价（元）	消耗量					
人工	三类人工	工日	155.00	5.715	5.955	6.780	7.065	7.935	8.265
材料	杉原木 综合	m^3	1 466.00	0.140	0.226	0.171	0.276	0.206	0.332
	木砖	m^3	925.00	0.054	0.054	0.061	0.061	0.068	0.068
	铁件	kg	3.71	7.770	7.770	8.390	8.390	8.930	8.930
	镀锌铁丝 综合	kg	5.40	0.280	0.280	0.300	0.300	0.320	0.320
	杉槁 3m 以下	根	36.00	4.000	3.000	4.000	3.000	4.000	3.000
	杉槁 4 ~ 7m	根	65.00	14.000	10.000	14.000	10.000	16.000	12.000
	扎绑绳	kg	3.45	0.140	0.140	0.150	0.150	0.160	0.160
	其他材料费	元	1.00	13.40	11.70	13.94	12.52	15.84	14.73

工作内容：支顶牢固、锯截腐朽部分高度 1.5m 以内、添配新料、刨光、榫卯连接牢固等。 计量单位：根

定额编号				5-268	5-269	5-270	5-271	5-272	5-273
项目				方柱墩接					
				规格(cm)					
				14×14		18×18		22×22	
				明柱	暗柱	明柱	暗柱	明柱	暗柱
基价(元)				**727.26**	**603.10**	**767.83**	**646.82**	**908.89**	**806.21**
其中	人工费(元)			122.14	129.43	149.11	156.24	227.70	238.24
	材料费(元)			605.12	473.67	618.72	490.58	681.19	567.97
	机械费(元)			—	—	—	—	—	—
名称		单位	单价(元)	消耗量					
人工	三类人工	工日	155.00	0.788	0.835	0.962	1.008	1.469	1.537
材料	杉板枋材	m^3	1 625.00	0.012	0.017	0.016	0.023	0.033	0.049
	木砖	m^3	925.00	0.010	0.010	0.015	0.015	0.030	0.030
	铁件 综合	kg	6.90	2.260	2.260	2.560	2.560	5.400	5.400
	镀锌铁丝 综合	kg	5.40	0.130	0.130	0.150	0.150	0.170	0.170
	杉槁 3m 以下	根	36.00	8.000	6.000	8.000	6.000	8.000	6.000
	杉槁 4 ~ 7m	根	65.00	4.000	3.000	4.000	3.000	4.000	3.000
	扎绑绳	kg	3.45	0.060	0.060	0.070	0.070	0.080	0.080
	其他材料费	元	1.00	11.87	9.29	12.13	9.62	13.36	11.14

工作内容:支顶牢固、锯截腐朽部分高度1.5m以内、添配新料、刨光、榫卯连接牢固等。 **计量单位:**根

定额编号				5-274	5-275	5-276	5-277	5-278	5-279
项目				方柱墩接					
				规格(cm)					
				26×26		30×30		45×45	
				明柱	暗柱	明柱	暗柱	明柱	暗柱
基价(元)				**1 265.45**	**1 149.55**	**1 416.05**	**1 319.04**	**1 939.65**	**1 716.36**
其中	人工费(元)			292.64	306.28	394.17	410.13	512.43	533.05
	材料费(元)			972.81	843.27	1 021.88	908.91	1 427.22	1 183.31
	机械费(元)			—	—	—	—	—	—
名称		单位	单价(元)	消耗量					
人工	三类人工	工日	155.00	1.888	1.976	2.543	2.646	3.306	3.439
材料	杉板枋材	m^3	1 625.00	0.048	0.072	0.068	0.102	0.070	0.105
	木砖	m^3	925.00	0.040	0.040	0.050	0.050	0.052	0.052
	铁件 综合	kg	6.90	6.290	6.290	7.190	7.190	7.406	7.406
	镀锌铁丝 综合	kg	5.40	0.190	0.190	0.210	0.210	0.320	0.320
	杉槁3m以下	根	36.00	4.000	3.000	4.000	3.000	4.000	3.000
	杉槁4～7m	根	65.00	10.000	8.000	10.000	8.000	16.000	12.000
	扎绑绳	kg	3.45	0.090	0.090	0.100	0.100	0.160	0.160
	其他材料费	元	1.00	19.07	16.53	20.04	17.82	27.98	23.20

工作内容：支顶牢固，对需拆卸的木构件进行拆除并做记号、将拆卸的旧件按指定的地点分类堆放、修整好的木构件重新安装。

计量单位：m^3

定额编号				5-280	5-281	5-282	5-283	5-284	5-285
项目				梭形内柱、檐柱、圆形直柱（立贴式圆柱）拆安归位					
				柱径					
				25cm以内	35cm以内	45cm以内	55cm以内	70cm以内	70cm以外
基价（元）				**3 398.19**	**3 027.12**	**2 813.51**	**2 299.73**	**2 079.06**	**1 837.26**
其中	人工费（元）			1 840.32	1 478.86	1 295.49	1 098.95	1 024.86	973.56
	材料费（元）			1 539.47	1 533.47	1 505.07	1 189.79	1 043.95	853.96
	机械费（元）			18.40	14.79	12.95	10.99	10.25	9.74
名称		单位	单价（元）	消耗量					
人工	三类人工	工日	155.00	11.873	9.541	8.358	7.090	6.612	6.281
材料	杉槁 3m 以下	根	36.00	40.800	40.800	8.704	9.435	5.100	—
	杉槁 4 ~ 7m	根	65.00	—	—	17.425	9.435	6.800	6.800
	杉槁 7 ~ 10m	根	110.00	—	—	—	1.700	3.400	3.400
	镀锌铁丝 综合	kg	5.40	3.060	2.423	1.913	1.530	1.148	0.765
	圆钉	kg	4.74	0.706	0.672	0.442	0.383	0.272	0.145
	扎绑绳	kg	3.45	1.632	0.969	0.630	0.425	0.408	0.408
	大麻绳	kg	14.50	1.020	1.020	1.020	1.020	1.020	1.020
	水柏油	kg	0.44	0.446	0.446	0.446	0.446	0.446	0.446
	其他材料费	元	1.00	30.19	30.07	29.51	23.33	20.47	16.74
机械	其他机械费 占人工	%	1.00	1.000	1.000	1.000	1.000	1.000	1.000

工作内容:支顶牢固,对需拆卸的木构件进行拆除并做记号、将拆卸的旧件按指定的地点分类堆放、修整好的木构件重新安装。

计量单位:m^3

定额编号				5-286	5-287	5-288	5-289	5-290	5-291
项　目				方形直柱(立贴式方柱)拆安归位					
				规格(cm)					
				14×14以内	18×18以内	22×22以内	26×26以内	30×30以内	45×45以内
基价(元)				**3 103.82**	**2 625.18**	**2 284.35**	**2 050.34**	**1 946.37**	**1 881.59**
其中	人工费(元)			1 547.99	1 163.74	826.62	596.44	493.83	452.91
	材料费(元)			1 540.35	1 449.80	1 449.46	1 447.94	1 447.60	1 424.15
	机械费(元)			15.48	11.64	8.27	5.96	4.94	4.53
名　称		单位	单价(元)	消　耗　量					
人工	三类人工	工日	155.00	9.987	7.508	5.333	3.848	3.186	2.922
材料	杉槁 3m 以下	根	36.00	40.800	38.400	38.400	38.400	38.400	8.192
	杉槁 4 ~ 7m	根	65.00	—	—	—	—	—	16.400
	镀锌铁丝 综合	kg	5.40	3.060	2.880	2.880	2.700	2.700	2.520
	圆钉	kg	4.74	0.706	0.664	0.664	0.623	0.623	0.581
	扎绑绳	kg	3.45	1.632	1.536	1.440	1.344	1.248	1.152
	大麻绳	kg	14.50	1.080	1.020	1.020	1.020	1.020	1.020
	水柏油	kg	0.44	0.420	0.420	0.420	0.420	0.420	0.420
	其他材料费	元	1.00	30.20	28.43	28.42	28.39	28.38	27.92
机械	其他机械费 占人工	%	1.00	1.000	1.000	1.000	1.000	1.000	1.000

工作内容： 支顶牢固，对需拆卸的木构件进行拆除并做记号、将拆卸的旧件按指定的地点分类堆放、修整好的木构件重新安装。

计量单位： m^3

定额编号				5-292	5-293	5-294	5-295	5-296	5-297
项　目				异型直柱拆安归位					
				边长					
				15cm 以内	20cm 以内	25cm 以内	30cm 以内	35cm 以内	35cm 以外
基价（元）				**2 267.68**	**2 157.24**	**2 137.63**	**2 114.45**	**2 069.48**	**1 914.26**
其中	人工费（元）			796.39	772.52	754.54	731.91	709.90	688.67
	材料费（元）			1 463.33	1 376.99	1 375.54	1 375.22	1 352.48	1 218.70
	机械费（元）			7.96	7.73	7.55	7.32	7.10	6.89
名　称		单位	单价（元）	消　耗　量					
人工	三类人工	工日	155.00	5.138	4.984	4.868	4.722	4.580	4.443
材料	杉槁 3m 以下	根	36.00	38.760	36.480	36.480	36.480	7.782	7.004
	杉槁 4 ~ 7m	根	65.00	—	—	—	—	15.580	14.022
	镀锌铁丝 综合	kg	5.40	2.907	2.736	2.565	2.565	2.394	2.155
	圆钉	kg	4.74	0.671	0.631	0.592	0.592	0.552	0.497
	扎绑绳	kg	3.45	1.550	1.368	1.277	1.186	0.969	0.872
	大麻绳	kg	14.50	1.026	0.969	0.969	0.969	0.969	0.969
	水柏油	kg	0.44	0.399	0.399	0.399	0.399	0.399	0.399
	其他材料费	元	1.00	28.69	27.00	26.97	26.97	26.52	23.90
机械	其他机械费 占人工	%	1.00	1.000	1.000	1.000	1.000	1.000	1.000

工作内容：剔除腐朽部分、添配新料、用胶钉镶补牢固等。　　　　**计量单位**：块

定额编号				5-298	5-299	5-300	5-301	5-302	5-303
项　目				圆形构部件剔补					
				单块面积					
				$0.1m^2$ 以内	$0.2m^2$ 以内	$0.3m^2$ 以内	$0.4m^2$ 以内	$0.5m^2$ 以内	$0.5m^2$ 以外
基价（元）				**38.03**	**65.22**	**104.77**	**159.35**	**235.18**	**325.32**
其中	人工费（元）			24.80	33.79	49.60	74.40	111.60	148.80
	材料费（元）			13.23	31.43	55.17	84.95	123.58	176.52
	机械费（元）			—	—	—	—	—	—
名　称		单位	单价（元）	消　耗　量					
人工	三类人工	工日	155.00	0.160	0.218	0.320	0.480	0.720	0.960
材料	杉板枋材	m^3	1 625.00	0.007	0.017	0.030	0.046	0.067	0.096
	圆钉	kg	4.74	0.100	0.200	0.300	0.500	0.700	1.000
	乳胶	kg	5.60	0.200	0.400	0.700	1.100	1.600	2.200
	其他材料费	元	1.00	0.26	0.62	1.08	1.67	2.42	3.46

工作内容：剔除腐朽部分、添配新料、用胶钉镶补牢固等。　　　　**计量单位**：块

定额编号				5-304	5-305	5-306	5-307	5-308	5-309
项　目				方形构部件剔补					
				单块面积					
				$0.1m^2$ 以内	$0.2m^2$ 以内	$0.3m^2$ 以内	$0.4m^2$ 以内	$0.5m^2$ 以内	$0.5m^2$ 以外
基价（元）				**32.23**	**52.90**	**78.70**	**111.34**	**151.19**	**202.85**
其中	人工费（元）			22.32	29.76	38.44	49.60	60.76	74.40
	材料费（元）			9.91	23.14	40.26	61.74	90.43	128.45
	机械费（元）			—	—	—	—	—	—
名　称		单位	单价（元）	消　耗　量					
人工	三类人工	工日	155.00	0.144	0.192	0.248	0.320	0.392	0.480
材料	杉板枋材	m^3	1 625.00	0.005	0.012	0.021	0.032	0.047	0.067
	圆钉	kg	4.74	0.100	0.200	0.300	0.500	0.700	1.000
	乳胶	kg	5.60	0.200	0.400	0.700	1.100	1.600	2.200
	其他材料费	元	1.00	0.19	0.45	0.79	1.21	1.77	2.52

工作内容：剔槽、铁箍安装牢固等。　　计量单位：kg

定额编号				5-310	5-311	5-312	5-313	5-314	5-315
项　目				圆形构部件剔槽安铁箍			圆形构部件明安铁箍		
				圆钉紧固	倒刺钉紧固	螺栓紧固	圆钉紧固	倒刺钉紧固	螺栓紧固
基价（元）				**29.63**	**35.39**	**28.36**	**17.23**	**20.51**	**19.68**
其中	人工费（元）			24.80	29.76	18.60	12.40	14.88	9.92
	材料费（元）			4.83	5.63	9.76	4.83	5.63	9.76
	机械费（元）			—	—	—	—	—	—
名　称		单位	单价（元）	消　耗　量					
人工	三类人工	工日	155.00	0.160	0.192	0.120	0.080	0.096	0.064
材料	铁件	kg	3.71	1.020	1.020	1.020	1.020	1.020	1.020
	圆钉	kg	4.74	0.200	—	—	0.200	—	—
	自制倒刺钉	kg	5.80	—	0.300	—	—	0.300	—
	镀锌六角螺栓带螺母 M16×200	套	2.89	—	—	2.000	—	—	2.000
	其他材料费	元	1.00	0.09	0.11	0.19	0.09	0.11	0.19

工作内容：剔槽、铁箍安装牢固等。　　计量单位：kg

定额编号				5-316	5-317	5-318	5-319	5-320	5-321
项　目				方形构部件剔槽安铁箍			方形构部件明安铁箍		
				圆钉紧固	倒刺钉紧固	螺栓紧固	圆钉紧固	倒刺钉紧固	螺栓紧固
基价（元）				**22.19**	**26.71**	**32.08**	**14.75**	**18.03**	**24.64**
其中	人工费（元）			17.36	21.08	22.32	9.92	12.40	14.88
	材料费（元）			4.83	5.63	9.76	4.83	5.63	9.76
	机械费（元）			—	—	—	—	—	—
名　称		单位	单价（元）	消　耗　量					
人工	三类人工	工日	155.00	0.112	0.136	0.144	0.064	0.080	0.096
材料	铁件	kg	3.71	1.020	1.020	1.020	1.020	1.020	1.020
	圆钉	kg	4.74	0.200	—	—	0.200	—	—
	自制倒刺钉	kg	5.80	—	0.300	—	—	0.300	—
	镀锌六角螺栓带螺母 M16×200	套	2.89	—	—	2.000	—	—	2.000
	其他材料费	元	1.00	0.09	0.11	0.19	0.09	0.11	0.19

工作内容: 支顶牢固,对需拆卸的木构件进行拆除并做记号、将拆卸的旧件按指定的地点分类堆放、修整好的木构件重新安装。

定额编号				5-322	5-323	5-324
项目				木楼梯		
				拆安归位(水平投影面积)		单独补修踏步板
				不带底板	带底板	
计量单位				m^2		m
基价(元)				**202.77**	**218.63**	**51.60**
其中	人工费(元)			59.68	55.34	18.45
	材料费(元)			143.09	163.29	33.15
	机械费(元)			—	—	—
名称		单位	单价(元)	消耗量		
人工	三类人工	工日	155.00	0.385	0.357	0.119
材料	杉板枋材	m^3	1 625.00	0.085	0.097	0.020
	圆钉	kg	4.74	0.300	0.342	—
	铁件	kg	3.71	0.200	0.228	—
	其他材料费	元	1.00	2.81	3.20	0.65

二、博缝板、雁翅板、山花板(垫疝板)、垂鱼(悬鱼)、惹草、木楼板、木楼梯、楞木、沿边木(格栅)整修

工作内容: 支顶牢固,对需拆卸的木构件进行拆除并做记号、将拆卸的旧件按指定的地点分类堆放、修整好的木构件重新安装。

计量单位:m^2

定额编号				5-325	5-326	5-327	5-328	5-329	5-330
项目				板类拆安归位					
				博缝板(排疝板)(板厚)		雁翅板(板厚)		山花板(垫疝板)(板厚)	
				3cm以内	3cm以外	3cm以内	3cm以外	3cm以内	3cm以外
基价(元)				**68.21**	**81.83**	**48.61**	**56.40**	**64.60**	**76.11**
其中	人工费(元)			64.48	77.35	44.80	51.77	63.24	74.40
	材料费(元)			3.09	3.71	3.36	4.11	0.73	0.97
	机械费(元)			0.64	0.77	0.45	0.52	0.63	0.74
名称		单位	单价(元)	消耗量					
人工	三类人工	工日	155.00	0.416	0.499	0.289	0.334	0.408	0.480
材料	圆钉	kg	4.74	0.240	0.288	0.270	0.330	0.150	0.200
	乳胶	kg	5.60	0.338	0.406	0.360	0.440	—	—
	其他材料费	元	1.00	0.06	0.07	0.07	0.08	0.01	0.02
机械	其他机械费 占人工	%	1.00	1.000	1.000	1.000	1.000	1.000	1.000

工作内容：支顶牢固，对需拆卸的木构件进行拆除并做记号、将拆卸的旧件按指定的地点分类堆放、修整好的木构件重新安装。

计量单位：组

定额编号				5-331	5-332	5-333	5-334	5-335
项　目				垂鱼（悬鱼）、惹草拆安归位				
				长度				
				100cm以内	160cm以内	230cm以内	290cm以内	290cm以外
基价（元）				**57.30**	**75.08**	**97.75**	**128.40**	**165.86**
其中	人工费（元）			55.80	71.92	93.00	120.28	156.24
	材料费（元）			0.94	2.44	3.82	6.92	8.06
	机械费（元）			0.56	0.72	0.93	1.20	1.56
名　称		单位	单价（元）	消　耗　量				
人工	三类人工	工日	155.00	0.360	0.464	0.600	0.776	1.008
材料	圆钉	kg	4.74	0.100	0.150	0.200	0.250	0.250
	乳胶	kg	5.60	0.080	0.300	0.500	1.000	1.200
	其他材料费	元	1.00	0.02	0.05	0.07	0.14	0.16
机械	其他机械费 占人工	%	1.00	1.000	1.000	1.000	1.000	1.000

工作内容：支顶牢固，对需拆卸的木构件进行拆除并做记号、将拆卸的旧件按指定的地点分类堆放、修整好的木构件重新安装。

计量单位：m^2

定额编号				5-336	5-337	5-338	5-339
项　目				平口木楼板拆安归位		企口木楼板拆安归位	
				板厚 2cm	每增厚 1cm	板厚 2cm	每增厚 1cm
基价（元）				**20.42**	**5.10**	**24.57**	**6.06**
其中	人工费（元）			19.84	4.96	23.87	5.89
	材料费（元）			0.38	0.09	0.46	0.11
	机械费（元）			0.20	0.05	0.24	0.06
名　称		单位	单价（元）	消　耗　量			
人工	三类人工	工日	155.00	0.128	0.032	0.154	0.038
材料	圆钉	kg	4.74	0.080	0.020	0.096	0.024
机械	其他机械费 占人工	%	1.00	1.000	1.000	1.000	1.000

工作内容: 支顶牢固,对需拆卸的木构件进行拆除并做记号、将拆卸的旧件按指定的地点分类堆放、修整好的木构件重新安装。

计量单位: m^3

定额编号				5-340	5-341	5-342
项目				楞木、沿边木(方木格栅)拆安归位		
				厚度		
				11cm 以内	14cm 以内	14cm 以外
基价(元)				**628.71**	**539.07**	**418.85**
其中	人工费(元)			599.85	511.97	396.49
	材料费(元)			22.86	21.98	18.40
	机械费(元)			6.00	5.12	3.96
名称		单位	单价(元)	消耗量		
人工	三类人工	工日	155.00	3.870	3.303	2.558
材料	圆钉	kg	4.74	2.370	2.320	1.710
	水柏油	kg	0.44	0.100	0.100	0.100
	麻绳	kg	7.51	0.800	0.800	0.800
	绑扎绳	kg	7.76	0.660	0.580	0.500
	其他材料费	元	1.00	0.45	0.43	0.36
机械	其他机械费 占人工	%	1.00	1.000	1.000	1.000

工作内容：支顶牢固，对需拆卸的木构件进行拆除并做记号、将拆卸的旧件按指定的地点分类堆放、修整好的木构件重新安装。

计量单位：m^3

定额编号				5-343	5-344	5-345	5-346
项　目				枋木、沿边木（圆木格栅）拆安归位			
				直径			
				14cm 以内	16cm 以内	20cm 以内	20cm 以外
基价（元）				**662.57**	**597.46**	**468.87**	**414.82**
其中	人工费（元）			648.68	585.75	459.11	406.26
	材料费（元）			7.40	5.85	5.17	4.50
	机械费（元）			6.49	5.86	4.59	4.06
名　称		单位	单价（元）	消　耗　量			
人工	三类人工	工日	155.00	4.185	3.779	2.962	2.621
材料	圆钉	kg	4.74	1.530	1.210	1.070	0.930
	其他材料费	元	1.00	0.15	0.11	0.10	0.09
机械	其他机械费 占人工	%	1.00	1.000	1.000	1.000	1.000

三、木基层整修

工作内容：对需拆卸的木构件进行拆除并做记号、将拆卸的旧件按指定的地点分类堆放、修整好的木构件重新安装。

计量单位：10 根

定额编号				5-347	5-348	5-349	5-350
项　目				圆椽、飞椽拆安归位			
				椽径			
				8cm 以内	12cm 以内	15cm 以内	15cm 以外
基价（元）				**49.97**	**76.32**	**104.59**	**118.07**
其中	人工费（元）			48.05	71.30	94.55	106.95
	材料费（元）			1.44	4.31	9.09	10.05
	机械费（元）			0.48	0.71	0.95	1.07
名　称		单位	单价（元）	消　耗　量			
人工	三类人工	工日	155.00	0.310	0.460	0.610	0.690
材料	圆钉	kg	4.74	0.297	0.891	1.881	2.079
	其他材料费	元	1.00	0.03	0.08	0.18	0.20
机械	其他机械费 占人工	%	1.00	1.000	1.000	1.000	1.000

工作内容:对需拆卸的木构件进行拆除并做记号、将拆卸的旧件按指定的地点分类堆放、修整好的木构件重新安装。

计量单位:10根

定额编号				5-351	5-352	5-353	5-354
项目				方圆翼角椽拆安归位			
				椽径			
				8cm以内	12cm以内	15cm以内	15cm以外
基价(元)				**311.42**	**477.09**	**596.15**	**678.52**
其中	人工费(元)			306.90	468.10	581.25	661.85
	材料费(元)			1.45	4.31	9.09	10.05
	机械费(元)			3.07	4.68	5.81	6.62
名称		单位	单价(元)	消耗量			
人工	三类人工	工日	155.00	1.980	3.020	3.750	4.270
材料	圆钉	kg	4.74	0.300	0.891	1.881	2.079
	其他材料费	元	1.00	0.03	0.08	0.18	0.20
机械	其他机械费 占人工	%	1.00	1.000	1.000	1.000	1.000

工作内容:对需拆卸的木构件进行拆除并做记号、将拆卸的旧件按指定的地点分类堆放、修整好的木构件重新安装。

计量单位:10根

定额编号				5-355	5-356	5-357	5-358
项目				弯轩椽、茶壶档、荷包椽拆安归位			
				椽径			
				8cm以内	12cm以内	15cm以内	15cm以外
基价(元)				**342.73**	**524.06**	**655.64**	**745.84**
其中	人工费(元)			337.90	514.60	640.15	728.50
	材料费(元)			1.45	4.31	9.09	10.05
	机械费(元)			3.38	5.15	6.40	7.29
名称		单位	单价(元)	消耗量			
人工	三类人工	工日	155.00	2.180	3.320	4.130	4.700
材料	圆钉	kg	4.74	0.300	0.891	1.881	2.079
	其他材料费	元	1.00	0.03	0.08	0.18	0.20
机械	其他机械费 占人工	%	1.00	1.000	1.000	1.000	1.000

工作内容：对需拆卸的木构件进行拆除并做记号、将拆卸的旧件按指定的地点分类堆放、修整好的木构件重新安装。

计量单位：10 根

定额编号				5-359	5-360	5-361	5-362	5-363	5-364
项　目				旧方、圆椽改短铺钉					
				椽径					
				8cm以内	10cm以内	12cm以内	14cm以内	16cm以内	18cm以内
基价（元）				**57.80**	**70.19**	**95.11**	**106.55**	**122.29**	**134.20**
其中	人工费（元）			55.80	66.65	89.90	100.75	111.60	122.45
	材料费（元）			1.44	2.87	4.31	4.79	9.57	10.53
	机械费（元）			0.56	0.67	0.90	1.01	1.12	1.22
名　称		单位	单价（元）	消　耗　量					
人工	三类人工	工日	155.00	0.360	0.430	0.580	0.650	0.720	0.790
材料	圆钉	kg	4.74	0.297	0.594	0.891	0.990	1.980	2.178
	其他材料费	元	1.00	0.03	0.06	0.08	0.09	0.19	0.21
机械	其他机械费 占人工	%	1.00	1.000	1.000	1.000	1.000	1.000	1.000

工作内容：对需拆卸的木构件进行拆除并做记号、将拆卸的旧件按指定的地点分类堆放、修整好的木构件重新安装。

定额编号				5-365	5-366	5-367	5-368	5-369	5-370
项　目				里口木拆安归位	关刀里口木拆安归位				燕额板、大小连檐拆安归位
				规格（cm）					
				6×8÷2	16×14÷2以内	20×26÷2以内	21×29÷2以内	24×32÷2以内	
计量单位				10m	$10m^3$				10m
基价（元）				**89.37**	**16 550.94**	**15 115.49**	**13 635.29**	**12 511.50**	**114.14**
其中	人工费（元）			88.35	16 288.95	14 875.35	13 415.25	12 317.85	111.60
	材料费（元）			0.14	99.10	91.39	85.89	70.47	1.42
	机械费（元）			0.88	162.89	148.75	134.15	123.18	1.12
名　称		单位	单价（元）	消　耗　量					
人工	三类人工	工日	155.00	0.570	105.090	95.970	86.550	79.470	0.720
材料	圆钉	kg	4.74	0.030	20.700	19.090	17.940	14.720	0.297
	其他材料费	元	1.00	—	0.98	0.90	0.85	0.70	0.01
机械	其他机械费 占人工	%	1.00	1.000	1.000	1.000	1.000	1.000	1.000

工作内容: 对需拆卸的木构件进行拆除并做记号、将拆卸的旧件按指定的地点分类堆放、修整好的木构件重新安装。

计量单位:m^3

定额编号				5-371	5-372	5-373
项　目				生头木(枕头木、衬头木)拆安归位		
				高度		
				20cm 以内	25cm 以内	25cm 以外
基价(元)				**1 231.23**	**1 111.94**	**1 052.28**
其中	人工费(元)			1 180.64	1 062.53	1 003.47
	材料费(元)			38.78	38.78	38.78
	机械费(元)			11.81	10.63	10.03
名　称		单位	单价(元)	消　耗　量		
人工	三类人工	工日	155.00	7.617	6.855	6.474
材料	圆钉	kg	4.74	8.100	8.100	8.100
	其他材料费	元	1.00	0.38	0.38	0.38
机械	其他机械费 占人工	%	1.00	1.000	1.000	1.000

工作内容: 对需拆卸的木构件进行拆除并做记号、将拆卸的旧件按指定的地点分类堆放、修整好的木构件重新安装。

计量单位:m

定额编号				5-374	5-375	5-376	5-377
项　目				闸档板拆安归位		椽碗板拆安归位	
				规格(cm)			
				1×10 以内	1×10 以外	1×10 以内	1×10 以外
基价(元)				**16.94**	**15.25**	**5.32**	**5.01**
其中	人工费(元)			16.59	14.88	5.27	4.96
	材料费(元)			0.18	0.22	—	—
	机械费(元)			0.17	0.15	0.05	0.05
名　称		单位	单价(元)	消　耗　量			
人工	三类人工	工日	155.00	0.107	0.096	0.034	0.032
材料	圆钉	kg	4.74	0.039	0.047	—	—
机械	其他机械费 占人工	%	1.00	1.000	1.000	1.000	1.000

工作内容：对需拆卸的木构件进行拆除并做记号、将拆卸的旧件按指定的地点分类堆放、修整好的木构件重新安装。

计量单位：m

定额编号				5-378	5-379	5-380	5-381	5-382	5-383
项　目				封沿板拆安归位	弯封沿板拆安归位				瓦口板拆安归位
				规格（cm）					
				25×2.5	20×2.5以内	28×3以内	30×3.5以内	35×4以内	25×8÷2
基价（元）				**3.78**	**11.84**	**17.66**	**22.97**	**31.83**	**9.81**
其中	人工费（元）			3.57	11.63	17.36	22.48	31.16	8.68
	材料费（元）			0.17	0.09	0.13	0.27	0.36	1.04
	机械费（元）			0.04	0.12	0.17	0.22	0.31	0.09
名　称		单位	单价（元）	消　耗　量					
人工	三类人工	工日	155.00	0.023	0.075	0.112	0.145	0.201	0.056
材料	圆钉	kg	4.74	0.036	0.018	0.028	0.056	0.075	0.220
机械	其他机械费 占人工	%	1.00	1.000	1.000	1.000	1.000	1.000	1.000

工作内容：对需拆卸的木构件进行拆除并做记号、将拆卸的旧件按指定的地点分类堆放、修整好的木构件重新安装。

计量单位：m^2

定额编号				5-384	5-385	5-386	5-387	5-388
项　目				望板拆安归位				望板加钉
				平口		企口		
				3.5cm以内	3.5cm以外	3.5cm以内	3.5cm以外	
基价（元）				**14.30**	**16.95**	**17.14**	**20.31**	**3.72**
其中	人工费（元）			13.33	15.66	15.97	18.76	3.41
	材料费（元）			0.84	1.13	1.01	1.36	0.28
	机械费（元）			0.13	0.16	0.16	0.19	0.03
名　称		单位	单价（元）	消　耗　量				
人工	三类人工	工日	155.00	0.086	0.101	0.103	0.121	0.022
材料	圆钉	kg	4.74	0.178	0.238	0.214	0.286	0.059
机械	其他机械费 占人工	%	1.00	1.000	1.000	1.000	1.000	1.000

工作内容: 对需拆卸的木构件进行拆除并做记号、将拆卸的旧件按指定的地点分类堆放、修整好的木构件重新安装。

计量单位:m^2

定额编号				5-389	5-390	5-391	5-392	5-393
项目				摔网板拆安归位			卷戗板拆安归位	
				规格(cm)				
				1.5 以内	2 以内	3 以内	1 以内	2 以内
基价(元)				**12.21**	**13.31**	**14.40**	**16.28**	**17.53**
其中	人工费(元)			12.09	13.18	14.26	16.12	17.36
	材料费(元)			—	—	—	—	—
	机械费(元)			0.12	0.13	0.14	0.16	0.17
名称		单位	单价(元)	消耗量				
人工	三类人工	工日	155.00	0.078	0.085	0.092	0.104	0.112
机械	其他机械费 占人工	%	1.00	0.12	0.13	0.14	0.16	0.17

四、木作配件整修

工作内容: 对需拆卸的木构件进行拆除并做记号、将拆卸的旧件按指定的地点分类堆放、修整好的木构件重新安装。

定额编号				5-394	5-395	5-396	5-397	5-398
项目				梁垫拆安归位	工字花拆安归位			花篮斗拆安归位
				规格(cm)				
				70 × 14 × 18 以内	12 × 9 × 3	20 × 12 × 5	35 × 25 × 10	40 × 25 × 18 以内
计量单位				块	只			
基价(元)				**29.12**	**33.50**	**39.14**	**46.97**	**49.47**
其中	人工费(元)			28.83	33.17	38.75	46.50	48.98
	材料费(元)			—	—	—	—	—
	机械费(元)			0.29	0.33	0.39	0.47	0.49
名称		单位	单价(元)	消耗量				
人工	三类人工	工日	155.00	0.186	0.214	0.250	0.300	0.316
机械	其他机械费 占人工	%	1.00	1.000	1.000	1.000	1.000	1.000

工作内容：对需拆卸的木构件进行拆除并做记号、将拆卸的旧件按指定的地点分类堆放、修整好的木构件重新安装。

计量单位：只

定额编号				5-399	5-400	5-401	5-402
项　目				牛腿拆安归位		霸王拳拆安归位	
				规格（cm）			
				45×30×12以内	65×45×15以内	35×20×16以内	50×30×20以内
基价（元）				**68.88**	**73.58**	**62.62**	**70.45**
其中	人工费（元）			68.20	72.85	62.00	69.75
	材料费（元）			—	—	—	—
	机械费（元）			0.68	0.73	0.62	0.70
名　称		单位	单价（元）	消　耗　量			
人工	三类人工	工日	155.00	0.440	0.470	0.400	0.450
机械	其他机械费 占人工	%	1.00	1.000	1.000	1.000	1.000

工作内容：对需拆卸的木构件进行拆除并做记号、将拆卸的旧件按指定的地点分类堆放、修整好的木构件重新安装。

定额编号				5-403	5-404	5-405
项　目				栏杆花结拆安归位		山雾云拆安归位
						规格（cm）
				20cm以内	20cm以外	200×80×5÷2以内
计量单位				个		块
基价（元）				**61.05**	**70.13**	**90.65**
其中	人工费（元）			60.45	69.44	89.75
	材料费（元）			—	—	—
	机械费（元）			0.60	0.69	0.90
名　称		单位	单价（元）	消　耗　量		
人工	三类人工	工日	155.00	0.390	0.448	0.579
机械	其他机械费 占人工	%	1.00	1.000	1.000	1.000

工作内容：对需拆卸的木构件进行拆除并做记号、将拆卸的旧件按指定的地点分类堆放、修整好的木构件重新安装。

计量单位：块

定额编号				5-406	5-407	5-408	5-409	5-410	5-411
项目				额枋下云龙大雀替拆安归位					
				长度					
				80cm以内	100cm以内	120cm以内	140cm以内	160cm以内	180cm以内
基价（元）				**171.11**	**245.89**	**338.88**	**450.29**	**579.96**	**728.11**
其中	人工费（元）			169.26	243.20	335.27	445.47	573.81	720.44
	材料费（元）			0.16	0.26	0.26	0.37	0.41	0.47
	机械费（元）			1.69	2.43	3.35	4.45	5.74	7.20
名称		单位	单价（元）	消耗量					
人工	三类人工	工日	155.00	1.092	1.569	2.163	2.874	3.702	4.648
材料	圆钉	kg	4.74	0.010	0.020	0.020	0.030	0.040	0.040
	乳胶	kg	5.60	0.020	0.030	0.030	0.040	0.040	0.050
机械	其他机械费 占人工	%	1.00	1.000	1.000	1.000	1.000	1.000	1.000

工作内容：对需拆卸的木构件进行拆除并做记号、将拆卸的旧件按指定的地点分类堆放、修整好的木构件重新安装。

计量单位：块

定额编号				5-412	5-413	5-414	5-415	5-416	5-417
项目				绰幕枋（额枋下卷草大雀替）拆安归位					
				长度					
				60cm以内	80cm以内	100cm以内	120cm以内	140cm以内	160cm以内
基价（元）				**97.70**	**136.52**	**194.07**	**269.69**	**363.88**	**476.17**
其中	人工费（元）			96.57	135.01	191.89	266.76	359.91	471.05
	材料费（元）			0.16	0.16	0.26	0.26	0.37	0.41
	机械费（元）			0.97	1.35	1.92	2.67	3.60	4.71
名称		单位	单价（元）	消耗量					
人工	三类人工	工日	155.00	0.623	0.871	1.238	1.721	2.322	3.039
材料	圆钉	kg	4.74	0.010	0.010	0.020	0.020	0.030	0.040
	乳胶	kg	5.60	0.020	0.020	0.030	0.030	0.040	0.040
机械	其他机械费 占人工	%	1.00	1.000	1.000	1.000	1.000	1.000	1.000

工作内容：对需拆卸的木构件进行拆除并做记号、将拆卸的旧件按指定的地点分类堆放、修整好的木构件重新安装。

计量单位：块

定额编号				5-418	5-419	5-420	5-421	5-422	5-423
项　目				绰幕枋（云龙骑马雀替）拆安归位					
				长度					
				90cm以内	120cm以内	150cm以内	180cm以内	210cm以内	240cm以内
基价（元）				**174.72**	**259.32**	**370.97**	**510.05**	**676.20**	**869.43**
其中	人工费（元）			172.83	256.53	367.04	504.68	669.14	860.41
	材料费（元）			0.16	0.22	0.26	0.32	0.37	0.42
	机械费（元）			1.73	2.57	3.67	5.05	6.69	8.60
名　称		单位	单价（元）	消　耗　量					
人工	三类人工	工日	155.00	1.115	1.655	2.368	3.256	4.317	5.551
材料	圆钉	kg	4.74	0.010	0.010	0.020	0.020	0.030	0.030
	乳胶	kg	5.60	0.020	0.030	0.030	0.040	0.040	0.050
机械	其他机械费 占人工	%	1.00	1.000	1.000	1.000	1.000	1.000	1.000

工作内容：对需拆卸的木构件进行拆除并做记号、将拆卸的旧件按指定的地点分类堆放、修整好的木构件重新安装。

计量单位：块

定额编号				5-424	5-425	5-426	5-427	5-428	5-429
项　目				绰幕枋（卷草骑马雀替）拆安归位					
				长度					
				60cm以内	90cm以内	120cm以内	150cm以内	180cm以内	210cm以内
基价（元）				**117.57**	**148.26**	**207.49**	**293.17**	**406.26**	**546.58**
其中	人工费（元）			116.25	146.63	205.22	290.01	401.92	540.80
	材料费（元）			0.16	0.16	0.22	0.26	0.32	0.37
	机械费（元）			1.16	1.47	2.05	2.90	4.02	5.41
名　称		单位	单价（元）	消　耗　量					
人工	三类人工	工日	155.00	0.750	0.946	1.324	1.871	2.593	3.489
材料	圆钉	kg	4.74	0.010	0.010	0.010	0.020	0.020	0.030
	乳胶	kg	5.60	0.020	0.020	0.030	0.030	0.040	0.040
机械	其他机械费 占人工	%	1.00	1.000	1.000	1.000	1.000	1.000	1.000

工作内容： 对需拆卸的木构件进行拆除并做记号、将拆卸的旧件按指定的地点分类堆放、修整好的木构件重新安装。

计量单位： 块

定额编号				5-430	5-431	5-432	5-433	5-434	5-435
项目				雀替下云墩拆安归位	菱角木（龙径木）拆安归位				
					厚度				
					6cm以内	7cm以内	8cm以内	9cm以内	10cm以内
基价（元）				**515.84**	**68.38**	**76.11**	**83.84**	**92.50**	**101.48**
其中	人工费（元）			510.73	67.43	75.02	82.62	91.14	99.98
	材料费（元）			—	0.28	0.34	0.39	0.45	0.50
	机械费（元）			5.11	0.67	0.75	0.83	0.91	1.00
名称		单位	单价（元）	消耗量					
人工	三类人工	工日	155.00	3.295	0.435	0.484	0.533	0.588	0.645
材料	乳胶	kg	5.60	—	0.050	0.060	0.070	0.080	0.090
机械	其他机械费 占人工	%	1.00	1.000	1.000	1.000	1.000	1.000	1.000

五、牌楼特殊构部件整修

工作内容： 支顶牢固，对需拆卸的木构件进行拆除并做记号、将拆卸的旧件按指定的地点分类堆放、修整好的木构件重新安装。

计量单位： m^3

定额编号				5-436	5-437
项目				牌楼柱拆安归位	
				柱径	
				40cm 以内	40cm 以外
基价（元）				**1 375.91**	**1 038.54**
其中	人工费（元）			1 357.34	1 023.31
	材料费（元）			5.00	5.00
	机械费（元）			13.57	10.23
名称		单位	单价（元）	消耗量	
人工	三类人工	工日	155.00	8.757	6.602
机械	其他机械费 占人工	%	1.00	1.000	1.000

工作内容:对需拆卸的木构件进行拆除并做记号、将拆卸的旧件按指定的地点分类堆放、修整好的木构件重新安装。

定额编号				5-438	5-439	5-440	5-441	5-442
项　目				龙凤板、花板拆安归位(厚度)		牌楼匾拆安归位(厚度)		霸王杠拆安归位
				4cm	每增 1cm	心板 3cm	每增 1cm	
计量单位				$10m^2$				10kg
基价(元)				**381.32**	**81.08**	**352.38**	**81.55**	**187.86**
其中	人工费(元)			372.00	77.50	341.00	77.50	186.00
	材料费(元)			5.60	2.80	7.97	3.27	—
	机械费(元)			3.72	0.78	3.41	0.78	1.86
名　称		单位	单价(元)	消　耗　量				
人工	三类人工	工日	155.00	2.400	0.500	2.200	0.500	1.200
材料	圆钉	kg	4.74	—	—	0.495	0.099	—
	乳胶	kg	5.60	0.990	0.495	0.990	0.495	—
	其他材料费	元	1.00	0.06	0.03	0.08	0.03	—
机械	其他机械费 占人工	%	1.00	1.000	1.000	1.000	1.000	1.000

第三节　制作与安装

一、木构件柱类制作

工作内容:放样、选配料、刨光、画线、锯截、圆楞、卷杀、凿眼、制作成型、弹安装线、编写安装号等。　计量单位:m^3

定额编号				5-443	5-444	5-445	5-446
项　目				梭形内柱制作			
				柱径			
				35cm 以内	40cm 以内	45cm 以内	50cm 以内
基价(元)				5 187.43	4 637.47	4 178.83	3 908.85
其中	人工费(元)			2 990.26	2 502.63	2 079.17	1 835.20
	材料费(元)			2 167.27	2 109.81	2 078.87	2 055.30
	机械费(元)			29.90	25.03	20.79	18.35
名　称		单位	单价(元)	消　耗　量			
人工	三类人工	工日	155.00	19.292	16.146	13.414	11.840
材料	杉原木 综合	m^3	1 466.00	1.471	1.432	1.411	1.395
	其他材料费	元	1.00	10.78	10.50	10.34	10.23
机械	其他机械费 占人工	%	1.00	1.000	1.000	1.000	1.000

注:本定额以刨光为准,刨光木材损耗已包括在定额内。如糙介不刨光者,人工乘以系数 0.7,原木消耗量乘以系数 0.97,其他不变。

工作内容：放样、选配料、刨光、画线、锯截、圆楞、卷杀、凿眼、制作成型、弹安装线、编写安装号等。 计量单位：m³

定额编号					5-447	5-448	5-449	5-450
项 目					梭形内柱制作			
					柱径			
					55cm 以内	60cm 以内	65cm 以内	70cm 以内
基价（元）					**3 716.82**	**3 507.66**	**3 304.61**	**2 870.80**
其中	人工费（元）				1 668.42	1 475.91	1 306.96	934.34
	材料费（元）				2 031.72	2 016.99	1 984.58	1 927.12
	机械费（元）				16.68	14.76	13.07	9.34
名 称			单位	单价（元）	消 耗 量			
人工	三类人工		工日	155.00	10.764	9.522	8.432	6.028
材料	杉原木 综合		m³	1 466.00	1.379	1.369	1.347	1.308
	其他材料费		元	1.00	10.11	10.03	9.87	9.59
机械	其他机械费 占人工		%	1.00	1.000	1.000	1.000	1.000

注：本定额以刨光为准，刨光木材损耗已包括在定额内。如糙介不刨光者，人工乘以系数0.7，原木消耗量乘以系数0.97，其他不变。

工作内容：放样、选配料、刨光、画线、锯截、圆楞、卷杀、凿眼、制作成型、弹安装线、编写安装号等。 计量单位：m³

定额编号					5-451	5-452	5-453
项 目					梭形内柱制作		
					柱径		
					75cm 以内	80cm 以内	80cm 以外
基价（元）					**3 005.10**	**2 860.47**	**2 710.22**
其中	人工费（元）				1 039.59	924.11	795.77
	材料费（元）				1 955.11	1 927.12	1 906.49
	机械费（元）				10.40	9.24	7.96
名 称			单位	单价（元）	消 耗 量		
人工	三类人工		工日	155.00	6.707	5.962	5.134
材料	杉原木 综合		m³	1 466.00	1.327	1.308	1.294
	其他材料费		元	1.00	9.73	9.59	9.49
机械	其他机械费 占人工		%	1.00	1.000	1.000	1.000

注：本定额以刨光为准，刨光木材损耗已包括在定额内。如糙介不刨光者，人工乘以系数0.7，原木消耗量乘以系数0.97，其他不变。

工作内容:放样、选配料、刨光、画线、锯截、圆楞、卷杀、凿眼、制作成型、弹安装线、编写安装号等。 **计量单位:**m³

定额编号				5-454	5-455	5-456	5-457	5-458
项目				梭形副阶檐柱制作				
				柱径				
				65cm 以内	70cm 以内	75cm 以内	80cm 以内	80cm 以外
基价(元)				**2 983.62**	**3 052.23**	**2 921.13**	**2 866.36**	**2 753.89**
其中	人工费(元)			1 270.69	1 103.76	975.42	924.11	821.50
	材料费(元)			1 700.22	1 937.43	1 935.96	1 933.01	1 924.17
	机械费(元)			12.71	11.04	9.75	9.24	8.22
名称		单位	单价(元)	消耗量				
人工	三类人工	工日	155.00	8.198	7.121	6.293	5.962	5.300
材料	杉原木 综合	m³	1 466.00	1.154	1.315	1.314	1.312	1.306
	其他材料费	元	1.00	8.46	9.64	9.63	9.62	9.57
机械	其他机械费 占人工	%	1.00	1.000	1.000	1.000	1.000	1.000

注:本定额以刨光为准,刨光木材损耗已包括在定额内。如糙介不刨光者,人工乘以系数 0.7,原木消耗量乘以系数 0.97,其他不变。

工作内容:放样、选配料、刨光、画线、锯截、圆楞、卷杀、凿眼、制作成型、弹安装线、编写安装号等。 **计量单位:**m³

定额编号				5-459	5-460	5-461	5-462	5-463
项目				梭形单檐柱制作				
				柱径				
				35cm 以内	40cm 以内	45cm 以内	50cm 以内	55cm 以内
基价(元)				**4 694.93**	**4 259.32**	**3 960.29**	**3 584.18**	**3 278.27**
其中	人工费(元)			2 502.63	2 169.07	1 912.39	1 580.85	1 334.86
	材料费(元)			2 167.27	2 068.56	2 028.78	1 987.52	1 930.06
	机械费(元)			25.03	21.69	19.12	15.81	13.35
名称		单位	单价(元)	消耗量				
人工	三类人工	工日	155.00	16.146	13.994	12.338	10.199	8.612
材料	杉原木 综合	m³	1 466.00	1.471	1.404	1.377	1.349	1.310
	其他材料费	元	1.00	10.78	10.29	10.09	9.89	9.60
机械	其他机械费 占人工	%	1.00	1.000	1.000	1.000	1.000	1.000

注:本定额以刨光为准,刨光木材损耗已包括在定额内。如糙介不刨光者,人工乘以系数 0.7,原木消耗量乘以系数 0.97,其他不变。

工作内容：放样、选配料、刨光、画线、锯截、圆楞、卷杀、凿眼、制作成型、弹安装线、编写安装号等。　**计量单位**：m^3

定额编号				5-464	5-465	5-466	5-467
项　目				梭形单檐柱制作			
				柱径			
				60cm 以内	65cm 以内	70cm 以内	70cm 以外
基价(元)				**3 183.60**	**3 060.39**	**2 921.93**	**2 828.07**
其中	人工费(元)			1 155.06	1 065.16	936.82	859.94
	材料费(元)			2 016.99	1 984.58	1 975.74	1 959.53
	机械费(元)			11.55	10.65	9.37	8.60
名　称		单位	单价(元)	消　耗　量			
人工	三类人工	工日	155.00	7.452	6.872	6.044	5.548
材料	杉原木 综合	m^3	1 466.00	1.369	1.347	1.341	1.330
	其他材料费	元	1.00	10.03	9.87	9.83	9.75
机械	其他机械费 占人工	%	1.00	1.000	1.000	1.000	1.000

注：本定额以刨光为准，刨光木材损耗已包括在定额内。如糙介不刨光者，人工乘以系数0.7，原木消耗量乘以系数0.97，其他不变。

工作内容：放样、选配料、刨光、画线、锯截、圆楞、卷杀、凿眼、制作成型、弹安装线、编写安装号等。　**计量单位**：m^3

定额编号				5-468	5-469	5-470	5-471	5-472	5-473
项　目				梭形副阶殿身檐柱制作					
				柱径					
				45cm 以内	50cm 以内	55cm 以内	60cm 以内	70cm 以内	70cm 以外
基价(元)				**4 257.32**	**3 988.85**	**3 692.32**	**3 455.85**	**3 245.99**	**2 983.68**
其中	人工费(元)			2 137.92	1 914.41	1 642.69	1 424.61	1 257.67	1 014.01
	材料费(元)			2 098.02	2 055.30	2 033.20	2 016.99	1 975.74	1 959.53
	机械费(元)			21.38	19.14	16.43	14.25	12.58	10.14
名　称		单位	单价(元)	消　耗　量					
人工	三类人工	工日	155.00	13.793	12.351	10.598	9.191	8.114	6.542
材料	杉原木 综合	m^3	1 466.00	1.424	1.395	1.380	1.369	1.341	1.330
	其他材料费	元	1.00	10.44	10.23	10.12	10.03	9.83	9.75
机械	其他机械费 占人工	%	1.00	1.000	1.000	1.000	1.000	1.000	1.000

注：本定额以刨光为准，刨光木材损耗已包括在定额内。如糙介不刨光者，人工乘以系数0.7，原木消耗量乘以系数0.97，其他不变。

工作内容:放样、选配料、刨光、画线、锯截、圆楞、凿眼、制作成型、弹安装线、编写安装号等。　　计量单位:m^3

定额编号				5-474	5-475	5-476	5-477
项　目				圆形直柱(立贴式圆柱)制作			
				柱径			
				14cm 以内	18cm 以内	22cm 以内	26cm 以内
基价(元)				4 805.31	4 398.24	4 043.95	3 570.27
其中	人工费(元)			2 591.45	2 333.99	2 069.10	1 658.35
	材料费(元)			2 187.95	2 040.91	1 954.16	1 895.34
	机械费(元)			25.91	23.34	20.69	16.58
名　称		单位	单价(元)	消　耗　量			
人工	三类人工	工日	155.00	16.719	15.058	13.349	10.699
材料	杉原木 综合	m^3	1 466.00	1.488	1.388	1.329	1.289
	其他材料费	元	1.00	6.54	6.10	5.84	5.67
机械	其他机械费 占人工	%	1.00	1.000	1.000	1.000	1.000

注:本定额以刨光为准,刨光木材损耗已包括在定额内。如糙介不刨光者,人工乘以系数 0.7,原木消耗量乘以系数 0.97,其他不变。

工作内容:放样、选配料、刨光、画线、锯截、圆楞、凿眼、制作成型、弹安装线、编写安装号等。　　计量单位:m^3

定额编号				5-478	5-479	5-480	5-481
项　目				圆形直柱(立贴式圆柱)制作			
				柱径			
				30cm 以内	34cm 以内	40cm 以内	44cm 以内
基价(元)				3 355.31	3 225.56	2 977.33	2 829.59
其中	人工费(元)			1 490.64	1 398.57	1 192.11	1 063.30
	材料费(元)			1 849.76	1 813.00	1 773.30	1 755.66
	机械费(元)			14.91	13.99	11.92	10.63
名　称		单位	单价(元)	消　耗　量			
人工	三类人工	工日	155.00	9.617	9.023	7.691	6.860
材料	杉原木 综合	m^3	1 466.00	1.258	1.233	1.206	1.194
	其他材料费	元	1.00	5.53	5.42	5.30	5.25
机械	其他机械费 占人工	%	1.00	1.000	1.000	1.000	1.000

注:本定额以刨光为准,刨光木材损耗已包括在定额内。如糙介不刨光者,人工乘以系数 0.7,原木消耗量乘以系数 0.97,其他不变。

工作内容：放样、选配料、刨光、画线、锯截、圆楞、凿眼、制作成型、弹安装线、编写安装号等。 计量单位：m³

定额编号				5-482	5-483	5-484
项目				圆形直柱（立贴式圆柱）制作		
				柱径		
				50cm 以内	60cm 以内	70cm 以内
基价（元）				**2 649.02**	**2 612.46**	**2 548.78**
其中	人工费（元）			912.18	881.80	836.23
	材料费（元）			1 727.72	1 721.84	1 704.19
	机械费（元）			9.12	8.82	8.36
名称		单位	单价（元）	消耗量		
人工	三类人工	工日	155.00	5.885	5.689	5.395
材料	杉原木 综合	m³	1 466.00	1.175	1.171	1.159
	其他材料费	元	1.00	5.17	5.15	5.10
机械	其他机械费 占人工	%	1.00	1.000	1.000	1.000

注：本定额以刨光为准，刨光木材损耗已包括在定额内。如糙介不刨光者，人工乘以系数 0.7，原木消耗量乘以系数 0.97，其他不变。

工作内容：放样、选配料、刨光、画线、锯截、凿眼、制作成型、弹安装线、编写安装号等。 计量单位：m³

定额编号				5-485	5-486	5-487	5-488	5-489	5-490
项目				方形直柱（立贴式方柱）制作					
				规格（cm）					
				14×14 以内	18×18 以内	22×22 以内	26×26 以内	30×30 以内	45×45 以内
基价（元）				**3 620.10**	**3 156.30**	**2 783.58**	**2 521.59**	**2 399.41**	**2 343.69**
其中	人工费（元）			1 680.05	1 262.79	896.99	647.28	535.99	500.19
	材料费（元）			1 923.25	1 880.88	1 877.62	1 867.84	1 858.06	1 838.50
	机械费（元）			16.80	12.63	8.97	6.47	5.36	5.00
名称		单位	单价（元）	消耗量					
人工	三类人工	工日	155.00	10.839	8.147	5.787	4.176	3.458	3.227
材料	杉板枋材	m³	1 625.00	1.180	1.154	1.152	1.146	1.140	1.128
	其他材料费	元	1.00	5.75	5.63	5.62	5.59	5.56	5.50
机械	其他机械费 占人工	%	1.00	1.000	1.000	1.000	1.000	1.000	1.000

注：本定额以刨光为准，刨光木材损耗已包括在定额内。如糙介不刨光者，人工乘以系数 0.7，枋材消耗量乘以系数 0.97，其他不变。

工作内容:放样、选配料、刨光、画线、锯截、凿眼、制作成型、弹安装线、编写安装号等。 **计量单位:**m^3

定额编号				5-491	5-492	5-493	5-494	5-495	5-496
项目				异型直柱制作					
				边长					
				15cm以内	20cm以内	25cm以内	30cm以内	35cm以内	35cm以外
基价(元)				**3 399.36**	**3 246.07**	**3 318.69**	**3 219.80**	**3 123.63**	**3 030.18**
其中	人工费(元)			1 393.76	1 351.91	1 320.45	1 280.77	1 242.33	1 205.13
	材料费(元)			1 991.66	1 880.64	1 985.04	1 926.22	1 868.88	1 813.00
	机械费(元)			13.94	13.52	13.20	12.81	12.42	12.05
名称		单位	单价(元)	消耗量					
人工	三类人工	工日	155.00	8.992	8.722	8.519	8.263	8.015	7.775
材料	杉原木 综合	m^3	1 466.00	1.319	1.279	1.350	1.310	1.271	1.233
	其他材料费	元	1.00	58.01	5.63	5.94	5.76	5.59	5.42
机械	其他机械费 占人工	%	1.00	1.000	1.000	1.000	1.000	1.000	1.000

注:本定额以刨光为准,刨光木材损耗已包括在定额内。如糙介不刨光者,人工乘以系数0.7,枋材消耗量乘以系数0.97,其他不变。

二、木构件额、串、枋制作

工作内容: 放样、选配料、锯截、刨光、画线、凿眼、锯榫、汇榫、弹安装线、编写安装号等。 **计量单位:** m^3

定额编号				5-497	5-498	5-499	5-500	5-501	5-502
项目				阑额(额枋)制作					
				额高					
				30cm以内	35cm以内	40cm以内	45cm以内	50cm以内	50cm以外
基价(元)				**3 008.24**	**2 800.83**	**2 624.99**	**2 499.46**	**2 357.63**	**2 286.26**
其中	人工费(元)			1 098.33	909.23	756.25	648.21	558.16	450.12
	材料费(元)			1 898.93	1 882.51	1 861.18	1 844.77	1 793.89	1 831.64
	机械费(元)			10.98	9.09	7.56	6.48	5.58	4.50
名称		单位	单价(元)	消耗量					
人工	三类人工	工日	155.00	7.086	5.866	4.879	4.182	3.601	2.904
材料	杉板枋材	m^3	1 625.00	1.157	1.147	1.134	1.124	1.093	1.116
	其他材料费	元	1.00	18.80	18.64	18.43	18.27	17.76	18.14
机械	其他机械费 占人工	%	1.00	1.000	1.000	1.000	1.000	1.000	1.000

注: 本定额以刨光为准,刨光木材损耗已包括在定额内。如糙介不刨光者,人工乘以系数0.7,枋材消耗量乘以系数0.97,其他不变。

工作内容:放样、选配料、锯截、刨光、画线、凿眼、锯榫、汇榫、弹安装线、编写安装号等。 **计量单位**:m^3

定额编号				5-503	5-504	5-505	5-506	5-507	5-508
项目				一端带耍头的阑额(额枋)制作					
				额高					
				30cm以内	35cm以内	40cm以内	45cm以内	50cm以内	50cm以外
基价(元)				**3 229.45**	**2 984.31**	**2 777.94**	**2 629.71**	**2 397.65**	**2 377.22**
其中	人工费(元)			1 317.35	1 090.89	907.68	777.17	669.29	540.18
	材料费(元)			1 898.93	1 882.51	1 861.18	1 844.77	1 721.67	1 831.64
	机械费(元)			13.17	10.91	9.08	7.77	6.69	5.40
名称		单位	单价(元)	消耗量					
人工	三类人工	工日	155.00	8.499	7.038	5.856	5.014	4.318	3.485
材料	杉板枋材	m^3	1 625.00	1.157	1.147	1.134	1.124	1.049	1.116
	其他材料费	元	1.00	18.80	18.64	18.43	18.27	17.05	18.14
机械	其他机械费 占人工	%	1.00	1.000	1.000	1.000	1.000	1.000	1.000

注:本定额以刨光为准,刨光木材损耗已包括在定额内。如糙介不刨光者,人工乘以系数0.7,枋材消耗量乘以系数0.97,其他不变。

工作内容:放样、选配料、锯截、刨光、画线、凿眼、锯榫、汇榫、弹安装线、编写安装号等。 **计量单位**:m^3

定额编号				5-509	5-510	5-511	5-512	5-513	5-514
项目				两端带耍头的阑额(额枋)制作					
				额高					
				30cm以内	35cm以内	40cm以内	45cm以内	50cm以内	50cm以外
基价(元)				**3 452.22**	**3 167.47**	**2 931.04**	**2 761.53**	**2 621.28**	**2 468.17**
其中	人工费(元)			1 537.91	1 272.24	1 059.27	907.68	781.82	630.23
	材料费(元)			1 898.93	1 882.51	1 861.18	1 844.77	1 831.64	1 831.64
	机械费(元)			15.38	12.72	10.59	9.08	7.82	6.30
名称		单位	单价(元)	消耗量					
人工	三类人工	工日	155.00	9.922	8.208	6.834	5.856	5.044	4.066
材料	杉板枋材	m^3	1 625.00	1.157	1.147	1.134	1.124	1.116	1.116
	其他材料费	元	1.00	18.80	18.64	18.43	18.27	18.14	18.14
机械	其他机械费 占人工	%	1.00	1.000	1.000	1.000	1.000	1.000	1.000

注:本定额以刨光为准,刨光木材损耗已包括在定额内。如糙介不刨光者,人工乘以系数0.7,枋材消耗量乘以系数0.97,其他不变。

工作内容：放样、选配料、锯截、刨光、画线、凿眼、锯榫、汇榫、弹安装线、编写安装号等。 计量单位：m³

定额编号				5-515	5-516	5-517
项目				襻间、顺脊串（穿枋）、顺栿串（夹底、随梁枋）等制作		
				厚度		
				8cm 以内	12cm 以内	12cm 以外
基价（元）				**3 618.45**	**3 253.95**	**3 166.75**
其中	人工费（元）			1 585.50	1 239.23	1 152.89
	材料费（元）			2 017.10	2 002.33	2 002.33
	机械费（元）			15.85	12.39	11.53
名称		单位	单价（元）	消耗量		
人工	三类人工	工日	155.00	10.229	7.995	7.438
材料	杉板枋材	m³	1 625.00	1.229	1.220	1.220
	其他材料费	元	1.00	19.97	19.83	19.83
机械	其他机械费 占人工	%	1.00	1.000	1.000	1.000

注：本定额以刨光为准，刨光木材损耗已包括在定额内。如糙介不刨光者，人工乘以系数 0.7，枋材消耗量乘以系数 0.97，其他不变。

工作内容：放样、选配料、锯截、刨光、画线、凿眼、锯榫、汇榫、弹安装线、编写安装号等。 计量单位：m³

定额编号				5-518	5-519	5-520
项目				一端带绰幕头的顺栿串（夹底、随梁枋）制作		
				厚度		
				8cm 以内	12cm 以内	12cm 以外
基价（元）				**3 938.76**	**3 504.27**	**3 399.70**
其中	人工费（元）			1 902.63	1 487.07	1 383.53
	材料费（元）			2 017.10	2 002.33	2 002.33
	机械费（元）			19.03	14.87	13.84
名称		单位	单价（元）	消耗量		
人工	三类人工	工日	155.00	12.275	9.594	8.926
材料	杉板枋材	m³	1 625.00	1.229	1.220	1.220
	其他材料费	元	1.00	19.97	19.83	19.83
机械	其他机械费 占人工	%	1.00	1.000	1.000	1.000

注：本定额以刨光为准，刨光木材损耗已包括在定额内。如糙介不刨光者，人工乘以系数 0.7，枋材消耗量乘以系数 0.97，其他不变。

工作内容:放样、选配料、锯截、刨光、画线、凿眼、锯榫、汇榫、弹安装线、编写安装号等。 **计量单位**:m³

定额编号				5-521	5-522	5-523
项目				两端带绰幕头的顺栿串(夹底、随梁枋)制作		
				厚度		
				8cm 以内	12cm 以内	12cm 以外
基价(元)				**4 259.06**	**3 754.60**	**3 632.49**
其中	人工费(元)			2 219.76	1 734.92	1 614.02
	材料费(元)			2 017.10	2 002.33	2 002.33
	机械费(元)			22.20	17.35	16.14
名称		单位	单价(元)	消耗量		
人工	三类人工	工日	155.00	14.321	11.193	10.413
材料	杉板枋材	m³	1 625.00	1.229	1.220	1.220
	其他材料费	元	1.00	19.97	19.83	19.83
机械	其他机械费 占人工	%	1.00	1.000	1.000	1.000

注:本定额以刨光为准,刨光木材损耗已包括在定额内。如糙介不刨光者,人工乘以系数 0.7,枋材消耗量乘以系数 0.97,其他不变。

工作内容:放样、选配料、锯截、刨光、画线、凿眼、锯榫、汇榫、弹安装线、编写安装号等。 **计量单位**:m³

定额编号				5-524	5-525	5-526
项目				一端带耍头的顺栿串(夹底、随梁枋)制作		
				厚度		
				8cm 以内	12cm 以内	12cm 以外
基价(元)				**3 778.60**	**3 379.19**	**3 283.22**
其中	人工费(元)			1 744.06	1 363.23	1 268.21
	材料费(元)			2 017.10	2 002.33	2 002.33
	机械费(元)			17.44	13.63	12.68
名称		单位	单价(元)	消耗量		
人工	二类人工	工日	155.00	11.252	8.795	8.182
材料	杉板枋材	m³	1 625.00	1.229	1.220	1.220
	其他材料费	元	1.00	19.97	19.83	19.83
机械	其他机械费 占人工	%	1.00	1.000	1.000	1.000

注:本定额以刨光为准,刨光木材损耗已包括在定额内。如糙介不刨光者,人工乘以系数 0.7,枋材消耗量乘以系数 0.97,其他不变。

工作内容：放样、选配料、锯截、刨光、画线、凿眼、锯榫、汇榫、弹安装线、编写安装号等。　　计量单位：m^3

定额编号				5-527	5-528	5-529
项　目				两端带耍头的顺栿串（夹底、随梁枋）制作		
				厚度		
				8cm 以内	12cm 以内	12cm 以外
基价（元）				**3 938.76**	**3 504.27**	**3 399.70**
其中	人工费（元）			1 902.63	1 487.07	1 383.53
	材料费（元）			2 017.10	2 002.33	2 002.33
	机械费（元）			19.03	14.87	13.84
名　称		单位	单价（元）	消　耗　量		
人工	三类人工	工日	155.00	12.275	9.594	8.926
材料	杉板枋材	m^3	1 625.00	1.229	1.220	1.220
	其他材料费	元	1.00	19.97	19.83	19.83
机械	其他机械费　占人工	%	1.00	1.000	1.000	1.000

注：本定额以刨光为准，刨光木材损耗已包括在定额内。如糙介不刨光者，人工乘以系数 0.7，枋材消耗量乘以系数 0.97，其他不变。

工作内容：放样、选配料、锯截、刨光、画线、凿眼、锯榫、汇榫、弹安装线、编写安装号等。　　计量单位：m^3

定额编号				5-530	5-531	5-532	5-533	5-534
项　目				普拍枋（斗盘枋、平板枋、算桯枋、随瓣枋）制作				
				枋高				
				20cm 以内	25cm 以内	30cm 以内	35cm 以内	35cm 以外
基价（元）				**3 058.82**	**2 748.11**	**2 541.74**	**2 421.12**	**2 267.73**
其中	人工费（元）			1 054.16	779.03	595.82	481.28	389.52
	材料费（元）			1 994.12	1 961.29	1 939.96	1 935.03	1 874.31
	机械费（元）			10.54	7.79	5.96	4.81	3.90
名　称		单位	单价（元）	消　耗　量				
人工	三类人工	工日	155.00	6.801	5.026	3.844	3.105	2.513
材料	杉板枋材	m^3	1 625.00	1.215	1.195	1.182	1.179	1.142
	其他材料费	元	1.00	19.74	19.42	19.21	19.16	18.56
机械	其他机械费　占人工	%	1.00	1.000	1.000	1.000	1.000	1.000

注：本定额以刨光为准，刨光木材损耗已包括在定额内。如糙介不刨光者，人工乘以系数 0.7，枋材消耗量乘以系数 0.97，其他不变。

工作内容:放样、选配料、锯截、刨光、画线、凿眼、锯榫、汇榫、弹安装线、编写安装号等。　　**计量单位:**m^3

定额编号				5-535	5-536	5-537	5-538	5-539
项　目				撩檐枋(挑檐枋)制作				
				枋高				
				35cm以内	40cm以内	45cm以内	50cm以内	50cm以外
基价(元)				**3 355.02**	**3 013.09**	**2 866.04**	**2 659.66**	**2 502.58**
其中	人工费(元)			1 401.05	1 099.88	968.91	785.70	641.55
	材料费(元)			1 939.96	1 902.21	1 887.44	1 866.10	1 854.61
	机械费(元)			14.01	11.00	9.69	7.86	6.42
名　称		单位	单价(元)	消　耗　量				
人工	三类人工	工日	155.00	9.039	7.096	6.251	5.069	4.139
材料	杉板枋材	m^3	1 625.00	1.182	1.159	1.150	1.137	1.130
	其他材料费	元	1.00	19.21	18.83	18.69	18.48	18.36
机械	其他机械费 占人工	%	1.00	1.000	1.000	1.000	1.000	1.000

注:本定额以刨光为准,刨光木材损耗已包括在定额内。如糙介不刨光者,人工乘以系数 0.7,枋材消耗量乘以系数 0.97,其他不变。

工作内容:放样、选配料、锯截、刨光、画线、凿眼、锯榫、汇榫、弹安装线、编写安装号等。　　**计量单位:**m^3

定额编号				5-540	5-541	5-542	5-543	5-544	5-545
项　目				承椽枋制作					旧枋改短重新作榫
				截面高度					
				30cm以内	40cm以内	50cm以内	60cm以内	60cm以外	
基价(元)				**3 513.42**	**3 075.55**	**2 764.48**	**2 575.06**	**2 412.87**	**366.11**
其中	人工费(元)			1 678.96	1 245.43	937.44	749.89	589.31	341.47
	材料费(元)			1 817.67	1 817.67	1 817.67	1 817.67	1 817.67	21.23
	机械费(元)			16.79	12.45	9.37	7.50	5.89	3.41
名　称		单位	单价(元)	消　耗　量					
人工	三类人工	工日	155.00	10.832	8.035	6.048	4.838	3.802	2.203
材料	杉板枋材	m^3	1 625.00	1.113	1.113	1.113	1.113	1.113	0.013
	其他材料费	元	1.00	9.04	9.04	9.04	9.04	9.04	0.11
机械	其他机械费 占人工	%	1.00	1.000	1.000	1.000	1.000	1.000	1.000

注:本定额以刨光为准,刨光木材损耗已包括在定额内。如糙介不刨光者,人工乘以系数 0.7,枋材消耗量乘以系数 0.97,其他不变。

三、木构件梁类制作

工作内容：放样、选配料、刨光、画线、锯截、凿眼、挖底、锯榫、汇榫、弹安装线、编写安装号等。　　**计量单位：**m^3

定额编号				5-546	5-547
项　目				明栿直梁式椽栿、乳栿、劄牵（架梁、山界梁、轩梁、荷包梁、单步梁、双步梁、桃尖梁、抱头梁）制作	
				厚度	
				24cm 以内	24cm 以外
基价（元）				**3 439.04**	**3 210.55**
其中	人工费（元）			1 553.57	1 340.29
	材料费（元）			1 869.93	1 856.86
	机械费（元）			15.54	13.40
名　称		单位	单价（元）	消　耗　量	
人工	三类人工	工日	155.00	10.023	8.647
材料	杉板枋材	m^3	1 625.00	1.145	1.137
	其他材料费	元	1.00	9.30	9.24
机械	其他机械费 占人工	%	1.00	1.000	1.000

工作内容：放样、选配料、画线、锯截、凿眼、锯榫、汇榫、弹安装线、编写安装号等。　　**计量单位：**m^3

定额编号				5-548	5-549
项　目				草栿直梁式椽栿、乳栿、劄牵（架梁、山界梁、轩梁、荷包梁、单步梁、双步梁、桃尖梁、抱头梁）制作	
				厚度	
				24cm 以内	24cm 以外
基价（元）				**2 911.12**	**2 748.94**
其中	人工费（元）			1 087.48	938.22
	材料费（元）			1 812.77	1 801.34
	机械费（元）			10.87	9.38
名　称		单位	单价（元）	消　耗　量	
人工	三类人工	工日	155.00	7.016	6.053
材料	杉板枋材	m^3	1 625.00	1.110	1.103
	其他材料费	元	1.00	9.02	8.96
机械	其他机械费 占人工	%	1.00	1.000	1.000

工作内容:放样、选配料、刨光、画线、锯截、圆楞、凿眼、挖底、锯榫、汇榫、弹安装线、编写安装号等。 **计量单位**:m^3

定额编号				5-550	5-551
项目				明栿月梁式椽栿、乳栿、劄牵(架梁、山界梁、轩梁、荷包梁、单步梁、双步梁、桃尖梁、抱头梁)制作	
				厚度	
				24cm 以内	24cm 以外
基价(元)				**3 831.35**	**3 549.01**
其中	人工费(元)			1 942.00	1 675.40
	材料费(元)			1 869.93	1 856.86
	机械费(元)			19.42	16.75
名称		单位	单价(元)	消耗量	
人工	三类人工	工日	155.00	12.529	10.809
材料	杉板枋材	m^3	1 625.00	1.145	1.137
	其他材料费	元	1.00	9.30	9.24
机械	其他机械费 占人工	%	1.00	1.000	1.000

工作内容:放样、选配料、画线、锯截、凿眼、锯榫、汇榫、弹安装线、编写安装号等。 **计量单位**:m^3

定额编号				5-552	5-553
项目				草栿月梁式椽栿、乳栿、劄牵(架梁、山界梁、轩梁、荷包梁、单步梁、双步梁、桃尖梁、抱头梁)制作	
				厚度	
				24cm 以内	24cm 以外
基价(元)				**3 185.71**	**2 985.80**
其中	人工费(元)			1 359.35	1 172.73
	材料费(元)			1 812.77	1 801.34
	机械费(元)			13.59	11.73
名称		单位	单价(元)	消耗量	
人工	三类人工	工日	155.00	8.770	7.566
材料	杉板枋材	m^3	1 625.00	1.110	1.103
	其他材料费	元	1.00	9.02	8.96
机械	其他机械费 占人工	%	1.00	1.000	1.000

工作内容：放样、选配料、刨光、画线、挖底、锯截、制作成型、弹安装线、编写安装号等。　　计量单位：m^3

定额编号				5-554	5-555	5-556	5-557	5-558
项　目				桃尖假梁头制作				
				厚度				
				25cm以内	30cm以内	40cm以内	50cm以内	50cm以外
基价（元）				**5 596.49**	**4 433.32**	**3 946.45**	**3 364.71**	**3 270.16**
其中	人工费（元）			3 696.13	2 544.48	2 062.43	1 486.45	1 392.83
	材料费（元）			1 863.40	1 863.40	1 863.40	1 863.40	1 863.40
	机械费（元）			36.96	25.44	20.62	14.86	13.93
名　称		单位	单价（元）	消　耗　量				
人工	三类人工	工日	155.00	23.846	16.416	13.306	9.590	8.986
材料	杉板枋材	m^3	1 625.00	1.141	1.141	1.141	1.141	1.141
	其他材料费	元	1.00	9.27	9.27	9.27	9.27	9.27
机械	其他机械费 占人工	%	1.00	1.000	1.000	1.000	1.000	1.000

注：本定额以刨光为准，刨光木材损耗已包括在定额内。如糙介不刨光者，人工乘以系数0.7，枋材消耗量乘以系数0.97，其他不变。

工作内容：放样、选配料、刨光、画线、挖底、锯截、制作成型、弹安装线、编写安装号等。　　计量单位：m^3

定额编号				5-559	5-560	5-561	5-562	5-563
项　目				抱头假梁头制作				
				厚度				
				25cm以内	30cm以内	40cm以内	50cm以内	50cm以外
基价（元）				**3 968.35**	**3 413.70**	**3 089.17**	**2 777.95**	**2 575.06**
其中	人工费（元）			2 129.39	1 580.23	1 258.91	950.77	749.89
	材料费（元）			1 817.67	1 817.67	1 817.67	1 817.67	1 817.67
	机械费（元）			21.29	15.80	12.59	9.51	7.50
名　称		单位	单价（元）	消　耗　量				
人工	三类人工	工日	155.00	13.738	10.195	8.122	6.134	4.838
材料	杉板枋材	m^3	1 625.00	1.113	1.113	1.113	1.113	1.113
	其他材料费	元	1.00	9.04	9.04	9.04	9.04	9.04
机械	其他机械费 占人工	%	1.00	1.000	1.000	1.000	1.000	1.000

注：本定额以刨光为准，刨光木材损耗已包括在定额内。如糙介不刨光者，人工乘以系数0.7，枋材消耗量乘以系数0.97，其他不变。

工作内容：放样、选配料、刨光、画线、锯截、制作成型、弹安装线、编写安装号等。　　计量单位：m^3

定额编号				5-564	5-565	5-566	5-567
项　目				角云、捧梁云、通雀替制作			
				截面宽度			
				25cm 以内	30cm 以内	40cm 以内	40cm 以外
基价（元）				**7 034.56**	**5 817.70**	**4 808.58**	**3 909.67**
其中	人工费（元）			5 119.96	3 915.15	2 916.02	2 026.01
	材料费（元）			1 863.40	1 863.40	1 863.40	1 863.40
	机械费（元）			51.20	39.15	29.16	20.26
名　称		单位	单价（元）	消　耗　量			
人工	三类人工	工日	155.00	33.032	25.259	18.813	13.071
材料	杉板枋材	m^3	1 625.00	1.141	1.141	1.141	1.141
	其他材料费	元	1.00	9.27	9.27	9.27	9.27
机械	其他机械费 占人工	%	1.00	1.000	1.000	1.000	1.000

四、木构件蜀柱（童柱、矮柱）、圆梁、合（木沓）（角背）、叉手、托脚、替木制作

工作内容：放样、选配料、刨光、画线、锯截、做柱角榫、挖榫碗、锯榫、汇榫、弹安装线、编写安装号等。　计量单位：m^3

定额编号				5-568	5-569	5-570	5-571
项　目				明栿不带合（木沓）卯口的蜀柱（童柱、矮柱）、圆梁制作			
				柱径			
				25cm 以内	30cm 以内	35cm 以内	35cm 以外
基价（元）				**5 273.40**	**4 437.58**	**3 916.89**	**3 434.32**
其中	人工费（元）			2 611.44	1 928.51	1 419.49	1 084.69
	材料费（元）			2 635.85	2 489.78	2 483.21	2 338.78
	机械费（元）			26.11	19.29	14.19	10.85
名　称		单位	单价（元）	消　耗　量			
人工	三类人工	工日	155.00	16.848	12.442	9.158	6.998
材料	杉板枋材	m^3	1 625.00	1.606	1.517	1.513	1.425
	其他材料费	元	1.00	26.10	24.65	24.59	23.16
机械	其他机械费 占人工	%	1.00	1.000	1.000	1.000	1.000

工作内容：放样、选配料、画线、锯截、做柱角榫、挖榫碗、锯榫、汇榫、弹安装线、编写安装号等。　　计量单位：m^3

定额编号				5-572	5-573	5-574	5-575
项　目				草栿不带合（木沓）卯口的蜀柱（童柱、矮柱）、圆梁制作			
				柱径			
				25cm 以内	30cm 以内	35cm 以内	35cm 以外
基价（元）				**4 403.42**	**3 777.68**	**3 484.71**	**3 035.15**
其中	人工费（元）			1 828.07	1 349.90	1 064.70	759.35
	材料费（元）			2 557.07	2 414.28	2 409.36	2 268.21
	机械费（元）			18.28	13.50	10.65	7.59
名　称		单位	单价（元）	消　耗　量			
人工	三类人工	工日	155.00	11.794	8.709	6.869	4.899
材料	杉板枋材	m^3	1 625.00	1.558	1.471	1.468	1.382
	其他材料费	元	1.00	25.32	23.90	23.86	22.46
机械	其他机械费　占人工	%	1.00	1.000	1.000	1.000	1.000

工作内容：放样、选配料、刨光、画线、锯截、做柱角榫、挖榫碗、锯榫、汇榫、弹安装线、编写安装号等。　计量单位：m^3

定额编号				5-576	5-577	5-578	5-579
项　目				明栿带合（木沓）卯口的蜀柱（童柱、矮柱）、圆梁制作			
				柱径			
				25cm 以内	30cm 以内	35cm 以内	35cm 以外
基价（元）				**6 044.42**	**5 005.54**	**4 336.30**	**3 759.00**
其中	人工费（元）			3 374.82	2 490.85	1 834.74	1 406.16
	材料费（元）			2 635.85	2 489.78	2 483.21	2 338.78
	机械费（元）			33.75	24.91	18.35	14.06
名　称		单位	单价（元）	消　耗　量			
人工	三类人工	工日	155.00	21.773	16.070	11.837	9.072
材料	杉板枋材	m^3	1 625.00	1.606	1.517	1.513	1.425
	其他材料费	元	1.00	26.10	24.65	24.59	23.16
机械	其他机械费　占人工	%	1.00	1.000	1.000	1.000	1.000

工作内容:放样、选配料、画线、锯截、做柱角榫、挖榑碗、锯榫、汇榫、弹安装线、编写安装号等。 **计量单位:**m³

定额编号				5-580	5-581	5-582	5-583
项目				草栿带合(木沓)卯口的蜀柱(童柱、矮柱)、圆梁制作			
				柱径			
				25cm以内	30cm以内	35cm以内	35cm以外
基价(元)				**4 943.05**	**4 175.32**	**3 706.53**	**3 262.30**
其中	人工费(元)			2 362.36	1 743.60	1 284.33	984.25
	材料费(元)			2 557.07	2 414.28	2 409.36	2 268.21
	机械费(元)			23.62	17.44	12.84	9.84
名称		单位	单价(元)	消耗量			
人工	三类人工	工日	155.00	15.241	11.249	8.286	6.350
材料	杉板枋材	m³	1 625.00	1.558	1.471	1.468	1.382
	其他材料费	元	1.00	25.32	23.90	23.86	22.46
机械	其他机械费 占人工	%	1.00	1.000	1.000	1.000	1.000

工作内容:放样、选配料、刨光、画线、锯截、锯榫、刻蜀柱口、剔袖、作卯、制作成型、弹安装线、编写安装号等。 **计量单位:**m³

定额编号				5-584	5-585	5-586	5-587
项目				合(木沓)(角背)制作			
				高度			
				30cm以内	35cm以内	40cm以内	40cm以外
基价(元)				**9 053.57**	**8 091.72**	**7 165.64**	**6 278.94**
其中	人工费(元)			6 472.80	5 520.48	4 642.56	3 764.64
	材料费(元)			2 516.04	2 516.04	2 476.65	2 476.65
	机械费(元)			64.73	55.20	46.43	37.65
名称		单位	单价(元)	消耗量			
人工	三类人工	工日	155.00	41.760	35.616	29.952	24.288
材料	杉板枋材	m³	1 625.00	1.533	1.533	1.509	1.509
	其他材料费	元	1.00	24.91	24.91	24.52	24.52
机械	其他机械费 占人工	%	1.00	1.000	1.000	1.000	1.000

工作内容：放样、选配料、刨光、画线、锯截、锯榫、汇榫、弹安装线、编写安装号等。　　**计量单位**：m^3

定额编号				5-588	5-589	5-590
项　目				明栿托脚、叉手制作		
				高度		
				25cm 以内	30cm 以内	30cm 以外
基价（元）				**3 829.49**	**3 418.29**	**3 076.14**
其中	人工费（元）			1 848.07	1 486.45	1 337.81
	材料费（元）			1 962.94	1 916.98	1 724.95
	机械费（元）			18.48	14.86	13.38
名　称		单位	单价（元）	消　耗　量		
人工	三类人工	工日	155.00	11.923	9.590	8.631
材料	杉板枋材	m^3	1 625.00	1.196	1.168	1.051
	其他材料费	元	1.00	19.44	18.98	17.08
机械	其他机械费　占人工	%	1.00	1.000	1.000	1.000

工作内容：放样、选配料、画线、锯截、锯榫、汇榫、弹安装线、编写安装号等。　　**计量单位**：m^3

定额编号				5-591	5-592	5-593
项　目				草栿托脚、叉手制作		
				高度		
				25cm 以内	30cm 以内	30cm 以外
基价（元）				**3 210.42**	**2 910.47**	**2 823.18**
其中	人工费（元）			1 293.63	1 040.52	1 009.36
	材料费（元）			1 903.85	1 859.54	1 803.73
	机械费（元）			12.94	10.41	10.09
名　称		单位	单价（元）	消　耗　量		
人工	三类人工	工日	155.00	8.346	6.713	6.512
材料	杉板枋材	m^3	1 625.00	1.160	1.133	1.099
	其他材料费	元	1.00	18.85	18.41	17.86
机械	其他机械费　占人工	%	1.00	1.000	1.000	1.000

工作内容：放样、选配料、刨光、画线、锯截、锯榫、汇榫、弹安装线、编写安装号等。　　　　**计量单位：**m³

定额编号				5-594	5-595	5-596	5-597	5-598	5-599
项　目				直边无雕刻驼峰制作		毡金、掏辨驼峰制作		隐刻驼峰制作	
				高度					
				50cm以内	50cm以外	50cm以内	50cm以外	50cm以内	50cm以外
基价（元）				**4 506.56**	**3 662.56**	**6 512.91**	**4 692.82**	**7 086.67**	**5 048.97**
其中	人工费（元）			2 619.19	1 807.92	4 605.67	2 827.98	5 173.75	3 180.60
	材料费（元）			1 861.18	1 836.56	1 861.18	1 836.56	1 861.18	1 836.56
	机械费（元）			26.19	18.08	46.06	28.28	51.74	31.81
名　称		单位	单价（元）	消　耗　量					
人工	三类人工	工日	155.00	16.898	11.664	29.714	18.245	33.379	20.520
材料	杉板枋材	m³	1 625.00	1.134	1.119	1.134	1.119	1.134	1.119
	其他材料费	元	1.00	18.43	18.18	18.43	18.18	18.43	18.18
机械	其他机械费 占人工	%	1.00	1.000	1.000	1.000	1.000	1.000	1.000

工作内容：1. 放样、选配料、刨光、画线、锯截、锯榫、汇榫、弹安装线、编写安装号等。

2. 放样、选配料、画线、锯截、锯榫、汇榫、弹安装线、编写安装号等。　　　　**计量单位：**m³

定额编号				5-600	5-601	5-602	5-603	5-604	5-605
项　目				明栿墩木（柁墩）制作			草栿墩木（柁墩）制作		
				墩木长度					
				60cm以内	80cm以内	80cm以外	60cm以内	80cm以内	80cm以外
基价（元）				**5 039.11**	**3 862.22**	**3 597.20**	**4 034.23**	**3 203.23**	**3 000.12**
其中	人工费（元）			3 126.97	1 990.98	1 791.96	2 188.91	1 393.76	1 254.42
	材料费（元）			1 880.87	1 851.33	1 787.32	1 823.43	1 795.53	1 733.16
	机械费（元）			31.27	19.91	17.92	21.89	13.94	12.54
名　称		单位	单价（元）	消　耗　量					
人工	三类人工	工日	155.00	20.174	12.845	11.561	14.122	8.992	8.093
材料	杉板枋材	m³	1 625.00	1.146	1.128	1.089	1.111	1.094	1.056
	其他材料费	元	1.00	18.62	18.33	17.70	18.05	17.78	17.16
机械	其他机械费 占人工	%	1.00	1.000	1.000	1.000	1.000	1.000	1.000

工作内容：放样、选配料、刨光、画线、锯截、锯榫、汇榫、弹安装线、编写安装号等。　　计量单位：m^3

定额编号				5-606	5-607	5-608	5-609	5-610
项　目				替木（方木连机）制作				
				厚度				
				8cm 以内	10cm 以内	12cm 以内	15cm 以内	15cm 以外
基价（元）				**3 625.49**	**3 085.14**	**2 931.81**	**2 791.56**	**2 661.48**
其中	人工费（元）			1 644.40	1 130.42	1 017.42	915.74	824.14
	材料费（元）			1 964.65	1 943.42	1 904.22	1 866.66	1 829.10
	机械费（元）			16.44	11.30	10.17	9.16	8.24
名　称		单位	单价（元）	消　耗　量				
人工	三类人工	工日	155.00	10.609	7.293	6.564	5.908	5.317
材料	杉板枋材	m^3	1 625.00	1.203	1.190	1.166	1.143	1.120
	其他材料费	元	1.00	9.77	9.67	9.47	9.29	9.10
机械	其他机械费 占人工	%	1.00	1.000	1.000	1.000	1.000	1.000

注：本定额以刨光为准，刨光木材损耗已包括在定额内。如糙介不刨光者，人工乘以系数0.7，枋材消耗量乘以系数0.97，其他不变。

五、木构件角梁制作

工作内容:放样、选配料、刨光、画线、锯截、凿眼、锯榫、汇榫、弹安装线、编写安装号等。 **计量单位:**m^3

定额编号				5-611	5-612	5-613	5-614
项目				大角梁(老戗木、老角梁)制作			
				厚度			
				20cm 以内	25cm 以内	30cm 以内	30cm 以外
基价(元)				**4 199.79**	**3 672.97**	**3 286.30**	**2 972.17**
其中	人工费(元)			2 259.90	1 757.70	1 389.42	1 088.10
	材料费(元)			1 917.29	1 897.69	1 882.99	1 873.19
	机械费(元)			22.60	17.58	13.89	10.88
名称		单位	单价(元)	消耗量			
人工	三类人工	工日	155.00	14.580	11.340	8.964	7.020
材料	杉板枋材	m^3	1 625.00	1.174	1.162	1.153	1.147
	其他材料费	元	1.00	9.54	9.44	9.37	9.32
机械	其他机械费 占人工	%	1.00	1.000	1.000	1.000	1.000

注:本定额以刨光为准,刨光木材损耗已包括在定额内。如糙介不刨光者,人工乘以系数 0.7,枋材消耗量乘以系数 0.97,其他不变。

工作内容：放样、选配料、刨光、画线、锯截、凿眼、锯榫、汇榫、弹安装线、编写安装号等。　　**计量单位：**m^3

定额编号				5-615	5-616	5-617	5-618
项　目				子角梁（嫩戗木、仔角梁）制作			
				厚度			
				20cm 以内	25cm 以内	30cm 以内	30cm 以外
基价（元）				**4 684.82**	**3 669.31**	**3 115.98**	**2 776.40**
其中	人工费（元）			2 544.48	1 841.40	1 422.90	1 188.54
	材料费（元）			2 114.90	1 809.50	1 678.85	1 575.97
	机械费（元）			25.44	18.41	14.23	11.89
名　称		单位	单价（元）	消　耗　量			
人工	三类人工	工日	155.00	16.416	11.880	9.180	7.668
材料	杉板枋材	m^3	1 625.00	1.295	1.108	1.028	0.965
	其他材料费	元	1.00	10.52	9.00	8.35	7.84
机械	其他机械费 占人工	%	1.00	1.000	1.000	1.000	1.000

注：本定额以刨光为准，刨光木材损耗已包括在定额内。如糙介不刨光者，人工乘以系数 0.7，枋材消耗量乘以系数 0.97，其他不变。

工作内容：放样、选配料、刨光、画线、锯截、凿眼、锯榫、汇榫、弹安装线、编写安装号等。　　**计量单位：**m^3

定额编号				5-619	5-620	5-621	5-622
项　目				隐角梁制作			
				厚度			
				20cm 以内	25cm 以内	30cm 以内	30cm 以外
基价（元）				**4 107.48**	**3 554.52**	**3 256.24**	**2 886.49**
其中	人工费（元）			2 092.50	1 590.30	1 322.46	970.92
	材料费（元）			1 994.05	1 948.32	1 920.56	1 905.86
	机械费（元）			20.93	15.90	13.22	9.71
名　称		单位	单价（元）	消　耗　量			
人工	三类人工	工日	155.00	13.500	10.260	8.532	6.264
材料	杉板枋材	m^3	1 625.00	1.221	1.193	1.176	1.167
	其他材料费	元	1.00	9.92	9.69	9.56	9.48
机械	其他机械费 占人工	%	1.00	1.000	1.000	1.000	1.000

注：本定额以刨光为准，刨光木材损耗已包括在定额内。如糙介不刨光者，人工乘以系数 0.7，枋材消耗量乘以系数 0.97，其他不变。

工作内容:放样、选配料、刨光、画线、锯截、凿眼、锯榫、汇榫、弹安装线、编写安装号等。　　**计量单位:**m^3

定额编号					5-623	5-624	5-625	5-626
项　目					续角梁制作			
					厚度			
					20cm 以内	25cm 以内	30cm 以内	30cm 以外
基价(元)					**3 544.72**	**3 161.91**	**2 905.60**	**2 638.92**
其中	人工费(元)				1 590.30	1 238.76	1 004.40	753.30
	材料费(元)				1 938.52	1 910.76	1 891.16	1 878.09
	机械费(元)				15.90	12.39	10.04	7.53
名　称			单位	单价(元)	消　耗　量			
人工	三类人工		工日	155.00	10.260	7.992	6.480	4.860
材料	杉板枋材		m^3	1 625.00	1.187	1.170	1.158	1.150
	其他材料费		元	1.00	9.64	9.51	9.41	9.34
机械	其他机械费 占人工		%	1.00	1.000	1.000	1.000	1.000

注:本定额以刨光为准,刨光木材损耗已包括在定额内。如糙介不刨光者,人工乘以系数 0.7,枋材消耗量乘以系数 0.97,其他不变。

工作内容:放样、选配料、刨光、画线、锯截、锯榫、汇榫、弹安装线、编写安装号等。　　**计量单位:**m^3

定额编号				5-627	5-628	5-629	5-630	5-631
项　目				由戗制作				
				厚度				
				15cm 以内	20cm 以内	25cm 以内	30cm 以内	30cm 以外
基价(元)				**3 305.52**	**3 111.09**	**2 852.47**	**2 550.64**	**2 363.72**
其中	人工费(元)			1 473.12	1 280.61	1 024.55	725.71	540.64
	材料费(元)			1 817.67	1 817.67	1 817.67	1 817.67	1 817.67
	机械费(元)			14.73	12.81	10.25	7.26	5.41
名　称		单位	单价(元)	消　耗　量				
人工	三类人工	工日	155.00	9.504	8.262	6.610	4.682	3.488
材料	杉板枋材	m^3	1 625.00	1.113	1.113	1.113	1.113	1.113
	其他材料费	元	1.00	9.04	9.04	9.04	9.04	9.04
机械	其他机械费 占人工	%	1.00	1.000	1.000	1.000	1.000	1.000

注:本定额以刨光为准,刨光木材损耗已包括在定额内。如糙介不刨光者,人工乘以系数 0.7,枋材消耗量乘以系数 0.97,其他不变。

六、木构件承阁梁制作

工作内容：放样、选配料、刨光、画线、锯截、凿眼、锯榫、汇榫、弹安装线、编写安装号等。　　**计量单位：**m³

定额编号					5-632	5-633	5-634	5-635	5-636
项目					承阁梁制作				
					厚度				
					25cm以内	30cm以内	40cm以内	50cm以内	50cm以外
基价（元）					**3 170.26**	**3 001.19**	**2 747.58**	**2 527.78**	**2 392.52**
其中	人工费（元）				1 339.20	1 171.80	920.70	703.08	569.16
	材料费（元）				1 817.67	1 817.67	1 817.67	1 817.67	1 817.67
	机械费（元）				13.39	11.72	9.21	7.03	5.69
名称		单位	单价（元）		消耗量				
人工	三类人工	工日	155.00		8.640	7.560	5.940	4.536	3.672
材料	杉板枋材	m³	1 625.00		1.113	1.113	1.113	1.113	1.113
	其他材料费	元	1.00		9.04	9.04	9.04	9.04	9.04
机械	其他机械费 占人工	%	1.00		1.000	1.000	1.000	1.000	1.000

七、木构件榑（桁、檩条）制作

工作内容：放样、选配料、刨光、画线、锯截、凿眼、锯榫、汇榫等。　　**计量单位：**m³

定额编号				5-637	5-638	5-639	5-640
项目				普通明楸圆榑（圆木桁、檩条）制作			
				直径			
				12cm以内	16cm以内	20cm以内	24cm以内
基价（元）				**3 881.83**	**3 123.78**	**2 662.71**	**2 466.63**
其中	人工费（元）			1 495.13	1 012.46	660.77	535.06
	材料费（元）			2 371.75	2 101.20	1 995.33	1 926.22
	机械费（元）			14.95	10.12	6.61	5.35
名称		单位	单价（元）	消耗量			
人工	三类人工	工日	155.00	9.646	6.532	4.263	3.452
材料	杉原木 综合	m³	1 466.00	1.613	1.429	1.357	1.310
	其他材料费	元	1.00	7.09	6.28	5.97	5.76
机械	其他机械费 占人工	%	1.00	1.000	1.000	1.000	1.000

工作内容：放样、选配料、刨光、画线、锯截、凿眼、锯榫、汇榫等。　　**计量单位：**m³

定额编号				5-641	5-642	5-643	5-644	5-645
项　目				普通明栿圆樽（圆木桁、檩条）制作				
				径				
				28cm 以内	32cm 以内	36cm 以内	40cm 以内	50cm 以内
基价（元）				**2 296.67**	**2 209.46**	**2 131.50**	**2 044.61**	**2 004.42**
其中	人工费（元）			425.01	379.44	328.45	268.62	246.30
	材料费（元）			1 867.41	1 826.23	1 799.77	1 773.30	1 755.66
	机械费（元）			4.25	3.79	3.28	2.69	2.46
名　称		单位	单价（元）	消　耗　量				
人工	三类人工	工日	155.00	2.742	2.448	2.119	1.733	1.589
材料	杉原木 综合	m³	1 466.00	1.270	1.242	1.224	1.206	1.194
	其他材料费	元	1.00	5.59	5.46	5.38	5.30	5.25
机械	其他机械费 占人工	%	1.00	1.000	1.000	1.000	1.000	1.000

工作内容：放样、选配料、画线、锯截、凿眼、锯榫、汇榫等。　　**计量单位：**m³

定额编号				5-646	5-647	5-648	5-649
项　目				普通草栿圆樽（圆木桁、檩条）制作			
				径			
				12cm 以内	16cm 以内	20cm 以内	24cm 以内
基价（元）				**3 358.20**	**2 753.72**	**2 402.19**	**2 193.10**
其中	人工费（元）			1 046.56	708.66	462.52	321.01
	材料费（元）			2 301.17	2 037.97	1 935.04	1 868.88
	机械费（元）			10.47	7.09	4.63	3.21
名　称		单位	单价（元）	消　耗　量			
人工	三类人工	工日	155.00	6.752	4.572	2.984	2.071
材料	杉原木 综合	m³	1 466.00	1.565	1.386	1.316	1.271
	其他材料费	元	1.00	6.88	6.10	5.79	5.59
机械	其他机械费 占人工	%	1.00	1.000	1.000	1.000	1.000

工作内容：放样、选配料、画线、锯截、凿眼、锯榫、汇榫等。　　计量单位：m³

定额编号				5-650	5-651	5-652	5-653	5-654
项　目				普通草栿圆槫（圆木桁、檩条）制作				
				径				
				28cm 以内	32cm 以内	36cm 以内	40cm 以内	50cm 以内
基价（元）				2 111.95	2 040.16	1 977.53	1 910.27	1 851.92
其中	人工费（元）			297.45	265.67	229.87	188.02	147.72
	材料费（元）			1 811.53	1 771.83	1 745.36	1 720.37	1 702.72
	机械费（元）			2.97	2.66	2.30	1.88	1.48
名　称		单位	单价（元）	消　耗　量				
人工	三类人工	工日	155.00	1.919	1.714	1.483	1.213	0.953
材料	杉原木 综合	m^3	1 466.00	1.232	1.205	1.187	1.170	1.158
	其他材料费	元	1.00	5.42	5.30	5.22	5.15	5.09
机械	其他机械费 占人工	%	1.00	1.000	1.000	1.000	1.000	1.000

工作内容：放样、选配料、刨光、画线、锯截、凿眼、锯榫、汇榫等。　　计量单位：m³

定额编号				5-655	5-656	5-657
项　目				普通明栿方槫（方木桁、檩条）制作		
				厚度		
				11cm 以内	14cm 以内	14cm 以外
基价（元）				2 889.87	2 655.57	2 520.74
其中	人工费（元）			939.30	741.21	620.62
	材料费（元）			1 941.18	1 906.95	1 893.91
	机械费（元）			9.39	7.41	6.21
名　称		单位	单价（元）	消　耗　量		
人工	三类人工	工日	155.00	6.060	4.782	4.004
材料	杉板枋材	m^3	1 625.00	1.191	1.170	1.162
	其他材料费	元	1.00	5.81	5.70	5.66
机械	其他机械费 占人工	%	1.00	1.000	1.000	1.000

工作内容:放样、选配料、画线、锯截、凿眼、锯榫、汇榫等。 **计量单位:**m^3

定额编号				5-658	5-659	5-660
项目				普通草栿方槫(方木桁、檩条)制作		
				厚度		
				11cm以内	14cm以内	14cm以外
基价(元)				**2 546.60**	**2 373.89**	**2 363.82**
其中	人工费(元)			657.51	518.79	434.47
	材料费(元)			1 882.51	1 849.91	1 925.01
	机械费(元)			6.58	5.19	4.34
名称		单位	单价(元)	消耗量		
人工	三类人工	工日	155.00	4.242	3.347	2.803
材料	杉板枋材	m^3	1 625.00	1.155	1.135	1.127
	其他材料费	元	1.00	5.63	5.53	93.64
机械	其他机械费 占人工	%	1.00	1.000	1.000	1.000

工作内容:放样、选配料、刨光、画线、锯截、凿眼、锯榫、汇榫等。 **计量单位:**m^3

定额编号				5-661	5-662	5-663	5-664	5-665
项目				扶脊木、帮脊木制作				旧槫(桁、檩)改短重新做榫
				径				
				20cm以内	30cm以内	40cm以内	40cm以外	
基价(元)				**2 900.35**	**2 557.97**	**2 446.35**	**2 344.91**	**405.78**
其中	人工费(元)			868.78	529.79	419.28	318.84	401.76
	材料费(元)			2 022.88	2 022.88	2 022.88	2 022.88	—
	机械费(元)			8.69	5.30	4.19	3.19	4.02
名称		单位	单价(元)	消耗量				
人工	三类人工	工日	155.00	5.605	3.418	2.705	2.057	2.592
材料	杉原木 综合	m^3	1 466.00	1.373	1.373	1.373	1.373	—
	其他材料费	元	1.00	10.06	10.06	10.06	10.06	—
机械	其他机械费 占人工	%	1.00	1.000	1.000	1.000	1.000	1.000

八、木构件垫板制作

工作内容：放样、选配料、断材、刨光、画线、锯截、锯槽、弹安装线、编写安装号等。　　**计量单位：**m^2

定额编号				5-666	5-667
项　目				垫板制作	
				板厚	
				4cm	每增减 1cm
基价（元）				**190.62**	**34.13**
其中	人工费（元）			85.25	11.16
	材料费（元）			104.52	22.86
	机械费（元）			0.85	0.11
名　称		单位	单价（元）	消　耗　量	
人工	三类人工	工日	155.00	0.550	0.072
材料	杉板枋材	m^3	1 625.00	0.064	0.014
	其他材料费	元	1.00	0.52	0.11
机械	其他机械费 占人工	%	1.00	1.000	1.000

九、木构件安装

工作内容: 垂直起重、修整榫卯、入位、校正、钉拉杆、绑戗杆、挪移抱杆及完成安装后拆除戗、拉杆,伸入墙内部分刷水柏油等。

计量单位:m^3

定额编号				5-668	5-669	5-670	5-671	5-672	5-673
项目				梭形内柱、檐柱、圆形直柱(立贴式圆柱)安装					
				柱径					
				25cm以内	35cm以内	45cm以内	55cm以内	70cm以内	70cm以外
基价(元)				**1 772.02**	**1 712.35**	**1 587.05**	**1 347.55**	**1 207.58**	**1 067.91**
其中	人工费(元)			768.18	716.10	611.94	559.86	507.78	481.74
	材料费(元)			996.16	989.09	968.99	782.09	694.72	581.35
	机械费(元)			7.68	7.16	6.12	5.60	5.08	4.82
名称		单位	单价(元)	消耗量					
人工	三类人工	工日	155.00	4.956	4.620	3.948	3.612	3.276	3.108
材料	杉板枋材	m^3	1 625.00	0.040	0.040	0.040	0.040	0.040	0.040
	杉槁 3m 以下	根	36.00	24.000	24.000	5.120	5.550	3.000	—
	杉槁 4 ~ 7m	根	65.00	—	—	10.250	5.550	4.000	4.000
	杉槁 7 ~ 10m	根	110.00	—	—	—	1.000	2.000	2.000
	镀锌铁丝 综合	kg	5.40	3.600	2.850	2.250	1.800	1.350	0.900
	圆钉	kg	4.74	0.830	0.790	0.520	0.450	0.320	0.170
	扎绑绳	kg	3.45	1.920	1.140	0.630	0.500	0.480	0.480
	大麻绳	kg	14.50	1.200	1.200	1.200	1.200	1.200	1.200
	水柏油	kg	0.44	0.525	0.525	0.525	0.525	0.525	0.525
	其他材料费	元	1.00	19.53	19.39	19.00	15.34	13.62	11.40
机械	其他机械费 占人工	%	1.00	1.000	1.000	1.000	1.000	1.000	1.000

工作内容：垂直起重、修整榫卯、入位、校正、钉拉杆、绑戗杆、挪移抱杆及完成安装后拆除戗、拉杆，伸入墙内部分刷水柏油等。

计量单位：m^3

定额编号				5-674	5-675	5-676	5-677	5-678	5-679
项目				方形直柱（立贴式方柱）安装					
				规格（cm）					
				14×14以内	18×18以内	22×22以内	26×26以内	30×30以内	45×45以内
基价（元）				**730.97**	**550.46**	**392.03**	**284.01**	**235.80**	**220.30**
其中	人工费（元）			719.98	541.26	384.40	277.45	229.71	214.37
	材料费（元）			3.79	3.79	3.79	3.79	3.79	3.79
	机械费（元）			7.20	5.41	3.84	2.77	2.30	2.14
名称		单位	单价（元）	消耗量					
人工	三类人工	工日	155.00	4.645	3.492	2.480	1.790	1.482	1.383
材料	水柏油	kg	0.44	0.525	0.525	0.525	0.525	0.525	0.525
	圆钉	kg	4.74	0.735	0.735	0.735	0.735	0.735	0.735
	其他材料费	元	1.00	0.07	0.07	0.07	0.07	0.07	0.07
机械	其他机械费 占人工	%	1.00	1.000	1.000	1.000	1.000	1.000	1.000

工作内容：垂直起重、修整榫卯、入位、校正、钉拉杆、绑戗杆、挪移抱杆及完成安装后拆除戗、拉杆等。

计量单位：m^3

定额编号				5-680	5-681	5-682	5-683	5-684	5-685
项目				异型直柱安装					
				边长					
				15cm以内	20cm以内	25cm以内	30cm以内	35cm以内	35cm以外
基价（元）				**603.34**	**585.18**	**571.57**	**554.35**	**537.75**	**521.62**
其中	人工费（元）			597.37	579.39	565.91	548.86	532.43	516.46
	材料费（元）			—	—	—	—	—	—
	机械费（元）			5.97	5.79	5.66	5.49	5.32	5.16
名称		单位	单价（元）	消耗量					
人工	三类人工	工日	155.00	3.854	3.738	3.651	3.541	3.435	3.332
机械	其他机械费 占人工	%	1.00	1.000	1.000	1.000	1.000	1.000	1.000

工作内容: 垂直起重、修整榫卯、入位、校正、钉拉杆、绑戗杆、挪移抱杆及完成安装后拆除戗、拉杆,伸入墙内部分刷水柏油等。

计量单位:m^3

定额编号				5-686	5-687	5-688	5-689	5-690	5-691
项目				阑额(额枋)、撩檐枋(挑檐枋)安装					
				枋高					
				30cm以内	35cm以内	40cm以内	45cm以内	50cm以内	50cm以外
基价(元)				**536.29**	**505.01**	**494.36**	**484.16**	**473.09**	**448.39**
其中	人工费(元)			511.50	480.81	470.58	460.35	450.12	426.25
	材料费(元)			19.67	19.39	19.07	19.21	18.47	17.88
	机械费(元)			5.12	4.81	4.71	4.60	4.50	4.26
名称		单位	单价(元)	消耗量					
人工	三类人工	工日	155.00	3.300	3.102	3.036	2.970	2.904	2.750
材料	扎绑绳	kg	3.45	1.320	1.241	1.150	1.188	0.980	0.810
	大麻绳	kg	14.50	1.000	1.000	1.000	1.000	1.000	1.000
	水柏油	kg	0.44	0.525	0.525	0.525	0.525	0.525	0.525
	其他材料费	元	1.00	0.39	0.38	0.37	0.38	0.36	0.35
机械	其他机械费 占人工	%	1.00	1.000	1.000	1.000	1.000	1.000	1.000

工作内容: 垂直起重、修整榫卯、入位、校正、钉拉杆、绑戗杆、挪移抱杆及完成安装后拆除戗、拉杆,伸入墙内部分刷水柏油等。

计量单位:m^3

定额编号				5-692	5-693	5-694
项目				襻间、顺脊串(穿枋)、顺栿串(夹底、随梁枋)等安装		
				厚度		
				8cm 以内	12cm 以内	12cm 以外
基价(元)				**686.82**	**537.08**	**499.92**
其中	人工费(元)			679.52	531.03	494.14
	材料费(元)			0.50	0.74	0.84
	机械费(元)			6.80	5.31	4.94
名称		单位	单价(元)	消耗量		
人工	三类人工	工日	155.00	4.384	3.426	3.188
材料	水柏油	kg	0.44	1.103	1.649	1.869
	其他材料费	元	1.00	0.01	0.01	0.02
机械	其他机械费 占人工	%	1.00	1.000	1.000	1.000

工作内容：垂直起重、修整榫卯、入位、校正、钉拉杆、绑戗杆、挪移抱杆及完成安装后拆除戗、拉杆，伸入墙内部分刷水柏油等。

计量单位：m^3

定额编号				5-695	5-696	5-697	5-698	5-699
项　目				普拍枋（斗盘枋、平板枋、算程枋、随瓣枋）安装				
				枋高				
				20cm以内	25cm以内	30cm以内	35cm以内	35cm以外
基价（元）				**585.47**	**546.29**	**481.91**	**465.47**	**433.08**
其中	人工费（元）			560.02	521.73	458.49	442.68	411.06
	材料费（元）			19.85	19.34	18.84	18.36	17.91
	机械费（元）			5.60	5.22	4.58	4.43	4.11
名　称		单位	单价（元）	消　耗　量				
人工	三类人工	工日	155.00	3.613	3.366	2.958	2.856	2.652
材料	扎绑绳	kg	3.45	1.320	1.150	0.980	0.810	0.640
	大麻绳	kg	14.50	1.000	1.000	1.000	1.000	1.000
	水柏油	kg	0.44	0.930	1.116	1.339	1.607	1.928
	其他材料费	元	1.00	0.39	0.38	0.37	0.36	0.35
机械	其他机械费 占人工	%	1.00	1.000	1.000	1.000	1.000	1.000

工作内容:垂直起重、修整榫卯、入位、校正、钉拉杆、绑戗杆、挪移抱杆及完成安装后拆除戗、拉杆,伸入墙内部分刷水柏油等。

计量单位:m^3

定额编号				5-700	5-701	5-702	5-703	5-704
项目				承椽枋安装				
				截面高度				
				30cm以内	40cm以内	50cm以内	60cm以内	60cm以外
基价(元)				**582.22**	**550.41**	**518.64**	**502.88**	**471.18**
其中	人工费(元)			521.73	490.11	458.49	442.68	411.06
	材料费(元)			55.27	55.40	55.57	55.77	56.01
	机械费(元)			5.22	4.90	4.58	4.43	4.11
名称		单位	单价(元)	消耗量				
人工	三类人工	工日	155.00	3.366	3.162	2.958	2.856	2.652
材料	杉板枋材	m^3	1 625.00	0.024	0.024	0.024	0.024	0.024
	大麻绳	kg	14.50	1.000	1.000	1.000	1.000	1.000
	水柏油	kg	0.44	1.550	1.860	2.232	2.678	3.214
	其他材料费	元	1.00	1.08	1.09	1.09	1.09	1.10
机械	其他机械费 占人工	%	1.00	1.000	1.000	1.000	1.000	1.000

工作内容：垂直起重、修整榫卯、入位、校正、钉拉杆、绑戗杆、挪移抱杆及完成安装后拆除戗、拉杆，伸入墙内部分刷水柏油等。

计量单位：m^3

定额编号				5-705	5-706
项　目				明栿直梁式椽栿、乳栿、劄牵（架梁、山界梁、轩梁、荷包梁、单步梁、双步梁、桃尖梁、抱头梁）安装	
				厚度	
				24cm 以内	24cm 以外
基价（元）				**677.75**	**585.24**
其中	人工费（元）			665.73	574.43
	材料费（元）			5.36	5.07
	机械费（元）			6.66	5.74
名　称		单位	单价（元）	消　耗　量	
人工	三类人工	工日	155.00	4.295	3.706
材料	铁件	kg	3.71	0.525	0.525
	水柏油	kg	0.44	1.292	0.651
	圆钉	kg	4.74	0.578	0.578
	其他材料费	元	1.00	0.11	0.10
机械	其他机械费 占人工	%	1.00	1.000	1.000

工作内容:垂直起重、修整榫卯、入位、校正、钉拉杆、绑戗杆、挪移抱杆及完成安装后拆除戗、拉杆,伸入墙内部分刷水柏油等。

计量单位:m^3

定额编号				5-707	5-708
项目				草栿直梁式椽栿、乳栿、劄牵(架梁、山界梁、轩梁、荷包梁、单步梁、双步梁、桃尖梁、抱头梁)安装	
				厚度	
				24cm 以内	24cm 以外
基价(元)				**475.95**	**411.01**
其中	人工费(元)			466.09	402.07
	材料费(元)			5.20	4.92
	机械费(元)			4.66	4.02
名称		单位	单价(元)	消耗量	
人工	三类人工	工日	155.00	3.007	2.594
材料	铁件	kg	3.71	0.509	0.509
	水柏油	kg	0.44	1.253	0.631
	圆钉	kg	4.74	0.560	0.560
	其他材料费	元	1.00	0.10	0.10
机械	其他机械费 占人工	%	1.00	1.000	1.000

工作内容：垂直起重、修整榫卯、入位、校正、钉拉杆、绑戗杆、挪移抱杆及完成安装后拆除戗、拉杆，伸入墙内部分刷水柏油等。

计量单位：m³

定额编号				5-709	5-710
项　目				明栿月梁式椽栿、乳栿、劄牵（架梁、山界梁、轩梁、荷包梁、单步梁、双步梁、桃尖梁、抱头梁）安装	
				厚度	
				24cm 以内	24cm 以外
基价（元）				**845.88**	**730.21**
其中	人工费（元）			832.20	717.96
	材料费（元）			5.36	5.07
	机械费（元）			8.32	7.18
名　称		单位	单价（元）	消　耗　量	
人工	三类人工	工日	155.00	5.369	4.632
材料	铁件	kg	3.71	0.525	0.525
	水柏油	kg	0.44	1.292	0.651
	圆钉	kg	4.74	0.578	0.578
	其他材料费	元	1.00	0.11	0.10
机械	其他机械费 占人工	%	1.00	1.000	1.000

工作内容:垂直起重、修整榫卯、入位、校正、钉拉杆、绑戗杆、挪移抱杆及完成安装后拆除戗、拉杆,伸入墙内部分刷水柏油等。

计量单位:m^3

定额编号				5-711	5-712
项目				草栿月梁式椽栿、乳栿、劄牵(架梁、山界梁、轩梁、荷包梁、单步梁、双步梁、桃尖梁、抱头梁)安装	
				厚度	
				24cm以内	24cm以外
基价(元)				**593.51**	**512.46**
其中	人工费(元)			582.49	502.51
	材料费(元)			5.20	4.92
	机械费(元)			5.82	5.03
名称		单位	单价(元)	消耗量	
人工	三类人工	工日	155.00	3.758	3.242
材料	铁件	kg	3.71	0.509	0.509
	水柏油	kg	0.44	1.253	0.631
	圆钉	kg	4.74	0.560	0.560
	其他材料费	元	1.00	0.10	0.10
机械	其他机械费 占人工	%	1.00	1.000	1.000

工作内容：垂直起重、修整榫卯、入位、校正、钉拉杆、绑戗杆、挪移抱杆及完成安装后拆除戗、拉杆，伸入墙内部分刷水柏油等。

计量单位：m^3

定额编号				5-713	5-714	5-715	5-716	5-717
项　目				桃尖假梁头安装				
				截面宽度				
				25cm以内	30cm以内	40cm以内	50cm以内	50cm以外
基价（元）				**966.17**	**934.23**	**902.30**	**806.49**	**726.65**
其中	人工费（元）			916.98	885.36	853.74	758.88	679.83
	材料费（元）			40.02	40.02	40.02	40.02	40.02
	机械费（元）			9.17	8.85	8.54	7.59	6.80
名　称		单位	单价（元）	消　耗　量				
人工	三类人工	工日	155.00	5.916	5.712	5.508	4.896	4.386
材料	杉板枋材	m^3	1 625.00	0.024	0.024	0.024	0.024	0.024
	水柏油	kg	0.44	0.525	0.525	0.525	0.525	0.525
	其他材料费	元	1.00	0.78	0.78	0.78	0.78	0.78
机械	其他机械费 占人工	%	1.00	1.000	1.000	1.000	1.000	1.000

工作内容：垂直起重、修整榫卯、入位、校正、钉拉杆、绑戗杆、挪移抱杆及完成安装后拆除戗、拉杆，伸入墙内部分刷水柏油等。

计量单位：m^3

定额编号				5-718	5-719	5-720	5-721	5-722
项　目				抱头假梁头安装				
				截面宽度				
				25cm以内	30cm以内	40cm以内	50cm以内	50cm以外
基价（元）				**865.51**	**790.52**	**726.65**	**678.74**	**646.81**
其中	人工费（元）			817.32	743.07	679.83	632.40	600.78
	材料费（元）			40.02	40.02	40.02	40.02	40.02
	机械费（元）			8.17	7.43	6.80	6.32	6.01
名　称		单位	单价（元）	消　耗　量				
人工	三类人工	工日	155.00	5.273	4.794	4.386	4.080	3.876
材料	杉板枋材	m^3	1 625.00	0.024	0.024	0.024	0.024	0.024
	水柏油	kg	0.44	0.525	0.525	0.525	0.525	0.525
	其他材料费	元	1.00	0.78	0.78	0.78	0.78	0.78
机械	其他机械费 占人工	%	1.00	1.000	1.000	1.000	1.000	1.000

工作内容:垂直起重、修整榫卯、入位、校正、钉拉杆、绑戗杆、挪移抱杆及完成安装后拆除戗、拉杆等。 **计量单位:**m^3

定额编号					5-723	5-724	5-725	5-726
项目					角云、捧梁云、通雀替安装			
					截面宽度			
					25cm 以内	30cm 以内	40cm 以内	40cm 以外
基价(元)					**502.85**	**486.89**	**470.92**	**454.95**
其中	人工费(元)				458.49	442.68	426.87	411.06
	材料费(元)				39.78	39.78	39.78	39.78
	机械费(元)				4.58	4.43	4.27	4.11
名称		单位	单价(元)		消耗量			
人工	三类人工	工日	155.00		2.958	2.856	2.754	2.652
材料	杉板枋材	m^3	1 625.00		0.024	0.024	0.024	0.024
	其他材料费	元	1.00		0.78	0.78	0.78	0.78
机械	其他机械费 占人工	%	1.00		1.000	1.000	1.000	1.000

工作内容:垂直起重、修整榫卯、入位、校正、钉拉杆、绑戗杆、挪移抱杆及完成安装后拆除戗、拉杆,伸入墙内部分刷水柏油等。 **计量单位:**m^3

定额编号				5-727	5-728	5-729	5-730
项目				明栿不带合(木沓)卯口的蜀柱(童柱、矮柱)、圆梁安装			
				柱径			
				25cm 以内	30cm 以内	35cm 以内	35cm 以外
基价(元)				**1 367.81**	**1 076.38**	**771.93**	**616.82**
其中	人工费(元)			1 252.09	964.41	664.02	511.19
	材料费(元)			103.20	102.33	101.27	100.52
	机械费(元)			12.52	9.64	6.64	5.11
名称		单位	单价(元)	消耗量			
人工	三类人工	工日	155.00	8.078	6.222	4.284	3.298
材料	杉板枋材	m^3	1 625.00	0.048	0.048	0.048	0.048
	圆钉	kg	4.74	1.104	1.040	0.936	0.840
	扎绑绳	kg	3.45	1.840	1.680	1.520	1.440
	大麻绳	kg	14.50	0.800	0.800	0.800	0.800
	其他材料费	元	1.00	2.02	2.01	1.99	1.97
机械	其他机械费 占人工	%	1.00	1.000	1.000	1.000	1.000

工作内容：垂直起重、修整榫卯、入位、校正、钉拉杆、绑戗杆、挪移抱杆及完成安装后拆除戗、拉杆，伸入墙内部分刷水柏油等。

计量单位：m^3

定额编号				5-731	5-732	5-733	5-734
项　目				草栿不带合（木沓）卯口的蜀柱（童柱、矮柱）、圆梁安装			
				柱径			
				25cm 以内	30cm 以内	35cm 以内	35cm 以外
基价（元）				**990.58**	**786.08**	**572.62**	**463.81**
其中	人工费（元）			876.53	675.03	464.85	357.90
	材料费（元）			105.28	104.30	103.12	102.33
	机械费（元）			8.77	6.75	4.65	3.58
名　称		单位	单价（元）	消　耗　量			
人工	三类人工	工日	155.00	5.655	4.355	2.999	2.309
材料	杉板枋材	m^3	1 625.00	0.047	0.047	0.047	0.047
	圆钉	kg	4.74	1.071	1.009	0.908	0.815
	扎绑绳	kg	3.45	2.231	2.037	1.843	1.746
	大麻绳	kg	14.50	0.970	0.970	0.970	0.970
	其他材料费	元	1.00	2.06	2.05	2.02	2.01
机械	其他机械费　占人工	%	1.00	1.000	1.000	1.000	1.000

工作内容: 垂直起重、修整榫卯、入位、校正、钉拉杆、绑戗杆、挪移抱杆及完成安装后拆除戗、拉杆,伸入墙内部分刷水柏油等。

计量单位:m³

定额编号				5-735	5-736	5-737	5-738
项目				明栿带合(木沓)卯口的蜀柱(童柱、矮柱)、圆梁安装			
				柱径			
				25cm 以内	30cm 以内	35cm 以内	35cm 以外
基价(元)				**1 472.68**	**1 159.27**	**836.69**	**672.32**
其中	人工费(元)			1 330.37	1 021.14	703.08	541.26
	材料费(元)			129.01	127.92	126.58	125.65
	机械费(元)			13.30	10.21	7.03	5.41
名称		单位	单价(元)	消耗量			
人工	三类人工	工日	155.00	8.583	6.588	4.536	3.492
材料	杉板枋材	m³	1 625.00	0.060	0.060	0.060	0.060
	圆钉	kg	4.74	1.380	1.300	1.170	1.050
	扎绑绳	kg	3.45	2.300	2.100	1.900	1.800
	大麻绳	kg	14.50	1.000	1.000	1.000	1.000
	其他材料费	元	1.00	2.53	2.51	2.48	2.46
机械	其他机械费 占人工	%	1.00	1.000	1.000	1.000	1.000

工作内容：垂直起重、修整榫卯、入位、校正、钉拉杆、绑戗杆、挪移抱杆及完成安装后拆除戗、拉杆，伸入墙内部分刷水柏油等。

计量单位：m^3

定额编号					5-739	5-740	5-741	5-742
项　目					草栿带合（木沓）卯口的蜀柱（童柱、矮柱）、圆梁安装			
					柱径			
					25cm 以内	30cm 以内	35cm 以内	35cm 以外
基价（元）					**1 065.36**	**845.76**	**619.50**	**504.16**
其中	人工费（元）				931.24	714.86	492.13	378.82
	材料费（元）				124.81	123.75	122.45	121.55
	机械费（元）				9.31	7.15	4.92	3.79
名　称			单位	单价（元）	消　耗　量			
人工	三类人工		工日	155.00	6.008	4.612	3.175	2.444
材料	杉板枋材		m^3	1 625.00	0.058	0.058	0.058	0.058
	圆钉		kg	4.74	1.339	1.261	1.135	1.019
	扎绑绳		kg	3.45	2.231	2.037	1.843	1.746
	大麻绳		kg	14.50	0.970	0.970	0.970	0.970
	其他材料费		元	1.00	2.45	2.43	2.40	2.38
机械	其他机械费 占人工		%	1.00	1.000	1.000	1.000	1.000

工作内容:垂直起重、修整榫卯、入位、校正等。

计量单位:m³

定额编号				5-743	5-744	5-745	5-746
项目				合(木沓)(角背)安装			
				高度			
				30cm以内	35cm以内	40cm以内	40cm以外
基价(元)				**1 202.16**	**963.84**	**738.06**	**574.90**
其中	人工费(元)			1 178.00	942.40	719.20	558.00
	材料费(元)			12.38	12.02	11.67	11.32
	机械费(元)			11.78	9.42	7.19	5.58
名称		单位	单价(元)	消耗量			
人工	三类人工	工日	155.00	7.600	6.080	4.640	3.600
材料	圆钉	kg	4.74	0.740	0.740	0.740	0.740
	扎绑绳	kg	3.45	2.500	2.400	2.300	2.200
	其他材料费	元	1.00	0.24	0.24	0.23	0.22
机械	其他机械费 占人工	%	1.00	1.000	1.000	1.000	1.000

工作内容:垂直起重、修整榫卯、入位、校正、钉拉杆、绑戗杆、挪移抱杆及完成安装后拆除戗、拉杆,伸入墙内部分刷水柏油等。

计量单位:m³

定额编号				5-747	5-748	5-749
项目				明栿托脚、叉手安装		
				高度		
				25cm以内	30cm以内	30cm以外
基价(元)				**1 184.03**	**1 056.11**	**815.30**
其中	人工费(元)			1 145.76	1 019.28	781.20
	材料费(元)			26.81	26.64	26.29
	机械费(元)			11.46	10.19	7.81
名称		单位	单价(元)	消耗量		
人工	三类人工	工日	155.00	7.392	6.576	5.040
材料	圆钉	kg	4.74	0.740	0.740	0.740
	扎绑绳	kg	3.45	2.400	2.350	2.250
	大麻绳	kg	14.50	1.000	1.000	1.000
	其他材料费	元	1.00	0.53	0.52	0.52
机械	其他机械费 占人工	%	1.00	1.000	1.000	1.000

工作内容：垂直起重、修整榫卯、入位、校正、钉拉杆、绑戗杆、挪移抱杆及完成安装后拆除戗、拉杆，伸入墙内部分刷水柏油等。

计量单位：m^3

定额编号				5-750	5-751	5-752
项　目				草栿托脚、叉手安装		
				高度		
				25cm 以内	30cm 以内	30cm 以外
基价（元）				**836.80**	**747.06**	**578.42**
其中	人工费（元）			801.97	713.47	546.84
	材料费（元）			26.81	26.46	26.11
	机械费（元）			8.02	7.13	5.47
名　称		单位	单价（元）	消　耗　量		
人工	三类人工	工日	155.00	5.174	4.603	3.528
材料	圆钉	kg	4.74	0.740	0.740	0.740
	扎绑绳	kg	3.45	2.400	2.300	2.200
	大麻绳	kg	14.50	1.000	1.000	1.000
	其他材料费	元	1.00	0.53	0.52	0.51
机械	其他机械费 占人工	%	1.00	1.000	1.000	1.000

工作内容:垂直起重、修整榫卯、入位、校正等。 **计量单位:**m^3

定额编号				5-753	5-754
项目				驼峰安装	
				高度	
				50cm 以内	50cm 以外
基价(元)				**1 354.71**	**1 053.43**
其中	人工费(元)			1 314.40	1 016.80
	材料费(元)			27.17	26.46
	机械费(元)			13.14	10.17
名称		单位	单价(元)	消耗量	
人工	三类人工	工日	155.00	8.480	6.560
材料	圆钉	kg	4.74	0.740	0.740
	扎绑绳	kg	3.45	2.500	2.300
	大麻绳	kg	14.50	1.000	1.000
	其他材料费	元	1.00	0.53	0.52
机械	其他机械费 占人工	%	1.00	1.000	1.000

工作内容:垂直起重、修整榫卯、入位、校正等。 **计量单位:**m^3

定额编号				5-755	5-756	5-757	5-758	5-759	5-760
项目				明栿墩木(柁墩)安装			草栿墩木(柁墩)安装		
				墩木长					
				60cm 以内	80cm 以内	80cm 以外	60cm 以内	80cm 以内	80cm 以外
基价(元)				**1 442.51**	**1 005.67**	**878.08**	**1 013.74**	**819.28**	**617.45**
其中	人工费(元)			1 413.60	982.08	859.32	989.52	797.94	601.56
	材料费(元)			14.77	13.77	10.17	14.32	13.36	9.87
	机械费(元)			14.14	9.82	8.59	9.90	7.98	6.02
名称		单位	单价(元)	消耗量					
人工	三类人工	工日	155.00	9.120	6.336	5.544	6.384	5.148	3.881
材料	圆钉	kg	4.74	1.380	1.320	1.056	1.339	1.280	1.024
	扎绑绳	kg	3.45	2.300	2.100	1.440	2.231	2.037	1.397
	其他材料费	元	1.00	0.29	0.27	0.20	0.28	0.26	0.19
机械	其他机械费 占人工	%	1.00	1.000	1.000	1.000	1.000	1.000	1.000

工作内容：垂直起重、修整榫卯、入位、校正、钉拉杆、绑戗杆、挪移抱杆及完成安装后拆除戗、拉杆，伸入墙内部分刷水柏油等。　　**计量单位**：m^3

定额编号				5-761	5-762	5-763	5-764	5-765
项　目				替木（方木连机）安装				
				厚度				
				8cm以内	10cm以内	12cm以内	15cm以内	15cm以外
基价（元）				**715.36**	**498.61**	**449.42**	**405.24**	**365.46**
其中	人工费（元）			704.79	484.53	436.02	392.46	353.25
	材料费（元）			3.52	9.23	9.04	8.86	8.68
	机械费（元）			7.05	4.85	4.36	3.92	3.53
名　称		单位	单价（元）	消　耗　量				
人工	三类人工	工日	155.00	4.547	3.126	2.813	2.532	2.279
材料	圆钉	kg	4.74	0.735	1.928	1.889	1.851	1.814
	其他材料费	元	1.00	0.03	0.09	0.09	0.09	0.09
机械	其他机械费 占人工	%	1.00	1.000	1.000	1.000	1.000	1.000

工作内容：垂直起重、修整榫卯、入位、校正、钉拉杆、绑戗杆、挪移抱杆及完成安装后拆除戗、拉杆等。　**计量单位**：m^3

定额编号				5-766	5-767	5-768	5-769
项　目				大角梁（老戗木、老角梁）安装			
				梁厚			
				20cm 以内	25cm 以内	30cm 以内	30cm 以外
基价（元）				**1 245.27**	**981.56**	**845.59**	**769.75**
其中	人工费（元）			1 212.72	952.32	818.40	744.00
	材料费（元）			20.42	19.72	19.01	18.31
	机械费（元）			12.13	9.52	8.18	7.44
名　称		单位	单价（元）	消　耗　量			
人工	三类人工	工日	155.00	7.824	6.144	5.280	4.800
材料	扎绑绳	kg	3.45	1.600	1.400	1.200	1.000
	大麻绳	kg	14.50	1.000	1.000	1.000	1.000
	其他材料费	元	1.00	0.40	0.39	0.37	0.36
机械	其他机械费 占人工	%	1.00	1.000	1.000	1.000	1.000

工作内容:垂直起重、修整榫卯、入位、校正、钉拉杆、绑戗杆、挪移抱杆及完成安装后拆除戗、拉杆等。 计量单位:m³

定额编号				5-770	5-771	5-772	5-773
项目				子角梁(嫩戗木、仔角梁)安装			
				梁宽			
				20cm 以内	25cm 以内	30cm 以内	30cm 以外
基价(元)				**1 908.14**	**1 477.71**	**1 280.19**	**1 235.33**
其中	人工费(元)			1 815.36	1 413.60	1 220.16	1 185.75
	材料费(元)			74.63	49.97	47.83	37.72
	机械费(元)			18.15	14.14	12.20	11.86
名称		单位	单价(元)	消耗量			
人工	三类人工	工日	155.00	11.712	9.120	7.872	7.650
材料	铁件	kg	3.71	14.510	8.180	7.800	5.240
	扎绑绳	kg	3.45	1.400	1.200	1.000	0.880
	大麻绳	kg	14.50	1.000	1.000	1.000	1.000
	其他材料费	元	1.00	1.46	0.98	0.94	0.74
机械	其他机械费 占人工	%	1.00	1.000	1.000	1.000	1.000

工作内容:垂直起重、修整榫卯、入位、校正、钉拉杆、绑戗杆、挪移抱杆及完成安装后拆除戗、拉杆等。 计量单位:m³

定额编号				5-774	5-775	5-776	5-777
项目				隐角梁、续角梁安装			
				梁宽			
				20cm 以内	25cm 以内	30cm 以内	30cm 以外
基价(元)				**1 072.44**	**796.21**	**627.68**	**439.12**
其中	人工费(元)			1 041.60	768.80	602.64	416.64
	材料费(元)			20.42	19.72	19.01	18.31
	机械费(元)			10.42	7.69	6.03	4.17
名称		单位	单价(元)	消耗量			
人工	三类人工	工日	155.00	6.720	4.960	3.888	2.688
材料	扎绑绳	kg	3.45	1.600	1.400	1.200	1.000
	大麻绳	kg	14.50	1.000	1.000	1.000	1.000
	其他材料费	元	1.00	0.40	0.39	0.37	0.36
机械	其他机械费 占人工	%	1.00	1.000	1.000	1.000	1.000

工作内容：垂直起重、修整榫卯、入位、校正、钉拉杆、绑戗杆、挪移抱杆及完成安装后拆除戗、拉杆等。　计量单位：m^3

定额编号				5-778	5-779	5-780	5-781	5-782
项　目				由戗安装				
				截面宽度				
				15cm以内	20cm以内	25cm以内	30cm以内	30cm以外
基价（元）				**959.35**	**791.22**	**640.93**	**460.59**	**355.38**
其中	人工费（元）			910.47	744.00	595.20	416.64	312.48
	材料费（元）			39.78	39.78	39.78	39.78	39.78
	机械费（元）			9.10	7.44	5.95	4.17	3.12
名　称		单位	单价（元）	消　耗　量				
人工	三类人工	工日	155.00	5.874	4.800	3.840	2.688	2.016
材料	杉板枋材	m^3	1 625.00	0.024	0.024	0.024	0.024	0.024
	其他材料费	元	1.00	0.78	0.78	0.78	0.78	0.78
机械	其他机械费 占人工	%	1.00	1.000	1.000	1.000	1.000	1.000

工作内容：垂直起重、修整榫卯、入位、校正、钉拉杆、绑戗杆、挪移抱杆及完成安装后拆除戗、拉杆等。　计量单位：m^3

定额编号				5-783	5-784	5-785	5-786	5-787
项　目				承阁梁安装				
				截面宽度				
				25cm以内	30cm以内	40cm以内	50cm以内	50cm以外
基价（元）				**506.56**	**472.74**	**455.84**	**422.02**	**405.11**
其中	人工费（元）			468.72	435.24	418.50	385.02	368.28
	材料费（元）			33.15	33.15	33.15	33.15	33.15
	机械费（元）			4.69	4.35	4.19	3.85	3.68
名　称		单位	单价（元）	消　耗　量				
人工	三类人工	工日	155.00	3.024	2.808	2.700	2.484	2.376
材料	杉板枋材	m^3	1 625.00	0.020	0.020	0.020	0.020	0.020
	其他材料费	元	1.00	0.65	0.65	0.65	0.65	0.65
机械	其他机械费 占人工	%	1.00	1.000	1.000	1.000	1.000	1.000

工作内容:垂直起重、修整榫卯、入位、校正等。

计量单位:m³

定额编号				5-788	5-789	5-790	5-791
项目				普通明栿圆槫(圆木桁、檩条)安装			
				径			
				12cm 以内	16cm 以内	20cm 以内	24cm 以内
基价(元)				**649.21**	**440.22**	**288.05**	**233.57**
其中	人工费(元)			640.77	433.85	283.19	229.25
	材料费(元)			2.03	2.03	2.03	2.03
	机械费(元)			6.41	4.34	2.83	2.29
名称		单位	单价(元)	消耗量			
人工	三类人工	工日	155.00	4.134	2.799	1.827	1.479
材料	水柏油	kg	0.44	0.105	0.105	0.105	0.105
	铁件	kg	3.71	0.525	0.525	0.525	0.525
	其他材料费	元	1.00	0.04	0.04	0.04	0.04
机械	其他机械费 占人工	%	1.00	1.000	1.000	1.000	1.000

工作内容:垂直起重、修整榫卯、入位、校正等。

计量单位:m³

定额编号				5-792	5-793	5-794	5-795	5-796
项目				普通明栿圆槫(圆木桁、檩条)安装				
				径				
				28cm 以内	32cm 以内	36cm 以内	40cm 以内	50cm 以内
基价(元)				**186.54**	**166.82**	**144.74**	**118.91**	**109.21**
其中	人工费(元)			182.13	162.60	140.74	115.17	105.56
	材料费(元)			2.59	2.59	2.59	2.59	2.59
	机械费(元)			1.82	1.63	1.41	1.15	1.06
名称		单位	单价(元)	消耗量				
人工	三类人工	工日	155.00	1.175	1.049	0.908	0.743	0.681
材料	水柏油	kg	0.44	0.105	0.105	0.105	0.105	0.105
	圆钉	kg	4.74	0.525	0.525	0.525	0.525	0.525
	其他材料费	元	1.00	0.05	0.05	0.05	0.05	0.05
机械	其他机械费 占人工	%	1.00	1.000	1.000	1.000	1.000	1.000

工作内容：垂直起重、修整榫卯、入位、校正等。　　计量单位：m^3

定额编号				5-797	5-798	5-799	5-800
项目				普通草栿圆槫(圆木桁、檩条)安装			
				径			
				12cm 以内	16cm 以内	20cm 以内	24cm 以内
基价(元)				**455.03**	**262.78**	**202.20**	**164.00**
其中	人工费(元)			448.57	258.23	198.25	160.43
	材料费(元)			1.97	1.97	1.97	1.97
	机械费(元)			4.49	2.58	1.98	1.60
名称		单位	单价(元)	消耗量			
人工	三类人工	工日	155.00	2.894	1.666	1.279	1.035
材料	水柏油	kg	0.44	0.102	0.102	0.102	0.102
	铁件	kg	3.71	0.509	0.509	0.509	0.509
	其他材料费	元	1.00	0.04	0.04	0.04	0.04
机械	其他机械费 占人工	%	1.00	1.000	1.000	1.000	1.000

工作内容：垂直起重、修整榫卯、入位、校正等。　　计量单位：m^3

定额编号				5-801	5-802	5-803	5-804	5-805
项目				普通草栿圆槫(圆木桁、檩条)安装				
				径				
				28cm 以内	32cm 以内	36cm 以内	40cm 以内	50cm 以内
基价(元)				**131.36**	**117.42**	**102.08**	**83.92**	**77.19**
其中	人工费(元)			127.57	113.77	98.58	80.60	73.94
	材料费(元)			2.51	2.51	2.51	2.51	2.51
	机械费(元)			1.28	1.14	0.99	0.81	0.74
名称		单位	单价(元)	消耗量				
人工	三类人工	工日	155.00	0.823	0.734	0.636	0.520	0.477
材料	水柏油	kg	0.44	0.102	0.102	0.102	0.102	0.102
	圆钉	kg	4.74	0.509	0.509	0.509	0.509	0.509
	其他材料费	元	1.00	0.05	0.05	0.05	0.05	0.05
机械	其他机械费 占人工	%	1.00	1.000	1.000	1.000	1.000	1.000

工作内容：垂直起重、修整榫卯、入位、校正等。

计量单位：m^3

定额编号				5-806	5-807	5-808
项目				普通明栿方樽（方木桁、檩条）安装		
				厚度		
				11cm 以内	14cm 以内	14cm 以外
基价（元）				**409.16**	**323.37**	**271.23**
其中	人工费（元）			402.54	317.60	265.98
	材料费（元）			2.59	2.59	2.59
	机械费（元）			4.03	3.18	2.66
名称		单位	单价（元）	消耗量		
人工	三类人工	工日	155.00	2.597	2.049	1.716
材料	水柏油	kg	0.44	0.105	0.105	0.105
	圆钉	kg	4.74	0.525	0.525	0.525
	其他材料费	元	1.00	0.05	0.05	0.05
机械	其他机械费 占人工	%	1.00	1.000	1.000	1.000

工作内容：垂直起重、修整榫卯、入位、校正等。

计量单位：m^3

定额编号				5-809	5-810	5-811
项目				普通草栿方樽（方木桁、檩条）安装		
				厚度		
				11cm 以内	14cm 以内	14cm 以外
基价（元）				**327.82**	**259.10**	**217.46**
其中	人工费（元）			322.09	254.05	212.82
	材料费（元）			2.51	2.51	2.51
	机械费（元）			3.22	2.54	2.13
名称		单位	单价（元）	消耗量		
人工	三类人工	工日	155.00	2.078	1.639	1.373
材料	水柏油	kg	0.44	0.102	0.102	0.102
	圆钉	kg	4.74	0.509	0.509	0.509
	其他材料费	元	1.00	0.05	0.05	0.05
机械	其他机械费 占人工	%	1.00	1.000	1.000	1.000

工作内容：垂直起重、修整榫卯、入位、校正等。　　计量单位：m^3

定额编号				5-812	5-813	5-814	5-815
项　目				扶脊木、帮脊木安装			
				径			
				20cm 以内	30cm 以内	40cm 以内	40cm 以外
基价(元)				**550.76**	**430.53**	**407.99**	**385.44**
其中	人工费(元)			505.92	386.88	364.56	342.24
	材料费(元)			39.78	39.78	39.78	39.78
	机械费(元)			5.06	3.87	3.65	3.42
名　称		单位	单价(元)	消　耗　量			
人工	三类人工	工日	155.00	3.264	2.496	2.352	2.208
材料	杉板枋材	m^3	1 625.00	0.024	0.024	0.024	0.024
	其他材料费	元	1.00	0.78	0.78	0.78	0.78
机械	其他机械费 占人工	%	1.00	1.000	1.000	1.000	1.000

工作内容：放样、选配料、断材、刨光、画线、锯截、锯槽、弹安装线、编写安装号等。　　计量单位：m^2

定额编号				5-816	5-817
项　目				垫板安装	
				板厚	
				4cm	每增减 1cm
基价(元)				**36.95**	**4.86**
其中	人工费(元)			36.58	4.81
	材料费(元)			—	—
	机械费(元)			0.37	0.05
名　称		单位	单价(元)	消　耗　量	
人工	三类人工	工日	155.00	0.236	0.031
机械	其他机械费 占人工	%	1.00	1.000	1.000

十、博缝板、雁翅板、山花板（垫疝板）、垂鱼（悬鱼）、惹草、木楼板、木楼梯、楞木、沿边木（格栅）制作安装

工作内容：放样、选配料、锯截、刨光、画线、拼缝、穿带、做头缝榫、托舌、凿榫窝、校正、固定、安装平整等。

计量单位：m^2

定额编号					5-818	5-819	5-820	5-821
项目					博缝板（排疝板）制作安装（板厚）		山花板（垫疝板）制作安装（板厚）	
					3cm 以内	3cm 以外	3cm 以内	3cm 以外
基价（元）					**195.56**	**215.05**	**164.37**	**181.29**
其中	人工费（元）				127.72	140.43	102.46	112.69
	材料费（元）				66.56	73.22	60.89	67.47
	机械费（元）				1.28	1.40	1.02	1.13
名称		单位	单价（元）		消耗量			
人工	三类人工	工日	155.00		0.824	0.906	0.661	0.727
材料	杉板枋材	m^3	1 625.00		0.040	0.044	0.037	0.041
	铁件	kg	3.71		0.243	0.267	0.044	0.048
	其他材料费	元	1.00		0.66	0.72	0.60	0.67
机械	其他机械费 占人工	%	1.00		1.000	1.000	1.000	1.000

工作内容：放样、选配料、锯截、刨光、画线、拼缝、串辐、挖弯成型、企雕边线、校正、固定、安装牢固等。 **计量单位：**组

定额编号				5-822	5-823	5-824	5-825	5-826
项目				素平垂鱼（悬鱼）制作安装				
				长度				
				100cm 以内	130cm 以内	160cm 以内	200cm 以内	200cm 以外
基价（元）				**152.39**	**274.78**	**493.82**	**728.52**	**881.08**
其中	人工费（元）			117.49	205.38	334.34	481.43	582.49
	材料费（元）			33.73	67.35	156.14	242.28	292.77
	机械费（元）			1.17	2.05	3.34	4.81	5.82
名称		单位	单价（元）	消耗量				
人工	三类人工	工日	155.00	0.758	1.325	2.157	3.106	3.758
材料	杉板枋材	m^3	1 625.00	0.020	0.040	0.093	0.144	0.174
	乳胶	kg	5.60	0.160	0.300	0.620	1.050	1.271
	其他材料费	元	1.00	0.33	0.67	1.55	2.40	2.90
机械	其他机械费 占人工	%	1.00	1.000	1.000	1.000	1.000	1.000

工作内容：放样、选配料、锯截、刨光、画线、拼缝、串辐、挖弯成型、企雕边线、面部雕刻、校正、固定、安装牢固等。

计量单位：组

定额编号				5-827	5-828	5-829	5-830	5-831
项　目				有雕刻垂鱼（悬鱼）制作、安装				
				长度				
				100cm 以内	130cm 以内	160cm 以内	200cm 以内	200cm 以外
基价（元）				**352.63**	**546.71**	**917.76**	**1 340.32**	**1 623.78**
其中	人工费（元）			315.74	474.61	754.08	1 087.17	1 315.49
	材料费（元）			33.73	67.35	156.14	242.28	295.14
	机械费（元）			3.16	4.75	7.54	10.87	13.15
名　称		单位	单价（元）	消　耗　量				
人工	三类人工	工日	155.00	2.037	3.062	4.865	7.014	8.487
材料	杉板枋材	m^3	1 625.00	0.020	0.040	0.093	0.144	0.174
	乳胶	kg	5.60	0.160	0.300	0.620	1.050	1.690
	其他材料费	元	1.00	0.33	0.67	1.55	2.40	2.92
机械	其他机械费 占人工	%	1.00	1.000	1.000	1.000	1.000	1.000

工作内容：放样、选配料、锯截、刨光、画线、拼缝、串辐、挖弯成型、企雕边线、校正、固定、安装牢固等。

计量单位：个

定额编号				5-832	5-833	5-834	5-835	5-836
项　目				素平惹草制作、安装				
				宽度				
				100cm 以内	130cm 以内	160cm 以内	200cm 以内	200cm 以外
基价（元）				**174.76**	**319.89**	**553.32**	**846.13**	**1 023.66**
其中	人工费（元）			134.70	238.39	387.81	558.93	676.27
	材料费（元）			38.71	79.12	161.63	281.61	340.63
	机械费（元）			1.35	2.38	3.88	5.59	6.76
名　称		单位	单价（元）	消　耗　量				
人工	三类人工	工日	155.00	0.869	1.538	2.502	3.606	4.363
材料	杉板枋材	m^3	1 625.00	0.023	0.047	0.096	0.167	0.202
	乳胶	kg	5.60	0.170	0.350	0.720	1.330	1.609
	其他材料费	元	1.00	0.38	0.78	1.60	2.79	3.37
机械	其他机械费 占人工	%	1.00	1.000	1.000	1.000	1.000	1.000

工作内容: 放样、选配料、锯截、刨光、画线、拼缝、串辐、挖弯成型、企雕边线、面部雕刻、校正、固定、安装牢固等。

计量单位: 个

定额编号				5-837	5-838	5-839	5-840	5-841
项目				有雕刻惹草制作、安装				
				宽度				
				100cm以内	130cm以内	160cm以内	200cm以内	200cm以外
基价(元)				**375.14**	**638.00**	**1 047.70**	**1 558.28**	**2 202.85**
其中	人工费(元)			333.10	553.35	877.30	1 264.03	1 715.23
	材料费(元)			38.71	79.12	161.63	281.61	470.47
	机械费(元)			3.33	5.53	8.77	12.64	17.15
名称		单位	单价(元)	消耗量				
人工	三类人工	工日	155.00	2.149	3.570	5.660	8.155	11.066
材料	杉板枋材	m^3	1 625.00	0.023	0.047	0.096	0.167	0.279
	乳胶	kg	5.60	0.170	0.350	0.720	1.330	2.220
	其他材料费	元	1.00	0.38	0.78	1.60	2.79	4.66
机械	其他机械费 占人工	%	1.00	1.000	1.000	1.000	1.000	1.000

工作内容: 放样、选配料、锯截、刨光、画线、拼缝、串辐、挖弯成型、企雕边线、有雕饰的包括面部雕刻花纹、校正、固定、安装牢固等。

计量单位: m^2

定额编号				5-842	5-843	5-844	5-845
项目				无雕刻雁翅板制作、安装(板厚)		有花草雕刻雁翅板制作、安装(板厚)	
				3cm以内	3cm以外	3cm以内	3cm以外
基价(元)				**212.54**	**236.44**	**1 596.76**	**1 952.31**
其中	人工费(元)			136.09	151.13	1 506.60	1 841.40
	材料费(元)			75.09	83.80	75.09	92.50
	机械费(元)			1.36	1.51	15.07	18.41
名称		单位	单价(元)	消耗量			
人工	三类人工	工日	155.00	0.878	0.975	9.720	11.880
材料	杉板枋材	m^3	1 625.00	0.043	0.048	0.043	0.053
	圆钉	kg	4.74	0.252	0.280	0.252	0.308
	乳胶	kg	5.60	0.585	0.650	0.585	0.715
	其他材料费	元	1.00	0.74	0.83	0.74	0.92
机械	其他机械费 占人工	%	1.00	1.000	1.000	1.000	1.000

工作内容：选配料，清理基层、木龙骨，锯截，刨光，铺设钉牢地板，打磨，净面，伸入墙内部分刷水柏油。

计量单位：m^2

定额编号				5-846	5-847	5-848	5-849
项　目				平口木楼板制作、安装	企口木楼板制作、安装	木楼梯制作、安装	
						水平投影面积	
						不带底板	带底板
基价（元）				**83.78**	**262.46**	**352.28**	**442.31**
其中	人工费（元）			17.67	35.81	149.42	167.40
	材料费（元）			65.93	226.29	201.37	273.24
	机械费（元）			0.18	0.36	1.49	1.67
名　称		单位	单价（元）	消　耗　量			
人工	三类人工	工日	155.00	0.114	0.231	0.964	1.080
材料	杉木枋 50×60	m^3	1 800.00	—	0.017	—	—
	细木工板 δ15	m^2	21.12	—	—	—	—
	杉平口地板	m^2	51.72	1.103	—	—	—
	长条实木地板	m^2	172.00	—	1.103	—	—
	杉板枋材	m^3	1 625.00	—	—	0.070	0.086
	地板钉	kg	5.60	1.323	0.167	—	—
	镀锌铁丝 10#	kg	5.38	—	0.317	—	—
	防腐油	kg	1.28	—	0.126	—	—
	白回丝	kg	2.93	—	0.011	—	—
	圆钉	kg	4.74	0.080	0.096	0.503	0.536
	水柏油	kg	0.44	1.000	1.000	1.000	1.000
	松板枋材	m^3	1 800.00	—	—	0.046	0.071
	其他材料费	元	1.00	0.65	2.24	1.99	2.71
机械	其他机械费 占人工	%	1.00	1.000	1.000	1.000	1.000

工作内容: 1. 放样、选配料、刨光、画线、凿眼、锯榫、汇榫。

2. 垂直起重、修整榫卯、入位、校正、钉拉杆、绑戗杆、挪移抱杆及完成安装后拆除戗、拉杆,伸入墙内部分刷水柏油等。

计量单位: m^3

定额编号				5-850	5-851	5-852
项　目				楞木、沿边木(方木格栅)制作、安装		
				厚度		
				11cm 以内	14cm 以内	14cm 以外
基价(元)				**3 301.81**	**2 997.62**	**2 810.85**
其中	人工费(元)			1 302.62	1 027.96	860.87
	材料费(元)			1 986.16	1 959.38	1 941.37
	机械费(元)			13.03	10.28	8.61
名　称		单位	单价(元)	消　耗　量		
人工	三类人工	工日	155.00	8.404	6.632	5.554
材料	杉板枋材	m^3	1 625.00	1.191	1.175	1.166
	圆钉	kg	4.74	2.489	2.436	1.796
	水柏油	kg	0.44	0.100	0.100	0.100
	其他材料费	元	1.00	38.94	38.42	38.07
机械	其他机械费 占人工	%	1.00	1.000	1.000	1.000

工作内容：1. 放样、选配料、刨光、画线、凿眼、锯榫、汇榫。
2. 垂直起重、修整榫卯、入位、校正、钉拉杆、绑戗杆、挪移抱杆及完成安装后拆除戗、拉杆，伸入墙内部分刷水柏油等。

计量单位：m^3

定额编号					5-853	5-854	5-855	5-856
项　目					楞木、沿边木(圆木格栅)制作、安装			
					径			
					14cm 以内	16cm 以内	20cm 以内	20cm 以外
基价(元)					**3 769.41**	**3 529.43**	**3 121.14**	**2 989.91**
其中	人工费(元)				1 520.24	1 372.99	1 076.01	1 016.34
	材料费(元)				2 233.97	2 142.71	2 034.37	1 963.41
	机械费(元)				15.20	13.73	10.76	10.16
名　称		单位	单价(元)		消　耗　量			
人工	三类人工	工日	155.00		9.808	8.858	6.942	6.557
材料	杉原木 综合	m^3	1 466.00		1.489	1.429	1.357	1.310
	圆钉	kg	4.74		1.530	1.210	1.070	0.930
	水柏油	kg	0.44		0.100	0.100	0.100	0.100
	其他材料费	元	1.00		43.80	42.01	39.89	38.50
机械	其他机械费 占人工	%	1.00		1.000	1.000	1.000	1.000

十一、木基层制作、安装

工作内容:放样、选配料、刨光、画线、锯截放线、制作成型、盘头、安装、伸入墙内部分刷水柏油等。 **计量单位:**m^3

定额编号				5-857	5-858	5-859
项目				圆椽制作、安装		
				椽径		
				7cm 以内	10cm 以内	10cm 以外
基价(元)				**3 282.61**	**2 784.22**	**2 632.82**
其中	人工费(元)			1 346.18	803.06	699.36
	材料费(元)			1 922.97	1 973.13	1 926.47
	机械费(元)			13.46	8.03	6.99
名称		单位	单价(元)	消耗量		
人工	三类人工	工日	155.00	8.685	5.181	4.512
材料	杉原木 综合	m^3	1 466.00	1.290	1.325	1.292
	圆钉	kg	4.74	2.699	2.352	—
	铁件	kg	3.71	—	—	3.591
	其他材料费	元	1.00	19.04	19.54	19.07
机械	其他机械费 占人工	%	1.00	1.000	1.000	1.000

工作内容：放样、选配料、刨光、画线、锯槽、制作成型、安装、伸入墙内部分刷水柏油等。　　计量单位：m^3

定额编号				5-860	5-861	5-862
项　目				方椽制作、安装		
				周长		
				30cm 以内	40cm 以内	40cm 以外
基价（元）				**3 318.54**	**2 710.38**	**2 418.84**
其中	人工费（元）			1 230.39	707.11	549.32
	材料费（元）			2 075.85	1 996.20	1 864.03
	机械费（元）			12.30	7.07	5.49
名　称		单位	单价（元）	消　耗　量		
人工	三类人工	工日	155.00	7.938	4.562	3.544
材料	杉板枋材	m^3	1 625.00	1.255	1.208	1.129
	圆钉	kg	4.74	3.360	2.835	2.310
	其他材料费	元	1.00	20.55	19.76	18.46
机械	其他机械费 占人工	%	1.00	1.000	1.000	1.000

工作内容：放样、选配料、刨光、画线、锯槽、制作成型、安装、伸入墙内部分刷水柏油等。　　计量单位：m^3

定额编号				5-863	5-864	5-865
项　目				圆翼角椽（圆形摔网椽）制作、安装		
				椽径		
				7cm 以内	10cm 以内	12cm 以内
基价（元）				**4 873.56**	**3 916.08**	**3 694.05**
其中	人工费（元）			2 925.94	1 986.79	1 786.07
	材料费（元）			1 918.36	1 909.42	1 890.12
	机械费（元）			29.26	19.87	17.86
名　称		单位	单价（元）	消　耗　量		
人工	三类人工	工日	155.00	18.877	12.818	11.523
材料	杉原木 综合	m^3	1 466.00	1.286	1.280	1.267
	圆钉	kg	4.74	2.972	2.961	2.951
	其他材料费	元	1.00	18.99	18.91	18.71
机械	其他机械费 占人工	%	1.00	1.000	1.000	1.000

工作内容:放样、选配料、刨光、画线、锯槽、制作成型、安装、伸入墙内部分刷水柏油等。 **计量单位:**m^3

定额编号				5-866	5-867	5-868	5-869
项目				方翼角椽(矩形摔网椽)制作、安装			
				规格(cm)			
				5.5×8 以内	6.5×8.5 以内	8×10.5 以内	9×12 以内
基价(元)				**3 491.10**	**3 211.47**	**2 949.52**	**2 717.21**
其中	人工费(元)			1 532.80	1 269.61	1 023.93	809.41
	材料费(元)			1 942.97	1 929.16	1 915.35	1 899.71
	机械费(元)			15.33	12.70	10.24	8.09
名称		单位	单价(元)	消耗量			
人工	三类人工	工日	155.00	9.889	8.191	6.606	5.222
材料	杉板枋材	m^3	1 625.00	1.171	1.163	1.155	1.147
	圆钉	kg	4.74	4.400	4.258	4.116	3.591
	其他材料费	元	1.00	19.24	19.10	18.96	18.81
机械	其他机械费 占人工	%	1.00	1.000	1.000	1.000	1.000

工作内容:放样、选配料、刨光、画线、锯槽、制作成型、安装、伸入墙内部分刷水柏油等。 **计量单位:**m^3

定额编号				5-870	5-871	5-872
项目				圆形飞椽制作、安装		
				椽径		
				7cm 以内	10cm 以内	10cm 以外
基价(元)				**4 998.10**	**3 766.92**	**3 346.81**
其中	人工费(元)			2 872.46	1 773.51	1 388.18
	材料费(元)			2 096.92	1 975.67	1 944.75
	机械费(元)			28.72	17.74	13.88
名称		单位	单价(元)	消耗量		
人工	三类人工	工日	155.00	18.532	11.442	8.956
材料	杉原木 综合	m^3	1 466.00	1.394	1.314	1.295
	圆钉	kg	4.74	6.867	6.284	5.702
	其他材料费	元	1.00	20.76	19.56	19.25
机械	其他机械费 占人工	%	1.00	1.000	1.000	1.000

工作内容：放样、选配料、刨光、画线、锯槽、制作成型、安装、伸入墙内部分刷水柏油等。　　　计量单位：m³

定额编号				5-873	5-874	5-875	5-876
项　目				方形飞椽制作、安装			
				周长			
				25cm 以内	35cm 以内	45cm 以内	45cm 以外
基价（元）				**4 753.28**	**3 556.68**	**3 029.66**	**2 978.08**
其中	人工费（元）			2 523.40	1 479.17	1 003.63	953.41
	材料费（元）			2 204.65	2 062.72	2 015.99	2 015.14
	机械费（元）			25.23	14.79	10.04	9.53
名　称		单位	单价（元）	消　耗　量			
人工	三类人工	工日	155.00	16.280	9.543	6.475	6.151
材料	杉板枋材	m³	1 625.00	1.320	1.240	1.218	1.218
	圆钉	kg	4.74	7.980	5.759	3.539	3.362
	其他材料费	元	1.00	21.83	20.42	19.96	19.95
机械	其他机械费 占人工	%	1.00	1.000	1.000	1.000	1.000

工作内容：放样、选配料、刨光、画线、锯槽、制作成型、安装、伸入墙内部分刷水柏油等。　　　计量单位：m³

定额编号				5-877	5-878	5-879
项　目				圆形翘飞椽（立脚飞椽）制作、安装		
				椽径		
				7cm 以内	10cm 以内	10cm 以外
基价（元）				**39.32**	**62.79**	**122.59**
其中	人工费（元）			28.52	39.99	69.13
	材料费（元）			10.51	22.40	52.77
	机械费（元）			0.29	0.40	0.69
名　称		单位	单价（元）	消　耗　量		
人工	三类人工	工日	155.00	0.184	0.258	0.446
材料	杉原木 综合	m³	1 466.00	0.007	0.015	0.035
	圆钉	kg	4.74	0.030	0.040	0.198
	其他材料费	元	1.00	0.10	0.22	0.52
机械	其他机械费 占人工	%	1.00	1.000	1.000	1.000

工作内容：放样、选配料、刨光、画线、锯槽、制作成型、安装、伸入墙内部分刷水柏油等。 **计量单位：**m^3

定额编号				5-880	5-881	5-882	5-883
项　目				方形翘飞椽（立脚飞椽）制作、安装			
				规格（cm）			
				7×8.5 以内	9×12 以内	10×16 以内	12×18 以内
基价（元）				**5 813.11**	**4 837.55**	**4 110.84**	**3 568.73**
其中	人工费（元）			3 821.37	2 891.06	2 172.64	1 660.05
	材料费（元）			1 953.53	1 917.58	1 916.47	1 892.08
	机械费（元）			38.21	28.91	21.73	16.60
名　称		单位	单价（元）	消　耗　量			
人工	三类人工	工日	155.00	24.654	18.652	14.017	10.710
材料	杉板枋材	m^3	1 625.00	1.176	1.160	1.160	1.146
	圆钉	kg	4.74	4.893	2.867	2.636	2.342
	其他材料费	元	1.00	19.34	18.99	18.97	18.73
机械	其他机械费 占人工	%	1.00	1.000	1.000	1.000	1.000

工作内容：放样、选配料、刨光、画线、锯槽、制作成型、安装、伸入墙内部分刷水柏油等。 **计量单位：**m^3

定额编号				5-884	5-885	5-886	5-887
项　目				矩形单弯椽子制作、安装			
				周长			
				25cm 以内	35cm 以内	45cm 以内	45cm 以上
基价（元）				**7 727.32**	**5 930.18**	**4 525.33**	**4 169.54**
其中	人工费（元）			4 594.05	2 838.67	1 505.36	1 357.80
	材料费（元）			3 087.33	3 063.12	3 004.92	2 798.16
	机械费（元）			45.94	28.39	15.05	13.58
名　称		单位	单价（元）	消　耗　量			
人工	三类人工	工日	155.00	29.639	18.314	9.712	8.760
材料	杉板枋材	m^3	1 625.00	1.859	1.855	1.823	1.698
	圆钉	kg	4.74	7.571	3.885	2.699	2.363
	其他材料费	元	1.00	30.57	30.33	29.75	27.70
机械	其他机械费 占人工	%	1.00	1.000	1.000	1.000	1.000

工作内容：放样、选配料、刨光、画线、锯槽、制作成型、安装、伸入墙内部分刷水柏油等。 计量单位：m³

定额编号				5-888	5-889	5-890	5-891
项目				矩形双弯椽子制作、安装			
				周长			
				25cm 以内	35cm 以内	45cm 以内	45cm 以上
基价（元）				**10 909.36**	**7 666.00**	**6 308.05**	**5 937.15**
其中	人工费（元）			7 744.58	4 557.31	3 271.43	3 107.91
	材料费（元）			3 087.33	3 063.12	3 003.91	2 798.16
	机械费（元）			77.45	45.57	32.71	31.08
名称		单位	单价（元）	消耗量			
人工	三类人工	工日	155.00	49.965	29.402	21.106	20.051
材料	杉板枋材	m³	1 625.00	1.859	1.855	1.823	1.698
	圆钉	kg	4.74	7.571	3.885	2.489	2.364
	其他材料费	元	1.00	30.57	30.33	29.74	27.70
机械	其他机械费 占人工	%	1.00	1.000	1.000	1.000	1.000

工作内容：放样、选配料、刨光、画线、锯槽、制作成型、安装、伸入墙内部分刷水柏油等。 计量单位：m³

定额编号				5-892	5-893	5-894	5-895
项目				茶壶档轩椽制作、安装			
				周长			
				25cm 以内	35cm 以内	45cm 以内	45cm 以上
基价（元）				**6 575.29**	**4 877.09**	**4 172.59**	**3 964.06**
其中	人工费（元）			4 387.74	2 794.96	2 137.76	2 030.81
	材料费（元）			2 143.67	2 054.18	2 013.45	1 912.94
	机械费（元）			43.88	27.95	21.38	20.31
名称		单位	单价（元）	消耗量			
人工	三类人工	工日	155.00	28.308	18.032	13.792	13.102
材料	杉板枋材	m³	1 625.00	1.295	1.244	1.222	1.161
	圆钉	kg	4.74	3.812	2.604	1.638	1.556
	其他材料费	元	1.00	21.22	20.34	19.94	18.94
机械	其他机械费 占人工	%	1.00	1.000	1.000	1.000	1.000

工作内容：放样、选配料、刨光、画线、锯槽、制作成型、安装、伸入墙内部分刷水柏油等。　　**计量单位**：m^3

定额编号				5-896	5-897	5-898
项目				荷包形椽制作、安装		
				椽径		
				7cm 以内	10cm 以内	10cm 以外
基价（元）				**3 586.38**	**3 357.57**	**3 083.46**
其中	人工费（元）			1 516.37	1 364.78	1 160.02
	材料费（元）			2 054.85	1 979.14	1 911.84
	机械费（元）			15.16	13.65	11.60
名称		单位	单价（元）	消耗量		
人工	三类人工	工日	155.00	9.783	8.805	7.484
材料	杉板枋材	m^3	1 625.00	1.243	1.201	1.160
	圆钉	kg	4.74	3.087	1.670	1.670
	其他材料费	元	1.00	20.35	19.60	18.93
机械	其他机械费 占人工	%	1.00	1.000	1.000	1.000

工作内容：放样、选配料、锯料、刨光、画线、制作成型、安装等。

定额编号				5-899	5-900	5-901	5-902	5-903	5-904
项目				里口木制作、安装	关刀里口木制作、安装				弯小连檐制作、安装
				规格（cm）					
				6×8÷2	16×14÷2 以内	20×26÷2 以内	21×29÷2 以内	24×32÷2 以内	2×6 以内
计量单位				m	m^3				m
基价（元）				**76.34**	**6 847.12**	**6 373.63**	**5 990.64**	**5 650.46**	**64.76**
其中	人工费（元）			26.82	4 927.61	4 462.76	4 058.06	3 725.89	14.57
	材料费（元）			49.25	1 870.23	1 866.24	1 892.00	1 887.31	50.04
	机械费（元）			0.27	49.28	44.63	40.58	37.26	0.15
名称		单位	单价（元）	消耗量					
人工	三类人工	工日	155.00	0.173	31.791	28.792	26.181	24.038	0.094
材料	杉板枋材	m^3	1 625.00	0.030	1.134	1.132	1.148	1.146	0.030
	圆钉	kg	4.74	0.002	1.890	1.743	1.638	1.344	0.168
	其他材料费	元	1.00	0.49	18.52	18.48	18.73	18.69	0.50
机械	其他机械费 占人工	%	1.00	1.000	1.000	1.000	1.000	1.000	1.000

注：本定额以刨光为准，刨光木材损耗已包括在定额内。如糙介不刨光者，人工乘以系数 0.5，枋材改为 1.05m^3（不包括弯小连檐），其他不变。

工作内容：放样、选配料、锯料、刨光、画线、制作成型、安装等。　　　　计量单位：m³

定额编号				5-905	5-906	5-907
项　目				生头木（枕头木、衬头木）制作、安装		
				高度		
				20cm 以内	25cm 以内	25cm 以外
基价（元）				**4 556.65**	**3 696.68**	**2 984.77**
其中	人工费（元）			2 460.78	1 687.33	1 031.22
	材料费（元）			2 071.26	1 992.48	1 943.24
	机械费（元）			24.61	16.87	10.31
名　称		单位	单价（元）	消　耗　量		
人工	三类人工	工日	155.00	15.876	10.886	6.653
材料	杉板枋材	m³	1 625.00	1.262	1.214	1.184
	其他材料费	元	1.00	20.51	19.73	19.24
机械	其他机械费 占人工	%	1.00	1.000	1.000	1.000

工作内容：放样、选配料、锯料、刨光、画线、制作成型、安装等。　　　　计量单位：m

定额编号				5-908	5-909	5-910	5-911	5-912
项　目				小连檐制作、安装				
				高度				
				4cm 以内	6cm 以内	8cm 以内	10cm 以内	12cm 以内
基价（元）				**10.64**	**13.28**	**19.35**	**25.91**	**32.38**
其中	人工费（元）			6.67	7.75	8.99	10.70	12.09
	材料费（元）			3.90	5.45	10.27	15.10	20.17
	机械费（元）			0.07	0.08	0.09	0.11	0.12
名　称		单位	单价（元）	消　耗　量				
人工	三类人工	工日	155.00	0.043	0.050	0.058	0.069	0.078
材料	杉板枋材	m³	1 625.00	0.002	0.003	0.006	0.009	0.012
	圆钉	kg	4.74	0.129	0.109	0.089	0.069	0.099
	其他材料费	元	1.00	0.04	0.05	0.10	0.15	0.20
机械	其他机械费 占人工	%	1.00	1.000	1.000	1.000	1.000	1.000

工作内容:放样、选配料、锯料、刨光、画线、制作成型、安装等。 计量单位:m

定额编号					5-913	5-914	5-915	5-916	5-917
项目					大连檐制作、安装				
					高度				
					10cm以内	12cm以内	14cm以内	16cm以内	18cm以内
基价(元)					**31.93**	**37.87**	**47.12**	**54.57**	**65.62**
其中	人工费(元)				16.43	17.52	18.60	19.53	20.77
	材料费(元)				15.34	20.17	28.33	34.84	44.64
	机械费(元)				0.16	0.18	0.19	0.20	0.21
名称		单位	单价(元)		消耗量				
人工	三类人工	工日	155.00		0.106	0.113	0.120	0.126	0.134
材料	杉板枋材	m^3	1 625.00		0.009	0.012	0.017	0.021	0.027
	圆钉	kg	4.74		0.119	0.099	0.089	0.079	0.069
	其他材料费	元	1.00		0.15	0.20	0.28	0.34	0.44
机械	其他机械费 占人工	%	1.00		1.000	1.000	1.000	1.000	1.000

工作内容:放样、选配料、锯料、刨光、画线、制作成型、安装等。 计量单位:m

定额编号				5-918	5-919	5-920	5-921
项目				闸挡板制作、安装		椽碗板制作、安装	
				规格(cm)			
				1×10以内	1×10以外	1×10以内	1×10以外
基价(元)				**9.80**	**11.53**	**17.78**	**21.06**
其中	人工费(元)			8.06	9.77	15.97	19.22
	材料费(元)			1.66	1.66	1.65	1.65
	机械费(元)			0.08	0.10	0.16	0.19
名称		单位	单价(元)	消耗量			
人工	三类人工	工日	155.00	0.052	0.063	0.103	0.124
材料	杉板枋材	m^3	1 625.00	0.001	0.001	0.001	0.001
	圆钉	kg	4.74	0.003	0.004	0.002	0.002
	其他材料费	元	1.00	0.02	0.02	0.02	0.02
机械	其他机械费 占人工	%	1.00	1.000	1.000	1.000	1.000

工作内容：放样、选配料、锯料、刨光、画线、制作成型、安装等。　　计量单位：m

定额编号				5-922	5-923	5-924	5-925	5-926	5-927	5-928
项　目				燕颔板制作、安装						
				板高						
				8cm以内	10cm以内	13cm以内	16cm以内	19cm以内	21cm以内	24cm以内
基价（元）				**10.26**	**14.06**	**19.86**	**25.48**	**31.21**	**38.52**	**47.31**
其中	人工费（元）			4.81	5.43	6.20	6.98	6.20	6.98	7.60
	材料费（元）			5.40	8.58	13.60	18.43	24.95	31.47	39.63
	机械费（元）			0.05	0.05	0.06	0.07	0.06	0.07	0.08
名　称		单位	单价（元）	消　耗　量						
人工	三类人工	工日	155.00	0.031	0.035	0.040	0.045	0.040	0.045	0.049
材料	杉板枋材	m^3	1 625.00	0.003	0.005	0.008	0.011	0.015	0.019	0.024
	圆钉	kg	4.74	0.099	0.079	0.099	0.079	0.069	0.059	0.050
	其他材料费	元	1.00	0.05	0.08	0.13	0.18	0.25	0.31	0.39
机械	其他机械费 占人工	%	1.00	1.000	1.000	1.000	1.000	1.000	1.000	1.000

工作内容：放样、选配料、锯料、刨光、画线、制作成型、安装等。　　计量单位：m

定额编号				5-929	5-930	5-931	5-932	5-933	5-934
项　目				封沿板制作、安装	弯封沿板制作、安装				瓦口板制作、安装
				规格（cm）					
				25×2.5	20×2.5以内	28×3以内	30×3.5以内	35×4以内	25×8÷2
基价（元）				**21.30**	**37.30**	**56.66**	**71.31**	**98.93**	**24.96**
其中	人工费（元）			8.06	25.58	38.29	49.45	68.67	19.07
	材料费（元）			13.16	11.46	17.99	21.37	29.57	5.70
	机械费（元）			0.08	0.26	0.38	0.49	0.69	0.19
名　称		单位	单价（元）	消　耗　量					
人工	三类人工	工日	155.00	0.052	0.165	0.247	0.319	0.443	0.123
材料	杉板枋材	m^3	1 625.00	0.008	0.007	0.011	0.013	0.018	0.003
	圆钉	kg	4.74	0.033	0.017	0.025	0.051	0.068	0.017
	铁件	kg	3.71	—	—	—	—	—	0.201
机械	其他机械费 占人工	%	1.00	1.000	1.000	1.000	1.000	1.000	1.000

工作内容:放样、选配料、刨光一面、画线、制作成型、安装等。　　计量单位:m^2

定额编号				5-935	5-936	5-937
项　目				单面刨光顺望板制作、安装		
				板厚		
				1.5cm 以内	2.0cm 以内	每增厚 0.5cm
基价(元)				**58.29**	**71.19**	**9.47**
其中	人工费(元)			26.04	28.83	0.78
	材料费(元)			31.99	42.07	8.68
	机械费(元)			0.26	0.29	0.01
名　称		单位	单价(元)	消　耗　量		
人工	三类人工	工日	155.00	0.168	0.186	0.005
材料	杉板枋材	m^3	1 625.00	0.019	0.025	0.005
	圆钉	kg	4.74	0.168	0.218	0.099
	其他材料费	元	1.00	0.32	0.42	0.09
机械	其他机械费 占人工	%	1.00	1.000	1.000	1.000

工作内容:放样、选配料、画线、制作成型、安装等。　　计量单位:m^2

定额编号				5-938	5-939	5-940	5-941
项　目				毛望板制作、安装			
				板厚			
				1.5cm 以内	2.0cm 以内	2.5cm 以内	每增厚 0.5cm
基价(元)				**33.23**	**41.75**	**50.47**	**9.39**
其中	人工费(元)			8.06	8.37	8.68	0.93
	材料费(元)			25.09	33.30	41.70	8.45
	机械费(元)			0.08	0.08	0.09	0.01
名　称		单位	单价(元)	消　耗　量			
人工	三类人工	工日	155.00	0.052	0.054	0.056	0.006
材料	杉板枋材	m^3	1 625.00	0.015	0.020	0.025	0.005
	圆钉	kg	4.74	0.099	0.099	0.139	0.050
	其他材料费	元	1.00	0.25	0.33	0.41	0.08
机械	其他机械费 占人工	%	1.00	1.000	1.000	1.000	1.000

工作内容：放样、选配料、画线、制作成型、安装等。　　**计量单位：**m^2

定额编号				5-942	5-943	5-944	5-945	5-946
项　目				摔网板			卷戗板	
				规格				
				1.5cm以内	2cm以内	3cm以内	1cm以内	2cm以内
基价（元）				**71.95**	**83.76**	**105.30**	**72.57**	**90.81**
其中	人工费（元）			36.74	39.84	43.09	48.83	48.83
	材料费（元）			34.84	43.52	61.78	23.25	41.49
	机械费（元）			0.37	0.40	0.43	0.49	0.49
名　称		单位	单价（元）	消　耗　量				
人工	三类人工	工日	155.00	0.237	0.257	0.278	0.315	0.315
材料	杉板枋材	m^3	1 625.00	0.021	0.026	0.037	0.014	0.025
	圆钉	kg	4.74	0.078	0.177	0.221	0.056	0.095
	其他材料费	元	1.00	0.34	0.43	0.61	0.23	0.41
机械	其他机械费 占人工	%	1.00	1.000	1.000	1.000	1.000	1.000

工作内容：准备工具、分类安装。　　**计量单位：**个

定额编号				5-947	5-948	5-949	5-950
项　目				门钉（木）制作、安装		门钉（铜）安装	
				3～5cm以内	5～8cm以内	3～5cm以内	5～8cm以内
基价（元）				**214.97**	**239.39**	**141.53**	**286.37**
其中	人工费（元）			203.52	216.07	97.03	128.34
	材料费（元）			9.41	21.16	43.53	156.75
	机械费（元）			2.04	2.16	0.97	1.28
名　称		单位	单价（元）	消　耗　量			
人工	三类人工	工日	155.00	1.313	1.394	0.626	0.828
材料	杉小枋	m^3	2 328.00	0.004	0.009	—	—
	铜门钉 4cm	个	4.31	—	—	10.000	—
	铜门钉 6.5cm	个	15.52	—	—	—	10.000
	其他材料费	元	1.00	0.09	0.21	0.43	1.55
机械	其他机械费 占人工	%	1.00	1.000	1.000	1.000	1.000

十二、木作配件制作、安装

工作内容:放样、选配料、锯料、刨光、画线、制作、安装。

定额编号				5-951	5-952	5-953	5-954	5-955
项目				梁垫制作、安装	工字花制作、安装			花篮斗制作、安装
				规格(cm)				
				70×14×18以内	12×9×3	20×12×5	35×25×10	40×25×18以内
计量单位				块	只			
基价(元)				**81.71**	**102.92**	**124.85**	**184.40**	**240.66**
其中	人工费(元)			59.83	100.29	117.18	140.74	148.18
	材料费(元)			21.28	1.63	6.50	42.25	91.00
	机械费(元)			0.60	1.00	1.17	1.41	1.48
名称		单位	单价(元)	消耗量				
人工	三类人工	工日	155.00	0.386	0.647	0.756	0.908	0.956
材料	杉板枋材	m^3	1 625.00	0.013	0.001	0.004	0.026	0.056
	圆钉	kg	4.74	0.032	—	—	—	—
机械	其他机械费 占人工	%	1.00	1.000	1.000	1.000	1.000	1.000

工作内容:放样、选配料、刨光、画线、锯截、制作成型、弹安装线、编写安装号、试装、安装等。　　**计量单位:**只

定额编号				5-956	5-957	5-958	5-959
项目				牛腿制作、安装		霸王拳制作、安装	
				规格(cm)			
				45×30×12以内	65×45×15以内	35×20×16以内	50×30×20以内
基价(元)				**253.87**	**331.49**	**221.93**	**287.82**
其中	人工费(元)			206.31	220.41	187.55	210.96
	材料费(元)			45.50	108.88	32.50	74.75
	机械费(元)			2.06	2.20	1.88	2.11
名称		单位	单价(元)	消耗量			
人工	三类人工	工日	155.00	1.331	1.422	1.210	1.361
材料	杉板枋材	m^3	1 625.00	0.028	0.067	0.020	0.046
机械	其他机械费 占人工	%	1.00	1.000	1.000	1.000	1.000

工作内容：放样、选配料、刨光、画线、锯截、制作成型、弹安装线、编写安装号、试装、安装等。

定额编号				5-960	5-961	5-962
项　目				栏杆花结制作、安装		山雾云
						规格（cm）
				20cm 以内	20cm 以外	200×80×5÷2 以内
计量单位				个		块
基价（元）				**149.03**	**177.20**	**371.62**
其中	人工费（元）			139.50	167.40	271.41
	材料费（元）			8.13	8.13	97.50
	机械费（元）			1.40	1.67	2.71
名　称		单位	单价（元）	消　耗　量		
人工	三类人工	工日	155.00	0.900	1.080	1.751
材料	杉板枋材	m^3	1 625.00	0.005	0.005	0.060
机械	其他机械费 占人工	%	1.00	1.000	1.000	1.000

工作内容：放样、选配料、刨光、画线、锯截、制作成型、弹安装线、编写安装号、试装、安装等。　　计量单位：块

定额编号				5-963	5-964	5-965	5-966	5-967	5-968
项　目				额枋下云龙大雀替制作、安装					
				长度					
				80cm 以内	100cm 以内	120cm 以内	140cm 以内	160cm 以内	180cm 以内
基价（元）				**1 033.26**	**1 527.94**	**2 163.03**	**2 948.75**	**3 888.22**	**4 995.43**
其中	人工费（元）			935.12	1 343.54	1 852.10	2 460.94	3 170.06	3 980.25
	材料费（元）			88.79	170.96	292.41	463.20	686.46	975.38
	机械费（元）			9.35	13.44	18.52	24.61	31.70	39.80
名　称		单位	单价（元）	消　耗　量					
人工	三类人工	工日	155.00	6.033	8.668	11.949	15.877	20.452	25.679
材料	杉板枋材	m^3	1 625.00	0.054	0.104	0.178	0.282	0.418	0.594
	圆钉	kg	4.74	0.010	0.020	0.020	0.030	0.040	0.040
	乳胶	kg	5.60	0.020	0.030	0.030	0.040	0.040	0.050
	其他材料费	元	1.00	0.88	1.69	2.90	4.59	6.80	9.66
机械	其他机械费 占人工	%	1.00	1.000	1.000	1.000	1.000	1.000	1.000

工作内容:放样、选配料、刨光、画线、锯截、制作成型、弹安装线、编写安装号、试装、安装等。 **计量单位:**块

定额编号				5-969	5-970	5-971	5-972	5-973	5-974
项目				绰幕枋(额枋下卷草大雀替)制作、安装					
				长度					
				60cm以内	80cm以内	100cm以内	120cm以内	140cm以内	160cm以内
基价(元)				**576.44**	**842.48**	**1 241.45**	**1 781.05**	**2 471.27**	**3 315.25**
其中	人工费(元)			533.20	746.02	1 059.89	1 473.90	1 988.19	2 602.76
	材料费(元)			37.91	89.00	170.96	292.41	463.20	686.46
	机械费(元)			5.33	7.46	10.60	14.74	19.88	26.03
名称		单位	单价(元)	消耗量					
人工	三类人工	工日	155.00	3.440	4.813	6.838	9.509	12.827	16.792
材料	杉板枋材	m^3	1 625.00	0.023	0.054	0.104	0.178	0.282	0.418
	圆钉	kg	4.74	0.010	0.030	0.020	0.020	0.030	0.040
	乳胶	kg	5.60	0.020	0.040	0.030	0.030	0.040	0.040
	其他材料费	元	1.00	0.38	0.88	1.69	2.90	4.59	6.80
机械	其他机械费 占人工	%	1.00	1.000	1.000	1.000	1.000	1.000	1.000

工作内容:放样、选配料、刨光、画线、锯截、制作成型、弹安装线、编写安装号、试装、安装等。 **计量单位:**块

定额编号				5-975	5-976	5-977	5-978	5-979	5-980
项目				绰幕枋(云龙骑马雀替)制作、安装					
				长度					
				90cm以内	120cm以内	150cm以内	180cm以内	210cm以内	240cm以内
基价(元)				**1 023.60**	**1 569.42**	**2 314.45**	**3 270.97**	**4 451.17**	**5 868.48**
其中	人工费(元)			954.80	1 417.17	2 028.02	2 788.14	3 696.60	4 753.70
	材料费(元)			59.25	138.08	266.15	454.95	717.60	1 067.24
	机械费(元)			9.55	14.17	20.28	27.88	36.97	47.54
名称		单位	单价(元)	消耗量					
人工	三类人工	工日	155.00	6.160	9.143	13.084	17.988	23.849	30.669
材料	杉板枋材	m^3	1 625.00	0.036	0.084	0.162	0.277	0.437	0.650
	圆钉	kg	4.74	0.010	0.010	0.020	0.020	0.030	0.030
	乳胶	kg	5.60	0.020	0.030	0.030	0.040	0.040	0.050
	其他材料费	元	1.00	0.59	1.37	2.64	4.50	7.10	10.57
机械	其他机械费 占人工	%	1.00	1.000	1.000	1.000	1.000	1.000	1.000

工作内容：放样、选配料、刨光、画线、锯截、制作成型、弹安装线、编写安装号、试装、安装等。　　计量单位：块

定额编号				5-981	5-982	5-983	5-984	5-985	5-986
项　目				绰幕枋（卷草骑马雀替）制作、安装					
				长度					
				60cm 以内	90cm 以内	120cm 以内	150cm 以内	180cm 以内	210cm 以内
基价（元）				**666.64**	**880.36**	**1 282.94**	**1 884.73**	**2 698.00**	**3 735.11**
其中	人工费（元）			642.01	812.98	1 133.52	1 602.55	2 220.84	2 987.63
	材料费（元）			18.21	59.25	138.08	266.15	454.95	717.60
	机械费（元）			6.42	8.13	11.34	16.03	22.21	29.88
名　称		单位	单价（元）	消　耗　量					
人工	三类人工	工日	155.00	4.142	5.245	7.313	10.339	14.328	19.275
材料	杉板枋材	m^3	1 625.00	0.011	0.036	0.084	0.162	0.277	0.437
	圆钉	kg	4.74	0.010	0.010	0.010	0.020	0.020	0.030
	乳胶	kg	5.60	0.020	0.020	0.030	0.030	0.040	0.040
	其他材料费	元	1.00	0.18	0.59	1.37	2.64	4.50	7.10
机械	其他机械费 占人工	%	1.00	1.000	1.000	1.000	1.000	1.000	1.000

工作内容：放样、选配料、刨光、画线、锯截、制作成型、弹安装线、编写安装号、试装、安装等。　　计量单位：块

定额编号				5-987	5-988	5-989	5-990	5-991	5-992
项　目				雀替下云墩制作、安装	菱角木（龙径木）制作、安装				
					厚度				
					6cm 以内	7cm 以内	8cm 以内	9cm 以内	10cm 以内
基价（元）				**881.00**	**204.92**	**248.85**	**300.83**	**365.01**	**441.77**
其中	人工费（元）			830.03	168.49	187.55	206.46	227.70	250.02
	材料费（元）			42.67	34.75	59.42	92.31	135.03	189.25
	机械费（元）			8.30	1.68	1.88	2.06	2.28	2.50
名　称		单位	单价（元）	消　耗　量					
人工	三类人工	工日	155.00	5.355	1.087	1.210	1.332	1.469	1.613
材料	杉板枋材	m^3	1 625.00	0.026	0.021	0.036	0.056	0.082	0.115
	乳胶	kg	5.60	—	0.050	0.060	0.070	0.080	0.090
	其他材料费	元	1.00	0.42	0.34	0.59	0.91	1.34	1.87
机械	其他机械费 占人工	%	1.00	1.000	1.000	1.000	1.000	1.000	1.000

十三、牌楼特殊构部件制作

工作内容: 放样、选配料、刨光、画线、锯截、凿眼、制作成型、弹安装线、编写安装号等。　　**计量单位:** m^3

定额编号					5-993	5-994
项目					牌楼柱制作	
					柱径	
					40cm以内	40cm以外
基价(元)					**3 703.09**	**3 283.85**
其中	人工费(元)				1 687.33	1 272.24
	材料费(元)				1 998.89	1 998.89
	机械费(元)				16.87	12.72
名称			单位	单价(元)	消耗量	
人工	三类人工		工日	155.00	10.886	8.208
材料	杉原木 综合		m^3	1 466.00	1.350	1.350
	其他材料费		元	1.00	19.79	19.79
机械	其他机械费 占人工		%	1.00	1.000	1.000

工作内容: 放样、选配料、刨光、画线、锯截、绘制图样、面部雕刻、制作成型、弹安装线、编写安装号、试装等。　　**计量单位:** m^2

定额编号				5-995	5-996	5-997	5-998	5-999
项目				龙凤板、花板制作		牌楼匾制作		
				厚4cm	每增厚1cm	心板厚3cm	每增厚1cm	边框雕刻
基价(元)				**5 754.75**	**725.08**	**341.56**	**31.84**	**2 164.15**
其中	人工费(元)			5 612.71	698.12	200.88	13.33	2 142.72
	材料费(元)			85.91	19.98	138.67	18.38	—
	机械费(元)			56.13	6.98	2.01	0.13	21.43
名称		单位	单价(元)	消耗量				
人工	三类人工	工日	155.00	36.211	4.504	1.296	0.086	13.824
材料	杉板枋材	m^3	1 625.00	0.052	0.012	0.084	0.011	—
	圆钉	kg	4.74	—	—	0.050	0.010	—
	乳胶	kg	5.60	0.100	0.050	0.100	0.050	—
	其他材料费	元	1.00	0.85	0.20	1.37	0.18	—
机械	其他机械费 占人工	%	1.00	1.000	1.000	1.000	1.000	1.000

十四、牌楼特殊构部件安装

工作内容：垂直起重、修整榫卯、入位、校正、钉拉杆、绑戗杆、挪移抱杆及完成安装后拆除戗、拉杆，伸入墙内部分刷水柏油等。

计量单位：m^3

定额编号				5-1000	5-1001
项　目				牌楼柱安装	
				柱径	
				40cm 以内	40cm 以外
基价（元）				**1 118.32**	**1 043.17**
其中	人工费（元）			1 041.60	967.20
	材料费（元）			66.30	66.30
	机械费（元）			10.42	9.67
名　称		单位	单价（元）	消　耗　量	
人工	三类人工	工日	155.00	6.720	6.240
材料	杉板枋材	m^3	1 625.00	0.040	0.040
	其他材料费	元	1.00	1.30	1.30
机械	其他机械费 占人工	%	1.00	1.000	1.000

工作内容：垂直起重、修整榫卯、入位、校正、钉拉杆、绑戗杆、挪移抱杆及完成安装后拆除戗、拉杆，伸入墙内部分刷水柏油等。

定额编号				5-1002	5-1003	5-1004	5-1005	5-1006
项　目				龙凤板、花板安装		牌楼匾安装		霸王杠安装
				厚 4cm	每增厚 1cm	心板厚 3cm	每增厚 1cm	
计量单位				m^2				kg
基价（元）				**32.00**	**6.74**	**29.81**	**6.84**	**19.39**
其中	人工费（元）			29.76	6.20	27.28	6.20	12.09
	材料费（元）			1.94	0.48	2.26	0.58	7.18
	机械费（元）			0.30	0.06	0.27	0.06	0.12
名　称		单位	单价（元）	消　耗　量				
人工	三类人工	工日	155.00	0.192	0.040	0.176	0.040	0.078
材料	圆钉	kg	4.74	0.330	0.099	0.396	0.119	—
	铁件 综合	kg	6.90	—	—	—	—	1.020
	扎绑绳	kg	3.45	0.099	—	0.099	—	—
	其他材料费	元	1.00	0.04	0.01	0.04	0.01	0.14
机械	其他机械费 占人工	%	1.00	1.000	1.000	1.000	1.000	1.000

第六章

铺作（斗拱）工程

说　　明

一、本章定额包括铺作拆除，铺作拨正归安，铺作拆修，铺作部件附件、制作，铺作部件、附件安装，铺作制作，铺作安装，斗拱拆除，斗拱拨正归安，斗拱拆修，斗拱部件、附件制作安装，斗拱制作，斗拱安装，铺作（斗拱）保护网十四节（铺作为宋式建筑、斗拱为明清建筑）。

二、铺作部分。

1. 铺作拆除、拨正归安定额均以補间铺作、柱头铺作、转角铺作为准，不再细分各铺作样式。

2. 拨正归安定额适用于铺作损坏较轻、只需拆动到檩木不拆铺作的情况下，对铺作进行复位整修及简单加固。

3. 铺作若需添配斗、拱、昂、枋等，执行单独添配部件、附件定额。

4. 铺作拆修定额适用于将铺作整座拆下进行修理的情况，添配率在40%以内定额已综合考虑，不另计算单独添配部件、附件定额。若占比超过40%，超过部分执行新作定额。添换枋及斗板等附件应另行计算。

5. 添配罗汉枋、柱头枋、平綦枋定额已综合考虑了各种不同截面、不同形制枋的工料差别，执行中定额均不调整。

6. 昂翘、平座铺作里外拽、各层华拱均以使用单材拱为准，若改用其他云拱，定额不做调整。

7. 铺作安装定额以头层檐为准，二层檐铺作安装按安装定额工料乘以系数1.1执行，三层檐及三层檐以上铺作安装按安装定额工料乘以系数1.2执行。

8. 梢间转角铺作拱上罗汉枋，以铺作挑出远近的交叉中心为界，外端的工料包括在角科斗拱之内，里端的枋另按实际计算。

9. 铺作拆除、拨正归安、拆修制作与安装定额均以六等材（材宽12.8cm）为准，实际工程中材宽尺寸变化时按下表调整工料。

工料调整表

材宽（cm）	9.6	11.2	12.8	14.1	15.3	16	17.6	19.2
工时调整	0.570 1	0.770 1	1	1.206	1.427	1.551	1.872	2.256
材料调整	0.430 6	0.674 6	1	1.320 5	1.708	1.928	2.551	3.301

三、斗拱部分。

1. 拨正归安定额适用于斗拱损坏较轻，只需拆动至檩木，不拆斗拱的情况下，对斗拱进行复位整修及简单加固。

2. 斗拱拆除、拨正归安定额均以平身科、柱头科、角科为准，不再细分各科样式。

3. 斗拱添配升斗或斗耳、单才拱、昂嘴头、盖（斜）斗板、枋等，执行斗拱部件、附件添配定额。

4. 添配挑檐枋、井口枋、正心枋、拽枋定额已综合考虑了各种不同截面、不同形制枋的工料差别，执行中定额均不调整。

5. 斗拱拆修定额适用于将整攒斗拱拆下进行修理的情况，添配缺损部件添配率在40%以内定额已综合考虑，不得再执行部件添配定额；若占比超过40%，超过部分执行新作定额。若需添换正心枋、拽枋、挑檐枋、井口枋及盖（斜）斗板等附件时应另执行附件添配定额。

6. 昂翘、平座斗拱的里拽及内里品字斗拱两拽均以使用单才拱为准，若改用麻叶云拱、三幅云拱，定额不做调整。

7. 斗拱安装定额(不包括牌楼斗拱)以头层檐为准,二层檐斗拱安装按定额乘以系数 1.1,三层檐以上斗拱安装按定额乘以系数 1.2。

8. 角科斗拱带枋的部件,以科中为界,外端的工料包括在角科斗拱之内,里端的枋另按附件计算。

9. 斗拱拆除、拨正归安、拆修制作、安装定额除牌楼斗拱以 5cm 斗口为准外,其他斗拱均以 8cm 斗口为准,实际工程中斗口尺寸与定额规定不符时,按下表调整工料。

工料调整表

项目斗口		4cm	5cm	6cm	7cm	8cm	9cm	10cm	11cm	12cm	13cm	14cm	15cm
昂翘斗拱、平座斗拱、内里品字斗拱、溜金斗拱、麻叶斗拱、隔架斗拱	人工消耗量	0.64	0.70	0.78	0.88	1.00	1.14	1.30	1.48	1.68	1.90	2.14	2.40
	材料消耗量	0.136	0.257	0.434	0.678	1.000	1.409	1.918	2.536	3.225	4.145	5.156	6.315
牌楼斗拱	人工消耗量	0.90	1.00	1.12	1.26	1.43	—	—	—	—	—	—	—
	材料消耗量	0.530	1.000	1.688	2.637	3.890	—	—	—	—	—	—	—

10. 昂嘴剔补、斗拱拆修以及昂翘斗拱、内里品字斗拱、溜金斗拱制作等,其昂嘴头若需雕如意云头执行牌楼斗拱昂嘴雕作如意云头定额,斗口尺寸不同应换算消耗量。

工程量计算规则

一、铺作部分。

1. 铺作拆除、拨正归安、拆修、制作、安装、拆除以“朵”计算,转角铺作与補间铺作、平身科斗拱连作者分别计算。

2. 蔗椽板按平方计算;配换罗汉枋、柱头枋、平綦枋按实做长度计算,不扣除梁所占长度,角科位置量至科中。

二、斗拱部分。

1. 斗拱拆除、拨正归安、拆修、制作、安装以“攒或座”计算,角科斗拱与平身科斗拱连作者应分别计算。

2. 斗板按平方计算;配换挑檐枋、井口枋、正心枋、拽枋按实做长度计算,不扣除梁所占长度,角科位置量至科中。

3. 保护网的拆除、拆安及安装均按网展开面积计算。

第一节　铺 作 拆 除

一、補间、柱头

工作内容:必要支项、安全监护、拆卸。　　　　计量单位:朵

定额编号				6-1	6-2	6-3	6-4
项　目				補间		補间、柱头	
				人字拱	斗子蜀柱	斗口跳	把头绞项造
基价(元)				**9.05**	**6.89**	**15.26**	**11.61**
其中	人工费(元)			9.05	6.89	15.26	11.61
	材料费(元)			—	—	—	—
	机械费(元)			—	—	—	—
名　称		单位	单价(元)	消　耗　量			
人工	二类人工	工日	135.00	0.067	0.051	0.113	0.086

二、转　　角

工作内容:必要支项、安全监护、拆卸。　　　　计量单位:朵

定额编号				6-5	6-6	6-7	6-8	6-9
项　目				转角				
				四铺作	五铺作	六铺作	七铺作	八铺作
基价(元)				**97.61**	**159.30**	**217.49**	**275.54**	**333.72**
其中	人工费(元)			97.61	159.30	217.49	275.54	333.72
	材料费(元)			—	—	—	—	—
	机械费(元)			—	—	—	—	—
名　称		单位	单价(元)	消　耗　量				
人工	二类人工	工日	135.00	0.723	1.180	1.611	2.041	2.472

第二节　铺作拨正归安

一、補　　间

工作内容:樑拆除后对歪闪移位的铺作进行复位整修,不包括部件、附件的添配。　　**计量单位:**朵

定额编号				6-10	6-11	6-12	6-13
项　目				補间			
				人字拱	斗子蜀柱	斗口跳	把头绞项造
基价(元)				**27.75**	**21.24**	**36.12**	**25.58**
其中	人工费(元)			27.75	21.24	36.12	25.58
	材料费(元)			—	—	—	—
	机械费(元)			—	—	—	—
名　称		单位	单价(元)	消　耗　量			
人工	三类人工	工日	155.00	0.179	0.137	0.233	0.165

工作内容:樑拆除后对歪闪移位的铺作进行复位整修,不包括部件、附件的添配。　　**计量单位:**朵

定额编号				6-14	6-15	6-16	6-17	6-18	6-19
项　目				補间					
				四铺作外插昂	四铺作里外卷头	五铺作重拱出单杪单下昂	六铺作重拱出单杪双下昂	七铺作重拱出双杪双下昂	八铺作重拱出双杪三下昂
						里转五铺作重拱出双杪		里转六铺作重拱出三杪	
基价(元)				**93.00**	**83.24**	**160.43**	**229.09**	**281.33**	**363.94**
其中	人工费(元)			93.00	83.24	160.43	229.09	281.33	363.94
	材料费(元)			—	—	—	—	—	—
	机械费(元)			—	—	—	—	—	—
名　称		单位	单价(元)	消　耗　量					
人工	三类人工	工日	155.00	0.600	0.537	1.035	1.478	1.815	2.348

工作内容:樑拆除后对歪闪移位的铺作进行复位整修,不包括部件、附件的添配。　　计量单位:朵

定额编号				6-20	6-21	6-22
项　目				補间		
				五铺作重拱出上昂	六铺作重拱出上昂	七铺作重拱出上昂
				并计心	偷心跳内当中施骑斗拱	
基价(元)				**158.10**	**218.55**	**266.29**
其中	人工费(元)			158.10	218.55	266.29
	材料费(元)			—	—	—
	机械费(元)			—	—	—
名　称		单位	单价(元)	消　耗　量		
人工	三类人工	工日	155.00	1.020	1.410	1.718

二、柱　头

工作内容:樑拆除后对歪闪移位的铺作进行复位整修,不包括部件、附件的添配。　　计量单位:朵

定额编号				6-23	6-24	6-25	6-26
项　目				柱头			
				柱头斗口跳	柱头把头绞项造	柱头四铺作外插昂	柱头四铺作里外卷头
基价(元)				**30.23**	**23.25**	**80.29**	**69.75**
其中	人工费(元)			30.23	23.25	80.29	69.75
	材料费(元)			—	—	—	—
	机械费(元)			—	—	—	—
名　称		单位	单价(元)	消　耗　量			
人工	三类人工	工日	155.00	0.195	0.150	0.518	0.450

工作内容:檩拆除后对歪闪移位的铺作进行复位整修,不包括部件、附件的添配。　　计量单位:朵

定额编号				6-27	6-28	6-29	6-30
项　目				柱头			
				五铺作重拱出单杪单下昂	六铺作重拱出单杪双下昂	七铺作重拱出双杪双下昂	八铺作重拱出双杪三下昂
				里转五铺作重拱出双杪		里转六铺作重拱出三杪	
基价(元)				**140.74**	**194.37**	**255.75**	**302.25**
其中	人工费(元)			140.74	194.37	255.75	302.25
	材料费(元)			—	—	—	—
	机械费(元)			—	—	—	—
名　称		单位	单价(元)	消　耗　量			
人工	三类人工	工日	155.00	0.908	1.254	1.650	1.950

三、转　　角

工作内容:檩拆除后对歪闪移位的铺作进行复位整修,不包括部件、附件的添配。　　计量单位:朵

定额编号				6-31	6-32	6-33
项　目				转角		
				四铺作外插昂	五铺作重拱出单杪单下昂	六铺作重拱出单杪双下昂
					里转五铺作重拱出双杪	
基价(元)				**195.30**	**318.53**	**433.54**
其中	人工费(元)			195.30	318.53	433.54
	材料费(元)			—	—	—
	机械费(元)			—	—	—
名　称		单位	单价(元)	消　耗　量		
人工	三类人工	工日	155.00	1.260	2.055	2.797

第三节 铺作拆修

一、補 间

工作内容:将整铺作拆下、拆散、整理、添换缺损的部件及草架摆验,包括撤除时支项用方木附件添配。

计量单位:朵

定额编号				6-34	6-35	6-36	6-37
项目				補间			
				人字拱	斗子蜀柱	斗口跳	把头绞项造
基价(元)				**320.08**	**105.35**	**581.32**	**394.93**
其中	人工费(元)			253.12	52.08	492.90	334.80
	材料费(元)			66.96	53.27	88.42	60.13
	机械费(元)			—	—	—	—
名称		单位	单价(元)	消耗量			
人工	三类人工	工日	155.00	1.633	0.336	3.180	2.160
材料	杉板枋材	m^3	1 625.00	0.041	0.032	0.053	0.036
	乳胶	kg	5.60	0.060	0.040	0.100	0.080
	其他材料费	元	1.00	—	1.04	1.73	1.18

工作内容:将整铺作拆下、拆散、整理、添换缺损的部件及草架摆验,包括撤除时支项用方木附件添配。

计量单位:朵

定额编号				6-38	6-39	6-40	6-41	6-42	6-43
项目				補间					
				四铺作		五铺作重拱出单杪单下昂	六铺作重拱出单杪双下昂	七铺作重拱出双杪双下昂	八铺作重拱出双杪三下昂
				外插昂	里外卷头	里转五铺作重拱出双杪		里转六铺作重拱出三杪	
基价(元)				**1 535.19**	**1 567.95**	**2 808.55**	**3 741.08**	**5 035.20**	**5 759.54**
其中	人工费(元)			1 302.00	1 329.90	2 380.80	3 171.30	4 268.70	4 882.50
	材料费(元)			233.19	238.05	427.75	569.78	766.50	877.04
	机械费(元)			—	—	—	—	—	—
名称		单位	单价(元)	消耗量					
人工	三类人工	工日	155.00	8.400	8.580	15.360	20.460	27.540	31.500
材料	杉板枋材	m^3	1 625.00	0.140	0.143	0.256	0.341	0.459	0.525
	乳胶	kg	5.60	0.200	0.180	0.600	0.800	1.000	1.200
	其他材料费	元	1.00	4.57	4.67	8.39	11.17	15.03	17.20

二、柱　　头

工作内容：将整铺作拆下、拆散、整理、添换缺损的部件及草架摆验，包括撤除时支顶用方木附件添配。

计量单位：朵

定额编号				6-44	6-45	6-46	6-47
项　目				柱头			
				斗口跳	把头绞项造	四铺作外插昂	四铺作里外卷杀
基价（元）				**406.00**	**318.34**	**1 348.91**	**1 370.83**
其中	人工费（元）			344.10	269.70	1 143.90	1 162.50
	材料费（元）			61.90	48.64	205.01	208.33
	机械费（元）			—	—	—	—
名　称		单位	单价（元）	消　耗　量			
人工	三类人工	工日	155.00	2.220	1.740	7.380	7.500
材料	杉板枋材	m^3	1 625.00	0.037	0.029	0.123	0.125
	乳胶	kg	5.60	0.100	0.100	0.200	0.200
	其他材料费	元	1.00	1.21	0.95	4.02	4.08

工作内容：将整铺作拆下、拆散、整理、添换缺损的部件及草架摆验，包括撤除时支顶用方木附件添配。

计量单位：朵

定额编号				6-48	6-49	6-50	6-51
项　目				柱头			
				五铺作重拱出单杪单下昂	六铺作重拱出单杪双下昂	七铺作重拱出双杪双下昂	八铺作重拱出双杪三下昂
				里转五铺作重拱出双杪		里转六铺作重拱出三杪	
基价（元）				**2 600.35**	**3 434.27**	**4 728.39**	**5 474.65**
其中	人工费（元）			2 204.10	2 910.90	4 008.30	4 640.70
	材料费（元）			396.25	523.37	720.09	833.95
	机械费（元）			—	—	—	—
名　称		单位	单价（元）	消　耗　量			
人工	三类人工	工日	155.00	14.220	18.780	25.860	29.940
材料	杉板枋材	m^3	1 625.00	0.237	0.313	0.431	0.499
	乳胶	kg	5.60	0.600	0.800	1.000	1.200
	其他材料费	元	1.00	7.77	10.26	14.12	16.35

工作内容:将整铺作拆下、拆散、整理、添换缺损的部件及草架摆验,包括撤除时支顶用方木附件添配。

计量单位:朵

定额编号				6-52	6-53	6-54
项目				柱头		
				五铺作重拱出上昂	六铺作重拱出上昂	七铺作出上昂
				并计心	偷心跳内当中施骑斗拱	偷心造
基价(元)				**2 611.31**	**3 905.44**	**4 694.38**
其中	人工费(元)			2 213.40	3 310.80	3 980.40
	材料费(元)			397.91	594.64	713.98
	机械费(元)			—	—	—
名称		单位	单价(元)	消耗量		
人工	三类人工	工日	155.00	14.280	21.360	25.680
材料	杉板枋材	m^3	1 625.00	0.238	0.356	0.428
	乳胶	kg	5.60	0.600	0.800	0.800
	其他材料费	元	1.00	7.80	11.66	14.00

三、转　　角

工作内容:将整铺作拆下、拆散、整理、添换缺损的部件及草架摆验,包括撤除时支顶用方木附件添配。

计量单位:朵

定额编号				6-55	6-56	6-57
项目				转角		
				四铺作外插昂	五铺作重拱出上昂	六铺作重拱出上昂
					并计心	偷心跳内当中施骑斗拱
基价(元)				**2 490.78**	**4 168.42**	**5 736.48**
其中	人工费(元)			2 111.10	3 534.00	4 863.90
	材料费(元)			379.68	634.42	872.58
	机械费(元)			—	—	—
名称		单位	单价(元)	消耗量		
人工	三类人工	工日	155.00	13.620	22.800	31.380
材料	杉板枋材	m^3	1 625.00	0.227	0.380	0.523
	乳胶	kg	5.60	0.600	0.800	1.000
	其他材料费	元	1.00	7.44	12.44	17.11

第四节　铺作部件、附件制作

工作内容：1. 拆除原构件。

2. 翘、昂、耍头、撑头、华子、连珠、上昂、榨契、拱销、挖翘、拱眼、雕刻麻叶云、三幅云、草架试摆验等分件的制作。

计量单位：件

定额编号				6-58	6-59	6-60	6-61	6-62	6-63
项　　目				栌斗	单材泥道拱	足材泥道拱	单材慢拱	足材慢拱	单材瓜子拱
基价(元)				**348.28**	**165.56**	**222.73**	**239.90**	**336.93**	**165.56**
其中	人工费(元)			248.16	117.96	158.72	170.97	240.10	117.96
	材料费(元)			100.12	47.60	64.01	68.93	96.83	47.60
	机械费(元)			—	—	—	—	—	—
名　　称		单位	单价(元)	消　耗　量					
人工	三类人工	工日	155.00	1.601	0.761	1.024	1.103	1.549	0.761
材料	杉板枋材	m^3	1 625.00	0.061	0.029	0.039	0.042	0.059	0.029
	其他材料费	元	1.00	0.99	0.47	0.63	0.68	0.96	0.47

工作内容：1. 拆除原构件。

2. 翘、昂、耍头、撑头、华子、连珠、上昂、榨契、拱销、挖翘、拱眼、雕刻麻叶云、三幅云、草架试摆验等分件的制作。

计量单位：件

定额编号				6-64	6-65	6-66	6-67	6-68	6-69
项　　目				单材令拱	足材令拱	单材华拱	足材华拱	足材华拱前华子	丁头拱
基价(元)				**188.39**	**262.74**	**182.72**	**262.74**	**234.07**	**131.37**
其中	人工费(元)			134.23	187.24	130.20	187.24	166.78	93.62
	材料费(元)			54.16	75.50	52.52	75.50	67.29	37.75
	机械费(元)			—	—	—	—	—	—
名　　称		单位	单价(元)	消　耗　量					
人工	三类人工	工日	155.00	0.866	1.208	0.840	1.208	1.076	0.604
材料	杉板枋材	m^3	1 625.00	0.033	0.046	0.032	0.046	0.041	0.023
	其他材料费	元	1.00	0.54	0.75	0.52	0.75	0.67	0.37

工作内容: 1. 拆除原构件。

2. 翘、昂、耍头、撑头、华子、连珠、上昂、栿契、拱销、挖翘、拱眼、雕刻麻叶云、三幅云、草架试摆验等分件的制作。

计量单位: 件

定额编号				6-70	6-71	6-72	6-73	6-74	6-75
项目				外插昂	交互斗	交栿斗	齐心斗	平盘斗	散斗
基价(元)				**331.26**	**51.35**	**74.20**	**45.68**	**28.52**	**40.01**
其中	人工费(元)			236.07	36.58	52.86	32.55	20.31	28.52
	材料费(元)			95.19	14.77	21.34	13.13	8.21	11.49
	机械费(元)			—	—	—	—	—	—
名称		单位	单价(元)	消耗量					
人工	三类人工	工日	155.00	1.523	0.236	0.341	0.210	0.131	0.184
材料	杉板枋材	m^3	1 625.00	0.058	0.009	0.013	0.008	0.005	0.007
	其他材料费	元	1.00	0.94	0.15	0.21	0.13	0.08	0.11

工作内容: 1. 拆除原构件。

2. 翘、昂、耍头、撑头、华子、连珠、上昂、栿契、拱销、挖翘、拱眼、雕刻麻叶云、三幅云、草架试摆验等分件的制作。

计量单位: 件

定额编号				6-76	6-77	6-78	6-79	6-80	6-81
项目				衬头枋					
				斗口跳	四铺作	五铺作	六铺作	七铺作	八铺作
基价(元)				**159.89**	**159.89**	**274.08**	**319.76**	**353.95**	**347.81**
其中	人工费(元)			113.93	113.93	195.30	227.85	252.19	247.69
	材料费(元)			45.96	45.96	78.78	91.91	101.76	100.12
	机械费(元)			—	—	—	—	—	—
名称		单位	单价(元)	消耗量					
人工	三类人工	工日	155.00	0.735	0.735	1.260	1.470	1.627	1.598
材料	杉板枋材	m^3	1 625.00	0.028	0.028	0.048	0.056	0.062	0.061
	其他材料费	元	1.00	0.46	0.46	0.78	0.91	1.01	0.99

工作内容:1. 拆除原构件。

2. 翘、昂、耍头、撑头、华子、连珠、上昂、栿契、拱销、挖翘、拱眼、雕刻麻叶云、三幅云、草架试摆验等分件的制作。

计量单位:件

定额编号				6-82	6-83	6-84	6-85
项　目				三层华拱前华子后卷头	三层足材华拱前后卷头	足材华拱前华子后卷头	
				二层		三层	四层
基价(元)				**296.93**	**445.46**	**411.12**	**456.80**
其中	人工费(元)			211.58	317.44	292.95	325.50
	材料费(元)			85.35	128.02	118.17	131.30
	机械费(元)			—	—	—	—
名　称		单位	单价(元)	消　耗　量			
人工	三类人工	工日	155.00	1.365	2.048	1.890	2.100
材料	杉板枋材	m^3	1 625.00	0.052	0.078	0.072	0.080
	其他材料费	元	1.00	0.85	1.27	1.17	1.30

工作内容:1. 拆除原构件。

2. 翘、昂、耍头、撑头、华子、连珠、上昂、栿契、拱销、挖翘、拱眼、雕刻麻叶云、三幅云、草架试摆验等分件的制作。

计量单位:件

定额编号				6-86	6-87	6-88
项　目				五铺作前要头	七铺作后要头	八铺作前后要头
基价(元)				**534.77**	**861.63**	**742.22**
其中	人工费(元)			347.67	613.80	528.86
	材料费(元)			187.10	247.83	213.36
	机械费(元)			—	—	—
名　称		单位	单价(元)	消　耗　量		
人工	三类人工	工日	155.00	2.243	3.960	3.412
材料	杉板枋材	m^3	1 625.00	0.114	0.151	0.130
	其他材料费	元	1.00	1.85	2.45	2.11

工作内容:1. 拆除原构件。

2. 翘、昂、耍头、撑头、华子、连珠、上昂、栌契、拱销、挖翘、拱眼、雕刻麻叶云、三幅云、草架试摆验等分件的制作。

计量单位:件

定额编号				6-89	6-90	6-91	6-92	6-93
项目				五铺作	六铺作		七铺作	
				下昂		上二昂	头昂	二昂
基价(元)				**399.78**	**519.03**	**776.56**	**507.69**	**805.70**
其中	人工费(元)			284.89	369.68	553.35	361.62	574.28
	材料费(元)			114.89	149.35	223.21	146.07	231.42
	机械费(元)			—	—	—	—	—
名称		单位	单价(元)	消耗量				
人工	三类人工	工日	155.00	1.838	2.385	3.570	2.333	3.705
材料	杉板枋材	m^3	1 625.00	0.070	0.091	0.136	0.089	0.141
	其他材料费	元	1.00	1.14	1.48	2.21	1.45	2.29

工作内容:1. 拆除原构件。

2. 翘、昂、耍头、撑头、华子、连珠、上昂、栌契、拱销、挖翘、拱眼、雕刻麻叶云、三幅云、草架试摆验等分件的制作。

计量单位:件

定额编号				6-94	6-95	6-96
项目				八铺作		
				头昂	二昂	三昂
基价(元)				**519.49**	**679.38**	**866.28**
其中	人工费(元)			370.14	484.07	610.24
	材料费(元)			149.35	195.31	256.04
	机械费(元)			—	—	—
名称		单位	单价(元)	消耗量		
人工	三类人工	工日	155.00	2.388	3.123	3.937
材料	杉板枋材	m^3	1 625.00	0.091	0.119	0.156
	其他材料费	元	1.00	1.48	1.93	2.54

工作内容：1. 拆除原构件。

2. 翘、昂、耍头、撑头、华子、连珠、上昂、桦契、拱销、挖翘、拱眼、雕刻麻叶云、三幅云、草架试摆验等分件的制作。

计量单位：件

定额编号				6-97	6-98	6-99	6-100	6-101
项　目				五铺作重拱出上昂并计心				
				计心上昂	计心华拱	计心上昂三层耍头	四层耍头	桦契
基价（元）				**234.43**	**319.76**	**462.01**	**331.26**	**85.69**
其中	人工费（元）			180.27	227.85	329.07	236.07	61.07
	材料费（元）			54.16	91.91	132.94	95.19	24.62
	机械费（元）			—	—	—	—	—
名　称		单位	单价（元）	消　耗　量				
人工	三类人工	工日	155.00	1.163	1.470	2.123	1.523	0.394
材料	杉板枋材	m^3	1 625.00	0.033	0.056	0.081	0.058	0.015
	其他材料费	元	1.00	0.54	0.91	1.32	0.94	0.24

工作内容：1. 拆除原构件。

2. 翘、昂、耍头、撑头、华子、连珠、上昂、桦契、拱销、挖翘、拱眼、雕刻麻叶云、三幅云、草架试摆验等分件的制作。

计量单位：件

定额编号				6-102	6-103	6-104	6-105
项　目				六铺作上昂偷心			
				二层华拱	三层华拱	四层耍头	五层耍头
基价（元）				**285.58**	**1 435.41**	**422.62**	**405.30**
其中	人工费（元）			203.52	284.89	301.17	288.77
	材料费（元）			82.06	1 150.52	121.45	116.53
	机械费（元）			—	—	—	—
名　称		单位	单价（元）	消　耗　量			
人工	三类人工	工日	155.00	1.313	1.838	1.943	1.863
材料	杉板枋材	m^3	1 625.00	0.050	0.701	0.074	0.071
	其他材料费	元	1.00	0.81	11.39	1.20	1.15

工作内容:1. 拆除原构件。

2. 翘、昂、耍头、撑头、华子、连珠、上昂、栟契、拱销、挖翘、拱眼、雕刻麻叶云、三幅云、草架试摆验等分件的制作。

计量单位:件

定额编号				6-106	6-107	6-108	6-109	6-110	6-111
项目				七铺作出上昂偷心					
				六层衬方木	七层耍头	八层衬头木	三层华拱	四层华拱	五层华拱
基价(元)				**405.30**	**416.79**	**188.39**	**274.08**	**171.38**	**319.76**
其中	人工费(元)			288.77	296.98	134.23	195.30	122.14	227.85
	材料费(元)			116.53	119.81	54.16	78.78	49.24	91.91
	机械费(元)			—	—	—	—	—	—
名称		单位	单价(元)	消耗量					
人工	三类人工	工日	155.00	1.863	1.916	0.866	1.260	0.788	1.470
材料	杉板枋材	m^3	1 625.00	0.071	0.073	0.033	0.048	0.030	0.056
	其他材料费	元	1.00	1.15	1.19	0.54	0.78	0.49	0.91

工作内容:1. 拆除原构件。

2. 翘、昂、耍头、撑头、华子、连珠、上昂、栟契、拱销、挖翘、拱眼、雕刻麻叶云、三幅云、草架试摆验等分件的制作。

计量单位:m

定额编号				6-112	6-113	6-114	6-115	6-116	6-117
项目				配换罗汉枋、柱头枋、平綦枋(斗口)					
				9.6cm	11.2cm	12.8cm	14.1cm	15.4cm	16.0cm
基价(元)				**45.52**	**68.49**	**94.95**	**121.19**	**153.36**	**171.27**
其中	人工费(元)			19.84	27.90	36.12	42.47	51.15	55.80
	材料费(元)			25.68	40.59	58.83	78.72	102.21	115.47
	机械费(元)			—	—	—	—	—	—
名称		单位	单价(元)	消耗量					
人工	三类人工	工日	155.00	0.128	0.180	0.233	0.274	0.330	0.360
材料	杉板枋材	m^3	1 625.00	0.015	0.024	0.035	0.047	0.061	0.069
	圆钉	kg	4.74	0.050	0.050	0.050	0.050	0.050	0.050
	乳胶	kg	5.60	0.100	0.100	0.100	0.100	0.150	0.150
	其他材料费	元	1.00	0.50	0.80	1.15	1.54	2.00	2.26

工作内容: 1. 拆除原构件。

2. 翘、昂、耍头、撑头、华子、连珠、上昂、榫契、拱销、挖翘、拱眼、雕刻麻叶云、三幅云、草架试摆验等分件的制作。

计量单位: m

定额编号				6-118	6-119
项目				配换罗汉枋、柱头枋、平綦枋(斗口)	
				17.6cm	19.2cm
基价(元)				**222.54**	**281.25**
其中	人工费(元)			68.67	82.62
	材料费(元)			153.87	198.63
	机械费(元)			—	—
名称		单位	单价(元)	消耗量	
人工	三类人工	工日	155.00	0.443	0.533
材料	杉板枋材	m^3	1 625.00	0.092	0.119
	圆钉	kg	4.74	0.050	0.050
	乳胶	kg	5.60	0.200	0.200
	其他材料费	元	1.00	3.02	3.89

工作内容: 1. 拆除原构件。

2. 翘、昂、耍头、撑头、华子、连珠、上昂、榫契、拱销、挖翘、拱眼、雕刻麻叶云、三幅云、草架试摆验等分件的制作。

计量单位: m

定额编号				6-120	6-121
项目				遮椽板添配(厚度)	
				2cm	3cm
基价(元)				**88.67**	**108.97**
其中	人工费(元)			46.81	50.53
	材料费(元)			41.86	58.44
	机械费(元)			—	—
名称		单位	单价(元)	消耗量	
人工	三类人工	工日	155.00	0.302	0.326
材料	杉板枋材	m^3	1 625.00	0.025	0.035
	圆钉	kg	4.74	0.080	0.080
	乳胶	kg	5.60	0.007	0.007
	其他材料费	元	1.00	0.82	1.15

第五节 铺作部件、附件安装

工作内容: 部件及附件全部安装过程中的分中、找平、归位、局部校正,华拱、昂、耍头等分件高低一致、结合严密。

计量单位: 件

定额编号				6-122	6-123	6-124	6-125	6-126	6-127
项　目				栌斗	泥道拱	足材泥道拱	单材慢拱	足材慢拱	单材瓜子拱
基价(元)				**56.73**	**26.82**	**35.96**	**39.37**	**54.72**	**26.51**
其中	人工费(元)			56.73	26.82	35.96	39.37	54.72	26.51
	材料费(元)			—	—	—	—	—	—
	机械费(元)			—	—	—	—	—	—
名　称		单位	单价(元)	消　耗　量					
人工	三类人工	工日	155.00	0.366	0.173	0.232	0.254	0.353	0.171

工作内容: 部件及附件全部安装过程中的分中、找平、归位、局部校正,华拱、昂、耍头等分件高低一致、结合严密。

计量单位: 件

定额编号				6-128	6-129	6-130	6-131	6-132	6-133
项　目				单材令拱	足材令拱	单材华拱	足材华拱	足材华拱前华子	丁头拱
基价(元)				**30.69**	**42.78**	**29.76**	**42.78**	**38.13**	**21.70**
其中	人工费(元)			30.69	42.78	29.76	42.78	38.13	21.70
	材料费(元)			—	—	—	—	—	—
	机械费(元)			—	—	—	—	—	—
名　称		单位	单价(元)	消　耗　量					
人工	三类人工	工日	155.00	0.198	0.276	0.192	0.276	0.246	0.140

工作内容: 部件及附件全部安装过程中的分中、找平、归位、局部校正,华拱、昂、耍头等分件高低一致、结合严密。

计量单位:件

定额编号				6-134	6-135	6-136	6-137	6-138	6-139
项　目				外插昂	交互斗	交栿斗	齐心斗	平盘斗	散斗
基价(元)				**53.94**	**8.22**	**12.40**	**7.29**	**4.50**	**6.05**
其中	人工费(元)			53.94	8.22	12.40	7.29	4.50	6.05
	材料费(元)			—	—	—	—	—	—
	机械费(元)			—	—	—	—	—	—
名　称		单位	单价(元)	消　耗　量					
人工	三类人工	工日	155.00	0.348	0.053	0.080	0.047	0.029	0.039

工作内容: 部件及附件全部安装过程中的分中、找平、归位、局部校正,华拱、昂、耍头等分件高低一致、结合严密。

计量单位:件

定额编号				6-140	6-141	6-142	6-143	6-144	6-145
项　目				衬头枋					
				斗口跳	四铺作	五铺作	六铺作	七铺作	八铺作
基价(元)				**25.58**	**25.58**	**44.64**	**51.93**	**58.13**	**57.04**
其中	人工费(元)			25.58	25.58	44.64	51.93	58.13	57.04
	材料费(元)			—	—	—	—	—	—
	机械费(元)			—	—	—	—	—	—
名　称		单位	单价(元)	消　耗　量					
人工	三类人工	工日	155.00	0.165	0.165	0.288	0.335	0.375	0.368

工作内容:部件及附件全部安装过程中的分中、找平、归位、局部校正,华拱、昂、耍头等分件高低一致、结合严密。

计量单位:件

<table>
<tr><td colspan="4">定额编号</td><td>6-146</td><td>6-147</td><td>6-148</td><td>6-149</td></tr>
<tr><td colspan="4" rowspan="2">项　目</td><td rowspan="2">三层华拱前华子后卷头</td><td rowspan="2">三层足材华拱前后卷头</td><td colspan="2">足材华拱前华子后卷头</td></tr>
<tr><td>三层</td><td>四层</td></tr>
<tr><td colspan="4">基价(元)</td><td>48.21</td><td>72.39</td><td>67.27</td><td>90.68</td></tr>
<tr><td rowspan="3">其中</td><td colspan="3">人工费(元)</td><td>48.21</td><td>72.39</td><td>67.27</td><td>90.68</td></tr>
<tr><td colspan="3">材料费(元)</td><td>—</td><td>—</td><td>—</td><td>—</td></tr>
<tr><td colspan="3">机械费(元)</td><td>—</td><td>—</td><td>—</td><td>—</td></tr>
<tr><td colspan="2">名　称</td><td>单位</td><td>单价(元)</td><td colspan="4">消　耗　量</td></tr>
<tr><td>人工</td><td>三类人工</td><td>工日</td><td>155.00</td><td>0.311</td><td>0.467</td><td>0.434</td><td>0.585</td></tr>
</table>

工作内容:部件及附件全部安装过程中的分中、找平、归位、局部校正,华拱、昂、耍头等分件高低一致、结合严密。

计量单位:件

<table>
<tr><td colspan="4">定额编号</td><td>6-150</td><td>6-151</td><td>6-152</td></tr>
<tr><td colspan="4" rowspan="2">项　目</td><td colspan="2">五铺作</td><td>八铺作</td></tr>
<tr><td>四层后耍头</td><td>五层前耍头</td><td>前后耍头</td></tr>
<tr><td colspan="4">基价(元)</td><td>105.56</td><td>140.43</td><td>121.21</td></tr>
<tr><td rowspan="3">其中</td><td colspan="3">人工费(元)</td><td>105.56</td><td>140.43</td><td>121.21</td></tr>
<tr><td colspan="3">材料费(元)</td><td>—</td><td>—</td><td>—</td></tr>
<tr><td colspan="3">机械费(元)</td><td>—</td><td>—</td><td>—</td></tr>
<tr><td colspan="2">名　称</td><td>单位</td><td>单价(元)</td><td colspan="3">消　耗　量</td></tr>
<tr><td>人工</td><td>三类人工</td><td>工日</td><td>155.00</td><td>0.681</td><td>0.906</td><td>0.782</td></tr>
</table>

工作内容: 部件及附件全部安装过程中的分中、找平、归位、局部校正,华拱、昂、耍头等分件高低一致、结合严密。

计量单位: 件

定额编号				6-153	6-154	6-155	6-156	6-157
项　目				五铺作	六铺作		七铺作	
				下昂		上二昂	头昂	二昂
基价(元)				**65.10**	**84.63**	**109.90**	**82.77**	**105.09**
其中	人工费(元)			65.10	84.63	109.90	82.77	105.09
	材料费(元)			—	—	—	—	—
	机械费(元)			—	—	—	—	—
名　称		单位	单价(元)	消 耗 量				
人工	三类人工	工日	155.00	0.420	0.546	0.709	0.534	0.678

工作内容: 部件及附件全部安装过程中的分中、找平、归位、局部校正,华拱、昂、耍头等分件高低一致、结合严密。

计量单位: 件

定额编号				6-158	6-159	6-160
项　目				八铺作		
				头昂	二昂	三昂
基价(元)				**84.94**	**110.67**	**144.62**
其中	人工费(元)			84.94	110.67	144.62
	材料费(元)			—	—	—
	机械费(元)			—	—	—
名　称		单位	单价(元)	消 耗 量		
人工	三类人工	工日	155.00	0.548	0.714	0.933

工作内容:部件及附件全部安装过程中的分中、找平、归位、局部校正,华拱、昂、耍头等分件高低一致、结合严密。

计量单位:件

定额编号				6-161	6-162	6-163	6-164	6-165
项目				五铺作计心				
				计心上昂	计心华拱	计心上昂三层耍头	计心上昂四层耍头	计心榫契
基价(元)				**25.42**	**51.62**	**75.33**	**54.25**	**13.49**
其中	人工费(元)			25.42	51.62	75.33	54.25	13.49
	材料费(元)			—	—	—	—	—
	机械费(元)			—	—	—	—	—
名称		单位	单价(元)	消耗量				
人工	三类人工	工日	155.00	0.164	0.333	0.486	0.350	0.087

工作内容:部件及附件全部安装过程中的分中、找平、归位、局部校正,华拱、昂、耍头等分件高低一致、结合严密。

计量单位:件

定额编号				6-166	6-167	6-168	6-169
项目				六铺作偷心			
				二层华拱	三层华拱	四层耍头	五层耍头
基价(元)				**46.35**	**60.92**	**70.84**	**66.34**
其中	人工费(元)			46.35	60.92	70.84	66.34
	材料费(元)			—	—	—	—
	机械费(元)			—	—	—	—
名称		单位	单价(元)	消耗量			
人工	三类人工	工日	155.00	0.299	0.393	0.457	0.428

工作内容:部件及附件全部安装过程中的分中、找平、归位、局部校正,华拱、昂、耍头等分件高低一致、结合严密。

计量单位:件

定额编号				6-170	6-171	6-172	6-173	6-174	6-175
项　目				七铺作上昂偷心			七铺作偷心		
				六层衬头木	七层衬头木	八层衬头木	三层华拱	四层华拱	五层华拱
基价(元)				**65.88**	**68.20**	**31.00**	**44.18**	**27.44**	**51.93**
其中	人工费(元)			65.88	68.20	31.00	44.18	27.44	51.93
	材料费(元)			—	—	—	—	—	—
	机械费(元)			—	—	—	—	—	—
名　称		单位	单价(元)	消　耗　量					
人工	三类人工	工日	155.00	0.425	0.440	0.200	0.285	0.177	0.335

工作内容:部件及附件全部安装过程中的分中、找平、归位、局部校正,华拱、昂、耍头等分件高低一致、结合严密。

计量单位:件

定额编号				6-176	6-177	6-178	6-179	6-180	6-181
项　目				配换罗汉枋、柱头枋、平綦枋(斗口)					
				9.6cm	11.2cm	12.8cm	14.1cm	15.4cm	16.0cm
基价(元)				**5.89**	**8.37**	**10.70**	**12.71**	**15.35**	**16.74**
其中	人工费(元)			5.89	8.37	10.70	12.71	15.35	16.74
	材料费(元)			—	—	—	—	—	—
	机械费(元)			—	—	—	—	—	—
名　称		单位	单价(元)	消　耗　量					
人工	三类人工	工日	155.00	0.038	0.054	0.069	0.082	0.099	0.108

工作内容:部件及附件全部安装过程中的分中、找平、归位、局部校正,华拱、昂、耍头等分件高低一致、结合严密。

计量单位:件

定额编号				6-182	6-183
项目				配换罗汉枋、柱头枋、平綦枋(斗口)	
				17.6cm	19.2cm
基价(元)				**20.46**	**24.65**
其中	人工费(元)			20.46	24.65
	材料费(元)			—	—
	机械费(元)			—	—
名称		单位	单价(元)	消耗量	
人工	三类人工	工日	155.00	0.132	0.159

工作内容:部件及附件全部安装过程中的分中、找平、归位、局部校正,华拱、昂、耍头等分件高低一致、结合严密。

计量单位:件

定额编号				6-184	6-185
项目				蔗椽板添配(厚度)	
				2cm	3cm
基价(元)				**20.00**	**21.70**
其中	人工费(元)			20.00	21.70
	材料费(元)			—	—
	机械费(元)			—	—
名称		单位	单价(元)	消耗量	
人工	三类人工	工日	155.00	0.129	0.140

第六节　铺作制作

一、補　　间

工作内容：放样、套样、翘、昂、耍头、撑头、华子、连珠、上昂、桦契、拱销、挖翘、拱眼、雕刻麻叶云、三幅云、草架摆验等全部部件的制作。

计量单位：朵

定额编号				6-186	6-187	6-188	6-189	6-190	6-191	6-192	6-193
项　目				補间							
				人字拱	斗子蜀柱	斗口跳	把头绞项造	四铺作		五铺作重拱出单杪单下昂	六铺作重拱出单杪双下昂
								外插昂	重拱里外卷头	里转五铺作重拱出双杪	
基价(元)				**537.79**	**110.46**	**1 054.13**	**760.19**	**2 651.73**	**2 463.17**	**4 761.13**	**6 809.56**
其中	人工费(元)			416.64	86.34	734.39	529.48	1 847.60	1 716.16	3 316.38	4 743.78
	材料费(元)			116.98	23.26	312.40	225.42	785.65	729.85	1 411.59	2 018.34
	机械费(元)			4.17	0.86	7.34	5.29	18.48	17.16	33.16	47.44
名　称		单位	单价(元)	消　耗　量							
人工	三类人工	工日	155.00	2.688	0.557	4.738	3.416	11.920	11.072	21.396	30.605
材料	杉板枋材	m^3	1 625.00	0.071	0.014	0.190	0.137	0.478	0.444	0.858	1.227
	乳胶	kg	5.60	0.080	0.050	0.100	0.100	0.200	0.200	0.600	0.800
	其他材料费	元	1.00	1.16	0.23	3.09	2.23	7.78	7.23	13.98	19.98
机械	其他机械费 占人工	%	1.00	1.000	1.000	1.000	1.000	1.000	1.000	1.000	1.000

工作内容:放样、套样、翘、昂、耍头、撑头、华子、连珠、上昂、榫契、拱销、挖翘、拱眼、雕刻麻叶云、三幅云、草架摆验等全部部件的制作。

计量单位:朵

定额编号				6-194	6-195	6-196	6-197	6-198	6-199
项目				補间					
				七铺作重拱出双杪双下昂	八铺作重拱出双杪三下昂	五铺作重拱出上昂	六铺作重拱出上昂	七铺作重拱出上昂	八铺作重拱出三杪
				里转六铺作重拱出三杪		并计心	偷心跳内当中施骑斗拱		内出三杪双上昂
									偷心跳内当中施骑斗拱
基价(元)				**8 370.71**	**9 793.11**	**4 581.53**	**6 511.22**	**7 921.54**	**8 679.85**
其中	人工费(元)			5 828.93	6 818.45	3 188.82	4 533.91	5 515.83	6 090.57
	材料费(元)			2 483.49	2 906.48	1 360.82	1 931.97	2 350.55	2 528.37
	机械费(元)			58.29	68.18	31.89	45.34	55.16	60.91
名称		单位	单价(元)	消耗量					
人工	三类人工	工日	155.00	37.606	43.990	20.573	29.251	35.586	39.294
材料	杉板枋材	m^3	1 625.00	1.508	1.764	0.825	1.173	1.427	1.535
	乳胶	kg	5.60	1.500	2.000	1.200	1.200	1.500	1.600
	其他材料费	元	1.00	24.59	28.78	13.47	19.13	23.27	25.03
机械	其他机械费 占人工	%	1.00	1.000	1.000	1.000	1.000	1.000	1.000

工作内容:放样、套样、翘、昂、耍头、撑头、华子、连珠、上昂、榫契、拱销、挖翘、拱眼、雕刻麻叶云、三幅云、草架摆验等全部部件的制作。

计量单位:朵

定额编号				6-200	6-201	6-202
项目				補间		
				单拱	重拱	单斗只替
基价(元)				**307.94**	**494.92**	**553.92**
其中	人工费(元)			215.30	346.74	388.74
	材料费(元)			90.49	144.71	161.29
	机械费(元)			2.15	3.47	3.89
名称		单位	单价(元)	消耗量		
人工	三类人工	工日	155.00	1.389	2.237	2.508
材料	杉板枋材	m^3	1 625.00	0.055	0.088	0.098
	乳胶	kg	5.60	0.040	0.050	0.080
	其他材料费	元	1.00	0.90	1.43	1.60
机械	其他机械费 占人工	%	1.00	1.000	1.000	1.000

工作内容：放样、套样、翘、昂、耍头、撑头、华子、连珠、上昂、榫契、拱销、挖翘、拱眼、雕刻麻叶云、三幅云、草架摆验等全部部件的制作。

计量单位：朵

定额编号				6-203	6-204	6-205	6-206	6-207
项　目				補间				
				四铺作重拱出单下昂	五铺作重拱出单杪单下昂	六铺作重拱出双杪单下昂	七铺作单拱出双杪双下昂	八铺作单拱出双杪三下昂
				内出单杪昂尾挑杆偷心	内出双杪昂尾挑杆偷心	一、二跳偷心 内出三杪逐跳偷心	一跳偷心 里转六铺作出三杪昂尾挑杆 一、二跳偷心	里转六铺作出三杪逐跳偷心
基价(元)				**2 071.28**	**3 174.40**	**3 817.17**	**5 165.35**	**7 925.56**
其中	人工费(元)			1 453.28	2 226.42	2 677.01	3 622.35	5 556.13
	材料费(元)			603.47	925.72	1 113.39	1 506.78	2 313.87
	机械费(元)			14.53	22.26	26.77	36.22	55.56
名　称		单位	单价(元)	消　耗　量				
人工	三类人工	工日	155.00	9.376	14.364	17.271	23.370	35.846
材料	杉板枋材	m^3	1 625.00	0.367	0.563	0.677	0.916	1.405
	乳胶	kg	5.60	0.200	0.300	0.400	0.600	1.400
	其他材料费	元	1.00	5.97	9.17	11.02	14.92	22.91
机械	其他机械费 占人工	%	1.00	1.000	1.000	1.000	1.000	1.000

二、平座补间、柱头

工作内容：放样、套样、翘、昂、耍头、撑头、华子、连珠、上昂、榫契、拱销、挖翘、拱眼、雕刻麻叶云、三幅云、草架摆验等全部部件的制作。

计量单位：朵

定额编号				6-208	6-209	6-210	6-211	6-212
项　目				平座补间、柱头				
				四铺作出卷头壁内重拱	五铺作重拱出双杪卷头	六铺作重拱出三杪卷头	七铺作重拱出四杪卷头	七铺作重拱出双杪双上昂
				并计心				并偷心
								跳内当中施骑斗拱
基价（元）				**1 734.78**	**2 661.39**	**3 813.90**	**4 279.76**	**4 710.08**
其中	人工费（元）			1 215.98	1 866.36	2 674.84	3 000.65	3 303.21
	材料费（元）			506.64	776.37	1 112.31	1 249.10	1 373.84
	机械费（元）			12.16	18.66	26.75	30.01	33.03
名　称		单位	单价（元）	消　耗　量				
人工	三类人工	工日	155.00	7.845	12.041	17.257	19.359	21.311
材料	杉板枋材	m^3	1 625.00	0.308	0.472	0.676	0.759	0.835
	乳胶	kg	5.60	0.200	0.300	0.500	0.600	0.600
	其他材料费	元	1.00	5.02	7.69	11.01	12.37	13.60
机械	其他机械费 占人工	%	1.00	1.000	1.000	1.000	1.000	1.000

三、柱　　头

工作内容: 放样、套样、翘、昂、耍头、撑头、华子、连珠、上昂、栿契、拱销、挖翘、拱眼、雕刻麻叶云、三幅云、草架摆验等全部部件的制作。

计量单位: 朵

定额编号				6-213	6-214
项　目				柱头	
				斗口跳	把头绞项造
基价(元)				**915.58**	**688.13**
其中	人工费(元)			637.83	479.26
	材料费(元)			271.37	204.08
	机械费(元)			6.38	4.79
名　称		单位	单价(元)	消　耗　量	
人工	三类人工	工日	155.00	4.115	3.092
材料	杉板枋材	m^3	1 625.00	0.165	0.124
	乳胶	kg	5.60	0.100	0.100
	其他材料费	元	1.00	2.69	2.02
机械	其他机械费 占人工	%	1.00	1.000	1.000

工作内容: 放样、套样、翘、昂、耍头、撑头、华子、连珠、上昂、栿契、拱销、挖翘、拱眼、雕刻麻叶云、三幅云、草架摆验等全部部件的制作。

计量单位: 朵

定额编号				6-215	6-216	6-217	6-218	6-219	6-220
项　目				柱头					
				四铺作外插昂	四铺作里外卷头重拱	五铺作重拱出单杪单下昂	六铺作重拱出单杪双下昂	七铺作重拱出双杪双下昂	八铺作重拱出双杪三下昂
						里转五铺作重拱出双杪		里转六铺作重拱出三杪	
基价(元)				**2 380.00**	**2 080.66**	**4 156.73**	**5 797.23**	**7 616.48**	**8 989.05**
其中	人工费(元)			1 658.19	1 449.56	2 895.09	4 048.60	5 303.17	6 257.97
	材料费(元)			705.23	616.60	1 232.69	1 708.14	2 260.28	2 668.50
	机械费(元)			16.58	14.50	28.95	40.49	53.03	62.58
名　称		单位	单价(元)	消　耗　量					
人工	三类人工	工日	155.00	10.698	9.352	18.678	26.120	34.214	40.374
材料	杉板枋材	m^3	1 625.00	0.429	0.375	0.749	1.038	1.372	1.619
	乳胶	kg	5.60	0.200	0.200	0.600	0.800	1.500	2.000
	其他材料费	元	1.00	6.98	6.10	12.20	16.91	22.38	26.42
机械	其他机械费 占人工	%	1.00	1.000	1.000	1.000	1.000	1.000	1.000

工作内容: 放样、套样、翘、昂、耍头、撑头、华子、连珠、上昂、栿契、拱销、挖翘、拱眼、雕刻麻叶云、三幅云、草架摆验等全部部件的制作。

计量单位: 朵

定额编号				6-221	6-222
项目				柱头	
				单斗只替	八铺作重拱出三杪 内出三杪双上昂 偷心跳内当中施骑斗拱
基价(元)				**399.35**	**6 549.67**
其中	人工费(元)			279.47	4 588.62
	材料费(元)			117.09	1 915.16
	机械费(元)			2.79	45.89
名称		单位	单价(元)	消耗量	
人工	三类人工	工日	155.00	1.803	29.604
材料	杉板枋材	m^3	1 625.00	0.071	1.160
	乳胶	kg	5.60	0.100	2.000
	其他材料费	元	1.00	1.16	18.96
机械	其他机械费 占人工	%	1.00	1.000	1.000

工作内容：放样、套样、翘、昂、耍头、撑头、华子、连珠、上昂、桦契、拱销、挖翘、拱眼、雕刻麻叶云、三幅云、草架摆验等全部部件的制作。 **计量单位：**朵

定额编号				6-223	6-224	6-225	6-226	6-227
项目				柱头				
				四铺作重拱出单下昂	五铺作重拱出单杪单下昂	六铺作重拱出双杪单下昂	七铺作单拱出双杪双下昂	八铺作单拱出双杪三下昂
				内出单杪偷心	内出双杪偷心	一、二跳偷心	一跳偷心	里转六铺作出三杪
						内出三杪双昂尾挑杆	里转六铺作出三杪	逐跳偷心
						逐跳偷心	一、二跳偷心	
基价（元）				**1 418.53**	**2 290.29**	**3 272.07**	**4 192.13**	**4 369.58**
其中	人工费（元）			993.86	1 601.31	2 294.93	2 939.89	3 063.58
	材料费（元）			414.73	672.97	954.19	1 222.84	1 275.36
	机械费（元）			9.94	16.01	22.95	29.40	30.64
名称		单位	单价（元）	消耗量				
人工	三类人工	工日	155.00	6.412	10.331	14.806	18.967	19.765
材料	杉板枋材	m^3	1 625.00	0.252	0.409	0.580	0.743	0.775
	乳胶	kg	5.60	0.200	0.300	0.400	0.600	0.600
	其他材料费	元	1.00	4.11	6.66	9.45	12.11	12.63
机械	其他机械费 占人工	%	1.00	1.000	1.000	1.000	1.000	1.000

四、转　　角

工作内容：放样、套样、翘、昂、耍头、撑头、华子、连珠、上昂、榫契、拱销、挖翘、拱眼、雕刻麻叶云、三幅云、草架摆验等全部部件的制作。

计量单位：朵

<table>
<tr><td colspan="4">定额编号</td><td>6-228</td><td>6-229</td><td>6-230</td></tr>
<tr><td colspan="4" rowspan="3">项　　目</td><td colspan="3">转角</td></tr>
<tr><td rowspan="2">四铺作外插昂</td><td>五铺作重拱出单杪单下昂</td><td>六铺作单杪双昂</td></tr>
<tr><td>里转五铺作重拱出双杪</td><td>里转五铺作</td></tr>
<tr><td colspan="4">基价(元)</td><td>5 797.73</td><td>9 449.33</td><td>12 887.59</td></tr>
<tr><td rowspan="3">其中</td><td colspan="3">人工费(元)</td><td>4 035.43</td><td>6 578.82</td><td>8 971.56</td></tr>
<tr><td colspan="3">材料费(元)</td><td>1 721.95</td><td>2 804.72</td><td>3 826.31</td></tr>
<tr><td colspan="3">机械费(元)</td><td>40.35</td><td>65.79</td><td>89.72</td></tr>
<tr><td colspan="2">名　　称</td><td>单位</td><td>单价(元)</td><td colspan="3">消　耗　量</td></tr>
<tr><td>人工</td><td>三类人工</td><td>工日</td><td>155.00</td><td>26.035</td><td>42.444</td><td>57.881</td></tr>
<tr><td rowspan="3">材料</td><td>杉板枋材</td><td>m^3</td><td>1 625.00</td><td>1.044</td><td>1.702</td><td>2.321</td></tr>
<tr><td>乳胶</td><td>kg</td><td>5.60</td><td>1.500</td><td>2.000</td><td>3.000</td></tr>
<tr><td>其他材料费</td><td>元</td><td>1.00</td><td>17.05</td><td>27.77</td><td>37.88</td></tr>
<tr><td>机械</td><td>其他机械费 占人工</td><td>%</td><td>1.00</td><td>1.000</td><td>1.000</td><td>1.000</td></tr>
</table>

工作内容:放样、套样、翘、昂、耍头、撑头、华子、连珠、上昂、桦契、拱销、挖翘、拱眼、雕刻麻叶云、三幅云、草架摆验等全部部件的制作。

计量单位:朵

定额编号				6-231	6-232	6-233	6-234	6-235	6-236
项　目				转角					
				八铺作重拱出三杪,内出三杪双上昂偷心跳内当中施骑斗拱	四铺作重拱出单下昂,内出单杪偷心	五铺作重拱出单杪单下昂,内出双杪偷心	六铺作重拱出双杪单下昂一、二跳偷心,内出三杪逐跳偷心	七铺作单拱出双杪双下昂一跳偷心,里转六铺作出三杪一、二跳偷心	八铺作单拱出双杪三下昂,里转六铺作出三杪逐跳偷心
基价(元)				**12 200.24**	**3 198.29**	**7 001.68**	**11 806.53**	**12 783.04**	**16 619.23**
其中	人工费(元)			8 553.37	2 243.01	4 909.01	8 277.31	8 963.03	11 651.20
	材料费(元)			3 561.34	932.85	2 043.58	3 446.45	3 730.38	4 851.52
	机械费(元)			85.53	22.43	49.09	82.77	89.63	116.51
名　称		单位	单价(元)	消　耗　量					
人工	三类人工	工日	155.00	55.183	14.471	31.671	53.402	57.826	75.169
材料	杉板枋材	m^3	1 625.00	2.163	0.567	1.241	2.093	2.266	2.946
	乳胶	kg	5.60	2.000	0.400	1.200	2.000	2.000	2.900
	其他材料费	元	1.00	35.26	9.24	20.23	34.12	36.93	48.03
机械	其他机械费 占人工	%	1.00	1.000	1.000	1.000	1.000	1.000	1.000

五、平 座 转 角

工作内容: 放样、套样、翘、昂、耍头、撑头、华子、连珠、上昂、榫契、拱销、挖翘、拱眼、雕刻麻叶云、三幅云、草架摆验等全部部件的制作。

计量单位: 朵

定额编号				6-237	6-238	6-239	6-240	6-241
项目				平座转角				
				四铺作出卷头壁内重拱,并计心	五铺作重拱出双杪卷头,并计心	六铺作重拱出三杪卷头,并计心	七铺作重拱出四杪卷头,并计心	七铺作重拱出双杪双上昂,并偷心,跳内当中施骑斗拱
基价(元)				**4 534.28**	**7 565.57**	**14 537.90**	**22 945.93**	**18 035.55**
其中	人工费(元)			3 179.52	5 304.26	10 192.34	16 090.71	12 645.06
	材料费(元)			1 322.96	2 208.27	4 243.64	6 694.31	5 264.04
	机械费(元)			31.80	53.04	101.92	160.91	126.45
名称		单位	单价(元)	消耗量				
人工	三类人工	工日	155.00	20.513	34.221	65.757	103.811	81.581
材料	杉板枋材	m^3	1 625.00	0.804	1.341	2.577	4.065	3.197
	乳胶	kg	5.60	0.600	1.300	2.500	4.000	3.000
	其他材料费	元	1.00	13.10	21.86	42.02	66.28	52.12
机械	其他机械费 占人工	%	1.00	1.000	1.000	1.000	1.000	1.000

第七节　铺作安装

一、補　　间

工作内容：部件及附件全部安装过程中的试摆安装、打记号捆装、撤散、分中、挂线、找平、逐层归位、局部校正结合严密以及整体的调整。

计量单位：朵

定额编号				6-242	6-243	6-244	6-245
项　目				補间			
				人字拱	斗子蜀柱	斗口跳	把头绞项造
基价(元)				**89.59**	**17.83**	**177.94**	**127.88**
其中	人工费(元)			89.59	17.83	177.94	127.88
	材料费(元)			—	—	—	—
	机械费(元)			—	—	—	—
名　称		单位	单价(元)	消　耗　量			
人工	三类人工	工日	155.00	0.578	0.115	1.148	0.825

工作内容：部件及附件全部安装过程中的试摆安装、打记号捆装、撤散、分中、挂线、找平、逐层归位、局部校正结合严密以及整体的调整。

计量单位：朵

定额编号				6-246	6-247	6-248	6-249	6-250	6-251
项　目				補间					
				四铺作外插昂	四铺作里外卷头重拱	五铺作重拱出单杪单下昂，里转五铺作重拱出双杪	六铺作重拱出单杪双下昂，里转五铺作重拱出双杪	七铺作重拱出双杪双下昂，里转六铺作重拱出三杪	八铺作重拱出双杪三下昂，里转六铺作重拱出三杪
基价(元)				**465.00**	**414.94**	**802.13**	**1 146.23**	**1 408.95**	**1 712.75**
其中	人工费(元)			465.00	414.94	802.13	1 146.23	1 408.95	1 712.75
	材料费(元)			—	—	—	—	—	—
	机械费(元)			—	—	—	—	—	—
名　称		单位	单价(元)	消　耗　量					
人工	三类人工	工日	155.00	3.000	2.677	5.175	7.395	9.090	11.050

工作内容:部件及附件全部安装过程中的试摆安装、打记号捆装、撤散、分中、挂线、找平、逐层归位、局部校正结合严密以及整体的调整。

计量单位:朵

定额编号				6-252	6-253	6-254	6-255
项目				補间			
				五铺作重拱出上昂,并计心	六铺作重拱出上昂偷心跳内当中施骑斗拱	七铺作重拱出上昂偷心跳内当中施骑斗拱	八铺作重拱出三杪,内出三杪双上昂偷心跳内当中施骑斗拱
基价(元)				**790.50**	**1 096.16**	**1 370.98**	**1 488.00**
其中	人工费(元)			790.50	1 096.16	1 370.98	1 488.00
	材料费(元)			—	—	—	—
	机械费(元)			—	—	—	—
名称		单位	单价(元)	消耗量			
人工	三类人工	工日	155.00	5.100	7.072	8.845	9.600

工作内容:部件及附件全部安装过程中的试摆安装、打记号捆装、撤散、分中、挂线、找平、逐层归位、局部校正结合严密以及整体的调整。

计量单位:朵

定额编号				6-256	6-257	6-258
项目				補间		
				单拱	重拱	单斗只替
基价(元)				**26.20**	**36.58**	**58.13**
其中	人工费(元)			26.20	36.58	58.13
	材料费(元)			—	—	—
	机械费(元)			—	—	—
名称		单位	单价(元)	消耗量		
人工	三类人工	工日	155.00	0.169	0.236	0.375

工作内容:部件及附件全部安装过程中的试摆安装、打记号捆装、撤散、分中、挂线、找平、逐层归位、局部校正结合严密以及整体的调整。

计量单位:朵

定额编号				6-259	6-260	6-261	6-262	6-263
项　目				補间				
				四铺作重拱出单下昂,内出单杪昂尾挑杆偷心	五铺作重拱出单杪单下昂,内出双杪昂尾挑杆偷心	六铺作重拱出双杪单下昂一、二跳偷心,内出三杪逐跳偷心	七铺作单拱出双杪双下昂一跳偷心,里转六铺作出三杪昂尾挑杆一、二跳偷心	八铺作单拱出双杪三下昂,里转六铺作出三杪逐跳偷心
基价(元)				**383.63**	**710.21**	**843.98**	**1 069.50**	**1 325.25**
其中	人工费(元)			383.63	710.21	843.98	1 069.50	1 325.25
	材料费(元)			—	—	—	—	—
	机械费(元)			—	—	—	—	—
名　称		单位	单价(元)	消　耗　量				
人工	三类人工	工日	155.00	2.475	4.582	5.445	6.900	8.550

二、平座补间、柱头

工作内容:部件及附件全部安装过程中的试摆安装、打记号捆装、撤散、分中、挂线、找平、逐层归位、局部校正结合严密以及整体的调整。

计量单位:朵

定额编号				6-264	6-265	6-266	6-267	6-268
项　目				平座补间、柱头				
				四铺作出卷头壁内重拱,并计心	五铺作重拱出双杪卷头,并计心	六铺作重拱出三杪卷头,并计心	七铺作重拱出四杪卷头,并计心	七铺作重拱出双杪双上昂,并偷心,跳内当中施骑斗拱
基价(元)				**279.00**	**465.00**	**669.60**	**783.53**	**683.55**
其中	人工费(元)			279.00	465.00	669.60	783.53	683.55
	材料费(元)			—	—	—	—	—
	机械费(元)			—	—	—	—	—
名　称		单位	单价(元)	消　耗　量				
人工	三类人工	工日	155.00	1.800	3.000	4.320	5.055	4.410

三、柱　　头

工作内容: 部件及附件全部安装过程中的试摆安装、打记号捆装、撤散、分中、挂线、找平、逐层归位、局部校正结合严密以及整体的调整。

计量单位:朵

定额编号				6-269	6-270	6-271	6-272	6-273	6-274
项　　目				柱头					
				斗口跳	把头绞项造	四铺作外插昂	四铺作里外卷头重拱	五铺作重拱出单杪单下昂,里转五铺作重拱出双杪	六铺作重拱出单杪双下昂,里转五铺作重拱出双杪
基价(元)				**154.69**	**116.25**	**400.99**	**349.99**	**697.50**	**970.61**
其中	人工费(元)			154.69	116.25	400.99	349.99	697.50	970.61
	材料费(元)			—	—	—	—	—	—
	机械费(元)			—	—	—	—	—	—
名　　称		单位	单价(元)	消　耗　量					
人工	三类人工	工日	155.00	0.998	0.750	2.587	2.258	4.500	6.262

工作内容: 部件及附件全部安装过程中的试摆安装、打记号捆装、撤散、分中、挂线、找平、逐层归位、局部校正结合严密以及整体的调整。

计量单位:朵

定额编号				6-275	6-276	6-277	6-278
项　　目				柱头			
				七铺作重拱出双杪双下昂,里转六铺作重拱出三杪	八铺作重拱出双杪三下昂,里转六铺作重拱出三杪	单斗只替	八铺作重拱出三杪,内出三杪双上昂偷心跳内当中施骑斗拱
基价(元)				**1 282.16**	**1 513.58**	**52.39**	**1 369.43**
其中	人工费(元)			1 282.16	1 513.58	52.39	1 369.43
	材料费(元)			—	—	—	—
	机械费(元)			—	—	—	—
名　　称		单位	单价(元)	消　耗　量			
人工	三类人工	工日	155.00	8.272	9.765	0.338	8.835

工作内容：部件及附件全部安装过程中的试摆安装、打记号捆装、撤散、分中、挂线、找平、逐层归位、局部校正结合严密以及整体的调整。

计量单位：朵

定额编号				6-279	6-280	6-281	6-282	6-283
项　目				柱头				
				四铺作重拱出单下昂，内出单杪偷心	五铺作重拱出单杪单下昂，内出双杪偷心	六铺作重拱出双杪单下昂一、二跳偷心，内出三杪双昂尾挑杆逐跳偷心	七铺作单拱出双杪双下昂一跳偷心，里转六铺作出三杪一、二跳偷心	八铺作单拱出双杪三下昂，里转六铺作出三杪逐跳偷心
基价(元)				**383.63**	**592.88**	**759.04**	**976.50**	**1 222.95**
其中	人工费(元)			383.63	592.88	759.04	976.50	1 222.95
	材料费(元)			—	—	—	—	—
	机械费(元)			—	—	—	—	—
名　称		单位	单价(元)	消　耗　量				
人工	三类人工	工日	155.00	2.475	3.825	4.897	6.300	7.890

四、转　角

工作内容：部件及附件全部安装过程中的试摆安装、打记号捆装、撤散、分中、挂线、找平、逐层归位、局部校正结合严密以及整体的调整。

计量单位：朵

定额编号				6-284	6-285	6-286
项　目				转角		
				四铺作外插昂	五铺作重拱出单杪单下昂，里转五铺作重拱出双杪	六铺作重拱出单杪双下昂，里转五铺作重拱出双杪
基价(元)				**975.26**	**1 590.30**	**2 169.23**
其中	人工费(元)			975.26	1 590.30	2 169.23
	材料费(元)			—	—	—
	机械费(元)			—	—	—
名　称		单位	单价(元)	消　耗　量		
人工	三类人工	工日	155.00	6.292	10.260	13.995

工作内容:部件及附件全部安装过程中的试摆安装、打记号捆装、撤散、分中、挂线、找平、逐层归位、局部校正结合严密以及整体的调整。

计量单位:朵

定额编号				6-287	6-288	6-289	6-290	6-291	6-292
项　目				转角					
				八铺作重拱出三杪,内出三杪双上昂偷心跳内当中施骑斗拱	四铺作重拱出单下昂,内出单杪偷心	五铺作重拱出单杪单下昂,内出双杪偷心	六铺作重拱出双杪单下昂一、二跳偷心,内出三杪逐跳偷心	七铺作单拱出双杪双下昂一跳偷心,里转六铺作出三杪一、二跳偷心	八铺作单拱出双杪三下昂,里转六铺作出三杪逐跳偷心
基价(元)				**1 928.51**	**841.65**	**1 488.00**	**1 772.74**	**2 236.65**	**2 778.38**
其中	人工费(元)			1 928.51	841.65	1 488.00	1 772.74	2 236.65	2 778.38
	材料费(元)			—	—	—	—	—	—
	机械费(元)			—	—	—	—	—	—
名　称		单位	单价(元)	消　耗　量					
人工	三类人工	工日	155.00	12.442	5.430	9.600	11.437	14.430	17.925

五、平 座 转 角

工作内容:部件及附件全部安装过程中的试摆安装、打记号捆装、撤散、分中、挂线、找平、逐层归位、局部校正结合严密以及整体的调整。

计量单位:朵

定额编号				6-293	6-294	6-295	6-296	6-297
项　目				平座转角				
				四铺作出卷头壁内重拱,并计心	五铺作重拱出双杪卷头,并计心	六铺作重拱出三杪卷头,并计心	七铺作重拱出四杪卷头,并计心	七铺作重拱出双杪双上昂,并偷心,跳内当中施骑斗拱
基价(元)				**781.20**	**1 302.00**	**1 875.04**	**2 192.48**	**1 913.48**
其中	人工费(元)			781.20	1 302.00	1 875.04	2 192.48	1 913.48
	材料费(元)			—	—	—	—	—
	机械费(元)			—	—	—	—	—
名　称		单位	单价(元)	消　耗　量				
人工	三类人工	工日	155.00	5.040	8.400	12.097	14.145	12.345

第八节 斗拱拆除

工作内容：准备工具、必要支项、安全监护、拆卸。 **计量单位**：攒

定额编号				6-298	6-299	6-300	6-301
项目				昂翘斗拱、平座斗拱、内里品字斗拱拆除（8cm 斗口）			
				三踩		五踩	
				平身科、柱头科	角科	平身科、柱头科	角科
基价（元）				**13.91**	**27.95**	**31.46**	**76.68**
其中	人工费（元）			13.91	27.95	31.46	76.68
	材料费（元）			—	—	—	—
	机械费（元）			—	—	—	—
名称		单位	单价（元）	消耗量			
人工	二类人工	工日	135.00	0.103	0.207	0.233	0.568

工作内容：准备工具、必要支项、安全监护、拆卸。 **计量单位**：攒

定额编号				6-302	6-303	6-304	6-305
项目				昂翘斗拱、平座斗拱、内里品字斗拱拆除（8cm 斗口）			
				七踩		九踩	
				平身科、柱头科	角科	平身科、柱头科	角科
基价（元）				**50.22**	**151.07**	**69.80**	**244.08**
其中	人工费（元）			50.22	151.07	69.80	244.08
	材料费（元）			—	—	—	—
	机械费（元）			—	—	—	—
名称		单位	单价（元）	消耗量			
人工	二类人工	工日	135.00	0.372	1.119	0.517	1.808

工作内容：准备工具、必要支项、安全监护、拆卸。 **计量单位：**攒

定额编号				6-306	6-307	6-308	6-309
项目				溜金斗拱拆除（8cm 斗口）			
				三踩		五踩	
				平身科	角科	平身科	角科
基价（元）				**18.63**	**27.95**	**39.56**	**76.68**
其中	人工费（元）			18.63	27.95	39.56	76.68
	材料费（元）			—	—	—	—
	机械费（元）			—	—	—	—
名称		单位	单价（元）	消耗量			
人工	二类人工	工日	135.00	0.138	0.207	0.293	0.568

工作内容：准备工具、必要支项、安全监护、拆卸。 **计量单位：**攒

定额编号				6-310	6-311	6-312	6-313
项目				溜金斗拱拆除（8cm 斗口）			
				七踩		九踩	
				平身科	角科	平身科	角科
基价（元）				**62.78**	**151.07**	**88.29**	**244.08**
其中	人工费（元）			62.78	151.07	88.29	244.08
	材料费（元）			—	—	—	—
	机械费（元）			—	—	—	—
名称		单位	单价（元）	消耗量			
人工	二类人工	工日	135.00	0.465	1.119	0.654	1.808

工作内容：准备工具、必要支顶、安全监护、拆卸。

计量单位：攒

定额编号				6-314	6-315	6-316	6-317	6-318
项目				牌楼斗拱拆除（5cm 斗口）				
				三踩	五踩		七踩	
				平身科	平身科	角科	平身科	角科
基价（元）				**10.53**	**20.93**	**41.85**	**34.83**	**87.21**
其中	人工费（元）			10.53	20.93	41.85	34.83	87.21
	材料费（元）			—	—	—	—	—
	机械费（元）			—	—	—	—	—
名称		单位	单价（元）	消耗量				
人工	二类人工	工日	135.00	0.078	0.155	0.310	0.258	0.646

工作内容：准备工具、必要支顶、安全监护、拆卸。

计量单位：攒

定额编号				6-319	6-320	6-321	6-322
项目				牌楼斗拱拆除（5cm 斗口）			
				九踩		十一踩	
				平身科	角科	平身科	角科
基价（元）				**48.87**	**146.48**	**62.78**	**220.86**
其中	人工费（元）			48.87	146.48	62.78	220.86
	材料费（元）			—	—	—	—
	机械费（元）			—	—	—	—
名称		单位	单价（元）	消耗量			
人工	二类人工	工日	135.00	0.362	1.085	0.465	1.636

工作内容:准备工具、必要支顶、安全监护、拆卸。 计量单位:攒

定额编号				6-323	6-324	6-325	6-326
项　目				一斗三升斗拱拆除(8cm斗口)	一斗六升斗拱拆除(8cm斗口)	单翘麻叶云斗拱,一斗三升单拱荷叶雀替隔架斗拱,一斗二升重拱荷叶雀替隔架斗拱拆除(8cm斗口)	十字隔架斗拱拆除(8cm斗口)
基价(元)				**7.02**	**11.61**	**11.61**	**18.63**
其中	人工费(元)			7.02	11.61	11.61	18.63
	材料费(元)			—	—	—	—
	机械费(元)			—	—	—	—
名　称		单位	单价(元)	消　耗　量			
人工	二类人工	工日	135.00	0.052	0.086	0.086	0.138

第九节　斗拱拨正归安

工作内容:准备工具、现场对歪闪移位的斗拱进行复位整修(不包括部件、附件的添配)。 计量单位:攒

定额编号				6-327	6-328	6-329	6-330
项　目				昂翘斗拱、平座斗拱、内里品字斗拱拨正归安(8cm斗口)			
				三踩	五踩	七踩	九踩
基价(元)				**20.93**	**41.85**	**62.78**	**83.70**
其中	人工费(元)			20.93	41.85	62.78	83.70
	材料费(元)			—	—	—	—
	机械费(元)			—	—	—	—
名　称		单位	单价(元)	消　耗　量			
人工	三类人工	工日	155.00	0.135	0.270	0.405	0.540

工作内容:准备工具、现场对歪闪移位的斗拱进行复位整修(不包括部件、附件的添配)。　　计量单位:攒

定额编号				6-331	6-332	6-333	6-334
项　目				溜金斗拱拨正归安(8cm斗口)			
				三踩	五踩	七踩	九踩
基价(元)				**32.55**	**62.78**	**95.33**	**125.55**
其中	人工费(元)			32.55	62.78	95.33	125.55
	材料费(元)			—	—	—	—
	机械费(元)			—	—	—	—
名　称		单位	单价(元)	消　耗　量			
人工	三类人工	工日	155.00	0.210	0.405	0.615	0.810

工作内容:准备工具、现场对歪闪移位的斗拱进行复位整修(不包括部件、附件的添配)。　　计量单位:攒

定额编号				6-335	6-336	6-337	6-338	6-339
项　目				牌楼斗拱拨正归安(5cm斗口)				
				三踩	五踩	七踩	九踩	十一踩
基价(元)				**13.95**	**29.30**	**45.42**	**59.37**	**75.64**
其中	人工费(元)			13.95	29.30	45.42	59.37	75.64
	材料费(元)			—	—	—	—	—
	机械费(元)			—	—	—	—	—
名　称		单位	单价(元)	消　耗　量				
人工	三类人工	工日	155.00	0.090	0.189	0.293	0.383	0.488

第十节 斗 拱 拆 修

一、昂翘斗拱拆修(8cm 斗口)

工作内容: 斗拱拆下、丈量尺寸、选料、下料、制作添配部件、修复加固、重新组装、摆验,不包括附件添配。

计量单位:攒

定额编号				6-340	6-341	6-342	6-343	6-344	6-345
项目				三踩昂翘斗拱拆修			五踩昂翘斗拱拆修		
				平身科	柱头科	角科	平身科	柱头科	角科
基价(元)				**472.22**	**458.32**	**1 010.38**	**775.66**	**1 073.99**	**1 903.04**
其中	人工费(元)			403.31	389.36	899.78	646.35	946.28	1 646.10
	材料费(元)			68.91	68.96	110.60	129.31	127.71	256.94
	机械费(元)			—	—	—	—	—	—
名称		单位	单价(元)	消耗量					
人工	三类人工	工日	155.00	2.602	2.512	5.805	4.170	6.105	10.620
材料	杉板枋材	m^3	1 625.00	0.041	0.041	0.065	0.077	0.076	0.152
	乳胶	kg	5.60	0.150	0.150	0.450	0.270	0.270	0.800
	圆钉	kg	4.74	0.020	0.030	0.060	0.030	0.040	0.090
	其他材料费	元	1.00	1.35	1.35	2.17	2.54	2.50	5.04

工作内容:斗拱拆下、丈量尺寸、选料、下料、制作添配部件、修复加固、重新组装、摆验,不包括附件添配。

计量单位:攒

定额编号				6-346	6-347	6-348	6-349	6-350	6-351
项　目				七踩昂翘斗拱拆修			九踩昂翘斗拱拆修		
				平身科	柱头科	角科	平身科	柱头科	角科
基价(元)				**1 379.58**	**1 581.53**	**3 258.02**	**1 786.33**	**2 127.05**	**4 597.17**
其中	人工费(元)			1 181.57	1 386.79	2 809.69	1 516.37	1 863.72	3 896.70
	材料费(元)			198.01	194.74	448.33	269.96	263.33	700.47
	机械费(元)			—	—	—	—	—	—
名　称		单位	单价(元)	消　耗　量					
人工	三类人工	工日	155.00	7.623	8.947	18.127	9.783	12.024	25.140
材料	杉板枋材	m^3	1 625.00	0.118	0.116	0.266	0.161	0.157	0.417
	乳胶	kg	5.60	0.390	0.390	1.200	0.500	0.500	1.500
	圆钉	kg	4.74	0.040	0.050	0.120	0.050	0.050	0.150
	其他材料费	元	1.00	3.88	3.82	8.79	5.29	5.16	13.73

二、平座斗拱拆修(8cm 斗口)

工作内容:斗拱拆下、丈量尺寸、选料、下料、制作添配部件、修复加固、重新组装、摆验,不包括附件添配。

计量单位:攒

定额编号				6-352	6-353	6-354	6-355	6-356	6-357
项　目				三踩平座斗拱拆修			五踩平座斗拱拆修		
				平身科	柱头科	角科	平身科	柱头科	角科
基价(元)				**444.95**	**412.40**	**893.60**	**705.64**	**998.53**	**1 686.53**
其中	人工费(元)			381.30	348.75	837.00	608.22	899.78	1 530.32
	材料费(元)			63.65	63.65	56.60	97.42	98.75	156.21
	机械费(元)			—	—	—	—	—	—
名　称		单位	单价(元)	消　耗　量					
人工	三类人工	工日	155.00	2.460	2.250	5.400	3.924	5.805	9.873
材料	杉板枋材	m^3	1 625.00	0.038	0.038	0.033	0.058	0.059	0.092
	乳胶	kg	5.60	0.100	0.100	0.300	0.200	0.150	0.600
	圆钉	kg	4.74	0.020	0.020	0.040	0.030	0.020	0.060
	其他材料费	元	1.00	1.25	1.25	1.11	1.91	1.94	3.06

工作内容:斗拱拆下、丈量尺寸、选料、下料、制作添配部件、修复加固、重新组装、摆验,不包括附件添配。

计量单位:攒

定额编号				6-358	6-359	6-360	6-361	6-362	6-363
项目				七踩平座斗拱拆修			九踩平座斗拱拆修		
				平身科	柱头科	角科	平身科	柱头科	角科
基价(元)				**1 278.08**	**1 498.52**	**2 869.39**	**1 634.98**	**1 971.08**	**4 093.47**
其中	人工费(元)			1 110.42	1 315.95	2 585.40	1 410.35	1 721.59	3 627.00
	材料费(元)			167.66	182.57	283.99	224.63	249.49	466.47
	机械费(元)			—	—	—	—	—	—
名称		单位	单价(元)	消耗量					
人工	三类人工	工日	155.00	7.164	8.490	16.680	9.099	11.107	23.400
材料	杉板枋材	m^3	1 625.00	0.100	0.109	0.168	0.134	0.149	0.277
	乳胶	kg	5.60	0.300	0.300	0.900	0.400	0.400	1.200
	圆钉	kg	4.74	0.040	0.040	0.080	0.050	0.050	0.100
	其他材料费	元	1.00	3.29	3.58	5.57	4.40	4.89	9.15

三、内里品字斗拱拆修(8cm 斗口)

工作内容:斗拱拆下、丈量尺寸、选料、下料、制作添配部件、修复加固、重新组装、摆验,不包括附件添配。

计量单位:攒

定额编号				6-364	6-365	6-366	6-367
项目				三踩内里品字斗拱拆修		五踩内里品字斗拱拆修	
				平身科	柱头科	平身科	柱头科
基价(元)				**426.38**	**427.04**	**700.28**	**972.65**
其中	人工费(元)			374.33	376.65	601.25	880.25
	材料费(元)			52.05	50.39	99.03	92.40
	机械费(元)			—	—	—	—
名称		单位	单价(元)	消耗量			
人工	三类人工	工日	155.00	2.415	2.430	3.879	5.679
材料	杉板枋材	m^3	1 625.00	0.031	0.030	0.059	0.055
	乳胶	kg	5.60	0.100	0.100	0.200	0.200
	圆钉	kg	4.74	0.020	0.020	0.020	0.020
	其他材料费	元	1.00	1.02	0.99	1.94	1.81

工作内容：斗拱拆下、丈量尺寸、选料、下料、制作添配部件、修复加固、重新组装、摆验，不包括附件添配。

计量单位：攒

定额编号				6-368	6-369	6-370	6-371
项　目				七踩内里品字斗拱拆修		九踩内里品字斗拱拆修	
				平身科	柱头科	平身科	柱头科
基价(元)				**1 230.54**	**1 439.79**	**1 592.03**	**1 905.56**
其中	人工费(元)			1 083.92	1 293.17	1 395.00	1 701.90
	材料费(元)			146.62	146.62	197.03	203.66
	机械费(元)			—	—	—	—
名　称		单位	单价(元)	消　耗　量			
人工	三类人工	工日	155.00	6.993	8.343	9.000	10.980
材料	杉板枋材	m^3	1 625.00	0.087	0.087	0.117	0.121
	乳胶	kg	5.60	0.390	0.390	0.500	0.500
	圆钉	kg	4.74	0.040	0.040	0.050	0.050
	其他材料费	元	1.00	2.87	2.87	3.86	3.99

四、溜金斗拱拆修(8cm斗口)

工作内容：斗拱拆下、丈量尺寸、选料、下料、制作添配部件、修复加固、重新组装、摆验，不包括附件添配。

计量单位：攒

定额编号				6-372	6-373	6-374	6-375
项　目				三踩溜金斗拱拆修		五踩溜金斗拱拆修	
				平身科	角科	平身科	角科
基价(元)				**1 399.83**	**1 775.83**	**1 594.15**	**3 200.68**
其中	人工费(元)			1 265.27	1 568.14	1 403.37	2 830.61
	材料费(元)			134.56	207.69	190.78	370.07
	机械费(元)			—	—	—	—
名　称		单位	单价(元)	消　耗　量			
人工	三类人工	工日	155.00	8.163	10.117	9.054	18.262
材料	杉板枋材	m^3	1 625.00	0.080	0.122	0.113	0.217
	乳胶	kg	5.60	0.300	0.900	0.550	1.650
	圆钉	kg	4.74	0.050	0.070	0.070	0.200
	其他材料费	元	1.00	2.64	4.07	3.74	7.26

工作内容:斗拱拆下、丈量尺寸、选料、下料、制作添配部件、修复加固、重新组装、摆验,不包括附件添配。

计量单位:攒

定额编号				6-376	6-377	6-378	6-379
项 目				七踩溜金斗拱拆修		九踩溜金斗拱拆修	
				平身科	角科	平身科	角科
基价(元)				**2 689.68**	**4 959.93**	**3 859.61**	**5 990.26**
其中	人工费(元)			2 426.06	4 343.10	3 516.80	5 077.80
	材料费(元)			263.62	616.83	342.81	912.46
	机械费(元)			—	—	—	—
名 称		单位	单价(元)	消 耗 量			
人工	三类人工	工日	155.00	15.652	28.020	22.689	32.760
材料	杉板枋材	m^3	1 625.00	0.156	0.363	0.203	0.539
	乳胶	kg	5.60	0.800	2.400	1.000	3.000
	圆钉	kg	4.74	0.100	0.300	0.130	0.400
	其他材料费	元	1.00	5.17	12.09	6.72	17.89

五、牌楼昂翘斗拱拆修(5cm 斗口)

工作内容:斗拱拆下、丈量尺寸、选料、下料、制作添配部件、修复加固、重新组装、摆验,不包括附件添配。

计量单位:攒

定额编号				6-380	6-381	6-382	6-383
项 目				牌楼五踩昂翘斗拱拆修		牌楼七踩昂翘斗拱拆修	
				平身科	角科	平身科	角科
基价(元)				**520.03**	**1 560.80**	**879.00**	**2 660.09**
其中	人工费(元)			485.93	1 483.35	827.70	2 527.74
	材料费(元)			34.10	77.45	51.30	132.35
	机械费(元)			—	—	—	—
名 称		单位	单价(元)	消 耗 量			
人工	三类人工	工日	155.00	3.135	9.570	5.340	16.308
材料	杉板枋材	m^3	1 625.00	0.020	0.045	0.030	0.077
	乳胶	kg	5.60	0.150	0.450	0.250	0.750
	圆钉	kg	4.74	0.020	0.060	0.030	0.090
	其他材料费	元	1.00	0.67	1.52	1.01	2.60

工作内容:斗拱拆下、丈量尺寸、选料、下料、制作添配部件、修复加固、重新组装、摆验,不包括附件添配。

计量单位:攒

定额编号				6-384	6-385	6-386	6-387
项目				牌楼九踩昂翘斗拱拆修		牌楼十一踩昂翘斗拱拆修	
				平身科	角科	平身科	角科
基价(元)				**1 208.74**	**3 981.09**	**1 618.97**	**5 213.35**
其中	人工费(元)			1 136.93	3 779.21	1 523.34	4 913.19
	材料费(元)			71.81	201.88	95.63	300.16
	机械费(元)			—	—	—	—
名称		单位	单价(元)	消耗量			
人工	三类人工	工日	155.00	7.335	24.382	9.828	31.698
材料	杉板枋材	m^3	1 625.00	0.042	0.118	0.056	0.176
	乳胶	kg	5.60	0.350	1.000	0.450	1.350
	圆钉	kg	4.74	0.040	0.120	0.050	0.150
	其他材料费	元	1.00	1.41	3.96	1.88	5.89

六、牌楼品字斗拱拆修(5cm 斗口)

工作内容:斗拱拆下、丈量尺寸、选料、下料、制作添配部件、修复加固、重新组装、摆验,不包括附件添配。

计量单位:攒

定额编号				6-388	6-389	6-390	6-391
项目				牌楼品字斗拱拆修			
				三踩	五踩	七踩	九踩
基价(元)				**281.88**	**456.60**	**825.34**	**1 055.30**
其中	人工费(元)			266.29	425.48	777.02	988.13
	材料费(元)			15.59	31.12	48.32	67.17
	机械费(元)			—	—	—	—
名称		单位	单价(元)	消耗量			
人工	三类人工	工日	155.00	1.718	2.745	5.013	6.375
材料	杉板枋材	m^3	1 625.00	0.009	0.018	0.028	0.039
	乳胶	kg	5.60	0.100	0.200	0.300	0.400
	圆钉	kg	4.74	0.020	0.030	0.040	0.050
	其他材料费	元	1.00	0.31	0.61	0.95	1.32

七、其他斗拱拆修(8cm斗口)

工作内容:斗拱拆下、丈量尺寸、选料、下料、制作添配部件、修复加固、重新组装、摆验,不包括附件添配。

计量单位:攒

定额编号				6-392	6-393	6-394	6-395	6-396	6-397
项目				一斗三升斗拱拆修			一斗六升斗拱拆修		
				一字形	丁字形	十字形	一字形	丁字形	十字形
基价(元)				**87.15**	**121.27**	**141.03**	**141.11**	**210.64**	**284.22**
其中	人工费(元)			63.55	87.73	102.46	102.46	153.76	207.39
	材料费(元)			23.60	33.54	38.57	38.65	56.88	76.83
	机械费(元)			—	—	—	—	—	—
名称		单位	单价(元)	消耗量					
人工	三类人工	工日	155.00	0.410	0.566	0.661	0.661	0.992	1.338
材料	杉板枋材	m^3	1 625.00	0.014	0.020	0.023	0.023	0.034	0.046
	乳胶	kg	5.60	0.060	0.060	0.070	0.080	0.080	0.090
	圆钉	kg	4.74	0.010	0.010	0.010	0.015	0.015	0.015
	其他材料费	元	1.00	0.46	0.66	0.76	0.76	1.12	1.51

工作内容:斗拱拆下、丈量尺寸、选料、下料、制作添配部件、修复加固、重新组装、摆验,不包括附件添配。

计量单位:攒

定额编号				6-398	6-399	6-400	6-401
项目				单昂		重昂	
				一斗六升斗拱拆修			
				丁字形	十字形	丁字形	十字形
基价(元)				**215.00**	**295.04**	**223.97**	**311.49**
其中	人工费(元)			156.40	214.83	163.53	231.11
	材料费(元)			58.60	80.21	60.44	80.38
	机械费(元)			—	—	—	—
名称		单位	单价(元)	消耗量			
人工	三类人工	工日	155.00	1.009	1.386	1.055	1.491
材料	杉板枋材	m^3	1 625.00	0.035	0.048	0.036	0.048
	乳胶	kg	5.60	0.090	0.100	0.120	0.130
	圆钉	kg	4.74	0.016	0.016	0.017	0.017
	其他材料费	元	1.00	1.15	1.57	1.19	1.58

第十一节　斗拱部件、附件制作、安装

工作内容:清除斗拱已损坏部件的残存部分、丈量需添配部件尺寸、选料、下料、配制、安装新件。　**计量单位**:10件

定额编号				6-402	6-403	6-404	6-405	6-406
项　目				升斗添配(斗口)				
				6cm以内	8cm以内	10cm以内	12cm以内	12cm以外
基价(元)				**201.35**	**256.89**	**344.24**	**457.23**	**623.35**
其中	人工费(元)			186.00	223.20	279.00	348.75	453.38
	材料费(元)			15.35	33.69	65.24	108.48	169.97
	机械费(元)			—	—	—	—	—
名　称		单位	单价(元)	消　耗　量				
人工	三类人工	工日	155.00	1.200	1.440	1.800	2.250	2.925
材料	杉板枋材	m^3	1 625.00	0.009	0.020	0.039	0.065	0.102
	乳胶	kg	5.60	0.050	0.060	0.070	0.080	0.100
	圆钉	kg	4.74	0.030	0.040	0.040	0.060	0.070
	其他材料费	元	1.00	0.30	0.66	1.28	2.13	3.33

工作内容:清除斗拱已损坏部件的残存部分、丈量需添配部件尺寸、选料、下料、配制、安装新件。　**计量单位**:10件

定额编号				6-407	6-408	6-409	6-410	6-411
项　目				斗耳添配(斗口)				
				6cm以内	8cm以内	10cm以内	12cm以内	12cm以外
基价(元)				**73.45**	**89.16**	**115.12**	**146.76**	**180.78**
其中	人工费(元)			69.75	83.70	104.63	127.88	153.45
	材料费(元)			3.70	5.46	10.49	18.88	27.33
	机械费(元)			—	—	—	—	—
名　称		单位	单价(元)	消　耗　量				
人工	三类人工	工日	155.00	0.450	0.540	0.675	0.825	0.990
材料	杉板枋材	m^3	1 625.00	0.002	0.003	0.006	0.011	0.016
	乳胶	kg	5.60	0.050	0.060	0.070	0.080	0.100
	圆钉	kg	4.74	0.020	0.030	0.030	0.040	0.050
	其他材料费	元	1.00	0.07	0.11	0.21	0.37	0.54

工作内容:清除斗拱已损坏部件的残存部分、丈量需添配部件尺寸、选料、下料、配制、安装新件。 **计量单位:**件

定额编号				6-412	6-413	6-414	6-415	6-416
项目				单才拱添配(斗口)				
				6cm以内	8cm以内	10cm以内	12cm以内	12cm以外
基价(元)				**45.11**	**62.71**	**88.68**	**124.86**	**172.32**
其中	人工费(元)			38.44	47.74	60.45	76.73	97.65
	材料费(元)			6.67	14.97	28.23	48.13	74.67
	机械费(元)			—	—	—	—	—
名称		单位	单价(元)	消耗量				
人工	三类人工	工日	155.00	0.248	0.308	0.390	0.495	0.630
材料	杉板枋材	m^3	1 625.00	0.004	0.009	0.017	0.029	0.045
	乳胶	kg	5.60	0.005	0.006	0.007	0.008	0.010
	圆钉	kg	4.74	0.002	0.003	0.003	0.004	0.005
	其他材料费	元	1.00	0.13	0.29	0.55	0.94	1.46

工作内容:清除斗拱已损坏部件的残存部分、丈量需添配部件尺寸、选料、下料、配制、安装新件。 **计量单位:**件

定额编号				6-417	6-418	6-419	6-420	6-421
项目				麻叶云拱添配(斗口)				
				6cm以内	8cm以内	10cm以内	12cm以内	12cm以外
基价(元)				**146.75**	**194.05**	**261.12**	**350.16**	**466.46**
其中	人工费(元)			138.42	175.77	224.60	288.77	368.59
	材料费(元)			8.33	18.28	36.52	61.39	97.87
	机械费(元)			—	—	—	—	—
名称		单位	单价(元)	消耗量				
人工	三类人工	工日	155.00	0.893	1.134	1.449	1.863	2.378
材料	杉板枋材	m^3	1 625.00	0.005	0.011	0.022	0.037	0.059
	乳胶	kg	5.60	0.005	0.006	0.007	0.008	0.010
	圆钉	kg	4.74	0.002	0.003	0.003	0.004	0.005
	其他材料费	元	1.00	0.16	0.36	0.72	1.20	1.92

工作内容：清除斗拱已损坏部件的残存部分、丈量需添配部件尺寸、选料、下料、配制、安装新件。　计量单位：件

定额编号				6-422	6-423	6-424	6-425	6-426
项　目				三幅云拱添配(斗口)				
				6cm以内	8cm以内	10cm以内	12cm以内	12cm以外
基价(元)				**112.35**	**157.09**	**220.72**	**309.82**	**428.36**
其中	人工费(元)			99.05	125.55	159.34	203.67	260.87
	材料费(元)			13.30	31.54	61.38	106.15	167.49
	机械费(元)			—	—	—	—	—
名　称		单位	单价(元)	消　耗　量				
人工	三类人工	工日	155.00	0.639	0.810	1.028	1.314	1.683
材料	杉板枋材	m^3	1 625.00	0.008	0.019	0.037	0.064	0.101
	乳胶	kg	5.60	0.005	0.006	0.007	0.008	0.010
	圆钉	kg	4.74	0.002	0.003	0.003	0.004	0.005
	其他材料费	元	1.00	0.26	0.62	1.20	2.08	3.28

工作内容：清除已损坏部件的残存部分、丈量需添配部件尺寸、选料、下料、配制、安装新件。　计量单位：m^2

定额编号				6-427	6-428
项　目				斜斗板、盖斗板添配(厚度)	
				1.5cm	2cm
基价(元)				**95.07**	**110.33**
其中	人工费(元)			61.85	66.81
	材料费(元)			33.22	43.52
	机械费(元)			—	—
名　称		单位	单价(元)	消　耗　量	
人工	三类人工	工日	155.00	0.399	0.431
材料	杉板枋材	m^3	1 625.00	0.020	0.026
	乳胶	kg	5.60	0.006	0.007
	圆钉	kg	4.74	0.008	0.080
	其他材料费	元	1.00	0.65	0.85

工作内容：清除已损坏部件的残存部分、丈量需添配部件尺寸、选料、下料、配制、安装新件。　　**计量单位：**件

定额编号				6-429	6-430	6-431	6-432	6-433
项　目				宝瓶添配（斗口）				
				6cm 以内	8cm 以内	10cm 以内	12cm 以内	12cm 以外
基价（元）				**28.69**	**50.18**	**82.08**	**129.01**	**151.24**
其中	人工费（元）			15.35	18.60	22.32	24.49	26.82
	材料费（元）			13.34	31.58	59.76	104.52	124.42
	机械费（元）			—	—	—	—	—
名　称		单位	单价（元）	消　耗　量				
人工	三类人工	工日	155.00	0.099	0.120	0.144	0.158	0.173
材料	杉板枋材	m^3	1 625.00	0.008	0.019	0.036	0.063	0.075
	乳胶	kg	5.60	0.005	0.006	0.007	0.008	0.010
	圆钉	kg	4.74	0.010	0.010	0.010	0.010	0.010
	其他材料费	元	1.00	0.26	0.62	1.17	2.05	2.44

工作内容：选料、剔除破损昂嘴、铲刨平整、配制修补昂嘴、场内运输及清理废弃物。　　**计量单位：**件

定额编号				6-434	6-435	6-436	6-437	6-438
项　目				昂嘴剔补（斗口）				
				6cm 以内	8cm 以内	10cm 以内	12cm 以内	12cm 以外
基价（元）				**38.00**	**50.50**	**132.09**	**195.45**	**96.20**
其中	人工费（元）			36.27	45.42	52.39	59.37	74.40
	材料费（元）			1.73	5.08	79.70	136.08	21.80
	机械费（元）			—	—	—	—	—
名　称		单位	单价（元）	消　耗　量				
人工	三类人工	工日	155.00	0.234	0.293	0.338	0.383	0.480
材料	杉板枋材	m^3	1 625.00	0.001	0.003	0.048	0.082	0.013
	乳胶	kg	5.60	0.005	0.006	0.007	0.008	0.010
	圆钉	kg	4.74	0.010	0.015	0.020	0.025	0.040
	其他材料费	元	1.00	0.03	0.10	1.56	2.67	0.43

工作内容: 清除已损坏部件的残存部分、丈量需添配部件尺寸、选料、下料、配制、安装新件、场内运输及清理废弃物。

计量单位: m

定额编号				6-439	6-440	6-441	6-442	6-443	6-444
项　目				配换挑檐枋、井口枋、正心枋、拽枋(斗口)					
				5cm 以内	6cm 以内	7cm 以内	8cm 以内	9cm 以内	10cm 以内
基价(元)				**34.37**	**42.08**	**52.70**	**62.38**	**75.59**	**89.51**
其中	人工费(元)			17.52	18.60	20.93	22.32	25.58	27.90
	材料费(元)			16.85	23.48	31.77	40.06	50.01	61.61
	机械费(元)			—	—	—	—	—	—
名　称		单位	单价(元)	消　耗　量					
人工	三类人工	工日	155.00	0.113	0.120	0.135	0.144	0.165	0.180
材料	杉板枋材	m^3	1 625.00	0.010	0.014	0.019	0.024	0.030	0.037
	乳胶	kg	5.60	0.005	0.005	0.006	0.006	0.007	0.007
	圆钉	kg	4.74	0.050	0.050	0.050	0.050	0.050	0.050
	其他材料费	元	1.00	0.33	0.46	0.62	0.79	0.98	1.21

工作内容: 清除已损坏部件的残存部分、丈量需添配部件尺寸、选料、下料、配制、安装新件、场内运输及清理废弃物。

计量单位: m

定额编号				6-445	6-446	6-447	6-448
项　目				配换挑檐枋、井口枋、正心枋、拽枋(斗口)			
				11cm 以内	12cm 以内	13cm 以内	14cm 以内
基价(元)				**107.42**	**124.25**	**143.83**	**163.40**
其中	人工费(元)			32.55	36.12	40.77	45.42
	材料费(元)			74.87	88.13	103.06	117.98
	机械费(元)			—	—	—	—
名　称		单位	单价(元)	消　耗　量			
人工	三类人工	工日	155.00	0.210	0.233	0.263	0.293
材料	杉板枋材	m^3	1 625.00	0.045	0.053	0.062	0.071
	乳胶	kg	5.60	0.008	0.008	0.010	0.010
	圆钉	kg	4.74	0.050	0.050	0.050	0.050
	其他材料费	元	1.00	1.47	1.73	2.02	2.31

工作内容:制套样板、选料、下料、画线、制作成型、安装新件、场内运输及清理废弃物。 **计量单位:**m^2

定额编号					6-449	6-450	6-451
项 目					垫拱板制作、安装		斗拱花板制作、安装
					2cm 以内	3cm 以内	2cm 以内
基价(元)					**119.91**	**161.34**	**238.54**
其中	人工费(元)				71.77	93.47	180.89
	材料费(元)				44.11	63.84	54.09
	机械费(元)				4.03	4.03	3.56
名 称		单位	单价(元)		消 耗 量		
人工	三类人工	工日	155.00		0.463	0.603	1.167
材料	杉板枋材	m^3	1 625.00		0.027	0.038	0.032
	圆钉	kg	4.74		0.050	0.440	0.440
机械	木工圆锯机 500mm	台班	27.50		0.047	0.047	0.047
	木工平刨床 500mm	台班	21.04		0.130	0.130	0.108

注:1 垫拱板、斗拱花板以刨光为准,刨光木材损耗已包括在定额内,设计规格与定额不同时,杉板枋材按比例换算,其余不变;

2 垫拱板、斗拱花板未考虑雕刻,如设计要求雕刻者,雕刻工另行计算。

第十二节　斗拱制作

一、昂翘斗拱制作（8cm 斗口）

工作内容：制套样板、选料、下料、画线、制作成型、草架摆验（不包括垫拱板、枋、盖斗板等附件制作）。　**计量单位：**攒

定额编号				6-452	6-453	6-454	6-455	6-456	6-457
项目				三踩单昂斗拱制作			五踩单翘单昂斗拱制作		
				平身科	柱头科	角科	平身科	柱头科	角科
基价（元）				**1 067.76**	**989.08**	**2 375.84**	**1 777.07**	**1 843.35**	**4 803.69**
其中	人工费（元）			806.00	744.31	1 754.76	1 284.95	1 253.02	3 488.59
	材料费（元）			253.70	237.33	603.53	479.27	577.80	1 280.21
	机械费（元）			8.06	7.44	17.55	12.85	12.53	34.89
名称		单位	单价（元）	消耗量					
人工	三类人工	工日	155.00	5.200	4.802	11.321	8.290	8.084	22.507
材料	杉板枋材	m^3	1 625.00	0.154	0.144	0.366	0.291	0.351	0.777
	乳胶	kg	5.60	0.150	0.150	0.450	0.270	0.270	0.800
	圆钉	kg	4.74	0.020	0.030	0.060	0.030	0.040	0.090
	其他材料费	元	1.00	2.51	2.35	5.98	4.75	5.72	12.68
机械	其他机械费 占人工	%	1.00	1.000	1.000	1.000	1.000	1.000	1.000

工作内容:制套样板、选料、下料、画线、制作成型、草架摆验(不包括垫拱板、枋、盖斗板等附件制作)。 **计量单位**:攒

定额编号				6-458	6-459	6-460	6-461	6-462	6-463
项　目				五踩重昂斗拱制作			七踩单翘重昂斗拱制作		
				平身科	柱头科	角科	平身科	柱头科	角科
基价(元)				**1 841.48**	**1 940.78**	**4 894.97**	**2 683.02**	**2 709.83**	**8 377.65**
其中	人工费(元)			1 334.09	1 320.29	3 551.21	1 807.46	1 874.57	5 533.04
	材料费(元)			494.05	607.29	1 308.25	857.49	816.51	2 789.28
	机械费(元)			13.34	13.20	35.51	18.07	18.75	55.33
名　称		单位	单价(元)	消　耗　量					
人工	三类人工	工日	155.00	8.607	8.518	22.911	11.661	12.094	35.697
材料	杉板枋材	m^3	1 625.00	0.300	0.369	0.796	0.521	0.496	1.695
	乳胶	kg	5.60	0.270	0.270	0.270	0.390	0.390	1.200
	圆钉	kg	4.74	0.030	0.030	0.060	0.040	0.050	0.120
	其他材料费	元	1.00	4.89	6.01	12.95	8.49	8.08	27.62
机械	其他机械费 占人工	%	1.00	1.000	1.000	1.000	1.000	1.000	1.000

工作内容:制套样板、选料、下料、画线、制作成型、草架摆验(不包括垫拱板、枋、盖斗板等附件制作)。 **计量单位**:攒

定额编号				6-464	6-465	6-466
项　目				九踩重翘重昂斗拱制作		
				平身科	柱头科	角科
基价(元)				**3 225.57**	**3 566.18**	**12 121.59**
其中	人工费(元)			2 124.59	2 356.16	7 637.47
	材料费(元)			1 079.73	1 186.46	4 407.75
	机械费(元)			21.25	23.56	76.37
名　称		单位	单价(元)	消　耗　量		
人工	三类人工	工日	155.00	13.707	15.201	49.274
材料	杉板枋材	m^3	1 625.00	0.656	0.721	2.680
	乳胶	kg	5.60	0.500	0.500	1.500
	圆钉	kg	4.74	0.050	0.060	0.150
	其他材料费	元	1.00	10.69	11.75	43.64
机械	其他机械费 占人工	%	1.00	1.000	1.000	1.000

二、平座斗拱制作（8cm 斗口）

工作内容：制套样板、选料、下料、画线、制作成型、草架摆验（不包括垫拱板、枋、盖斗板等附件制作）。　**计量单位：**攒

定额编号				6-467	6-468	6-469	6-470	6-471	6-472
项　目				三踩平座斗拱制作			五踩平座斗拱制作		
				平身科	柱头科	角科	平身科	柱头科	角科
基价（元）				**990.02**	**945.52**	**2 379.31**	**1 595.31**	**1 529.46**	**4 377.72**
其中	人工费（元）			748.81	732.38	1 778.63	1 147.62	1 168.55	3 094.11
	材料费（元）			233.72	205.82	582.89	436.21	349.22	1 252.67
	机械费（元）			7.49	7.32	17.79	11.48	11.69	30.94
名　称		单位	单价（元）	消　耗　量					
人工	三类人工	工日	155.00	4.831	4.725	11.475	7.404	7.539	19.962
材料	杉板枋材	m^3	1 625.00	0.142	0.125	0.354	0.265	0.212	0.761
	乳胶	kg	5.60	0.100	0.100	0.300	0.200	0.200	0.600
	圆钉	kg	4.74	0.020	0.020	0.040	0.030	0.030	0.060
	其他材料费	元	1.00	2.31	2.04	5.77	4.32	3.46	12.40
机械	其他机械费 占人工	%	1.00	1.000	1.000	1.000	1.000	1.000	1.000

工作内容：制套样板、选料、下料、画线、制作成型、草架摆验（不包括垫拱板、枋、盖斗板等附件制作）。　**计量单位：**攒

定额编号				6-473	6-474	6-475	6-476	6-477	6-478
项　目				七踩平座斗拱制作			九踩平座斗拱制作		
				平身科	柱头科	角科	平身科	柱头科	角科
基价（元）				**2 383.17**	**2 443.41**	**7 187.04**	**3 044.53**	**3 108.88**	**10 113.61**
其中	人工费（元）			1 702.83	1 790.10	4 638.84	2 126.29	2 089.25	6 296.41
	材料费（元）			663.31	635.41	2 501.81	896.98	998.74	3 754.24
	机械费（元）			17.03	17.90	46.39	21.26	20.89	62.96
名　称		单位	单价（元）	消　耗　量					
人工	三类人工	工日	155.00	10.986	11.549	29.928	13.718	13.479	40.622
材料	杉板枋材	m^3	1 625.00	0.403	0.386	1.521	0.545	0.607	2.283
	乳胶	kg	5.60	0.300	0.300	0.900	0.400	0.400	1.200
	圆钉	kg	4.74	0.040	0.040	0.080	0.050	0.050	0.100
	其他材料费	元	1.00	6.57	6.29	24.77	8.88	9.89	37.17
机械	其他机械费 占人工	%	1.00	1.000	1.000	1.000	1.000	1.000	1.000

三、内里品字斗拱制作(8cm 斗口)

工作内容: 制套样板、选料、下料、画线、制作成型、草架摆验(不包括垫拱板、枋、盖斗板等附件制作)。 **计量单位:** 攒

定额编号				6-479	6-480	6-481	6-482
项　目				三踩内里品字斗拱制作		五踩内里品字斗拱制作	
				平身科	柱头科	平身科	柱头科
基价(元)				**1 050.15**	**737.16**	**1 769.83**	**1 694.97**
其中	人工费(元)			821.35	532.58	1 333.47	1 257.67
	材料费(元)			220.59	199.25	423.03	424.72
	机械费(元)			8.21	5.33	13.33	12.58
名　称		单位	单价(元)	消　耗　量			
人工	三类人工	工日	155.00	5.299	3.436	8.603	8.114
材料	杉板枋材	m^3	1 625.00	0.134	0.121	0.257	0.258
	乳胶	kg	5.60	0.100	0.100	0.200	0.200
	圆钉	kg	4.74	0.020	0.020	0.020	0.030
	其他材料费	元	1.00	2.18	1.97	4.19	4.21
机械	其他机械费 占人工	%	1.00	1.000	1.000	1.000	1.000

四、溜金斗拱制作(8cm 斗口)

工作内容: 制套样板、选料、下料、画线、制作成型、草架摆验(不包括垫拱板、枋、盖斗板等附件制作)。 **计量单位:** 攒

定额编号				6-483	6-484	6-485	6-486	6-487	6-488
项　目				三踩单昂溜金斗拱制作		五踩单翘单昂溜金斗拱制作		五踩重昂溜金斗拱制作	
				平身科	角科	平身科	角科	平身科	角科
基价(元)				**2 580.64**	**4 985.08**	**3 463.96**	**7 944.08**	**3 611.40**	**8 385.94**
其中	人工费(元)			1 958.43	3 340.72	2 604.00	5 234.97	2 727.23	5 563.57
	材料费(元)			602.63	1 610.95	833.92	2 656.76	856.90	2 766.73
	机械费(元)			19.58	33.41	26.04	52.35	27.27	55.64
名　称		单位	单价(元)	消　耗　量					
人工	三类人工	工日	155.00	12.635	21.553	16.800	33.774	17.595	35.894
材料	杉板枋材	m^3	1 625.00	0.366	0.978	0.506	1.613	0.520	1.680
	乳胶	kg	5.60	0.300	0.900	0.550	1.650	0.550	1.650
	圆钉	kg	4.74	0.050	0.150	0.070	0.020	0.070	0.020
	其他材料费	元	1.00	5.97	15.95	8.26	26.30	8.48	27.39
机械	其他机械费 占人工	%	1.00	1.000	1.000	1.000	1.000	1.000	1.000

工作内容：制套样板、选料、下料、画线、制作成型、草架摆验（不包括垫拱板、枋、盖斗板等附件制作）。　　计量单位：攒

定额编号				6-489	6-490	6-491	6-492
项　目				七踩单翘重昂溜金斗拱制作		九踩重翘重昂溜金斗拱制作	
				平身科	角科	平身科	角科
基价（元）				**5 011.32**	**13 003.88**	**6 463.74**	**17 528.72**
其中	人工费（元）			3 801.38	8 419.14	4 887.15	10 760.10
	材料费（元）			1 171.93	4 500.55	1 527.72	6 661.02
	机械费（元）			38.01	84.19	48.87	107.60
名　称		单位	单价（元）	消　耗　量			
人工	三类人工	工日	155.00	24.525	54.317	31.530	69.420
材料	杉板枋材	m^3	1 625.00	0.711	2.733	0.927	4.047
	乳胶	kg	5.60	0.800	2.400	1.000	3.000
	圆钉	kg	4.74	0.100	0.300	0.130	0.400
	其他材料费	元	1.00	11.60	44.56	15.13	65.95
机械	其他机械费　占人工	%	1.00	1.000	1.000	1.000	1.000

五、牌楼昂翘斗拱制作（5cm 斗口）

工作内容：制套样板、选料、下料、画线、制作成型、草架摆验，牌楼角科斗拱不包括与高拱柱或边柱相连的通天斗。

计量单位：攒

定额编号				6-493	6-494	6-495	6-496	6-497	6-498
项　目				牌楼五踩单翘单昂斗拱制作		牌楼五踩重昂斗拱制作		牌楼七踩单翘重昂斗拱制作	
				平身科	角科	平身科	角科	平身科	角科
基价（元）				**1 125.74**	**3 609.73**	**1 184.82**	**3 713.65**	**1 464.93**	**6 236.27**
其中	人工费（元）			999.91	3 060.94	1 050.28	3 141.08	1 262.01	5 290.77
	材料费（元）			115.83	518.18	124.04	541.16	190.30	892.59
	机械费（元）			10.00	30.61	10.50	31.41	12.62	52.91
名　称		单位	单价（元）	消　耗　量					
人工	三类人工	工日	155.00	6.451	19.748	6.776	20.265	8.142	34.134
材料	杉板枋材	m^3	1 625.00	0.070	0.314	0.075	0.328	0.115	0.541
	乳胶	kg	5.60	0.150	0.450	0.150	0.450	0.250	0.750
	圆钉	kg	4.74	0.020	0.060	0.020	0.060	0.030	0.090
	其他材料费	元	1.00	1.15	5.13	1.23	5.36	1.88	8.84
机械	其他机械费　占人工	%	1.00	1.000	1.000	1.000	1.000	1.000	1.000

工作内容：制套样板、选料、下料、画线、制作成型、草架摆验，牌楼角科斗拱不包括与高拱柱或边柱相连的通天斗。

计量单位：攒

定额编号				6-499	6-500	6-501	6-502	6-503	6-504
项目				牌楼九踩重翘重昂斗拱制作		牌楼九踩单翘三昂斗拱制作		牌楼十一踩重翘三昂斗拱制作	
				平身科	角科	平身科	角科	平身科	角科
基价（元）				**1 868.39**	**9 177.72**	**1 937.03**	**9 541.59**	**2 358.93**	**13 368.73**
其中	人工费（元）			1 586.12	7 777.44	1 645.95	8 066.20	1 975.32	11 261.84
	材料费（元）			266.41	1 322.51	274.62	1 394.73	363.86	1 994.27
	机械费（元）			15.86	77.77	16.46	80.66	19.75	112.62
名称		单位	单价（元）	消耗量					
人工	三类人工	工日	155.00	10.233	50.177	10.619	52.040	12.744	72.657
材料	杉板枋材	m^3	1 625.00	0.161	0.802	0.166	0.846	0.220	1.210
	乳胶	kg	5.60	0.350	1.000	0.350	1.000	0.450	1.350
	圆钉	kg	4.74	0.040	0.120	0.040	0.120	0.050	0.150
	其他材料费	元	1.00	2.64	13.09	2.72	13.81	3.60	19.75
机械	其他机械费 占人工	%	1.00	1.000	1.000	1.000	1.000	1.000	1.000

六、牌楼品字斗拱制作（5cm 斗口）

工作内容：制套样板、选料、下料、画线、制作成型、草架摆验，牌楼角科斗拱不包括与高拱柱或边柱相连的通天斗。

计量单位：攒

定额编号				6-505	6-506	6-507	6-508
项目				牌楼品字斗拱制作			
				三踩	五踩	七踩	九踩
基价（元）				**602.87**	**976.56**	**1 441.41**	**1 839.94**
其中	人工费（元）			544.36	861.96	1 259.84	1 583.95
	材料费（元）			53.07	105.98	168.97	240.15
	机械费（元）			5.44	8.62	12.60	15.84
名称		单位	单价（元）	消耗量			
人工	三类人工	工日	155.00	3.512	5.561	8.128	10.219
材料	杉板枋材	m^3	1 625.00	0.032	0.064	0.102	0.145
	乳胶	kg	5.60	0.080	0.150	0.250	0.350
	圆钉	kg	4.74	0.020	0.020	0.030	0.040
	其他材料费	元	1.00	0.53	1.05	1.67	2.38
机械	其他机械费 占人工	%	1.00	1.000	1.000	1.000	1.000

七、其他斗拱制作（8cm 斗口）

工作内容：制套样板、选料、下料、画线、制作成型、草架摆验（不包括垫拱板、枋、盖斗板等附件制作）。　**计量单位：**攒

定额编号				6-509	6-510	6-511	6-512	6-513	6-514
项目				一斗三升斗拱制作			一斗六升斗拱制作		
				一字型	丁字型	十字型	一字型	丁字型	十字型
基价（元）				**292.02**	**399.80**	**472.66**	**471.08**	**704.16**	**832.12**
其中	人工费（元）			264.43	366.27	427.03	427.03	641.55	756.87
	材料费（元）			24.95	29.87	41.36	39.78	56.19	67.68
	机械费（元）			2.64	3.66	4.27	4.27	6.42	7.57
名称		单位	单价（元）	消耗量					
人工	三类人工	工日	155.00	1.706	2.363	2.755	2.755	4.139	4.883
材料	杉板枋材	m^3	1 625.00	0.015	0.018	0.025	0.024	0.034	0.041
	乳胶	kg	5.60	0.050	0.050	0.050	0.060	0.060	0.060
	圆钉	kg	4.74	0.010	0.010	0.010	0.010	0.010	0.010
	其他材料费	元	1.00	0.25	0.30	0.41	0.39	0.56	0.67
机械	其他机械费 占人工	%	1.00	1.000	1.000	1.000	1.000	1.000	1.000

工作内容：制套样板、选料、下料、画线、制作成型、草架摆验（不包括垫拱板、枋、盖斗板等附件制作）。　**计量单位：**攒

定额编号				6-515	6-516	6-517	6-518
项目				单昂一斗六升斗拱制作		重昂一斗六升斗拱制作	
				丁字型	十字型	丁字型	十字型
基价（元）				**724.94**	**981.60**	**763.44**	**993.20**
其中	人工费（元）			651.62	895.90	681.54	895.90
	材料费（元）			66.80	76.74	75.08	88.34
	机械费（元）			6.52	8.96	6.82	8.96
名称		单位	单价（元）	消耗量			
人工	三类人工	工日	155.00	4.204	5.780	4.397	5.780
材料	杉板枋材	m^3	1 625.00	0.040	0.046	0.045	0.053
	乳胶	kg	5.60	0.070	0.070	0.070	0.070
	圆钉	kg	4.74	0.020	0.020	0.020	0.020
	其他材料费	元	1.00	1.31	1.50	1.47	1.73
机械	其他机械费 占人工	%	1.00	1.000	1.000	1.000	1.000

工作内容:制套样板、选料、下料、画线、制作成型、草架摆验(不包括垫拱板、枋、盖斗板等附件制作)。　计量单位:攒

定额编号				6-519	6-520	6-521	6-522
项　目				单翘麻叶云斗拱制作	一斗二升重拱荷叶雀替隔架斗拱制作	一斗三升单拱荷叶雀替隔架斗拱制作	十字隔架斗拱制作
基价(元)				**1 340.77**	**1 807.31**	**1 646.61**	**914.47**
其中	人工费(元)			1 161.42	1 434.84	1 324.48	732.84
	材料费(元)			167.74	358.12	308.89	174.30
	机械费(元)			11.61	14.35	13.24	7.33
名　称		单位	单价(元)	消　耗　量			
人工	三类人工	工日	155.00	7.493	9.257	8.545	4.728
材料	杉板枋材	m^3	1 625.00	0.102	0.218	0.188	0.106
	乳胶	kg	5.60	0.050	0.050	0.050	0.050
	圆钉	kg	4.74	0.010	0.010	0.010	0.010
	其他材料费	元	1.00	1.66	3.55	3.06	1.73
机械	其他机械费 占人工	%	1.00	1.000	1.000	1.000	1.000

第十三节　斗 拱 安 装

一、昂翘、平座、内里品字斗拱安装(8cm 斗口)

工作内容:复核尺寸、分层安装就位、相关附件安装。　计量单位:攒

定额编号				6-523	6-524	6-525	6-526	6-527	6-528
项　目				三踩昂翘、平座、内里品字斗拱安装			五踩昂翘、平座、内里品字斗拱安装		
				平身科	柱头科	角科	平身科	柱头科	角科
基价(元)				**138.84**	**132.02**	**375.21**	**223.16**	**221.76**	**597.79**
其中	人工费(元)			137.18	130.36	373.55	221.50	220.10	596.13
	材料费(元)			1.66	1.66	1.66	1.66	1.66	1.66
	机械费(元)			—	—	—	—	—	—
名　称		单位	单价(元)	消　耗　量					
人工	三类人工	工日	155.00	0.885	0.841	2.410	1.429	1.420	3.846
材料	杉板枋材	m^3	1 625.00	0.001	0.001	0.001	0.001	0.001	0.001
	其他材料费	元	1.00	0.03	0.03	0.03	0.03	0.03	0.03

工作内容:复核尺寸、分层安装就位、相关附件安装。　　计量单位:攒

定额编号				6-529	6-530	6-531	6-532	6-533	6-534
项　目				七踩昂翘、平座、内里品字斗拱安装			九踩昂翘、平座、内里品字斗拱安装		
				平身科	柱头科	角科	平身科	柱头科	角科
基价(元)				**311.35**	**324.99**	**899.27**	**376.76**	**393.97**	**1 231.12**
其中	人工费(元)			309.69	323.33	897.61	375.10	392.31	1 229.46
	材料费(元)			1.66	1.66	1.66	1.66	1.66	1.66
	机械费(元)			—	—	—	—	—	—
名　称		单位	单价(元)	消　耗　量					
人工	三类人工	工日	155.00	1.998	2.086	5.791	2.420	2.531	7.932
材料	杉板枋材	m^3	1 625.00	0.001	0.001	0.001	0.001	0.001	0.001
	其他材料费	元	1.00	0.03	0.03	0.03	0.03	0.03	0.03

二、溜金斗拱安装(8cm斗口)

工作内容:复核尺寸、分层安装就位、相关附件安装。　　计量单位:攒

定额编号				6-535	6-536	6-537	6-538
项　目				三踩溜金斗拱安装		五踩溜金斗拱安装	
				平身科	角科	平身科	角科
基价(元)				**147.05**	**183.01**	**245.79**	**734.04**
其中	人工费(元)			145.39	181.35	244.13	732.38
	材料费(元)			1.66	1.66	1.66	1.66
	机械费(元)			—	—	—	—
名　称		单位	单价(元)	消　耗　量			
人工	三类人工	工日	155.00	0.938	1.170	1.575	4.725
材料	杉板枋材	m^3	1 625.00	0.001	0.001	0.001	0.001
	其他材料费	元	1.00	0.03	0.03	0.03	0.03

工作内容:复核尺寸、分层安装就位、相关附件安装。 **计量单位:**攒

定额编号				6-539	6-540	6-541	6-542
项 目				七踩溜金斗拱安装		九踩溜金斗拱安装	
				平身科	角科	平身科	角科
基价(元)				**350.41**	**1 047.91**	**413.19**	**1 236.24**
其中	人工费(元)			348.75	1 046.25	411.53	1 234.58
	材料费(元)			1.66	1.66	1.66	1.66
	机械费(元)			—	—	—	—
名 称		单位	单价(元)	消 耗 量			
人工	三类人工	工日	155.00	2.250	6.750	2.655	7.965
材料	杉板枋材	m^3	1 625.00	0.001	0.001	0.001	0.001
	其他材料费	元	1.00	0.03	0.03	0.03	0.03

三、牌楼斗拱安装(5cm 斗口)

工作内容:复核尺寸、分层安装就位、相关附件安装。 **计量单位:**攒

定额编号				6-543	6-544	6-545	6-546	6-547
项 目				牌楼三踩斗拱安装	牌楼五踩斗拱安装		牌楼七踩斗拱安装	
				平身科	平身科	角科	平身科	角科
基价(元)				**19.18**	**138.84**	**411.95**	**196.96**	**587.56**
其中	人工费(元)			17.52	137.18	410.29	195.30	585.90
	材料费(元)			1.66	1.66	1.66	1.66	1.66
	机械费(元)			—	—	—	—	—
名 称		单位	单价(元)	消 耗 量				
人工	三类人工	工日	155.00	0.113	0.885	2.647	1.260	3.780
材料	杉板枋材	m^3	1 625.00	0.001	0.001	0.001	0.001	0.001
	其他材料费	元	1.00	0.03	0.03	0.03	0.03	0.03

工作内容:复核尺寸、分层安装就位、相关附件安装。 计量单位:攒

定额编号				6-548	6-549	6-550	6-551
项目				牌楼九踩斗拱安装		牌楼十一踩斗拱安装	
				平身科	角科	平身科	角科
基价(元)				231.84	692.19	278.34	830.45
其中	人工费(元)			230.18	690.53	276.68	828.79
	材料费(元)			1.66	1.66	1.66	1.66
	机械费(元)			—	—	—	—
名称		单位	单价(元)	消耗量			
人工	三类人工	工日	155.00	1.485	4.455	1.785	5.347
材料	杉板枋材	m^3	1 625.00	0.001	0.001	0.001	0.001
	其他材料费	元	1.00	0.03	0.03	0.03	0.03

四、其他斗拱安装(8cm 斗口)

工作内容:复核尺寸、分层安装就位、相关附件安装。 计量单位:攒

定额编号				6-552	6-553	6-554	6-555	6-556
项目				一斗三升斗拱安装	一斗六升斗拱安装	单昂、重昂一斗六升斗拱安装	单翘麻叶云斗拱安装	一斗二升重拱荷叶雀替隔架斗拱安装
基价(元)				63.82	115.43	139.46	33.13	50.49
其中	人工费(元)			62.16	113.77	137.80	31.47	48.83
	材料费(元)			1.66	1.66	1.66	1.66	1.66
	机械费(元)			—	—	—	—	—
名称		单位	单价(元)	消耗量				
人工	三类人工	工日	155.00	0.401	0.734	0.889	0.203	0.315
材料	杉板枋材	m^3	1 625.00	0.001	0.001	0.001	0.001	0.001
	其他材料费	元	1.00	0.03	0.03	0.03	0.03	0.03

工作内容:复核尺寸、分层安装就位、相关附件安装。　　**计量单位:**攒

定额编号				6-557	6-558
项　目				一斗三升单拱荷叶雀替隔架斗拱安装	十字隔架斗拱安装
基价(元)				**44.91**	**50.49**
其中	人工费(元)			43.25	48.83
	材料费(元)			1.66	1.66
	机械费(元)			—	—
名　称		单位	单价(元)	消 耗 量	
人工	三类人工	工日	155.00	0.279	0.315
材料	杉板枋材	m^3	1 625.00	0.001	0.001
	其他材料费	元	1.00	0.03	0.03

第十四节　铺作(斗拱)保护网

工作内容:复核尺寸、安装就位、相关附件安装。斗拱保护网拆除还包括必要支顶、安全监护、分类码放,斗拱保护网拆安还包括拆下旧网、裁钉新网,斗拱保护网安装还包括整理安装。　　**计量单位:**m^2

定额编号				6-559	6-560	6-561
项　目				斗拱保护网		
				拆除	拆安	安装
基价(元)				**6.98**	**59.87**	**43.60**
其中	人工费(元)			6.98	55.80	39.53
	材料费(元)			—	4.07	4.07
	机械费(元)			—	—	—
名　称		单位	单价(元)	消 耗 量		
人工	三类人工	工日	155.00	0.045	0.360	0.255
材料	镀锌铁丝 综合	kg	5.40	—	0.300	0.300
	圆钉	kg	4.74	—	0.500	0.500
	其他材料费	元	1.00	—	0.08	0.08

第七章
木装修工程

说 明

一、本章定额包括拆除、整修、制作与安装三节。拆除、整修包括额颊地栿类，门扇类，窗类，室内隔断类、平棋、藻井，室外障隔类等六小节，制作与安装包括额颊地栿类，门扇类，窗类，室内隔断类，平棋、藻井，室外障隔类，门窗装修附件等七小节。

二、额颊、地栿、槫柱、立颊、顺身串、心柱、鸡栖木、上槛、中槛、下槛、风槛、抱框（柱）、腰枋、通连楹的整修定额已包括了其上所附小构件的整修，不再另行计算。小构件的制作与安装定额已综合考虑原有小构件的拆除，不管是否发生，均不调整。

三、门窗扇拆修安定额中已综合考虑了损坏部件需新添的材料的比例，实际整修中不论损坏部分的比例如何，一律执行本定额，不另调整。

四、门窗扇的制作与安装定额中只包括门窗扇本身所用的主要材料，不包括附件及饰件材料，如需安装附件，可按相应附件定额执行，如安装饰件只加相应的饰件材料费而不增加人工费。

五、本章各项定额中，除注明带有雕刻的外，其余一律不做雕刻，但包括简易的企边、企线。

六、板门的制作与安装包括拼缝穿楅，安拉环、门钹及门钉。

七、格子门扇子目均不含格眼。

八、格子门格眼及窗扇均以一层为准，若为两层格眼定额乘以系数 2。

九、格子门格眼拆修安定额以单层格眼为准，其单扇门窗的格心棂条损坏量超过 40% 的，按格心制作与安装定额执行。

十、门窗心屉有无仔边，定额均不做调整。

十一、障日格眼按照相应门扇格眼执行定额，若单扇格眼面积小于 $0.5m^2$，相应子目定额乘以系数 1.2。

十二、叉子、钩阑的拆除、整修包含望柱，制作与安装不包括望柱在内。

十三、本章定额子目中未列方格子窗、截间格子，发生时按照方格子门相应子目定额执行。

十四、本章定额子目中未列乌头门挟门柱、抢柱的拆除、整修，工程中发生时按照本定额大木作中相应子目定额执行。

十五、坐凳面需安装拉接铁件，执行木构件及木基层中的相应定额。

十六、天花贴梁执行天花支条定额。

十七、本章定额子目中未列藻井的算桯枋、普拍枋、随瓣枋，工程中发生时按照本定额大木作中相应子目定额执行。

十八、木刻字可按下表补充消耗量另行计算。

木刻字补充消耗量表 单位：10 个

字体大小（高度）（cm）		2	3	4	5	6	7	8
人工	阴刻	0.188 3	0.207 2	0.225 4	0.245 0	0.263 2	0.301 0	0.376 6
	阳刻	0.150 5	0.188 3	0.207 2	0.226 1	0.245 0	0.263 2	0.301 0
字体大小（高度）（cm）		10	12	15	18	20	25	30
人工	阴刻	0.564 9	0.677 6	1.053 5	1.317 4	1.505 7	1.693 3	2.258 2
	阳刻	0.489 3	0.564 9	0.865 9	1.129 1	1.317 4	1.505 7	2.069 9

工程量计算规则

一、额颊、地栿、榑柱、立颊、顺身串、心柱、鸡栖木、地栿板、挟门柱、抢柱、榼鏁柱、门关、难子、槛面板、寻杖、槏柱、阳马、板帐腰串、槛、通连楹、门栊等按长度以"m"计算,其中额颊、地栿、顺身串、槛、通连楹、门栊等长随间宽者两端量至柱中,乌头门额伸出柱外者两端量至端头,阳马按展开实际长度计算,其他部件以净长度计算。

二、槛框拆钉铜皮、拆换铜皮、包钉铜皮均按展开面积计算,其中框按净长计算,槛按露明长计算。

三、各种门扇、窗扇、格眼、板帐心板、照壁屏风骨、门头板、余塞板等按面积以"m^2"计算工程量,具体计算方法如下:

1. 凡有肘板的门扇(以肘板宽度为准的门扇)按门扇的净高乘以净宽计算面积。

2. 凡以桯宽度为准的门扇均以桯外围高乘以宽度计算面积。

3. 凡在额、地栿、立颊、榑柱内直接安装板心、格眼的,均以额颊、榑柱、地栿四周内线之净长与净宽计算面积。

4. 凡在子桯内安装格眼的,均以子桯外围尺寸计算面积。

四、窗榻板、坐凳面均按柱中至柱中长度(扣除出入口处长度)乘以宽的面积计算,坐凳出入口处的膝盖腿面积应计算在内。

五、帘架大框按边框外围面积计算,其下边以地面上皮为准。

六、筒子板侧板按垂直投影面积计算,顶板按水平投影面积计算。

七、过木按图示尺寸以体积计算,长度无图示者按洞口宽度乘以系数1.4。

八、坐凳楣子、倒挂楣子按边抹外围面积计算,坐凳楣子腿、白菜头等边框延伸部分均不计算面积。

九、栈板墙、护墙板、隔墙板均按垂直投影面积计算,扣除门窗洞口所占面积。

十、平棋的拆除、整修按主墙间面积计算,不扣除柱、梁栿、枋所占面积。

十一、桯、楅、平棋吊杆、平棋枋按照其实际长度以"m"计算。

十二、背板、斗槽板、压厦板按面积以"m^2"计算工程量,其中藻井中的背板按展开面积计算。

十三、帽儿梁按最大截面面积乘以梁架中心线至中心线长度按体积计算。

十四、天花支条、天花贴梁以井口枋里口面阔、进深长度乘以分井路数按长度计算。

十五、天棚按主墙间面积计算,不扣柱、梁、枋所占面积。

十六、叉子、钩阑面积按寻杖上皮至地栿上皮高乘以望柱内皮至望柱内皮长计算面积。

十七、卧立柣、门砧、门簪、门栓、伏兔、铁桶子、铁锌臼、铁鹅台、铁钏子、日月板、乌头阀阅柱帽、托柱、斗子鹅项柱、明镜、枨杆均按"个"计算。

十八、望柱按柱身截面面积乘以全高的体积以"m^3"计算。

第一节　拆　　除

一、额颊、地栿类

工作内容：检查，记录，拆掉，分类整理，码放及防火、防潮处理，妥善保管。

定额编号			7-1	7-2	7-3	7-4	7-5	7-6
项　目			额颊、地栿、槫柱、立颊、顺身串、心柱、鸡栖木（宽）上槛、中槛、下槛、风槛、抱框（柱）、腰枋、通连楹（厚度）		泥道板、照壁板、障日板、障水板、门头板、余塞板	窗榻板	帘架大框	筒子板
			拆除		拆除			
			10cm 以内	10cm 以外				
计量单位			m		m^2			
基价（元）			**3.78**	**4.73**	**6.75**	**7.97**	**2.84**	**5.67**
其中	人工费（元）		3.78	4.73	6.75	7.97	2.84	5.67
	材料费（元）		—	—	—	—	—	—
	机械费（元）		—	—	—	—	—	—
名　称	单位	单价（元）	消　耗　量					
人工　二类人工	工日	135.00	0.028	0.035	0.050	0.059	0.021	0.042

二、门　扇　类

工作内容：检查，记录，拆掉，分类整理，码放及防火、防潮处理，妥善保管。　　　**计量单位：**m^2

定额编号			7-7	7-8	7-9	7-10
项　目			板门门扇拆除（肘板宽）		牙头护缝合板软门门扇拆除（肘板宽）	
			10cm 以内	10cm 以外	10cm 以内	10cm 以外
基价（元）			**14.18**	**18.90**	**32.13**	**43.47**
其中	人工费（元）		14.18	18.90	32.13	43.47
	材料费（元）		—	—	—	—
	机械费（元）		—	—	—	—
名　称	单位	单价（元）	消　耗　量			
人工　二类人工	工日	135.00	0.105	0.140	0.238	0.322

工作内容:检查,记录,拆掉,分类整理,码放及防火、防潮处理,妥善保管。

定额编号				7-11	7-12	7-13	7-14
项目				两程三串乌头门门扇拆除(肘板宽)		日月板	乌头阀阅(柱帽)
				10cm 以内	10cm 以外	拆除	
计量单位				m^2		个	
基价(元)				**24.57**	**47.25**	**6.62**	**7.56**
其中	人工费(元)			24.57	47.25	6.62	7.56
	材料费(元)			—	—	—	—
	机械费(元)			—	—	—	—
名称		单位	单价(元)	消耗量			
人工	二类人工	工日	135.00	0.182	0.350	0.049	0.056

工作内容:检查,记录,拆掉,分类整理,码放及防火、防潮处理,妥善保管。　　**计量单位:**m^2

定额编号				7-15	7-16	7-17
项目				门扇拆除		
				实榻大门	撒带大门、攒边门	屏门
基价(元)				**9.45**	**6.62**	**4.73**
其中	人工费(元)			9.45	6.62	4.73
	材料费(元)			—	—	—
	机械费(元)			—	—	—
名称		单位	单价(元)	消耗量		
人工	二类人工	工日	135.00	0.070	0.049	0.035

工作内容：检查，记录，拆掉，分类整理，码放及防火、防潮处理，妥善保管。　　计量单位：m^2

定额编号				7-18	7-19	7-20	7-21	7-22	7-23
项　目				两程一串格子门扇（程宽）			两程两串格子门扇（程宽）		
				拆除					
				8cm以内	10cm以内	10cm以外	8cm以内	10cm以内	10cm以外
基价（元）				**52.92**	**56.70**	**61.43**	**53.87**	**57.65**	**62.37**
其中	人工费（元）			52.92	56.70	61.43	53.87	57.65	62.37
	材料费（元）			—	—	—	—	—	—
	机械费（元）			—	—	—	—	—	—
名　称		单位	单价（元）	消　耗　量					
人工	二类人工	工日	135.00	0.392	0.420	0.455	0.399	0.427	0.462

工作内容：检查，记录，拆掉，分类整理，码放及防火、防潮处理，妥善保管。　　计量单位：m^2

定额编号				7-24
项　目				格子门格眼
				拆除
基价（元）				**103.95**
其中	人工费（元）			103.95
	材料费（元）			—
	机械费（元）			—
名　称		单位	单价（元）	消　耗　量
人工	二类人工	工日	135.00	0.770

三、窗　　类

工作内容:检查,记录,拆掉,分类整理,码放及防火、防潮处理,妥善保管。　　**计量单位**:m^2

定额编号				7-25	7-26	7-27	7-28
项　目				破子棂窗、板棂窗	睒电窗	隔扇、槛窗	支摘窗扇
				拆除			
基价(元)				**34.02**	**33.08**	**5.67**	**4.73**
其中	人工费(元)			34.02	33.08	5.67	4.73
	材料费(元)			—	—	—	—
	机械费(元)			—	—	—	—
名　称		单位	单价(元)	消　耗　量			
人工	二类人工	工日	135.00	0.252	0.245	0.042	0.035

工作内容:检查,记录,拆掉,分类整理,码放及防火、防潮处理,妥善保管。

定额编号				7-29	7-30	7-31	7-32
项　目				阑槛钩窗坐凳			
				托柱	斗子鹅项柱	槛面板	寻杖
				拆除			
计量单位				个		m	
基价(元)				**7.56**	**10.40**	**6.62**	**4.73**
其中	人工费(元)			7.56	10.40	6.62	4.73
	材料费(元)			—	—	—	—
	机械费(元)			—	—	—	—
名　称		单位	单价(元)	消　耗　量			
人工	二类人工	工日	135.00	0.056	0.077	0.049	0.035

四、室内隔断类

工作内容：检查，记录，拆掉，分类整理，码放及防火、防潮处理，妥善保管。

定额编号				7-33	7-34	7-35	7-36	7-37	7-38
项　目				槺柱	截间板帐心板	照壁屏风骨		栈板墙	木护墙、壁板
						启闭式	固定式		
				拆除					
计量单位				m	m²				
基价（元）				**4.73**	**18.90**	**33.08**	**47.25**	**4.73**	**3.78**
其中	人工费（元）			4.73	18.90	33.08	47.25	4.73	3.78
	材料费（元）			—	—	—	—	—	—
	机械费（元）			—	—	—	—	—	—
名　称		单位	单价（元）	消　耗　量					
人工	二类人工	工日	135.00	0.035	0.140	0.245	0.350	0.035	0.028

五、平棋、藻井

工作内容：检查，记录，拆掉，分类整理，码放及防火、防潮处理，妥善保管。

定额编号				7-39	7-40	7-41	7-42	7-43	7-44
项　目				平棋	天花井口板拆除（见方）				
				拆除	60cm以内	70cm以内	80cm以内	100cm以内	120cm以内
计量单位				m²	块				
基价（元）				**28.35**	**3.78**	**4.73**	**5.67**	**7.56**	**10.40**
其中	人工费（元）			28.35	3.78	4.73	5.67	7.56	10.40
	材料费（元）			—	—	—	—	—	—
	机械费（元）			—	—	—	—	—	—
名　称		单位	单价（元）	消　耗　量					
人工	二类人工	工日	135.00	0.210	0.028	0.035	0.042	0.056	0.077

工作内容:检查,记录,拆掉,分类整理,码放及防火、防潮处理,妥善保管。

定额编号				7-45	7-46	7-47
项　目				天花支条、贴梁拆除(条宽)		木顶格白樘箅子
				12cm以内	18cm以内	拆除
计量单位				m		m^2
基价(元)				**4.73**	**5.67**	**2.84**
其中	人工费(元)			4.73	5.67	2.84
	材料费(元)			—	—	—
	机械费(元)			—	—	—
名　称		单位	单价(元)	消　耗　量		
人工	二类人工	工日	135.00	0.035	0.042	0.021

工作内容:检查,记录,拆掉,分类整理,码放及防火、防潮处理,妥善保管。

定额编号				7-48	7-49	7-50
项　目				帽儿梁		仿井口天花(胶合板天棚)
				拆除(径)		
				30cm以内	30cm以外	拆除
计量单位				m^3		m^2
基价(元)				**124.74**	**97.47**	**3.78**
其中	人工费(元)			124.74	97.47	3.78
	材料费(元)			—	—	—
	机械费(元)			—	—	—
名　称		单位	单价(元)	消　耗　量		
人工	二类人工	工日	135.00	0.924	0.722	0.028

工作内容：检查，记录，拆掉，分类整理，码放及防火、防潮处理，妥善保管。

定额编号				7-51	7-52	7-53	7-54	7-55
项　目				藻井				
				斗槽板、压厦板	背板	阳马	明镜	枨杆
				拆除				
计量单位				m^2		m	个	
基价（元）				**18.90**	**7.56**	**6.62**	**20.79**	**28.35**
其中	人工费（元）			18.90	7.56	6.62	20.79	28.35
	材料费（元）			—	—	—	—	—
	机械费（元）			—	—	—	—	—
名　称		单位	单价（元）	消　耗　量				
人工	二类人工	工日	135.00	0.140	0.056	0.049	0.154	0.210

六、室外障隔类

工作内容：检查，记录，拆掉，分类整理，码放及防火、防潮处理，妥善保管。　　计量单位：m^2

定额编号				7-56	7-57	7-58	7-59	7-60	7-61
项　目				叉子	卧棂造钩阑、万字、钩片单钩造钩阑	重台钩阑	坐凳、倒挂楣子	坐凳面	栏杆
				拆除					
基价（元）				**11.34**	**28.35**	**33.08**	**4.73**	**6.75**	**6.75**
其中	人工费（元）			11.34	28.35	33.08	4.73	6.75	6.75
	材料费（元）			—	—	—	—	—	—
	机械费（元）			—	—	—	—	—	—
名　称		单位	单价（元）	消　耗　量					
人工	二类人工	工日	135.00	0.084	0.210	0.245	0.035	0.050	0.050

第二节　整　　修

一、额颊、地栿类

工作内容:拆下、修理榫卯、刮刨、校正、加楔、重新安装。　　计量单位:m

定额编号				7-62	7-63
项　目				额颊、地栿、槫柱、立颊、顺身串、心柱、鸡栖木(宽)上槛、中槛、下槛、风槛、抱框(柱)、腰枋、通连楹(厚度)	
				拆修安	
				10cm 以内	10cm 以外
基价(元)				**27.86**	**32.20**
其中	人工费(元)			26.04	30.38
	材料费(元)			1.82	1.82
	机械费(元)			—	—
名　称		单位	单价(元)	消　耗　量	
人工	三类人工	工日	155.00	0.168	0.196
材料	杉板枋材	m^3	1 625.00	0.001	0.001
	乳胶	kg	5.60	0.020	0.020
	圆钉	kg	4.74	0.010	0.010
	其他材料费	元	1.00	0.04	0.04

工作内容：拆下、修理榫卯、刮刨、校正、加楔、重新安装。

定额编号				7-64	7-65	7-66
项　目				卧立柣、金刚腿	地栿板、门限（高度）	
				拆修安	拆修安	
					30cm 以内	30cm 以外
计量单位				个	m	
基价（元）				**30.62**	**27.19**	**31.53**
其中	人工费（元）			17.36	23.87	28.21
	材料费（元）			13.26	3.32	3.32
	机械费（元）			—	—	—
名　称		单位	单价（元）	消　耗　量		
人工	三类人工	工日	155.00	0.112	0.154	0.182
材料	杉板枋材	m^3	1 625.00	0.008	0.002	0.002
	其他材料费	元	1.00	0.26	0.07	0.07

工作内容：1. 拆钉铜皮包括拆下铜皮、清理基层、平复铜皮、重新钉装。
2. 拆换铜皮包括拆除铜皮、裁制铜皮、打眼加钉、钉装、安装。

计量单位：m^2

定额编号				7-67	7-68
项　目				槛框	
				拆钉铜皮	拆换铜皮
基价（元）				**78.10**	**772.05**
其中	人工费（元）			18.45	84.63
	材料费（元）			59.65	687.42
	机械费（元）			—	—
名　称		单位	单价（元）	消　耗　量	
人工	三类人工	工日	155.00	0.119	0.546
材料	黄铜板 综合	kg	50.43	—	11.827
	半圆头铜螺钉带螺母 M4 × 10	套	2.76	21.400	30.500
	其他材料费	元	1.00	0.59	6.81

工作内容:拆下、修理榫卯、刮刨、校正、加楔、重新安装。　　**计量单位:**m^2

定额编号				7-69	7-70	7-71	7-72	7-73
项　目				泥道板、照壁板、障日板、障水板、门头板、余塞板	窗榻板(厚度)		帘架大框	筒子板
					拆修安		拆修安	
				拆修安	6cm 以内	每增厚 1cm		
基价(元)				**39.53**	**28.95**	**3.26**	**7.43**	**75.36**
其中	人工费(元)			32.55	26.04	3.26	6.51	65.10
	材料费(元)			6.98	2.91	—	0.92	10.26
	机械费(元)			—	—	—	—	—
名　称		单位	单价(元)	消　耗　量				
人工	三类人工	工日	155.00	0.210	0.168	0.021	0.042	0.420
材料	杉板枋材	m^3	1 625.00	0.003	0.001	—	—	0.004
	圆钉	kg	4.74	0.120	0.260	—	0.030	0.080
	乳胶	kg	5.60	0.250	—	—	—	0.030
	铁件 综合	kg	6.90	—	—	—	0.110	—
	木砖	m^3	925.00	—	—	—	—	0.001
	石油沥青油毡 综合	m^2	1.90	—	—	—	—	1.100
	其他材料费	元	1.00	0.14	0.06	—	0.02	0.20

二、门　扇　类

工作内容：拆下解体、修理榫卯、刮刨、校正、更换破损木件、加楔、组装、安装。　　计量单位：m^2

定额编号				7-74	7-75	7-76	7-77	7-78	7-79
项　目				板门门扇拆修安（肘板宽）					
				8cm以内	10cm以内	14cm以内	18cm以内	22cm以内	24cm以内
基价（元）				**101.56**	**121.56**	**146.07**	**161.84**	**183.56**	**199.55**
其中	人工费（元）			65.10	72.70	82.46	86.80	92.23	99.82
	材料费（元）			36.46	48.86	63.61	75.04	91.33	99.73
	机械费（元）			—	—	—	—	—	—
名　称		单位	单价（元）	消　耗　量					
人工	三类人工	工日	155.00	0.420	0.469	0.532	0.560	0.595	0.644
材料	杉板枋材	m^3	1 625.00	0.019	0.026	0.034	0.040	0.048	0.052
	乳胶	kg	5.60	0.870	1.010	1.270	1.530	2.060	2.370
	其他材料费	元	1.00	0.71	0.96	1.25	1.47	1.79	1.96

工作内容：拆下解体、修理榫卯、刮刨、校正、更换破损木件、加楔、组装、安装。　　计量单位：m^2

定额编号				7-80	7-81	7-82	7-83	7-84
项　目				两程三串乌头门门扇拆修安（肘板宽）				
				10cm以内	14cm以内	18cm以内	22cm以内	24cm以内
基价（元）				**128.92**	**146.51**	**155.36**	**194.05**	**217.07**
其中	人工费（元）			92.23	99.82	108.50	117.18	130.20
	材料费（元）			36.69	46.69	46.86	76.87	86.87
	机械费（元）			—	—	—	—	—
名　称		单位	单价（元）	消　耗　量				
人工	三类人工	工日	155.00	0.595	0.644	0.700	0.756	0.840
材料	杉板枋材	m^3	1 625.00	0.020	0.026	0.026	0.044	0.050
	乳胶	kg	5.60	0.620	0.630	0.660	0.690	0.700
	其他材料费	元	1.00	0.72	0.92	0.92	1.51	1.70

工作内容:拆下、修理榫卯、刨刨、校正、加楔、补钉、紧固、重新安装。　　计量单位:个

定额编号				7-85	7-86
项　目				日月板	乌头阀阅(柱帽)
				拆修安	
基价(元)				**101.95**	**201.37**
其中	人工费(元)			93.31	130.20
	材料费(元)			8.64	71.17
	机械费(元)			—	—
名　称		单位	单价(元)	消　耗　量	
人工	三类人工	工日	155.00	0.602	0.840
材料	杉板枋材	m^3	1 625.00	0.004	0.042
	圆钉	kg	4.74	0.120	0.050
	乳胶	kg	5.60	0.250	0.230
	其他材料费	元	1.00	0.17	1.40

工作内容:拆下解体、修理榫卯、刨刨、校正、更换破损木件、加楔、组装、安装。　　计量单位:m^2

定额编号				7-87	7-88	7-89	7-90
项　目				两程两串牙头护缝软门门扇拆修安(肘板宽)		牙头护缝合板软门门扇拆修安(肘板宽)	
				10cm 以内	10cm 以外	10cm 以内	10cm 以外
基价(元)				**203.68**	**234.30**	**202.43**	**237.28**
其中	人工费(元)			141.05	156.24	144.31	160.58
	材料费(元)			62.63	78.06	58.12	76.70
	机械费(元)			—	—	—	—
名　称		单位	单价(元)	消　耗　量			
人工	三类人工	工日	155.00	0.910	1.008	0.931	1.036
材料	杉板枋材	m^3	1 625.00	0.028	0.037	0.029	0.040
	乳胶	kg	5.60	2.840	2.930	1.760	1.820
	其他材料费	元	1.00	1.23	1.53	1.14	1.50

工作内容：拆下解体、修理榫卯、刮刨、校正、更换破损木件、加楔、组装、安装。 计量单位：m²

定额编号				7-91	7-92	7-93	7-94	7-95	7-96
项目				门扇拆修安					
				实榻大门（厚度）		撒带大门（边厚）		攒边门（边厚）	
				8cm	每增1cm	8cm	每增1cm	6cm	每增1cm
基价（元）				**222.25**	**14.95**	**124.95**	**12.67**	**144.31**	**7.21**
其中	人工费（元）			182.28	13.02	91.14	10.85	130.20	5.43
	材料费（元）			39.97	1.93	33.81	1.82	14.11	1.78
	机械费（元）			—	—	—	—	—	—
名称		单位	单价（元）	消耗量					
人工	三类人工	工日	155.00	1.176	0.084	0.588	0.070	0.840	0.035
材料	杉板枋材	m³	1 625.00	0.020	0.001	0.017	0.001	0.007	0.001
	乳胶	kg	5.60	1.000	0.010	0.800	0.010	0.300	0.003
	圆钉	kg	4.74	0.010	—	—	—	0.010	—
	自制小五金	kg	10.43	0.100	0.020	0.100	0.010	0.070	0.010
	其他材料费	元	1.00	0.78	0.04	0.66	0.04	0.28	0.03

工作内容：拆下解体、修理榫卯、刮刨、校正、更换破损木件、加楔、组装、安装。 计量单位：m²

定额编号				7-97	7-98
项目				屏门扇拆修安（厚度）	
				2.5cm	每增 0.5cm
基价（元）				**77.96**	**4.92**
其中	人工费（元）			65.10	3.26
	材料费（元）			12.86	1.66
	机械费（元）			—	—
名称		单位	单价（元）	消耗量	
人工	三类人工	工日	155.00	0.420	0.021
材料	杉板枋材	m³	1 625.00	0.005	0.001
	乳胶	kg	5.60	0.200	—
	圆钉	kg	4.74	0.050	—
	自制小五金	kg	10.43	0.300	—
	其他材料费	元	1.00	0.25	0.03

工作内容:拆下解体、修理榫卯、刮刨、校正、更换破损木件、加楔、组装、安装。 **计量单位**:m^2

定额编号				7-99	7-100	7-101	7-102
项目				两程一串格子门扇(程宽)		两程两串格子门扇(程宽)	
				拆修安			
				10cm 以内	10cm 以外	10cm 以内	10cm 以外
基价(元)				**360.71**	**636.86**	**385.66**	**409.18**
其中	人工费(元)			333.10	347.20	358.05	379.75
	材料费(元)			27.61	289.66	27.61	29.43
	机械费(元)			—	—	—	—
名称		单位	单价(元)	消耗量			
人工	三类人工	工日	155.00	2.149	2.240	2.310	2.450
材料	杉板枋材	m^3	1 625.00	0.016	0.174	0.016	0.017
	乳胶	kg	5.60	0.190	0.220	0.190	0.220
	其他材料费	元	1.00	0.54	5.68	0.54	0.58

工作内容:拆下解体、修理榫卯、刮刨、校正、更换破损木件、加楔、组装、安装。 **计量单位**:m^2

定额编号				7-103	7-104	7-105
项目				格子门格眼	破子棂窗	板棂窗、睒电窗
				拆修安		
基价(元)				**488.05**	**213.52**	**159.40**
其中	人工费(元)			455.70	144.31	136.71
	材料费(元)			32.35	69.21	22.69
	机械费(元)			—	—	—
名称		单位	单价(元)	消耗量		
人工	三类人工	工日	155.00	2.940	0.931	0.882
材料	杉板枋材	m^3	1 625.00	0.019	0.041	0.013
	乳胶	kg	5.60	0.150	0.220	0.200
	其他材料费	元	1.00	0.63	1.36	0.44

三、窗　　类

工作内容：1. 拆安包括拆下、刮刨、校正、加楔、补钉、紧固、重新安装。

2. 拆修安包括拆下解体、修理榫卯、刮刨、校正、更换破损木件、加楔、组装、安装。

计量单位：m^2

定额编号				7-106	7-107	7-108	7-109	7-110
项　目				隔扇、槛窗	隔扇拆修安（边抹看面宽度）		槛窗拆修安（边抹看面宽度）	
				拆安	7.5cm以内	7.5cm以外	7.5cm以内	7.5cm以外
基价（元）				**34.91**	**147.20**	**133.35**	**116.52**	**100.50**
其中	人工费（元）			32.55	117.18	91.14	91.14	65.10
	材料费（元）			2.36	30.02	42.21	25.38	35.40
	机械费（元）			—	—	—	—	—
名　称		单位	单价（元）	消　耗　量				
人工	三类人工	工日	155.00	0.210	0.756	0.588	0.588	0.420
材料	杉板枋材	m^3	1 625.00	0.001	0.017	0.025	0.014	0.021
	乳胶	kg	5.60	0.050	0.090	0.090	0.040	0.040
	圆钉	kg	4.74	0.020	0.010	0.010	0.010	0.010
	自制小五金	kg	10.43	0.030	0.110	0.020	0.170	0.030
	木螺钉	100个	1.81	—	0.060	—	0.050	—
	其他材料费	元	1.00	0.05	0.59	0.83	0.50	0.69

工作内容: 1. 拆安包括拆下、刮刨、校正、加楔、补钉、紧固、重新安装。

2. 拆修安包括拆下解体、修理榫卯、刮刨、校正、更换破损木件、加楔、组装、安装。　　**计量单位:** m^2

定额编号				7-111	7-112
项　目				支摘窗扇	
				拆安	拆修安
基价(元)				**29.55**	**71.69**
其中	人工费(元)			26.04	52.08
	材料费(元)			3.51	19.61
	机械费(元)			—	—
名　称		单位	单价(元)	消　耗　量	
人工	三类人工	工日	155.00	0.168	0.336
材料	杉板枋材	m^3	1 625.00	0.001	0.009
	乳胶	kg	5.60	0.050	0.100
	圆钉	kg	4.74	—	0.060
	自制小五金	kg	10.43	0.130	0.360
	木螺钉	100 个	1.81	0.100	—
	其他材料费	元	1.00	0.07	0.38

工作内容: 拆下解体、修理榫卯、刮刨、校正、更换破损木件、加楔、组装、安装。

定额编号				7-113	7-114	7-115	7-116
项　目				阑槛钩窗坐凳			
				托柱	斗子鹅项柱	槛面板	寻杖
				拆修安			
计量单位				个		m	
基价(元)				**22.90**	**57.62**	**33.75**	**12.91**
其中	人工费(元)			17.36	52.08	28.21	10.85
	材料费(元)			5.54	5.54	5.54	2.06
	机械费(元)			—	—	—	—
名　称		单位	单价(元)	消　耗　量			
人工	三类人工	工日	155.00	0.112	0.336	0.182	0.070
材料	杉板枋材	m^3	1 625.00	0.003	0.003	0.003	0.001
	乳胶	kg	5.60	0.100	0.100	0.100	0.070
	其他材料费	元	1.00	0.11	0.11	0.11	0.04

工作内容：1. 拆下解体、修配仔边棂条、重新组装成型、安装。

2. 单独添配菱花扣包括将旧菱花扣拆下、添配新菱花扣。

定额编号					7-117	7-118	7-119	7-120	7-121
项目					菱花心屉补换棂条				单独添配菱花扣
					三交六椀（棂条厚度）		双交四椀（棂条厚度）		
					3.0cm以内	3.0cm以外	3.0cm以内	3.0cm以外	
计量单位					m^2				100个
基价（元）					**463.91**	**444.50**	**326.79**	**318.98**	**305.85**
其中	人工费（元）				416.64	390.60	286.44	260.40	285.20
	材料费（元）				47.27	53.90	40.35	58.58	20.65
	机械费（元）				—	—	—	—	—
名称		单位	单价（元）		消耗量				
人工	三类人工	工日	155.00		2.688	2.520	1.848	1.680	1.840
材料	杉板枋材	m^3	1 625.00		0.028	0.032	0.024	0.035	0.012
	乳胶	kg	5.60		0.150	0.150	0.100	0.100	0.100
	圆钉	kg	4.74		—	—	—	—	0.040
	其他材料费	元	1.00		0.93	1.06	0.79	1.15	0.40

工作内容：拆下解体、修配仔边棂条、重新组装成型、安装。 计量单位：m^2

定额编号				7-122	7-123	7-124	7-125
项目				方格、步步紧、盘肠、拐子、套方、正万字心屉补换棂条		斜万字、冰裂纹、龟背锦、直棂条福寿心屉补换棂条	
				棂条宽度			
				1.5cm以内	1.5cm以外	1.5cm以内	1.5cm以外
基价（元）				**166.66**	**129.37**	**231.76**	**183.10**
其中	人工费（元）			156.24	117.18	221.34	169.26
	材料费（元）			10.42	12.19	10.42	13.84
	机械费（元）			—	—	—	—
名称		单位	单价（元）	消耗量			
人工	三类人工	工日	155.00	1.008	0.756	1.428	1.092
材料	杉板枋材	m^3	1 625.00	0.006	0.007	0.006	0.008
	乳胶	kg	5.60	0.050	0.060	0.050	0.060
	圆钉	kg	4.74	0.040	0.050	0.040	0.050
	其他材料费	元	1.00	0.20	0.24	0.20	0.27

四、室内隔断类

工作内容:拆下解体、修理、刮刨、校正、更换破损木件、加楔、组装、安装。

<table>
<tr><td colspan="4">定额编号</td><td>7-126</td><td>7-127</td><td>7-128</td><td>7-129</td></tr>
<tr><td colspan="4" rowspan="3">项　目</td><td>槺柱</td><td>截间板
帐心板</td><td colspan="2">照壁屏风骨</td></tr>
<tr><td colspan="2" rowspan="2">拆修安</td><td>启闭式</td><td>固定式</td></tr>
<tr><td colspan="2">拆修安</td></tr>
<tr><td colspan="4">计量单位</td><td>10m</td><td colspan="3">m²</td></tr>
<tr><td colspan="4">基价(元)</td><td>22.28</td><td>152.08</td><td>264.68</td><td>290.26</td></tr>
<tr><td rowspan="3">其中</td><td colspan="3">人工费(元)</td><td>16.28</td><td>143.22</td><td>209.41</td><td>233.28</td></tr>
<tr><td colspan="3">材料费(元)</td><td>6.00</td><td>8.86</td><td>55.27</td><td>56.98</td></tr>
<tr><td colspan="3">机械费(元)</td><td>—</td><td>—</td><td>—</td><td>—</td></tr>
<tr><td colspan="2">名　称</td><td>单位</td><td>单价(元)</td><td colspan="4">消　耗　量</td></tr>
<tr><td>人工</td><td>三类人工</td><td>工日</td><td>155.00</td><td>0.105</td><td>0.924</td><td>1.351</td><td>1.505</td></tr>
<tr><td rowspan="4">材料</td><td>杉板枋材</td><td>m³</td><td>1 625.00</td><td>0.002</td><td>0.005</td><td>0.031</td><td>0.031</td></tr>
<tr><td>乳胶</td><td>kg</td><td>5.60</td><td>0.300</td><td>0.100</td><td>0.680</td><td>0.980</td></tr>
<tr><td>圆钉</td><td>kg</td><td>4.74</td><td>0.200</td><td>—</td><td>—</td><td>—</td></tr>
<tr><td>其他材料费</td><td>元</td><td>1.00</td><td>0.12</td><td>0.17</td><td>1.08</td><td>1.12</td></tr>
</table>

工作内容： 1. 单独补换压缝引条包括选料、下料、裁木条。

2. 补换面板包括拆除、选料、画线、制作成型、安装。

定额编号				7-130	7-131	7-132	7-133
项　目				栈板墙		木护墙、壁板	
				单独补换压缝引条（条宽）		补换面板	
				4cm 以内	6cm 以内	板厚 2cm	每增厚 0.5cm
计量单位				m		m^2	
基价（元）				**18.27**	**25.58**	**102.15**	**14.02**
其中	人工费（元）			12.56	14.26	45.57	2.64
	材料费（元）			5.71	11.32	56.58	11.38
	机械费（元）			—	—	—	—
名　称		单位	单价（元）	消　耗　量			
人工	三类人工	工日	155.00	0.081	0.092	0.294	0.017
材料	门窗杉板	m^3	1 810.00	0.003	0.006	0.030	0.006
	圆钉	kg	4.74	0.035	0.050	0.200	0.050
	乳胶	kg	5.60	—	—	0.040	0.010
	其他材料费	元	1.00	0.11	0.22	1.11	0.22

五、平棋、藻井

工作内容: 1. 拆修安包括拆下解体、整修、校正、更换破损木件、加楔、组装、安装。
2. 加固包括塌陷部位的支顶加固。
3. 补换压条包括制作压缝条、安装。

定额编号				7-134	7-135	7-136	7-137	7-138
项目				平棋	井口天花室内高在4.5m以内	仿井口天花(胶合板天棚)		木顶格白樘箅子
				拆修安	加固		补换压条	拆修安
计量单位				m^2			m	m^2
基价(元)				**211.54**	**20.60**	**15.99**	**19.68**	**43.92**
其中	人工费(元)			184.45	13.02	10.85	13.02	26.04
	材料费(元)			27.09	7.58	5.14	6.66	17.88
	机械费(元)			—	—	—	—	—
名称		单位	单价(元)	消耗量				
人工	三类人工	工日	155.00	1.190	0.084	0.070	0.084	0.168
材料	乳胶	kg	5.60	0.100	—	—	—	0.080
	杉板枋材	m^3	1 625.00	0.016	0.004	0.003	0.004	0.006
	铁件 综合	kg	6.90	—	0.100	—	—	—
	门窗杉板	m^3	1 810.00	—	—	—	—	0.004
	圆钉	kg	4.74	—	0.050	0.035	0.006	0.020
	其他材料费	元	1.00	0.53	0.15	0.10	0.13	0.35

工作内容：拆下解体、补配穿带、组装、重新安装。　　计量单位：块

定额编号				7-139	7-140	7-141	7-142	7-143
项　目				天花井口板拆修安（见方）				
				60cm以内	70cm以内	80cm以内	100cm以内	120cm以内
基价（元）				**24.53**	**29.92**	**36.59**	**52.79**	**70.86**
其中	人工费（元）			20.77	26.04	32.55	46.81	62.93
	材料费（元）			3.76	3.88	4.04	5.98	7.93
	机械费（元）			—	—	—	—	—
名　称		单位	单价（元）	消　耗　量				
人工	三类人工	工日	155.00	0.134	0.168	0.210	0.302	0.406
材料	杉板枋材	m^3	1 625.00	0.002	0.002	0.002	0.003	0.004
	乳胶	kg	5.60	0.070	0.090	0.110	0.160	0.210
	圆钉	kg	4.74	0.010	0.010	0.020	0.020	0.020
	其他材料费	元	1.00	0.07	0.08	0.08	0.12	0.16

工作内容：拆下解体、修理、校正、更换破损木件、加楔、组装、安装。

定额编号				7-144	7-145	7-146	7-147	7-148	7-149
项　目				藻井					
				斗槽板	压厦板	背板	阳马	明镜	枨杆
				拆修安					
计量单位				m^2			个		
基价（元）				**170.84**	**161.01**	**40.57**	**23.54**	**146.40**	**263.13**
其中	人工费（元）			125.86	119.35	13.02	13.02	103.08	132.37
	材料费（元）			44.98	41.66	27.55	10.52	43.32	130.76
	机械费（元）			—	—	—	—	—	—
名　称		单位	单价（元）	消　耗　量					
人工	三类人工	工日	155.00	0.812	0.770	0.084	0.084	0.665	0.854
材料	杉板枋材	m^3	1 625.00	0.023	0.021	0.016	0.006	0.022	0.072
	乳胶	kg	5.60	1.200	1.200	0.180	0.100	1.200	2.000
	其他材料费	元	1.00	0.88	0.82	0.54	0.21	0.85	2.56

六、室外障隔类

工作内容：拆下解体、修理、校正、更换破损木件、加楔、组装、安装。 **计量单位：**m^2

定额编号				7-150	7-151	7-152	7-153
项目				叉子	卧棂造钩阑	万字、钩片单钩造钩阑	重台钩阑
				拆修安			
基价（元）				**313.19**	**480.37**	**379.53**	**467.99**
其中	人工费（元）			277.76	353.71	368.90	455.70
	材料费（元）			35.43	126.66	10.63	12.29
	机械费（元）			—	—	—	—
名称		单位	单价（元）	消耗量			
人工	三类人工	工日	155.00	1.792	2.282	2.380	2.940
材料	杉板枋材	m^3	1 625.00	0.015	0.076	0.006	0.007
	乳胶	kg	5.60	1.850	0.120	0.120	0.120
	其他材料费	元	1.00	0.69	2.48	0.21	0.24

工作内容：拆下解体、修理、校正、更换破损木件、加楔、组装、安装。 **计量单位：**m^2

定额编号				7-154	7-155	7-156
项目				栏杆		
				寻杖栏杆	花栏杆	直档栏杆
				拆修安		
基价（元）				**822.83**	**391.46**	**153.27**
其中	人工费（元）			794.22	364.56	131.44
	材料费（元）			28.61	26.90	21.83
	机械费（元）			—	—	—
名称		单位	单价（元）	消耗量		
人工	三类人工	工日	155.00	5.124	2.352	0.848
材料	杉板枋材	m^3	1 625.00	0.016	0.015	0.012
	圆钉	kg	4.74	0.030	0.020	—
	铁件 综合	kg	6.90	0.250	0.250	0.250
	木螺钉	100个	1.81	0.100	0.100	0.100
	其他材料费	元	1.00	0.56	0.53	0.43

工作内容：准备工具、拆下解体、选料、下料、整修、校正、更换破损木件、加楔、组装、安装、场内运输及清理废弃物。

计量单位：m^2

定额编号				7-157	7-158	7-159	7-160
项目				坐凳、倒挂楣子拆修安		坐凳面	
				步步紧、灯笼框、盘肠、套方拐子、正万字	斜万字、龟背锦、冰裂纹、金线如意	拆修安（厚度）	
						4cm	每增厚 1cm
基价（元）				**330.71**	**397.47**	**29.01**	**3.09**
其中	人工费（元）			325.50	390.60	23.87	1.24
	材料费（元）			5.21	6.87	5.14	1.85
	机械费（元）			—	—	—	—
名称		单位	单价（元）	消耗量			
人工	三类人工	工日	155.00	2.100	2.520	0.154	0.008
材料	杉板枋材	m^3	1 625.00	0.003	0.004	—	—
	门窗杉板	m^3	1 810.00	—	—	0.002	0.001
	圆钉	kg	4.74	0.050	0.050	0.300	—
	其他材料费	元	1.00	0.10	0.13	0.10	0.04

工作内容：准备工具、检查记录损坏情况，刮刨、加楔、补钉、紧固、场内运输及清理废弃物。

计量单位：座

定额编号				7-161	7-162
项目				什锦窗检修（洞口面积）	
				$0.8m^2$ 以内	$0.8m^2$ 以外
基价（元）				**15.94**	**17.18**
其中	人工费（元）			10.85	11.94
	材料费（元）			5.09	5.24
	机械费（元）			—	—
名称		单位	单价（元）	消耗量	
人工	三类人工	工日	155.00	0.070	0.077
材料	杉板枋材	m^3	1 625.00	0.001	0.001
	圆钉	kg	4.74	0.120	0.150
	乳胶	kg	5.60	0.500	0.500
	其他材料费	元	1.00	0.10	0.10

第三节 制作安装

一、额颊、地栿类

工作内容:制作包括选料、截配料、刨光、画线、企口卯眼等制作成型全过程,安装包括组装等安装全过程。

计量单位:m

定额编号				7-163	7-164	7-165	7-166	7-167
项目				额颊、地栿、槫柱、立颊、顺身串、心柱、鸡栖木(宽度)				
				7cm以内	8cm以内	9cm以内	10cm以内	11cm以内
基价(元)				**40.87**	**49.60**	**59.43**	**68.16**	**86.71**
其中	人工费(元)			19.53	21.70	24.96	27.13	32.55
	材料费(元)			21.34	27.90	34.47	41.03	54.16
	机械费(元)			—	—	—	—	—
名称		单位	单价(元)	消耗量				
人工	三类人工	工日	155.00	0.126	0.140	0.161	0.175	0.210
材料	杉板枋材	m^3	1 625.00	0.013	0.017	0.021	0.025	0.033
	其他材料费	元	1.00	0.21	0.28	0.34	0.41	0.54

工作内容:制作包括选料、截配料、刨光、画线、企口卯眼等制作成型全过程,安装包括组装等安装全过程。

计量单位:m

定额编号				7-168	7-169	7-170	7-171	7-172	7-173
项目				额颊、地栿、槫柱、立颊、顺身串、心柱、鸡栖木(宽度)					
				13cm以内	15cm以内	17cm以内	19cm以内	21cm以内	23cm以内
基价(元)				**111.84**	**138.59**	**173.00**	**210.70**	**244.58**	**287.76**
其中	人工费(元)			37.98	43.40	49.91	56.42	60.76	66.19
	材料费(元)			73.86	95.19	123.09	154.28	183.82	221.57
	机械费(元)			—	—	—	—	—	—
名称		单位	单价(元)	消耗量					
人工	三类人工	工日	155.00	0.245	0.280	0.322	0.364	0.392	0.427
材料	杉板枋材	m^3	1 625.00	0.045	0.058	0.075	0.094	0.112	0.135
	其他材料费	元	1.00	0.73	0.94	1.22	1.53	1.82	2.19

工作内容：制作包括选料、截配料、刨光、画线、企口卯眼等制作成型全过程，安装包括组装等安装全过程。

定额编号				7-174	7-175	7-176
项目				卧立柣、金刚腿	地栿板、门限（高度）	
				制作、安装	制作、安装	
					30cm 以内	30cm 以外
计量单位				个	m	
基价（元）				**60.45**	**111.84**	**138.59**
其中	人工费（元）			32.55	37.98	43.40
	材料费（元）			27.90	73.86	95.19
	机械费（元）			—	—	—
名称		单位	单价（元）	消耗量		
人工	三类人工	工日	155.00	0.210	0.245	0.280
材料	杉板枋材	m^3	1 625.00	0.017	0.045	0.058
	其他材料费	元	1.00	0.28	0.73	0.94

工作内容：制作包括选料、截配料、刨光、画线、企口卯眼等制作成型全过程，安装包括组装等安装全过程。

计量单位：m

定额编号				7-177	7-178	7-179	7-180
项目				乌头门挟门柱制作安装（见方）			
				20cm 以内	23cm 以内	26cm 以内	31cm 以内
基价（元）				**266.99**	**318.17**	**372.64**	**472.35**
其中	人工费（元）			193.13	221.34	249.55	298.38
	材料费（元）			73.86	96.83	123.09	173.97
	机械费（元）			—	—	—	—
名称		单位	单价（元）	消耗量			
人工	三类人工	工日	155.00	1.246	1.428	1.610	1.925
材料	杉板枋材	m^3	1 625.00	0.045	0.059	0.075	0.106
	其他材料费	元	1.00	0.73	0.96	1.22	1.72

工作内容:制作包括选料、截配料、刨光、画线、企口卯眼等制作成型全过程,安装包括组装等安装全过程。

计量单位:m

定额编号				7-181	7-182	7-183	7-184	7-185
项目				乌头门挟门柱制作、安装(见方)				
				36cm 以内	41cm 以内	46cm 以内	51cm 以内	56cm 以内
基价(元)				**579.18**	**695.29**	**818.53**	**951.61**	**1 093.99**
其中	人工费(元)			346.12	394.94	442.68	490.42	539.25
	材料费(元)			233.06	300.35	375.85	461.19	554.74
	机械费(元)			—	—	—	—	—
名称		单位	单价(元)	消耗量				
人工	三类人工	工日	155.00	2.233	2.548	2.856	3.164	3.479
材料	杉板枋材	m^3	1 625.00	0.142	0.183	0.229	0.281	0.338
	其他材料费	元	1.00	2.31	2.97	3.72	4.57	5.49

工作内容:制作包括选料、截配料、刨光、画线、企口卯眼等制作成型全过程,安装包括组装等安装全过程。

计量单位:m

定额编号				7-186	7-187	7-188	7-189	7-190
项目				乌头门抢柱制作、安装(见方)				
				12cm 以内	14cm 以内	16cm 以内	18cm 以内	22cm 以内
基价(元)				**48.52**	**62.71**	**74.73**	**92.20**	**126.61**
其中	人工费(元)			20.62	24.96	27.13	31.47	37.98
	材料费(元)			27.90	37.75	47.60	60.73	88.63
	机械费(元)			—	—	—	—	—
名称		单位	单价(元)	消耗量				
人工	三类人工	工日	155.00	0.133	0.161	0.175	0.203	0.245
材料	杉板枋材	m^3	1 625.00	0.017	0.023	0.029	0.037	0.054
	其他材料费	元	1.00	0.28	0.37	0.47	0.60	0.88

工作内容：制作包括选料、截配料、刨光、画线、企口卯眼等制作成型全过程，安装包括组装等安装全过程。

计量单位：m

定额编号				7-191	7-192	7-193	7-194
项　目				乌头门抢柱制作、安装（见方）			
				25cm 以内	28cm 以内	31cm 以内	34cm 以内
基价（元）				**156.65**	**190.53**	**227.14**	**265.39**
其中	人工费（元）			43.40	47.74	53.17	58.59
	材料费（元）			113.25	142.79	173.97	206.80
	机械费（元）			—	—	—	—
名　称		单位	单价（元）	消　耗　量			
人工	三类人工	工日	155.00	0.280	0.308	0.343	0.378
材料	杉板枋材	m^3	1 625.00	0.069	0.087	0.106	0.126
	其他材料费	元	1.00	1.12	1.41	1.72	2.05

工作内容：制作包括选料、截配料、刨光、画线、企口卯眼等制作成型全过程，安装包括组装等安装全过程。

计量单位：m

定额编号				7-195	7-196	7-197	7-198	7-199	7-200
项　目				榼鏁柱制作、安装（厚度）					
				8cm 以内	9cm 以内	10cm 以内	11cm 以内	12cm 以内	13cm 以内
基价（元）				**182.00**	**219.50**	**258.67**	**290.75**	**338.10**	**375.63**
其中	人工费（元）			150.82	180.11	206.15	230.02	259.32	285.36
	材料费（元）			31.18	39.39	52.52	60.73	78.78	90.27
	机械费（元）			—	—	—	—	—	—
名　称		单位	单价（元）	消　耗　量					
人工	三类人工	工日	155.00	0.973	1.162	1.330	1.484	1.673	1.841
材料	杉板枋材	m^3	1 625.00	0.019	0.024	0.032	0.037	0.048	0.055
	其他材料费	元	1.00	0.31	0.39	0.52	0.60	0.78	0.89

工作内容:制作包括选料、截配料、刨光、画线等制作成型全过程,安装包括组装等安装全过程。 **计量单位:**m

定额编号					7-201	7-202	7-203	7-204
项目					门关制作、安装(径)			
					13cm 以内	14cm 以内	15cm 以内	16cm 以内
基价(元)					**153.25**	**228.97**	**271.29**	**374.26**
其中	人工费(元)				46.66	59.68	73.78	88.97
	材料费(元)				106.59	169.29	197.51	285.29
	机械费(元)				—	—	—	—
名称		单位	单价(元)		消耗量			
人工	三类人工	工日	155.00		0.301	0.385	0.476	0.574
材料	原木	m^3	1 552.00		0.068	0.108	0.126	0.182
	其他材料费	元	1.00		1.06	1.68	1.96	2.82

工作内容:制作包括选料、截配料、刨光、画线等制作成型全过程,安装包括组装等安装全过程。 **计量单位:**m

定额编号					7-205	7-206	7-207	7-208
项目					门关制作、安装(径)			
					17cm 以内	18cm 以内	19cm 以内	20cm 以内
基价(元)					**454.84**	**599.65**	**668.42**	**851.52**
其中	人工费(元)				105.25	123.69	143.22	163.84
	材料费(元)				349.59	475.96	525.20	687.68
	机械费(元)				—	—	—	—
名称		单位	单价(元)		消耗量			
人工	三类人工	工日	155.00		0.679	0.798	0.924	1.057
材料	杉板枋材	m^3	1 625.00		0.213	0.290	0.320	0.419
	其他材料费	元	1.00		3.46	4.71	5.20	6.81

工作内容：制作包括选料、截配料、刨光等制作成型全过程，安装包括钉压等安装全过程。　　**计量单位：**10m

定额编号				7-209	7-210	7-211	7-212	7-213	7-214
项　目				难子制作、安装（厚度）					
				1.5cm以内	2cm以内	2.5cm以内	3cm以内	3.5cm以内	4cm以内
基价（元）				**49.97**	**64.10**	**79.87**	**98.93**	**114.70**	**142.97**
其中	人工费（元）			43.40	54.25	65.10	75.95	86.80	108.50
	材料费（元）			6.57	9.85	14.77	22.98	27.90	34.47
	机械费（元）			—	—	—	—	—	—
名　称		单位	单价（元）	消　耗　量					
人工	三类人工	工日	155.00	0.280	0.350	0.420	0.490	0.560	0.700
材料	杉板枋材	m^3	1 625.00	0.004	0.006	0.009	0.014	0.017	0.021
	其他材料费	元	1.00	0.07	0.10	0.15	0.23	0.28	0.34

工作内容：制作包括选料、截配料、刨光、画线等制作成型全过程，安装包括组装等安装全过程。　　**计量单位：**个

定额编号				7-215	7-216	7-217	7-218	7-219	7-220
项　目				门砧制作、安装（长度）			门栓制作、安装（长度）		
				60cm以内	120cm以内	120cm以外	40cm以内	50cm以内	60cm以内
基价（元）				**101.32**	**200.99**	**257.63**	**28.77**	**44.51**	**64.08**
其中	人工费（元）			52.08	104.16	134.54	27.13	41.23	57.51
	材料费（元）			49.24	96.83	123.09	1.64	3.28	6.57
	机械费（元）			—	—	—	—	—	—
名　称		单位	单价（元）	消　耗　量					
人工	三类人工	工日	155.00	0.336	0.672	0.868	0.175	0.266	0.371
材料	杉板枋材	m^3	1 625.00	0.030	0.059	0.075	0.001	0.002	0.004
	其他材料费	元	1.00	0.49	0.96	1.22	0.02	0.03	0.07

工作内容:制作包括选料、截配料、刨光、画线等制作成型全过程;安装包括组装等安装全过程。　　**计量单位**:个

定额编号				7-221	7-222	7-223	7-224
项　目				伏兔制作、安装(长度)			
				50cm 以内	60cm 以内	70cm 以内	80cm 以内
基价(元)				**89.66**	**127.19**	**149.53**	**201.78**
其中	人工费(元)			71.61	97.65	108.50	141.05
	材料费(元)			18.05	29.54	41.03	60.73
	机械费(元)			—	—	—	—
名　称		单位	单价(元)	消　耗　量			
人工	三类人工	工日	155.00	0.462	0.630	0.700	0.910
材料	杉板枋材	m^3	1 625.00	0.011	0.018	0.025	0.037
	其他材料费	元	1.00	0.18	0.29	0.41	0.60

工作内容:准备工具、选料、下料、画线、制作成型、安装、场内运输及清理废弃物。　　**计量单位**:件

定额编号				7-225	7-226	7-227	7-228	7-229	7-230
项　目				单楹、连二楹制作、安装(楹框厚度)					
				8cm 以内	10cm 以内	12cm 以内	14cm 以内	16cm 以内	18cm 以内
基价(元)				**53.40**	**63.15**	**71.82**	**82.22**	**92.68**	**104.67**
其中	人工费(元)			49.91	57.97	64.95	71.92	78.90	85.87
	材料费(元)			3.49	5.18	6.87	10.30	13.78	18.80
	机械费(元)			—	—	—	—	—	—
名　称		单位	单价(元)	消　耗　量					
人工	三类人工	工日	155.00	0.322	0.374	0.419	0.464	0.509	0.554
材料	杉板枋材	m^3	1 625.00	0.002	0.003	0.004	0.006	0.008	0.011
	圆钉	kg	4.74	0.020	0.030	0.040	0.060	0.100	0.120
	乳胶	kg	5.60	0.020	0.020	0.020	0.030	0.030	0.030
	其他材料费	元	1.00	0.03	0.05	0.07	0.10	0.14	0.19

工作内容：1. 包钉铜皮包括裁制铜皮、打眼加钉、钉装、安装。
2. 制作与安装包括截配料、画线、制作成型、安装。

定额编号				7-231	7-232	7-233	7-234
项目				槛框	泥道板、照壁板、障日板、障水板、门头板、余塞板		过木制作、安装
				包钉铜皮	制作、安装（厚度）		
					2cm	每增 0.5cm	
计量单位				m^2			m^3
基价（元）				**217.36**	**98.77**	**13.24**	**2 454.47**
其中	人工费（元）			65.10	43.87	2.95	455.24
	材料费（元）			152.26	52.92	10.29	1 997.85
	机械费（元）			—	1.98	—	1.38
名称		单位	单价（元）	消耗量			
人工	三类人工	工日	155.00	0.420	0.283	0.019	2.937
材料	杉板枋材	m^3	1 625.00	—	0.031	0.006	—
	黄铜板 综合	kg	50.43	1.320	—	—	—
	半圆头铜螺钉带螺母 M4×10	套	2.76	30.500	—	—	—
	圆钉	kg	4.74	—	0.060	0.010	—
	乳胶	kg	5.60	—	0.310	0.070	—
	木材防腐油	kg	7.41	—	—	—	1.430
	门窗杉板	m^3	1 810.00	—	—	—	1.087
	其他材料费	元	1.00	1.51	0.52	0.10	19.78
机械	木工平刨床 500mm	台班	21.04	—	0.022	—	—
	木工圆锯机 500mm	台班	27.50	—	0.055	—	0.050

二、门 扇 类

工作内容:制作包括选料、截配料、刨光、画线、企口卯眼等制作成型全过程,安装包括组装、钉难子等安装全过程。

计量单位:m²

定额编号				7-235	7-236	7-237	7-238	7-239	7-240
项目				板门门扇制作、安装(肘板宽)					
				8cm以内	10cm以内	14cm以内	18cm以内	22cm以内	24cm以内
基价(元)				**609.96**	**675.59**	**794.79**	**1 019.15**	**1 074.62**	**1 171.80**
其中	人工费(元)			460.04	477.40	522.97	620.62	639.07	685.72
	材料费(元)			149.92	198.19	271.82	398.53	435.55	486.08
	机械费(元)			—	—	—	—	—	—
名称		单位	单价(元)	消耗量					
人工	三类人工	工日	155.00	2.968	3.080	3.374	4.004	4.123	4.424
材料	杉板枋材	m³	1 625.00	0.088	0.117	0.161	0.236	0.258	0.288
	乳胶	kg	5.60	0.970	1.090	1.340	1.980	2.140	2.370
	其他材料费	元	1.00	1.48	1.96	2.69	3.95	4.31	4.81

工作内容:制作包括选料、截配料、刨光、画线、企口卯眼等制作成型全过程,安装包括组装、钉难子等安装全过程。

计量单位:m²

定额编号				7-241	7-242	7-243	7-244	7-245
项目				两程三串乌头门门扇制作、安装(肘板宽)				
				10cm以内	14cm以内	18cm以内	22cm以内	24cm以内
基价(元)				**763.28**	**911.67**	**945.85**	**996.15**	**1 015.32**
其中	人工费(元)			643.41	732.38	713.93	737.80	735.63
	材料费(元)			119.87	179.29	231.92	258.35	279.69
	机械费(元)			—	—	—	—	—
名称		单位	单价(元)	消耗量				
人工	三类人工	工日	155.00	4.151	4.725	4.606	4.760	4.746
材料	杉板枋材	m³	1 625.00	0.071	0.107	0.139	0.155	0.168
	乳胶	kg	5.60	0.590	0.650	0.670	0.700	0.700
	其他材料费	元	1.00	1.19	1.78	2.30	2.56	2.77

工作内容：制作包括选料、截配料、刨光、画线等制作成型全过程，安装包括组装等安装全过程。 **计量单位**：个

定额编号				7-246	7-247
项目				日月板	乌头阀阅（柱帽）
				制作、安装	
基价（元）				**551.40**	**913.72**
其中	人工费（元）			458.96	737.80
	材料费（元）			92.44	175.92
	机械费（元）			—	—
名称		单位	单价（元）	消耗量	
人工	三类人工	工日	155.00	2.961	4.760
材料	杉板枋材	m^3	1 625.00	0.054	0.105
	圆钉	kg	4.74	0.100	0.100
	乳胶	kg	5.60	0.590	0.550
	其他材料费	元	1.00	0.92	1.74

工作内容：制作包括选料、截配料、刨光、画线、企口卯眼等制作成型全过程，安装包括组装、钉难子等安装全过程。 **计量单位**：m^2

定额编号				7-248	7-249	7-250	7-251
项目				两程两串牙头护缝软门门扇制作、安装（肘板宽）		牙头护缝合板软门门扇制作、安装（肘板宽）	
				10cm 以内	10cm 以外	10cm 以内	10cm 以外
基价（元）				**868.51**	**950.58**	**989.75**	**1 004.40**
其中	人工费（元）			684.64	705.25	781.20	781.20
	材料费（元）			183.87	245.33	208.55	223.20
	机械费（元）			—	—	—	—
名称		单位	单价（元）	消耗量			
人工	三类人工	工日	155.00	4.417	4.550	5.040	5.040
材料	杉板枋材	m^3	1 625.00	0.102	0.139	0.121	0.130
	乳胶	kg	5.60	2.910	3.040	1.760	1.740
	其他材料费	元	1.00	1.82	2.43	2.06	2.21

工作内容: 制作包括选料、截配料、刨光、画线、企口卯眼等制作成型全过程,安装包括组装、钉难子等安装全过程。

计量单位: m^2

定额编号				7-252	7-253	7-254	7-255
项目				两程一串格子门扇(程厚)		两程两串格子门扇(程厚)	
				制作、安装			
				10cm 以内	10cm 以外	10cm 以内	10cm 以外
基价(元)				**394.44**	**446.69**	**405.29**	**460.32**
其中	人工费(元)			282.10	314.65	292.95	320.08
	材料费(元)			112.34	132.04	112.34	140.24
	机械费(元)			—	—	—	—
名称		单位	单价(元)	消耗量			
人工	三类人工	工日	155.00	1.820	2.030	1.890	2.065
材料	杉板枋材	m^3	1 625.00	0.068	0.080	0.068	0.085
	乳胶	kg	5.60	0.130	0.130	0.130	0.130
	其他材料费	元	1.00	1.11	1.31	1.11	1.39

工作内容: 制作包括选料、截配料、刨光、画线、企口卯眼等制作成型全过程,安装包括组装、钉难子等安装全过程。

计量单位: m^2

定额编号				7-256	7-257	7-258	7-259
项目				格子门格眼			
				四斜挑白球纹格眼(厚度)		四斜球纹重格眼(厚度)	
				制作、安装			
				4cm 以内	4cm 以外	4cm 以内	4cm 以外
基价(元)				**1 714.76**	**1 635.28**	**1 743.97**	**1 652.05**
其中	人工费(元)			1 594.95	1 497.30	1 627.50	1 519.00
	材料费(元)			119.81	137.98	116.47	133.05
	机械费(元)			—	—	—	—
名称		单位	单价(元)	消耗量			
人工	三类人工	工日	155.00	10.290	9.660	10.500	9.800
材料	杉板枋材	m^3	1 625.00	0.071	0.082	0.069	0.079
	乳胶	kg	5.60	0.580	0.600	0.570	0.600
	其他材料费	元	1.00	1.19	1.37	1.15	1.32

工作内容：制作包括选料、截配料、刨光、画线、企口卯眼等制作成型全过程，安装包括组装、钉难子等安装全过程。

计量单位：m²

定额编号				7-260	7-261	7-262	7-263
项　目				格子门格眼			
				四直球纹重格眼（厚度）		四直方格眼（厚度）	
				制作、安装			
				4cm 以内	4cm 以外	4cm 以内	4cm 以外
基价（元）				**1 255.38**	**1 179.35**	**799.68**	**783.83**
其中	人工费（元）			1 139.25	1 041.60	683.55	651.00
	材料费（元）			116.13	137.75	116.13	132.83
	机械费（元）			—	—	—	—
名　称		单位	单价（元）	消　耗　量			
人工	三类人工	工日	155.00	7.350	6.720	4.410	4.200
材料	杉板枋材	m³	1 625.00	0.069	0.082	0.069	0.079
	乳胶	kg	5.60	0.510	0.560	0.510	0.560
	其他材料费	元	1.00	1.15	1.36	1.15	1.32

三、窗　类

工作内容：制作包括选料、截配料、刨光、画线、企口卯眼等制作成型全过程，安装包括组装、钉难子等安装全过程。

计量单位：m²

定额编号				7-264	7-265	7-266	7-267
项　目				破子棂窗		板棂窗	
				制作、安装（厚度）			
				6cm 以内	6cm 以外	3cm 以内	3cm 以外
基价（元）				**394.19**	**455.64**	**275.01**	**252.85**
其中	人工费（元）			225.68	227.85	222.43	194.22
	材料费（元）			168.51	227.79	52.58	58.63
	机械费（元）			—	—	—	—
名　称		单位	单价（元）	消　耗　量			
人工	三类人工	工日	155.00	1.456	1.470	1.435	1.253
材料	杉板枋材	m³	1 625.00	0.102	0.138	0.031	0.035
	乳胶	kg	5.60	0.195	0.230	0.300	0.210
	其他材料费	元	1.00	1.67	2.26	0.52	0.58

工作内容:制作包括选料、截配料、刨光、画线、企口卯眼等制作成型全过程,安装包括组装、钉难子等安装全过程。

计量单位:m^2

定额编号				7-268	7-269
项目				睒电窗	
				制作、安装(厚度)	
				3cm以内	3cm以外
基价(元)				**305.46**	**300.09**
其中	人工费(元)			261.49	249.55
	材料费(元)			43.97	50.54
	机械费(元)			—	—
名称		单位	单价(元)	消耗量	
人工	三类人工	工日	155.00	1.687	1.610
材料	杉板枋材	m^3	1 625.00	0.026	0.030
	乳胶	kg	5.60	0.230	0.230
	其他材料费	元	1.00	0.44	0.50

工作内容:制作包括选料、截配料、刨光、画线等制作成型全过程,安装包括组装等安装全过程。

计量单位:个

定额编号				7-270	7-271	7-272	7-273
项目				阑槛钩窗坐凳			
				托柱		斗子鹅项柱	
				制作、安装(厚度)			
				5cm以内	每增加1cm	5cm以内	每增加1cm
基价(元)				**61.02**	**15.09**	**155.93**	**32.28**
其中	人工费(元)			39.06	9.77	133.46	27.13
	材料费(元)			21.96	5.32	22.47	5.15
	机械费(元)			—	—	—	—
名称		单位	单价(元)	消耗量			
人工	三类人工	工日	155.00	0.252	0.063	0.861	0.175
材料	杉板枋材	m^3	1 625.00	0.012	0.003	0.013	0.003
	乳胶	kg	5.60	0.400	0.070	0.200	0.040
	其他材料费	元	1.00	0.22	0.05	0.22	0.05

工作内容：.制作包括选料、截配料、刨光、画线等制作成型全过程，安装包括组装等安装全过程。　　**计量单位：**m

定额编号					7-274	7-275	7-276	7-277
项　目					阑槛钩窗坐凳			
					槛面板		寻杖	
					制作、安装（厚度）		制作、安装（径）	
					5cm 以内	每增加 1cm	8cm 以内	每增加 1cm
基价（元）					**194.05**	**27.96**	**26.72**	**3.44**
其中	人工费（元）				86.80	6.51	13.02	1.71
	材料费（元）				107.25	21.45	13.70	1.73
	机械费（元）				—	—	—	—
名　称		单位	单价（元）		消　耗　量			
人工	三类人工	工日	155.00		0.560	0.042	0.084	0.011
材料	杉板枋材	m^3	1 625.00		0.065	0.013	0.008	0.001
	乳胶	kg	5.60		0.100	0.020	0.100	0.015
	其他材料费	元	1.00		1.06	0.21	0.14	0.02

工作内容:准备工具、选料、下料、制作组装成型、安装、场内运输及清理废弃物。 **计量单位:**m^2

定额编号				7-278	7-279	7-280	7-281
项目				菱花心屉制作、安装			
				三交六椀(棂条厚度)		双交四椀(棂条厚度)	
				3.0cm以内	3.0cm以外	3.0cm以内	3.0cm以外
基价(元)				**1 562.18**	**1 497.02**	**1 121.24**	**1 049.52**
其中	人工费(元)			1 467.39	1 377.49	1 048.11	958.21
	材料费(元)			92.56	117.30	70.90	89.08
	机械费(元)			2.23	2.23	2.23	2.23
名称		单位	单价(元)	消耗量			
人工	三类人工	工日	155.00	9.467	8.887	6.762	6.182
材料	杉板枋材	m^3	1 625.00	0.055	0.070	0.042	0.053
	乳胶	kg	5.60	0.200	0.200	0.160	0.160
	圆钉	kg	4.74	0.100	0.100	0.080	0.080
	铁钉	kg	3.97	0.170	0.200	0.170	0.200
	其他材料费	元	1.00	0.92	1.16	0.70	0.88
机械	木工圆锯机 500mm	台班	27.50	0.042	0.042	0.042	0.042
	木工压刨床 双面 600mm	台班	48.80	0.022	0.022	0.022	0.022

工作内容：准备工具、选料、下料、制作组装成型、安装、场内运输及清理废弃物。　　**计量单位：**m²

定额编号				7-282	7-283	7-284	7-285	7-286
项　目				方格、步步紧、盘肠、拐子、套方、正万字、灯笼框、金钱如意心屉制作、安装		斜万字、冰裂纹、龟背锦、直棂条福寿心屉制作、安装		支摘窗纱屉制作、安装
				棂条宽度				
				1.5cm以内	1.5cm以外	1.5cm以内	1.5cm以外	
基价（元）				**363.69**	**304.65**	**631.25**	**533.60**	**238.85**
其中	人工费（元）			329.38	263.50	574.90	467.17	179.65
	材料费（元）			28.64	35.48	50.68	60.76	52.06
	机械费（元）			5.67	5.67	5.67	5.67	7.14
名　称		单位	单价（元）	消　耗　量				
人工	三类人工	工日	155.00	2.125	1.700	3.709	3.014	1.159
材料	杉板枋材	m³	1 625.00	0.017	0.021	0.030	0.036	0.022
	乳胶	kg	5.60	0.080	0.120	0.120	0.130	0.070
	圆钉	kg	4.74	0.060	0.070	0.060	0.070	0.030
	铁纱	m²	12.93	—	—	—	—	1.180
	铁钉	kg	3.97	—	—	0.120	0.150	—
	其他材料费	元	1.00	0.28	0.35	0.50	0.60	0.52
机械	木工圆锯机 500mm	台班	27.50	0.167	0.167	0.167	0.167	0.207
	木工压刨床 双面 600mm	台班	48.80	0.022	0.022	0.022	0.022	0.024
	木工平刨床 500mm	台班	21.04	—	—	—	—	0.013

四、室内隔断类

工作内容:制作包括选料、截配料、刨光、画线等制作成型全过程,安装包括组装等安装全过程。 **计量单位:**m

定额编号				7-287	7-288	7-289	7-290	7-291
项目				槏柱				
				制作、安装(见方)				
				13cm 以内	15cm 以内	18cm 以内	20cm 以内	20cm 以外
基价(元)				**52.88**	**67.07**	**90.56**	**111.86**	**140.27**
其中	人工费(元)			21.70	26.04	31.47	34.72	40.15
	材料费(元)			31.18	41.03	59.09	77.14	100.12
	机械费(元)			—	—	—	—	—
名称		单位	单价(元)	消耗量				
人工	三类人工	工日	155.00	0.140	0.168	0.203	0.224	0.259
材料	杉板枋材	m^3	1 625.00	0.019	0.025	0.036	0.047	0.061
	其他材料费	元	1.00	0.31	0.41	0.59	0.76	0.99

工作内容:制作包括选料、截配料、刨光、画线、企口卯眼等制作成型全过程,安装包括组装、钉难子等安装全过程。 **计量单位:**m^2

定额编号				7-292	7-293	7-294	7-295
项目				截间板帐心板		照壁屏风骨	
				制作、安装(厚度)		启闭式	
				2.5cm 以内	每增加 1cm	制作、安装(程宽)	
						5cm 以内	每增加 1cm
基价(元)				**504.01**	**123.29**	**418.25**	**38.43**
其中	人工费(元)			340.69	54.25	305.97	13.02
	材料费(元)			163.32	69.04	112.28	25.41
	机械费(元)			—	—	—	—
名称		单位	单价(元)	消耗量			
人工	三类人工	工日	155.00	2.198	0.350	1.974	0.084
材料	乳胶	kg	5.60	3.050	0.600	0.700	0.140
	杉板枋材	m^3	1 625.00	0.089	0.040	0.066	0.015
	其他材料费	元	1.00	1.62	0.68	1.11	0.25

工作内容：制作包括选料、截配料、刨光、画线、企口卯眼等制作成型全过程，安装包括组装、钉难子等安装全过程。

计量单位：m^2

定额编号				7-296	7-297	7-298	7-299
项　目				照壁屏风骨		照壁屏风面	
				固定式		纸糊面制作、安装	布帛面制作、安装
				制作、安装（程宽）			
				5cm以内	每增加1cm		
基价（元）				**440.00**	**243.93**	**41.30**	**61.09**
其中	人工费（元）			314.65	13.02	10.85	13.02
	材料费（元）			125.35	230.91	30.45	48.07
	机械费（元）			—	—	—	—
名　称		单位	单价（元）	消　耗　量			
人工	三类人工	工日	155.00	2.030	0.084	0.070	0.084
材料	杉板枋材	m^3	1 625.00	0.073	0.140	—	—
	乳胶	kg	5.60	0.980	0.200	—	—
	装饰布	m^2	39.66	—	—	—	1.200
	牛皮纸	m^2	6.03	—	—	5.000	—
	其他材料费	元	1.00	1.24	2.29	0.30	0.48

工作内容:准备工具、选料、下料、制作成型、安装、场内运输及清理废弃物。　　计量单位:m^2

定额编号				7-300	7-301	7-302	7-303
项　目				栈板墙制作、安装(板厚)		隔墙板制作、安装(板厚)	
				2cm	每增 0.5cm	2cm	每增 0.5cm
基价(元)				**174.09**	**23.73**	**95.88**	**13.58**
其中	人工费(元)			68.36	4.03	37.20	2.33
	材料费(元)			103.50	19.70	56.45	11.25
	机械费(元)			2.23	—	2.23	—
名　称		单位	单价(元)	消　耗　量			
人工	三类人工	工日	155.00	0.441	0.026	0.240	0.015
材料	门窗杉板	m^3	1 810.00	0.053	0.010	0.030	0.006
	乳胶	kg	5.60	1.000	0.200	0.200	0.050
	圆钉	kg	4.74	0.200	0.060	0.100	—
	其他材料费	元	1.00	1.02	0.20	0.56	0.11
机械	木工圆锯机 500mm	台班	27.50	0.042	—	0.042	—
	木工压刨床 双面 600mm	台班	48.80	0.022	—	0.022	—

五、平棋、藻井

工作内容：制作包括选料、截配料、刨光、画线、企口卯眼等制作成型全过程，安装包括组装、钉难子等安装全过程。

定额编号				7-304	7-305	7-306	7-307	7-308	7-309
项目				平棋制作、安装					
				程	楅	平棋吊杆	平棋枋（高度）		背板
							15cm以下	15cm以上	
计量单位				m					m^2
基价（元）				**34.51**	**28.41**	**26.77**	**55.96**	**61.58**	**60.52**
其中	人工费（元）			17.36	13.02	13.02	17.36	19.53	15.19
	材料费（元）			17.15	15.39	13.75	38.60	42.05	45.33
	机械费（元）			—	—	—	—	—	—
名称		单位	单价（元）	消耗量					
人工	三类人工	工日	155.00	0.112	0.084	0.084	0.112	0.126	0.098
材料	杉板枋材	m^3	1 625.00	0.010	0.009	0.008	0.023	0.025	0.027
	乳胶	kg	5.60	0.130	0.110	0.110	0.150	0.180	0.180
	其他材料费	元	1.00	0.17	0.15	0.14	0.38	0.42	0.45

工作内容: 准备工具、选料、下料、制作成型、安装、场内运输及清理废弃物。天花井口板制作、安装还包括选料、下料、制作成型、安装,天花支条、贴梁拆除还包括必要支顶、安全监护、分类码放整齐。

计量单位: 块

定额编号				7-310	7-311	7-312	7-313	7-314
项目				天花井口板制作、安装(见方)				
				60cm以内	70cm以内	80cm以内	100cm以内	120cm以内
基价(元)				**76.95**	**100.25**	**126.80**	**184.07**	**254.61**
其中	人工费(元)			47.90	61.07	75.80	107.88	144.93
	材料费(元)			27.21	37.34	49.16	74.35	107.84
	机械费(元)			1.84	1.84	1.84	1.84	1.84
名称		单位	单价(元)	消耗量				
人工	三类人工	工日	155.00	0.309	0.394	0.489	0.696	0.935
材料	杉板枋材	m^3	1 625.00	0.016	0.022	0.029	0.044	0.064
	乳胶	kg	5.60	0.160	0.210	0.260	0.360	0.470
	圆钉	kg	4.74	0.010	0.010	0.020	0.020	0.030
	其他材料费	元	1.00	0.27	0.37	0.49	0.74	1.07
机械	木工圆锯机 500mm	台班	27.50	0.010	0.010	0.010	0.010	0.010
	木工压刨床 双面 600mm	台班	48.80	0.032	0.032	0.032	0.032	0.032

工作内容：准备工具、选料、下料、制作成型、安装、场内运输及清理废弃物。制作、安装还包括选料、下料、制作成型、安装，木顶格白樘算子拆除还包括拆除、运至指定地点、分类码放整齐，木顶格白樘算子拆修安还包括选料、拆下解体、组装、重新安装。

计量单位：m

定额编号				7-315	7-316	7-317	7-318
项　目				天花支条、贴梁制作、安装（条宽）			
				9cm	12cm	15cm	18cm
基价（元）				**44.28**	**65.65**	**91.95**	**120.91**
其中	人工费（元）			24.03	28.99	33.95	38.29
	材料费（元）			19.86	36.27	57.61	82.23
	机械费（元）			0.39	0.39	0.39	0.39
名　称		单位	单价（元）	消　耗　量			
人工	三类人工	工日	155.00	0.155	0.187	0.219	0.247
材料	杉板枋材	m^3	1 625.00	0.012	0.022	0.035	0.050
	镀锌铁丝 综合	kg	5.40	0.030	0.030	0.030	0.030
	其他材料费	元	1.00	0.20	0.36	0.57	0.81
机械	木工圆锯机 500mm	台班	27.50	0.008	0.008	0.008	0.008
	木工平刨床 500mm	台班	21.04	0.008	0.008	0.008	0.008

工作内容：准备工具、选料、下料、制作成型、安装、场内运输及清理废弃物。

计量单位：m^3

定额编号				7-319	7-320
项　目				帽儿梁	
				制作、安装（径）	
				30cm 以内	30cm 以外
基价（元）				**3 415.21**	**3 107.00**
其中	人工费（元）			1 066.09	862.42
	材料费（元）			2 349.12	2 244.58
	机械费（元）			—	—
名　称		单位	单价（元）	消　耗　量	
人工	三类人工	工日	155.00	6.878	5.564
材料	杉原木 综合	m^3	1 466.00	1.210	1.210
	铁件 综合	kg	6.90	80.000	65.000
	其他材料费	元	1.00	23.26	22.22

工作内容:准备工具、选料、下料、制作成型、安装、场内运输及清理废弃物。 计量单位:m^2

<table>
<tr><td colspan="4">定额编号</td><td>7-321</td><td>7-322</td><td>7-323</td><td>7-324</td></tr>
<tr><td colspan="4" rowspan="3">项　目</td><td>木顶格白樘箅子</td><td colspan="3">仿井口天花(胶合板天棚)</td></tr>
<tr><td rowspan="2">制作、安装</td><td colspan="3">制作、安装</td></tr>
<tr><td>带压条</td><td>普通压条</td><td>不带压条</td></tr>
<tr><td colspan="4">基价(元)</td><td>149.45</td><td>164.40</td><td>96.68</td><td>107.76</td></tr>
<tr><td rowspan="3">其中</td><td colspan="3">人工费(元)</td><td>71.92</td><td>47.90</td><td>22.94</td><td>39.99</td></tr>
<tr><td colspan="3">材料费(元)</td><td>69.04</td><td>116.50</td><td>73.74</td><td>67.77</td></tr>
<tr><td colspan="3">机械费(元)</td><td>8.49</td><td>—</td><td>—</td><td>—</td></tr>
<tr><td colspan="2">名　称</td><td>单位</td><td>单价(元)</td><td colspan="4">消　耗　量</td></tr>
<tr><td>人工</td><td>三类人工</td><td>工日</td><td>155.00</td><td>0.464</td><td>0.309</td><td>0.148</td><td>0.258</td></tr>
<tr><td rowspan="10">材料</td><td>门窗杉板</td><td>m^3</td><td>1 810.00</td><td>0.008</td><td>0.030</td><td>0.023</td><td>0.023</td></tr>
<tr><td>杉板枋材</td><td>m^3</td><td>1 625.00</td><td>0.031</td><td>0.020</td><td>—</td><td>—</td></tr>
<tr><td>木压条 15×40</td><td>m</td><td>1.23</td><td>—</td><td>—</td><td>4.800</td><td>—</td></tr>
<tr><td>胶合板 $\delta 5$</td><td>m^2</td><td>20.17</td><td>—</td><td>1.100</td><td>1.100</td><td>1.100</td></tr>
<tr><td>镀锌铁丝 综合</td><td>kg</td><td>5.40</td><td>0.100</td><td>0.120</td><td>0.100</td><td>0.100</td></tr>
<tr><td>圆钉</td><td>kg</td><td>4.74</td><td>0.020</td><td>0.300</td><td>0.100</td><td>0.100</td></tr>
<tr><td>铁件 综合</td><td>kg</td><td>6.90</td><td>0.350</td><td>0.300</td><td>0.300</td><td>0.300</td></tr>
<tr><td>木材防腐油</td><td>kg</td><td>7.41</td><td>—</td><td>0.300</td><td>0.027</td><td>0.027</td></tr>
<tr><td>乳胶</td><td>kg</td><td>5.60</td><td>0.080</td><td>—</td><td>—</td><td>—</td></tr>
<tr><td>其他材料费</td><td>元</td><td>1.00</td><td>0.68</td><td>1.15</td><td>0.73</td><td>0.67</td></tr>
<tr><td rowspan="2">机械</td><td>木工圆锯机 500mm</td><td>台班</td><td>27.50</td><td>0.275</td><td>—</td><td>—</td><td>—</td></tr>
<tr><td>木工平刨床 500mm</td><td>台班</td><td>21.04</td><td>0.044</td><td>—</td><td>—</td><td>—</td></tr>
</table>

工作内容：制作包括选料、截配料、刨光、画线、企口卯眼等制作成型全过程，安装包括组装、钉难子等安装全过程。

计量单位：m^2

定额编号				7-325	7-326	7-327	7-328	7-329	7-330
项　目				藻井					
				斗槽板		压厦板		背板	
				制作、安装（厚度）					
				8cm以内	每增加1cm	8cm厚	每增加1cm	2cm以内	每增加1cm
基价（元）				**394.81**	**28.46**	**373.86**	**28.46**	**62.69**	**24.82**
其中	人工费（元）			197.47	2.17	176.86	2.17	17.36	3.26
	材料费（元）			197.34	26.29	197.00	26.29	45.33	21.56
	机械费（元）			—	—	—	—	—	—
名　称		单位	单价（元）	消　耗　量					
人工	三类人工	工日	155.00	1.274	0.014	1.141	0.014	0.112	0.021
材料	杉板枋材	m^3	1 625.00	0.115	0.016	0.115	0.016	0.027	0.013
	乳胶	kg	5.60	1.520	0.005	1.460	0.005	0.180	0.040
	其他材料费	元	1.00	1.95	0.26	1.95	0.26	0.45	0.21

工作内容:制作包括选料、截配料、刨光、画线、企口卯眼、解弯等制作成型全过程,安装包括组装等安装全过程。

定额编号				7-331	7-332	7-333	7-334	7-335
项目				藻井				
				阳马		明镜		枨杆
				制作、安装(厚度)		安装(直径)		制作、安装
				8cm	每增加1cm	60cm以内	60cm以外	
计量单位				m		个		
基价(元)				**44.16**	**4.54**	**252.21**	**298.16**	**727.09**
其中	人工费(元)			20.62	1.09	136.71	160.58	179.03
	材料费(元)			23.54	3.45	115.50	137.58	548.06
	机械费(元)			—	—	—	—	—
名称		单位	单价(元)	消耗量				
人工	三类人工	工日	155.00	0.133	0.007	0.882	1.036	1.155
材料	杉板枋材	m^3	1 625.00	0.014	0.002	0.065	0.078	0.326
	乳胶	kg	5.60	0.100	0.030	1.560	1.690	2.300
	其他材料费	元	1.00	0.23	0.03	1.14	1.36	5.43

六、室外障隔类

工作内容：制作包括选料、截配料、刨光、画线、企口卯眼等制作成型全过程，安装包括组装等安装全过程。

计量单位：m^2

定额编号				7-336	7-337	7-338	7-339
项目				叉子			
				制作、安装			
				有地栿		无地栿	
				棂子为笏头	棂子为云头	棂子为笏头	棂子为云头
基价（元）				**555.56**	**662.06**	**1 362.67**	**1 465.75**
其中	人工费（元）			364.56	451.36	327.67	430.75
	材料费（元）			191.00	210.70	1 035.00	1 035.00
	机械费（元）			—	—	—	—
名称		单位	单价（元）	消耗量			
人工	三类人工	工日	155.00	2.352	2.912	2.114	2.779
材料	杉板枋材	m^3	1 625.00	0.110	0.122	0.625	0.625
	乳胶	kg	5.60	1.850	1.850	1.630	1.630
	其他材料费	元	1.00	1.89	2.09	10.25	10.25

工作内容：制作包括选料、截配料、刨光、画线、企口卯眼等制作成型全过程，安装包括组装等安装全过程。

定额编号				7-340	7-341	7-342	7-343	7-344	7-345
项目				卧棂造钩阑	万字、钩片单钩造钩阑	重台钩阑	普通望柱	带兽头望柱	倒挂楣子白菜头雕做
				制作、安装					
计量单位				m^2			m^3		个
基价（元）				**1 112.85**	**1 235.16**	**1 415.57**	**7 797.64**	**11 703.64**	**45.73**
其中	人工费（元）			889.70	1 010.14	1 154.44	5 859.00	9 765.00	45.73
	材料费（元）			223.15	225.02	261.13	1 938.64	1 938.64	—
	机械费（元）			—	—	—	—	—	—
名称		单位	单价（元）	消耗量					
人工	三类人工	工日	155.00	5.740	6.517	7.448	37.800	63.000	0.295
材料	杉板枋材	m^3	1 625.00	0.135	0.136	0.158	1.170	1.170	—
	乳胶	kg	5.60	0.280	0.320	0.320	3.250	3.250	—
	其他材料费	元	1.00	2.21	2.23	2.59	19.19	19.19	—

工作内容: 制作包括选料、截配料、刨光、画线、企口卯眼等制作成型全过程,安装包括组装等安装全过程。

定额编号				7-346	7-347	7-348	7-349	7-350
项目				栏杆制作、安装			望柱	
				寻杖栏杆	花栏杆	直档栏杆	普通	带海棠池
计量单位				m^2			m^3	
基价(元)				**1 697.63**	**451.20**	**187.06**	**7 477.09**	**11 070.61**
其中	人工费(元)			1 599.14	383.32	137.80	5 390.28	8 983.80
	材料费(元)			98.20	67.59	48.97	2 072.04	2 072.04
	机械费(元)			0.29	0.29	0.29	14.77	14.77
名称		单位	单价(元)	消耗量				
人工	三类人工	工日	155.00	10.317	2.473	0.889	34.776	57.960
材料	杉板枋材	m^3	1 625.00	0.059	0.040	0.029	1.170	1.170
	圆钉	kg	4.74	0.050	0.050	0.050	—	—
	乳胶	kg	5.60	0.200	0.300	0.200	—	—
	铁件 综合	kg	6.90	—	—	—	21.000	21.000
	木螺钉	100个	1.81	—	—	—	2.970	2.970
	其他材料费	元	1.00	0.97	0.67	0.48	20.52	20.52
机械	木工平刨床 500mm	台班	21.04	0.014	0.014	0.014	0.277	0.277
	木工圆锯机 500mm	台班	27.50	—	—	—	0.325	0.325

七、门窗装修附件

工作内容： 准备工具、选料、下料、绘制图样、制作雕刻成型、场内运输及清理废弃物。　　**计量单位：** 10个

定额编号				7-351	7-352	7-353	7-354
项　目				卡子花			
				四季花草（棂条空档宽度）		福寿（蝠兽）（棂条空档宽度）	
				6cm以内	6cm以外	6cm以内	6cm以外
基价（元）				**604.41**	**775.40**	**999.66**	**1 254.51**
其中	人工费（元）			598.92	766.63	994.17	1 245.74
	材料费（元）			5.49	8.77	5.49	8.77
	机械费（元）			—	—	—	—
名　称		单位	单价（元）	消耗量			
人工	三类人工	工日	155.00	3.864	4.946	6.414	8.037
材料	杉板枋材	m^3	1 625.00	0.003	0.005	0.003	0.005
	乳胶	kg	5.60	0.100	0.100	0.100	0.100
	其他材料费	元	1.00	0.05	0.09	0.05	0.09

工作内容： 准备工具、选料、下料、绘制图样、制作雕刻成型、场内运输及清理废弃物。　　**计量单位：** 10件

定额编号				7-355	7-356	7-357	7-358
项　目				工字		握拳（卧蚕）	
				棂条空档宽度			
				6cm以内	6cm以外	6cm以内	6cm以外
基价（元）				**126.95**	**141.70**	**51.66**	**63.23**
其中	人工费（元）			119.82	131.29	49.91	59.83
	材料费（元）			7.13	10.41	1.75	3.40
	机械费（元）			—	—	—	—
名　称		单位	单价（元）	消耗量			
人工	三类人工	工日	155.00	0.773	0.847	0.322	0.386
材料	杉板枋材	m^3	1 625.00	0.004	0.006	0.001	0.002
	乳胶	kg	5.60	0.100	0.100	0.020	0.020
	其他材料费	元	1.00	0.07	0.10	0.02	0.03

工作内容: 准备工具、选料、下料、绘制图样、制作雕刻成型、场内运输及清理废弃物。

定额编号				7-359	7-360
项目				海棠花	花栏杆荷叶墩
计量单位				10 份	10 块
基价(元)				**367.50**	**631.79**
其中	人工费(元)			359.29	598.92
	材料费(元)			8.21	32.87
	机械费(元)			—	—
名称		单位	单价(元)	消耗量	
人工	三类人工	工日	155.00	2.318	3.864
材料	杉板枋材	m^3	1 625.00	0.005	0.020
	圆钉	kg	4.74	—	0.010
	其他材料费	元	1.00	0.08	0.33

工作内容: 准备工具、选料、下料、绘制图样、制作雕刻成型、场内运输及清理废弃物。 **计量单位:** 块

定额编号				7-361	7-362	7-363	7-364
项目				花牙子			
				卷草夔龙(长度)		四季花草(长度)	
				50cm 以内	50cm 以外	50cm 以内	50cm 以外
基价(元)				**156.69**	**209.10**	**192.65**	**268.93**
其中	人工费(元)			153.30	202.43	189.26	262.26
	材料费(元)			3.39	6.67	3.39	6.67
	机械费(元)			—	—	—	—
名称		单位	单价(元)	消耗量			
人工	三类人工	工日	155.00	0.989	1.306	1.221	1.692
材料	杉板枋材	m^3	1 625.00	0.002	0.004	0.002	0.004
	圆钉	kg	4.74	0.010	0.010	0.010	0.010
	乳胶	kg	5.60	0.010	0.010	0.010	0.010
	其他材料费	元	1.00	0.03	0.07	0.03	0.07

工作内容：准备工具、选料、下料、绘制图样、制作雕刻成型、场内运输及清理废弃物。　　计量单位：块

定额编号				7-365	7-366	7-367	7-368
项　目				骑马牙子			
				卷草夔龙（长度）		四季花草（长度）	
				75cm 以内	75cm 以外	75cm 以内	75cm 以外
基价（元）				**229.41**	**298.28**	**277.46**	**382.13**
其中	人工费（元）			222.74	285.05	270.79	368.90
	材料费（元）			6.67	13.23	6.67	13.23
	机械费（元）			—	—	—	—
名　称		单位	单价（元）	消　耗　量			
人工	三类人工	工日	155.00	1.437	1.839	1.747	2.380
材料	杉板枋材	m^3	1 625.00	0.004	0.008	0.004	0.008
	乳胶	kg	5.60	0.010	0.010	0.010	0.010
	圆钉	kg	4.74	0.010	0.010	0.010	0.010
	其他材料费	元	1.00	0.07	0.13	0.07	0.13

工作内容：准备工具、选料、下料、制作成型、场内运输及清理废弃物。　　计量单位：根

定额编号				7-369	7-370	7-371
项　目				隔扇栓杆（长度）		
				2.5m 以内	3.5m 以内	4.5m 以内
基价（元）				**61.82**	**103.30**	**164.47**
其中	人工费（元）			35.96	47.90	59.83
	材料费（元）			24.62	54.16	103.40
	机械费（元）			1.24	1.24	1.24
名　称		单位	单价（元）	消　耗　量		
人工	三类人工	工日	155.00	0.232	0.309	0.386
材料	杉板枋材	m^3	1 625.00	0.015	0.033	0.063
	其他材料费	元	1.00	0.24	0.54	1.02
机械	木工圆锯机 500mm	台班	27.50	0.033	0.033	0.033
	木工平刨床 500mm	台班	21.04	0.016	0.016	0.016

工作内容: 准备工具、选料、下料、制作成型、场内运输及清理废弃物。　　**计量单位:** 根

定额编号				7-372	7-373	7-374
项　目				槛窗栓杆(长度)		
				1.5m 以内	2.5m 以内	3.5m 以内
基价(元)				**45.61**	**76.27**	**129.24**
其中	人工费(元)			29.92	35.96	47.90
	材料费(元)			14.77	39.39	80.42
	机械费(元)			0.92	0.92	0.92
名　称		单位	单价(元)	消　耗　量		
人工	三类人工	工日	155.00	0.193	0.232	0.309
材料	杉板枋材	m^3	1 625.00	0.009	0.024	0.049
	其他材料费	元	1.00	0.15	0.39	0.80
机械	木工圆锯机 500mm	台班	27.50	0.025	0.025	0.025
	木工平刨床 500mm	台班	21.04	0.011	0.011	0.011

工作内容: 成品件试安、打眼、固定等全过程。　　**计量单位:** 个

定额编号				7-375	7-376	7-377	7-378	7-379	7-380
项　目				门附件 铁桶子安装(径)			铁锩臼安装(径)		
				11cm 以内	13cm 以内	15cm 以内	18cm 以内	20cm 以内	22cm 以内
基价(元)				**34.42**	**38.25**	**42.06**	**73.70**	**84.15**	**94.96**
其中	人工费(元)			32.55	35.81	39.06	52.08	58.59	65.10
	材料费(元)			1.87	2.44	3.00	21.62	25.56	29.86
	机械费(元)			—	—	—	—	—	—
名　称		单位	单价(元)	消　耗　量					
人工	三类人工	工日	155.00	0.210	0.231	0.252	0.336	0.378	0.420
材料	铁件	kg	3.71	0.500	0.650	0.800	5.770	6.820	7.970
	其他材料费	元	1.00	0.02	0.02	0.03	0.21	0.25	0.30

工作内容：成品构件试安、打眼、固定等全过程。　　计量单位：个

定额编号				7-381	7-382	7-383	7-384	7-385
项　目				铁鹅台安装（径）			铁钏子安装（长度）	
				19cm 以内	21cm 以内	23cm 以内	30cm 以内	38cm 以内
基价（元）				**58.61**	**73.02**	**87.81**	**27.05**	**27.35**
其中	人工费（元）			43.40	54.25	65.10	26.04	26.04
	材料费（元）			15.21	18.77	22.71	1.01	1.31
	机械费（元）			—	—	—	—	—
名　称		单位	单价（元）	消　耗　量				
人工	三类人工	工日	155.00	0.280	0.350	0.420	0.168	0.168
材料	铁件	kg	3.71	4.060	5.010	6.060	0.270	0.350
	其他材料费	元	1.00	0.15	0.19	0.22	0.01	0.01

工作内容：准备工具、选料、下料、制作成型、场内运输及清理废弃物。　　计量单位：件

定额编号				7-386	7-387	7-388	7-389
项　目				隔扇槛窗面叶	大门包叶	壶瓶形护口	铁门栓
基价（元）				**6.63**	**7.07**	**52.38**	**65.45**
其中	人工费（元）			6.51	6.51	52.08	65.10
	材料费（元）			0.12	0.56	0.30	0.35
	机械费（元）			—	—	—	—
名　称		单位	单价（元）	消　耗　量			
人工	三类人工	工日	155.00	0.042	0.042	0.336	0.420
材料	面叶	块	—	（1.020）	—	—	—
	包叶	块	—	—	（1.020）	—	—
	壶瓶形护口	块	—	—	—	（1.020）	—
	铁门栓	份	—	—	—	—	（1.020）
	铜钉 100	kg	5.60	0.010	0.050	—	—

第八章
抹 灰 工 程

说　明

一、本章定额包括铲灰皮、修补、抹灰三节。

二、抹灰定额不包括铲灰皮,修补定额包括铲灰皮。

三、铲灰皮定额不分抹灰面材质,按不同部位分列子目,其中墙面铲灰皮定额子目按铲除厚度分为3cm以内及以上。

四、修补抹灰面定额包括墙面、冰盘檐、须弥座、墙帽的抹灰修补。修补墙面抹灰面不分墙体位置,均执行同一定额。

五、修补墙面抹灰面定额适用于单片墙面(每面墙可由柱门、枋、梁等分割成若干单片)或局部抹灰小于$3m^2$的情况,单片墙面或局部抹灰大于$3m^2$时,应执行抹灰定额。

六、抹灰定额已考虑梁底、柱及门窗洞口抹灰角(护角)等因素。单独梁、柱、门窗洞口抹灰套用零星项目抹灰定额。

七、定额中的砂浆种类、配合比、施工厚度,如设计规定与定额不同时,除定额另有规定者外,按设计规定调整。

工程量计算规则

一、铲灰皮、修补抹灰面均按实际铲、修补面积累计计算。冰盘檐、须弥座按所补抹部分的投影面积计算，墙帽按实际补抹的长度计算。

二、抹灰工程量均以建筑物结构尺寸计算，不扣除柱门、0.3m^{2}以内孔洞口所占面积，扣除0.3m^{2}以外门窗洞口及孔洞所占面积，其内侧壁按展开面积计入抹灰工程量。

墙面抹灰各部位边界线表

<table>
<tr><th>工程部位</th><th colspan="2">底边线</th><th colspan="2">上边线</th><th>左右竖向边线</th></tr>
<tr><td rowspan="2">室内抹灰</td><td>有墙裙</td><td>墙裙上皮</td><td>梁枋露明</td><td>梁枋下皮</td><td rowspan="2">砖墙里皮（不扣柱门），若以柱门为界分块者以柱中为准</td></tr>
<tr><td>无墙裙</td><td>地（楼）面上皮（不扣除踢脚板）</td><td>梁枋不露明</td><td>顶棚下皮（吊顶不抹灰者算至顶棚另加20cm）</td></tr>
<tr><td rowspan="2">室外抹灰</td><td>下肩抹灰</td><td>台明上皮</td><td colspan="2" rowspan="2">墙帽或博缝出檐下皮</td><td rowspan="2">砖墙外皮棱线（垛的侧面积应计算）</td></tr>
<tr><td>下肩不抹灰</td><td>下肩上皮</td></tr>
<tr><td>槛墙抹灰</td><td colspan="2">地面上皮</td><td colspan="2">窗榻板下皮</td><td>同室内</td></tr>
<tr><td>棋盘心墙（五花山墙）</td><td colspan="2">下肩上皮</td><td colspan="2">山尖清水砖下皮</td><td>墀头清水砖里口</td></tr>
</table>

三、柱、梁面抹灰按照图示尺寸以展开面积计算。

四、券底抹灰按券底展开面积计算。

五、须弥座、冰盘檐抹灰按垂直投影面积计算。

六、旧糙砖墙勾缝打点、旧毛石墙勾缝打点按垂直投影面积计算。

七、抹灰后做假砖缝或轧竖向小抹子花、象眼抹青灰镂花均按垂直投影面积计算。

八、石台基、台明打点勾缝按实际长度计算。

第一节　铲　灰　皮

工作内容：铲除空鼓灰皮、砍出碴口、清理基层。　　　　计量单位：m^2

定额编号				8-1	8-2	8-3
项　　目				铲灰皮		
				墙面		天棚
				3cm 以内	3cm 以外	
基价（元）				**6.08**	**9.18**	**7.29**
其中	人工费（元）			6.08	9.18	7.29
	材料费（元）			—	—	—
	机械费（元）			—	—	—
名　　称		单位	单价（元）	消　耗　量		
人工	二类人工	工日	135.00	0.045	0.068	0.054

第二节　修　　补

工作内容：铲除空鼓灰皮、砍出碴口、清理基层、基层浸水、调制灰浆、重新抹灰。

定额编号				8-4	8-5	8-6
项　　目				修补抹灰面（补抹清灰）		
				墙面	冰盘檐、须弥座	墙帽
计量单位				m^2		m
基价（元）				**46.00**	**55.44**	**26.07**
其中	人工费（元）			38.75	48.05	18.60
	材料费（元）			7.25	7.39	7.47
	机械费（元）			—	—	—
名　　称		单位	单价（元）	消　耗　量		
人工	三类人工	工日	155.00	0.250	0.310	0.120
材料	深月白小麻刀灰	m^3	320.61	0.022	0.023	—
	麦草泥	kg	0.02	9.170	—	—
	深月白中麻刀灰	m^3	338.83	—	—	0.022

工作内容：清扫墙面、剔除残损勾缝灰、洇湿旧墙面、调制灰浆、勾缝、打点，旧毛石墙勾缝还包括补背塞。

定额编号				8-7	8-8	8-9	8-10	8-11
项　目				旧糙砖墙勾缝		旧毛石墙勾缝		石台基、台明打点勾缝
				凸缝	平缝	凸缝	平缝	
计量单位				m^2				m
基价（元）				**79.70**	**32.27**	**86.48**	**36.42**	**9.31**
其中	人工费（元）			79.05	31.62	83.08	33.02	9.30
	材料费（元）			0.65	0.65	3.40	3.40	0.01
	机械费（元）			—	—	—	—	—
名　称		单位	单价（元）	消耗量				
人工	三类人工	工日	155.00	0.510	0.204	0.536	0.213	0.060
材料	油灰	kg	1.19	—	—	—	—	0.001
	深月白小麻刀灰	m^3	320.61	0.002	0.002	—	—	—
	深月白中麻刀灰	m^3	338.83	—	—	0.010	0.010	—

第三节 抹 灰

工作内容:1. 清理浮土、堵墙眼、洇湿旧墙面、调制灰浆、分层抹灰找平、罩面轧光。
2. 清理基层、堵墙眼、调用砂浆、分层抹灰找平、罩面压光(包括侧角、护角线)。

计量单位:m^2

定额编号				8-12	8-13	8-14	8-15
项目				墙面抹灰			
				青灰	水泥砂浆	石灰砂浆	混合砂浆
				20mm 厚			
基价(元)				**32.65**	**24.73**	**26.38**	**26.08**
其中	人工费(元)			24.80	17.98	19.84	19.07
	材料费(元)			7.85	6.13	5.92	6.39
	机械费(元)			—	0.62	0.62	0.62
名称		单位	单价(元)	消耗量			
人工	三类人工	工日	155.00	0.160	0.116	0.128	0.123
材料	深月白小麻刀灰	m^3	320.61	0.024	—	—	—
	麦草泥	kg	0.02	6.170	—	—	—
	水泥砂浆 1:2.5	m^3	252.49	—	0.007	—	—
	水泥砂浆 1:3	m^3	238.10	—	0.017	—	—
	石灰砂浆 1:3	m^3	236.24	—	—	0.022	—
	纸筋灰浆	m^3	331.19	—	—	0.002	—
	混合砂浆 1:1:4	m^3	276.85	—	—	—	0.007
	混合砂浆 1:1:6	m^3	250.72	—	—	—	0.017
	水	m^3	4.27	—	0.066	0.007	0.037
机械	灰浆搅拌机 200L	台班	154.97	—	0.004	0.004	0.004

工作内容：清理基层、调运砂浆、分层抹灰找平、罩面压光（包括侧角、护角线）。　　计量单位：100m²

定额编号				8-16
项　目				柱、梁面抹灰
				混合砂浆底、纸筋灰浆面
				20mm 厚
基价（元）				**2 806.76**
其中	人工费（元）			1 961.84
	材料费（元）			785.26
	机械费（元）			59.66
名　称		单位	单价（元）	消　耗　量
人工	三类人工	工日	155.00	12.657
材料	水泥砂浆 1∶2.5	m^3	252.49	0.525
	水泥石灰麻刀砂浆 1∶2∶4	m^3	328.16	1.050
	纸筋灰浆	m^3	331.19	0.798
	轻煤	kg	7.84	5.250
	水	m^3	4.27	0.210
机械	灰浆搅拌机 200L	台班	154.97	0.385

工作内容：调运砂浆。　　计量单位：100m²

定额编号				8-17	8-18	8-19	8-20
项　目				青灰	水泥砂浆	石灰砂浆	混合砂浆
				抹灰层每增减 1cm			
基价（元）				**68.40**	**57.62**	**57.88**	**59.13**
其中	人工费（元）			26.04	26.04	26.04	26.04
	材料费（元）			39.11	28.33	28.59	29.84
	机械费（元）			3.25	3.25	3.25	3.25
名　称		单位	单价（元）	消　耗　量			
人工	三类人工	工日	155.00	0.168	0.168	0.168	0.168
材料	深月白小麻刀灰	m^3	320.61	0.122	—	—	—
	水泥砂浆 1∶3	m^3	238.10	—	0.119	—	—
	石灰砂浆 1∶3	m^3	236.24	—	—	0.121	—
	混合砂浆 1∶1∶6	m^3	250.72	—	—	—	0.119
机械	灰浆搅拌机 200L	台班	154.97	0.021	0.021	0.021	0.021

工作内容:清理基层、堵墙眼、调用砂浆、分层抹灰找平、罩面压光(包括侧角、护角线)。 **计量单位:**100m²

定额编号				8-21	8-22	8-23	8-24
项目				零星项目抹灰			
				青灰	水泥砂浆	石灰砂浆	混合砂浆
基价(元)				**8 174.93**	**6 049.62**	**6 573.16**	**6 356.05**
其中	人工费(元)			7 418.46	5 332.00	5 907.83	5 664.79
	材料费(元)			756.47	650.83	600.24	624.47
	机械费(元)			—	66.79	65.09	66.79
名称		单位	单价(元)	消耗量			
人工	三类人工	工日	155.00	47.861	34.400	38.115	36.547
材料	深月白小麻刀灰	m³	320.61	2.290	—	—	—
	麦草泥	kg	0.02	588.720	—	—	—
	水泥砂浆 1:2.5	m³	252.49	—	0.704	—	—
	水泥砂浆 1:3	m³	238.10	—	1.628	2.100	—
	107 胶纯水泥浆	m³	490.56	—	0.105	—	—
	纸筋灰浆	m³	331.19	—	—	0.210	—
	混合砂浆 1:1:4	m³	276.85	—	—	—	0.704
	混合砂浆 1:1:6	m³	250.72	—	—	—	1.628
	水	m³	4.27	—	6.720	4.725	3.780
	其他材料费	元	1.00	10.50	5.25	10.50	5.25
机械	灰浆搅拌机 200L	台班	154.97	—	0.431	0.420	0.431

工作内容：剪钢（铁）板网、安膨胀螺栓、钉（挂）板网。　　　　计量单位：$100m^2$

定额编号				8-25	8-26	8-27
项　目				钢板网	钢丝网	玻璃纤维布
基价（元）				**2 106.64**	**1 742.98**	**1 096.14**
其中	人工费（元）			876.22	973.40	777.79
	材料费（元）			1 230.42	769.58	318.35
	机械费（元）			—	—	—
名　称		单位	单价（元）	消　耗　量		
人工	三类人工	工日	155.00	5.653	6.280	5.018
材料	钢板网	m^2	10.28	115.500	—	—
	金属膨胀螺栓 M8	100套	31.03	1.050	1.050	0.473
	钢丝网	m^2	6.29	—	115.500	—
	玻璃纤维网	m^2	1.90	—	—	115.500
	圆钉 25mm	kg	4.74	—	—	0.525
	903 胶	kg	15.52	—	—	4.725

工作内容：清理浮土、洇湿墙面、调制灰浆、打底找平、罩面轧光。　　　　计量单位：m^2

定额编号				8-28	8-29
项　目				券底抹青灰（厚 15mm）	
				麻刀灰	每增厚 0.5cm
基价（元）				**31.07**	**7.16**
其中	人工费（元）			26.04	5.58
	材料费（元）			5.03	1.58
	机械费（元）			—	—
名　称		单位	单价（元）	消　耗　量	
人工	三类人工	工日	155.00	0.168	0.036
材料	浅月白小麻刀灰	m^3	313.93	0.016	0.005

工作内容:清理浮土、洇湿墙面、调制灰浆、打底找平、罩面轧光。画壁抹灰还包括镂画花饰图案。 **计量单位**:m²

定额编号				8-30	8-31	8-32
项目				象眼抹青灰镂花	冰盘檐、须弥座抹青灰	画壁抹灰
基价(元)				**936.07**	**41.48**	**245.34**
其中	人工费(元)			930.00	34.10	232.50
	材料费(元)			6.07	7.38	12.84
	机械费(元)			—	—	—
名称		单位	单价(元)	消耗量		
人工	三类人工	工日	155.00	6.000	0.220	1.500
材料	浅月白小麻刀灰	m^3	313.93	0.016	—	—
	麻刀灰	m^3	259.62	0.002	—	0.005
	深月白浆	m^3	256.77	0.002	—	—
	深月白小麻刀灰	m^3	320.61	—	0.023	—
	掺灰泥 4∶6	m^3	110.91	—	—	0.026
	滑秸掺灰泥 3∶7	m^3	97.25	—	—	0.011
	竹篾	100根	5.02	—	—	1.030
	麻刀	kg	2.76	—	—	0.210
	铁钉	kg	3.97	—	—	0.210
	其他材料费	元	1.00	0.01	0.01	1.00

工作内容：清理浮土、洇湿墙面、调制灰浆、打底找平、罩面轧光。抹灰前钉麻揪还包括钉钉、拴麻，抹灰后做假砖缝或轧竖向小抹子花还包括反复赶轧。 **计量单位：**m^2

定额编号				8-33	8-34
项　目				抹灰前钉麻揪	抹灰后做假砖缝或轧竖向小抹子花
基价（元）				**10.90**	**25.01**
其中	人工费（元）			9.30	24.80
	材料费（元）			1.60	0.21
	机械费（元）			—	—
名　称		单位	单价（元）	消　耗　量	
人工	三类人工	工日	155.00	0.060	0.160
材料	铁钉	kg	3.97	0.210	—
	线麻	kg	10.86	0.070	—
	青灰	kg	2.00	—	0.100

工作内容：清理基层、湿润基层表面、调运砂浆、分层抹灰找平、罩面压光等全过程。 **计量单位：**100m

定额编号				8-35	8-36
项　目				装饰线条抹灰增加费（凸出宽 200 以内）三道以下	装饰线条抹灰增加费（凸出宽 200 以内）三道以上
基价（元）				**1 108.49**	**1 459.21**
其中	人工费（元）			1 028.58	1 328.04
	材料费（元）			68.61	115.77
	机械费（元）			11.30	15.40
名　称		单位	单价（元）	消　耗　量	
人工	三类人工	工日	155.00	6.636	8.568
材料	水泥砂浆　1∶2	m^3	268.85	0.011	0.105
	水泥砂浆　1∶2.5	m^3	252.49	0.126	0.168
	水泥砂浆　1∶3	m^3	238.10	0.126	0.168
	水	m^3	4.27	0.900	1.200
机械	灰浆搅拌机　200L	台班	154.97	0.060	0.080
	其他机械费	元	1.00	2.00	3.00

第九章

油 漆 工 程

说 明

一、本定额包括基层处理、油漆工程、其他三节。

二、清理除铲包括将构件表面浮土污痕清除干净、铲平，或在地仗完好的情况下铲除表面已破损的油漆皮。如需铲除灰皮的，套用本定额第八章“抹灰工程”相应定额，不再套用清理除铲定额。

三、麻布灰地仗砍净挠白综合了各种做法的麻、布灰地仗及损毁程度，单皮灰地仗砍净挠白综合了各种做法的单皮灰地仗及损毁程度，实际工程中不再因具体情况调整。

四、砍净挠白包括砍除全部旧油灰皮，挠除水锈瘢痕，并在木构造表面斩砍出新斧迹。

五、新木件砍斧迹指在新配制的木件上砍出斧迹，并清理浮尘。

六、清理除铲、砍净挠白、新木件砍斧迹均包括撕缝、楦缝、修补线角。

七、各种地仗综合考虑汁浆、操稀底油等做法，单皮灰地仗均包括木材接榫、接缝处局部糊布条。

八、地仗分层做法见下表。

地仗分层做法表

地仗项目		分层做法（按施工操作顺序）
一布四灰		汁浆、捉缝灰、通灰、糊布、磨布、中灰、细灰、钻生油
一布五灰		汁浆、捉缝灰、通灰、糊布、磨布、压布灰、中灰、细灰、钻生油
一麻五灰		汁浆、捉缝灰、通灰、使麻、磨麻、压麻灰、中灰、细灰、钻生油
单皮灰	四道灰	汁浆、捉缝灰、通灰、中灰、细灰、钻生油
	三道灰	汁浆、捉缝灰、中灰、细灰、钻生油

九、油漆工程按手工操作编制。

十、定额中生漆按成品考虑，加工方式不同，不做调整

十一、本章定额未考虑木构件封蜡，发生时另行计算。

工程量计算规则

一、表面清污、地仗、抹灰面油漆、套色断白、木材防腐等均按构件图示尺寸以“m^2”计算。

二、天花板地仗按投影面积以“m^2”计算。

三、扶手、栏杆按设计图示尺寸以扶手中心线长度计算,斜扶手、栏板、栏杆长度按水平长度乘以系数 1.15 计算。

四、隔断按设计图示尺寸以框外围面积计算,扣除门窗洞口和孔洞所占面积,但不扣除 0.3m^2 以内孔洞面积。

五、油漆工程根据不同的施工部位及施工对象,工程量分别按下列表中工程量计算规定计算的工程量乘以相应系数计算。

1. 木材面套用单层木门窗项目(多面涂刷按单面计算工程量)。

工程量计算系数表(木材面套用单层木门窗项目)

<table>
<tr><th>项目</th><th>系数</th><th>工程量计算规定</th></tr>
<tr><td>单层木门窗</td><td>1.00</td><td rowspan="12">框(扇)外图面积</td></tr>
<tr><td>板门、软门、乌头门</td><td>1.26</td></tr>
<tr><td>双层木门窗</td><td>1.36</td></tr>
<tr><td>百叶木门窗、格子门、破子棂窗、板棂窗、闪电窗</td><td>1.40</td></tr>
<tr><td>古式长窗(宫、葵、万、海棠、书条)</td><td>2.15</td></tr>
<tr><td>古式短窗(宫、葵、万、海棠、书条)</td><td>1.95</td></tr>
<tr><td>圆形、多角形窗(宫、葵、万、海棠、书条)</td><td>1.85</td></tr>
<tr><td>古式长窗(冰、乱纹、龟六角)</td><td>2.30</td></tr>
<tr><td>古式短窗(冰、乱纹、龟六角)</td><td>2.10</td></tr>
<tr><td>圆形、多角形窗(冰、乱纹、龟六角)</td><td>2.00</td></tr>
<tr><td>实拼板门</td><td>1.51</td></tr>
<tr><td>屏门、贡式樘子对子门</td><td>1.26</td></tr>
<tr><td>木栅栏、木栏杆(带扶手)</td><td>1.00</td><td rowspan="6">长 × 宽(满外量、不展开)</td></tr>
<tr><td>间壁、隔断</td><td>1.10</td></tr>
<tr><td>卧棂造钩阑、单钩阑</td><td>1.30</td></tr>
<tr><td>重台钩阑</td><td>1.50</td></tr>
<tr><td>叉子</td><td>1.70</td></tr>
<tr><td>古式木栏杆(带碰槛)</td><td>1.32</td></tr>
<tr><td>吴王靠(带坐凳板)</td><td>1.46</td><td rowspan="3">延长米</td></tr>
<tr><td>木挂落</td><td>0.45</td></tr>
<tr><td>飞罩</td><td>0.50</td></tr>
<tr><td rowspan="2">各种窗屉、隔扇芯屉</td><td>1.50</td><td>长 × 宽(单层双面做)</td></tr>
<tr><td>2.00</td><td>长 × 宽(双层双面做)</td></tr>
</table>

2. 木材面套用木扶手(不带托板)项目。

工程量计算系数表[木材面套用木扶手(不带托板)项目]

项目	系数	工程量计算规定
木扶手(不带托板)	1.00	延长米
木扶手(带托板)	2.50	
夹堂板、封檐板	2.20	
瓦口板、眼沿、勒望、里口木	0.45	
木座槛	2.39	

3. 木材面套用木地板项目。

工程量计算系数表(木材面套用木地板项目)

项目	系数	工程量计算规定
木地板	1.00	长 × 宽
木楼梯	2.30	水平投影(不包括底面)
木踢脚线	0.16	延长米

4. 木材面套用其他木材面项目(单面涂刷,按单面计算工程)。

工程量计算系数表(木材面套用其他木材面项目)

项目	系数	工程量计算规定
筒子板	0.83	长 × 宽
木护墙、墙裙、截间板帐心板、栈板墙、隔墙板	0.90	
木板天棚	1.00	
清水板条檐口天棚	1.10	
船篷轩(带压条)	1.06	投影面积之和,不展开
望板、疝填板	0.83	扣除椽面后的净面积

5. 大木构件及零星构件油漆工程量按展开面积计算。

(1)平身科斗拱展开面积参考表。

平身科斗拱展开面积参考表

斗拱分类名称	单位	平身科外檐拽架展开面积(斗口规格)					
		5	6	7	8	9	10
		m^2					
一斗三升	攒	0.232	0.334	0.455	0.594	0.752	0.928
一斗二升交麻叶	攒	0.257	0.370	0.503	0.657	0.823	1.027
三踩单翘	攒	0.412	0.593	0.807	1.054	1.334	1.647
三踩单昂	攒	0.523	0.753	1.025	1.339	1.695	2.092
五踩重昂	攒	0.694	0.999	1.360	1.776	2.248	2.775
五踩单翘单昂	攒	0.801	1.153	1.570	2.050	2.595	3.203
七踩三翘	攒	1.109	1.596	2.173	2.838	3.592	4.434
七踩单翘重昂	攒	1.178	1.696	2.308	3.015	3.816	4.711
九踩四翘	攒	1.477	2.126	2.894	3.780	4.784	5.906
九踩重翘重昂	攒	1.531	2.204	3.000	3.919	4.960	6.123
九踩单翘三昂	攒	1.563	2.251	3.064	4.002	5.065	6.253

注:1　表中数量均为斗拱(沿垫拱板位置分界)的单面面积。

2　角科斗拱按表中相应量乘以下列系数:外拽(室外)面乘以系数3.5;内拽(室内)面乘以系数1.5;牌楼(包括内外双面)乘以系数6。

(2)辅作面积展开参考表。

辅作面积展开表

铺作类别			展开面类别	包括铺作各构件正面、底面、侧面,不包括撩檐枋、罗汉枋、柱头枋、拱眼壁									
				一等材	二等材	三等材	四等材	五等材	六等材	七等材	未入等	八等材	未入等
材份尺寸(寸)				9×6	8.25×5.5	7.5×5	7.2×4.8	6.6×4.4	6×4	5.25×3.5	5×3.3	4.5×3	1.8×1.2
材份尺寸(mm)				288×192	256×176	240×160	230.4×153.6	211.2×140.8	192×128	168×112	160×105.6	144×96	57.6×38.4
计心造	单拱		画面	1.532	1.287	1.064	0.980	0.824	0.681	0.521	0.468	0.383	0.061
			掏里	0.266	0.223	0.184	0.170	0.143	0.118	0.090	0.081	0.066	0.011
	重拱		画面	2.984	2.508	2.072	1.910	1.605	1.326	1.015	0.912	0.746	0.119
			掏里	0.647	0.544	0.449	0.414	0.348	0.288	0.220	0.198	0.162	0.026
	丁头拱		画面	0.711	0.597	0.494	0.455	0.382	0.316	0.242	0.217	0.178	0.028
			掏里	0.104	0.087	0.072	0.066	0.056	0.046	0.035	0.032	0.026	0.004
	丁华抹颏拱		画面	3.258	2.737	2.262	2.085	1.752	1.448	1.109	0.995	0.814	0.130
			掏里	0.405	0.340	0.281	0.259	0.218	0.180	0.138	0.124	0.101	0.016
	单头只替	补间	画面	2.640	2.218	1.833	1.690	1.420	1.173	0.898	0.807	0.660	0.106
			掏里	0.199	0.167	0.138	0.127	0.107	0.089	0.068	0.061	0.050	0.008
		柱头	画面	2.171	1.824	1.508	1.390	1.168	0.965	0.739	0.663	0.543	0.087
			掏里	0.214	0.180	0.148	0.137	0.115	0.095	0.073	0.065	0.053	0.009
		转角	画面	3.432	2.884	2.383	2.196	1.846	1.525	1.168	1.049	0.858	0.137
			掏里	0.239	0.201	0.166	0.153	0.129	0.106	0.081	0.073	0.060	0.010

续表

铺作类别			展开面类别	包括铺作各构件正面、底面、侧面，不包括撩檐枋、罗汉枋、柱头枋、拱眼壁									
				一等材	二等材	三等材	四等材	五等材	六等材	七等材	未入等	八等材	未入等
材份尺寸(寸)				9×6	8.25×5.5	7.5×5	7.2×4.8	6.6×4.4	6×4	5.25×3.5	5×3.3	4.5×3	1.8×1.2
材份尺寸(mm)				288×192	256×176	240×160	230.4×153.6	211.2×140.8	192×128	168×112	160×105.6	144×96	57.6×38.4
计心造	斗口跳	补间	画面	3.430	2.882	2.382	2.195	1.845	1.525	1.167	1.048	0.858	0.137
			掏里	0.344	0.289	0.239	0.220	0.185	0.153	0.117	0.105	0.086	0.014
		柱头	画面	2.444	2.053	1.697	1.564	1.314	1.086	0.831	0.747	0.611	0.098
			掏里	0.489	0.411	0.340	0.313	0.263	0.217	0.166	0.149	0.122	0.020
		转角	画面	5.727	4.812	3.977	3.665	3.080	2.545	1.949	1.750	1.432	0.229
			掏里	0.584	0.491	0.405	0.374	0.314	0.260	0.199	0.178	0.146	0.023
	把头绞项造	补间	画面	3.031	2.547	2.105	1.940	1.630	1.347	1.031	0.926	0.758	0.121
			掏里	0.344	0.289	0.239	0.220	0.185	0.153	0.117	0.105	0.086	0.014
		柱头	画面	2.017	1.695	1.400	1.291	1.085	0.896	0.686	0.616	0.504	0.081
			掏里	0.344	0.289	0.239	0.220	0.185	0.153	0.117	0.105	0.086	0.014
		转角	画面	5.434	4.566	3.773	3.478	2.922	2.415	1.849	1.660	1.358	0.217
			掏里	0.389	0.327	0.270	0.249	0.209	0.173	0.132	0.119	0.097	0.016
	四铺作外插昂	补间	画面	9.747	8.190	6.768	6.238	5.241	4.332	3.317	2.978	2.437	0.390
			掏里	1.398	1.175	0.971	0.895	0.752	0.622	0.476	0.427	0.350	0.056
		柱头	画面	8.003	6.725	5.558	5.122	4.304	3.557	2.723	2.445	2.001	0.320
			掏里	0.631	0.530	0.438	0.404	0.339	0.280	0.215	0.193	0.158	0.025
		转角	画面	16.098	13.527	11.179	10.303	8.657	7.155	5.478	4.919	4.024	0.644
			掏里	6.554	5.508	4.552	4.195	3.525	2.913	2.230	2.003	1.639	0.262

续表

铺作类别			展开面类别	包括铺作各构件正面、底面、侧面,不包括撩檐枋、罗汉枋、柱头枋、拱眼壁									
				一等材	二等材	三等材	四等材	五等材	六等材	七等材	未入等	八等材	未入等
材份尺寸(寸)				9×6	8.25×5.5	7.5×5	7.2×4.8	6.6×4.4	6×4	5.25×3.5	5×3.3	4.5×3	1.8×1.2
材份尺寸(mm)				288×192	256×176	240×160	230.4×153.6	211.2×140.8	192×128	168×112	160×105.6	144×96	57.6×38.4
计心造	四铺作里外出单杪	补间	画面	12.245	10.290	8.504	7.837	6.585	5.442	4.167	3.742	3.061	0.490
			掏里	2.284	1.919	1.586	1.461	1.228	1.015	0.777	0.698	0.571	0.091
		柱头	画面	10.209	8.578	7.090	6.534	5.490	4.537	3.474	3.119	2.552	0.408
			掏里	0.535	0.450	0.372	0.342	0.288	0.238	0.182	0.163	0.134	0.021
		转角	画面	17.133	14.396	11.898	10.965	9.214	7.615	5.830	5.235	4.283	0.685
			掏里	4.316	3.627	2.997	2.762	2.321	1.918	1.469	1.319	1.079	0.173
	五铺作重拱出单杪单下昂,里转五铺作重拱出双杪,并计心	补间	画面	23.842	20.034	16.557	15.259	12.822	10.596	8.113	7.285	5.960	0.954
			掏里	10.031	8.428	6.966	6.420	5.394	4.458	3.413	3.065	2.508	0.401
		柱头	画面	16.713	14.043	11.606	10.696	8.988	7.428	5.687	5.107	4.178	0.669
			掏里	5.229	4.394	3.631	3.347	2.812	2.324	1.779	1.598	1.307	0.209
		转角	画面	30.331	25.487	21.063	19.412	16.311	13.481	10.321	9.268	7.583	1.213
			掏里	17.277	14.517	11.998	11.057	9.291	7.679	5.879	5.279	4.319	0.691
	六铺作重拱出单杪双下昂,里转五铺作重拱出双杪,并计心	补间	画面	20.686	17.382	14.365	13.239	11.124	9.194	7.039	6.321	5.171	0.827
			掏里	11.437	9.610	7.943	7.320	6.151	5.083	3.892	3.495	2.859	0.457
		柱头	画面	13.912	11.690	9.661	8.904	7.481	6.183	4.734	4.251	3.478	0.556
			掏里	9.030	7.588	6.271	5.779	4.856	4.013	3.073	2.759	2.257	0.361
		转角	画面	38.957	32.735	27.053	24.932	20.950	17.314	13.256	11.904	9.739	1.558
			掏里	29.172	24.513	20.258	18.670	15.688	12.965	9.927	8.914	7.293	1.167

续表

铺作类别			展开面类别	一等材	二等材	三等材	四等材	五等材	六等材	七等材	未入等	八等材	未入等
				包括铺作各构件正面、底面、侧面，不包括撩檐枋、罗汉枋、柱头枋、拱眼壁									
材份尺寸（寸）				9×6	8.25×5.5	7.5×5	7.2×4.8	6.6×4.4	6×4	5.25×3.5	5×3.3	4.5×3	1.8×1.2
材份尺寸（mm）				288×192	256×176	240×160	230.4×153.6	211.2×140.8	192×128	168×112	160×105.6	144×96	57.6×38.4
计心造	七铺作重拱出双杪双下昂，里转六铺作重拱出三杪，并计心	补间	画面	21.830	18.343	15.159	13.971	11.739	9.702	7.428	6.670	5.457	0.873
			掏里	17.152	14.413	11.911	10.978	9.224	7.623	5.837	5.241	4.288	0.686
		柱头	画面	20.661	17.361	14.348	13.223	11.111	9.183	7.030	6.313	5.165	0.826
			掏里	13.210	11.100	9.173	8.454	7.104	5.871	4.495	4.036	3.302	0.528
		转角	画面	53.791	45.199	37.355	34.426	28.928	23.907	18.304	16.436	13.448	2.152
			掏里	42.570	35.771	29.563	27.245	22.893	18.920	14.486	13.008	10.643	1.703
	八铺作重拱出双杪三下昂，里转六铺作重拱出三杪，并计心	补间	画面	28.521	23.966	19.806	18.253	15.338	12.676	9.705	8.715	7.130	1.141
			掏里	21.519	18.082	14.943	13.772	11.572	9.564	7.332	6.575	5.380	0.861
		柱头	画面	23.977	20.148	16.651	15.346	12.894	10.657	8.159	7.326	5.994	0.959
			掏里	20.199	16.973	14.027	12.927	10.863	8.977	6.873	6.172	5.050	0.808
		转角	画面	56.110	47.148	38.965	35.910	30.174	24.938	19.093	17.145	14.027	2.244
			掏里	57.310	48.156	39.798	36.678	30.820	25.471	19.501	17.511	14.327	2.292
偷心造	四铺作单拱出单杪，内偷心	补间	画面	9.549	8.023	6.631	6.111	5.135	4.244	3.249	2.918	2.387	0.382
			掏里	1.756	1.476	1.220	1.124	0.945	0.781	0.598	0.537	0.439	0.070
		柱头	画面	5.880	4.941	4.083	3.763	3.162	2.613	2.001	1.797	1.470	0.235
			掏里	0.289	0.243	0.200	0.185	0.155	0.128	0.098	0.088	0.072	0.012
		转角	画面	18.163	15.262	12.613	11.624	9.768	8.072	6.180	5.550	4.541	0.727
			掏里	4.465	3.752	3.101	2.858	2.401	1.985	1.519	1.364	1.116	0.179

续表

铺作类别			展开面类别	包括铺作各构件正面、底面、侧面,不包括撩檐枋、罗汉枋、柱头枋、拱眼壁									
				一等材	二等材	三等材	四等材	五等材	六等材	七等材	未入等	八等材	未入等
材份尺寸(寸)				9×6	8.25×5.5	7.5×5	7.2×4.8	6.6×4.4	6×4	5.25×3.5	5×3.3	4.5×3	1.8×1.2
材份尺寸(mm)				288×192	256×176	240×160	230.4×153.6	211.2×140.8	192×128	168×112	160×105.6	144×96	57.6×38.4
偷心造	四铺作重拱出单下昂,内出单杪,偷心	补间	画面	9.659	8.116	6.708	6.182	5.195	4.293	3.287	2.951	2.415	0.386
			掏里	1.762	1.480	1.223	1.128	0.947	0.783	0.599	0.538	0.440	0.070
		柱头	画面	5.998	5.040	4.165	3.838	3.225	2.666	2.041	1.833	1.499	0.240
			掏里	0.289	0.243	0.200	0.185	0.155	0.128	0.098	0.088	0.072	0.012
		转角	画面	18.396	15.457	12.775	11.773	9.893	8.176	6.260	5.621	4.599	0.736
			掏里	4.465	3.752	3.101	2.858	2.401	1.985	1.519	1.364	1.116	0.179
	五铺作重拱出单杪单下昂,内出双杪,偷心	补间	画面	15.447	12.980	10.727	9.886	8.307	6.865	5.256	4.720	3.862	0.618
			掏里	4.326	3.635	3.004	2.769	2.326	1.923	1.472	1.322	1.082	0.173
		柱头	画面	9.337	7.845	6.484	5.975	5.021	4.150	3.177	2.853	2.334	0.373
			掏里	5.074	4.263	3.523	3.247	2.728	2.255	1.726	1.550	1.268	0.203
		转角	画面	29.288	24.610	20.339	18.744	15.750	13.017	9.966	8.949	7.322	1.172
			掏里	20.008	16.812	13.894	12.805	10.760	8.892	6.808	6.113	5.002	0.800
	六铺作重拱出双杪单下昂一二跳偷心,内出三杪逐跳偷心	补间	画面	20.013	16.816	13.898	12.808	10.762	8.895	6.810	6.115	5.003	0.801
			掏里	2.767	2.325	1.922	1.771	1.488	1.230	0.942	0.846	0.692	0.111
		柱头	画面	14.294	12.011	9.926	9.148	7.687	6.353	4.864	4.368	3.574	0.572
			掏里	2.711	2.278	1.883	1.735	1.458	1.205	0.923	0.828	0.678	0.108
		转角	画面	37.526	31.533	26.060	24.017	20.181	16.678	12.769	11.466	9.382	1.501
			掏里	9.596	8.063	6.664	6.141	5.160	4.265	3.265	2.932	2.399	0.384

续表

铺作类别			展开面类别	包括铺作各构件正面、底面、侧面，不包括撩檐枋、罗汉枋、柱头枋、拱眼壁									
				一等材	二等材	三等材	四等材	五等材	六等材	七等材	未入等	八等材	未入等
材份尺寸（寸）				9×6	8.25×5.5	7.5×5	7.2×4.8	6.6×4.4	6×4	5.25×3.5	5×3.3	4.5×3	1.8×1.2
材份尺寸（mm）				288×192	256×176	240×160	230.4×153.6	211.2×140.8	192×128	168×112	160×105.6	144×96	57.6×38.4
偷心造	七铺作单拱出双杪双下昂，里转六铺作出三杪内外一跳偷心	补间	画面	22.498	18.904	15.623	14.398	12.099	9.999	7.655	6.874	5.624	0.900
			掏里	8.812	7.404	6.119	5.640	4.739	3.916	2.998	2.693	2.203	0.352
		柱头	画面	20.691	17.386	14.368	13.242	11.127	9.196	7.041	6.322	5.173	0.828
			掏里	4.815	4.046	3.343	3.081	2.589	2.140	1.638	1.471	1.204	0.193
		转角	画面	56.441	47.426	39.195	36.122	30.353	25.085	19.206	17.246	14.110	2.258
			掏里	12.436	10.449	8.636	7.959	6.688	5.527	4.232	3.800	3.109	0.497
	八铺作单拱出双杪三下昂，里转六铺作出三杪逐跳偷心	补间	画面	26.920	22.620	18.694	17.229	14.477	11.964	9.160	8.226	6.730	1.077
			掏里	6.933	5.826	4.815	4.437	3.729	3.082	2.359	2.119	1.733	0.277
		柱头	画面	25.409	21.350	17.645	16.262	13.664	11.293	8.646	7.764	6.352	1.016
			掏里	5.928	4.981	4.117	3.794	3.188	2.635	2.017	1.811	1.482	0.237
		转角	画面	68.058	57.188	47.263	43.557	36.600	30.248	23.159	20.796	17.015	2.722
			掏里	14.258	11.980	9.901	9.125	7.667	6.337	4.852	4.356	3.564	0.570
	五铺作重拱出双杪，内出单杪单上昂并计心	补间	画面	14.141	11.883	9.820	9.051	7.605	6.285	4.812	4.321	3.535	0.566
			掏里	9.128	7.670	6.339	5.842	4.909	4.057	3.106	2.789	2.282	0.365
		柱头	画面	14.512	12.194	10.078	9.287	7.804	6.450	4.938	4.434	3.628	0.580
			掏里	7.439	6.251	5.166	4.761	4.001	3.306	2.531	2.273	1.860	0.298
		转角	画面	20.268	17.031	14.075	12.972	10.900	9.008	6.897	6.193	5.067	0.811
			掏里	14.017	11.778	9.734	8.971	7.538	6.230	4.770	4.283	3.504	0.561

续表

铺作类别			展开面类别	一等材	二等材	三等材	四等材	五等材	六等材	七等材	未入等	八等材	未入等
				包括铺作各构件正面、底面、侧面,不包括撩檐枋、罗汉枋、柱头枋、拱眼壁									
材份尺寸(寸)				9×6	8.25×5.5	7.5×5	7.2×4.8	6.6×4.4	6×4	5.25×3.5	5×3.3	4.5×3	1.8×1.2
材份尺寸(mm)				288×192	256×176	240×160	230.4×153.6	211.2×140.8	192×128	168×112	160×105.6	144×96	57.6×38.4
偷心造	六铺作重拱出三杪,内出双杪单上昂偷心,跳内当中施骑斗拱	补间	画面	19.633	16.497	13.634	12.565	10.558	8.726	6.681	5.999	4.908	0.785
			掏里	11.928	10.023	8.283	7.634	6.415	5.301	4.059	3.645	2.982	0.477
		柱头	画面	17.717	14.887	12.303	11.339	9.528	7.874	6.029	5.413	4.429	0.709
			掏里	10.597	8.904	7.359	6.782	5.699	4.710	3.606	3.238	2.649	0.424
		转角	画面	45.271	38.040	31.438	28.973	24.346	20.120	15.405	13.833	11.318	1.811
			掏里	25.319	21.275	17.583	16.204	13.616	11.253	8.615	7.736	6.330	1.013
	七铺作重拱出三杪,内出双杪双上昂偷心,跳内当中施骑斗拱	补间	画面	21.267	17.870	14.769	13.611	11.437	9.425	7.237	6.498	5.317	0.851
			掏里	13.230	11.117	9.188	8.467	7.115	5.880	4.502	4.043	3.308	0.529
		柱头	画面	21.516	18.079	14.942	13.770	11.571	9.563	7.321	6.574	5.379	0.861
			掏里	12.161	10.219	8.445	7.783	6.540	5.405	4.138	3.716	3.040	0.486
		转角	画面	42.123	35.395	29.252	26.959	22.653	18.721	14.333	12.871	10.531	1.685
			掏里	30.132	25.319	20.925	19.284	16.204	13.392	10.253	9.207	7.533	1.205
	八铺作重拱出三杪,内出三杪双上昂偷心,跳内当中施骑斗拱	补间	画面	17.549	14.746	12.187	11.231	9.438	7.800	5.972	5.362	4.387	0.702
			掏里	7.807	6.560	5.421	4.996	4.198	3.470	2.656	2.385	1.952	0.312
		柱头	画面	17.549	14.746	12.187	11.231	9.438	7.800	5.972	5.362	4.387	0.702
			掏里	7.807	6.560	5.421	4.996	4.198	3.470	2.656	2.385	1.952	0.312
		转角	画面	49.057	41.222	34.068	31.397	26.382	21.803	16.693	14.990	12.264	1.962
			掏里	27.774	23.338	19.288	17.775	14.936	12.344	9.451	8.487	6.944	1.111

续表

铺作类别			展开面类别	包括铺作各构件正面、底面、侧面，不包括撩檐枋、罗汉枋、柱头枋、拱眼壁									
				一等材	二等材	三等材	四等材	五等材	六等材	七等材	未入等	八等材	未入等
材份尺寸（寸）				9×6	8.25×5.5	7.5×5	7.2×4.8	6.6×4.4	6×4	5.25×3.5	5×3.3	4.5×3	1.8×1.2
材份尺寸（mm）				288×192	256×176	240×160	230.4×153.6	211.2×140.8	192×128	168×112	160×105.6	144×96	57.6×38.4
平座	四铺作出卷头壁内重拱，并计心	补间	画面	6.557	5.510	4.554	4.197	3.526	2.914	2.231	2.004	1.639	0.262
			掏里	1.787	1.501	1.241	1.144	0.961	0.794	0.608	0.546	0.447	0.071
		柱头	画面	6.557	5.510	4.554	4.197	3.526	2.914	2.231	2.004	1.639	0.262
			掏里	1.787	1.501	1.241	1.144	0.961	0.794	0.608	0.546	0.447	0.071
		转角	画面	14.022	11.782	9.737	8.974	7.540	6.232	4.771	4.284	3.505	0.561
			掏里	6.617	5.561	4.595	4.235	3.559	2.941	2.252	2.022	1.654	0.265
	五铺作重拱出双杪卷头，并计心	补间	画面	8.989	7.553	6.242	5.753	4.834	3.995	3.059	2.746	2.247	0.360
			掏里	4.104	3.449	2.850	2.627	2.207	1.824	1.397	1.254	1.026	0.164
		柱头	画面	8.989	7.553	6.242	5.753	4.834	3.995	3.059	2.746	2.247	0.360
			掏里	4.104	3.449	2.850	2.627	2.207	1.824	1.397	1.254	1.026	0.164
		转角	画面	18.500	15.545	12.847	11.840	9.949	8.222	6.295	5.653	4.625	0.740
			掏里	17.074	11.826	9.773	9.007	7.568	6.255	4.789	4.300	3.518	0.563

续表

铺作类别			展开面类别	包括铺作各构件正面、底面、侧面，不包括撩檐枋、罗汉枋、柱头枋、拱眼壁									
				一等材	二等材	三等材	四等材	五等材	六等材	七等材	未入等	八等材	未入等
材份尺寸（寸）				9×6	8.25×5.5	7.5×5	7.2×4.8	6.6×4.4	6×4	5.25×3.5	5×3.3	4.5×3	1.8×1.2
材份尺寸（mm）				288×192	256×176	240×160	230.4×153.6	211.2×140.8	192×128	168×112	160×105.6	144×96	57.6×38.4
平座	六铺作重拱出三杪卷头，并计心	补间	画面	13.475	11.323	9.358	8.624	7.247	5.989	4.585	4.117	3.369	0.539
			掏里	8.983	7.549	6.238	5.749	4.831	3.993	3.057	2.745	2.246	0.359
		柱头	画面	13.475	11.323	9.358	8.624	7.247	5.989	4.585	4.117	3.369	0.539
			掏里	8.983	7.549	6.238	5.749	4.831	3.993	3.057	2.745	2.246	0.359
		转角	画面	30.775	25.860	21.372	19.696	16.550	13.678	10.472	9.404	7.694	1.231
			掏里	25.178	21.156	17.484	16.114	13.540	11.190	8.567	7.693	6.294	1.007
	七铺作重拱出四杪卷头，并计心	补间	画面	15.979	13.427	11.096	10.226	8.593	7.102	5.437	4.882	3.995	0.639
			掏里	10.881	9.143	7.556	6.964	5.851	4.836	3.702	3.325	2.720	0.435
		柱头	画面	15.979	13.427	11.096	10.226	8.593	7.102	5.437	4.882	3.995	0.639
			掏里	10.881	9.143	7.556	6.964	5.851	4.836	3.702	3.325	2.720	0.435
		转角	画面	47.805	40.169	33.198	30.595	25.708	21.247	16.267	14.607	11.951	1.912
			掏里	77.372	65.014	53.730	49.518	41.609	34.387	26.328	23.641	19.343	3.095

第一节　基层处理

工作内容：1. 清理除铲：铲除空鼓漆皮。
2. 表面清污：清理浮土、刷水、清理污渍。

计量单位：m^2

定额编号				9-1	9-2	9-3	9-4
项　目				清理除铲		表面清污	
				墙、板	其他结构	墙、板	其他结构
基价（元）				**7.35**	**11.81**	**8.97**	**11.27**
其中	人工费（元）			6.48	10.94	8.10	10.40
	材料费（元）			0.87	0.87	0.87	0.87
	机械费（元）			—	—	—	—
名　称		单位	单价（元）	消　耗　量			
人工	二类人工	工日	135.00	0.048	0.081	0.060	0.077
材料	水	m^3	4.27	0.006	0.006	0.006	0.006
	其他材料费	元	1.00	0.84	0.84	0.84	0.84

工作内容：清理基层、撕缝、楦缝、洗挠、砍旧油灰、下竹钉、修补线角。找补砍麻灰地仗还包括砍掉空鼓、龟裂地仗。

计量单位：m^2

定额编号				9-5	9-6	9-7	9-8	9-9	9-10
项　目				找补砍麻灰地仗	砍净挠白				新木件砍斧迹
					墙板地仗		其他结构地仗		
					麻（布）灰地仗	单皮灰地仗	麻（布）灰地仗	单皮灰地仗	
基价（元）				**38.34**	**61.83**	**25.65**	**101.12**	**70.88**	**11.34**
其中	人工费（元）			38.34	61.83	25.65	101.12	70.88	11.34
	材料费（元）			—	—	—	—	—	—
	机械费（元）			—	—	—	—	—	—
名　称		单位	单价（元）	消　耗　量					
人工	二类人工	工日	135.00	0.284	0.458	0.190	0.749	0.525	0.084

工作内容:清理基层、调制灰料、刷油、刷浆、批灰、打磨、压麻、糊布。 计量单位:m^2

定额编号				9-11	9-12	9-13	9-14
项目				墙、板地仗			
				一麻五灰	一布五灰	一布四灰	单皮灰
基价(元)				**226.56**	**206.30**	**176.60**	**148.70**
其中	人工费(元)			172.36	156.40	138.88	117.80
	材料费(元)			54.20	49.90	37.72	30.90
	机械费(元)			—	—	—	—
名称		单位	单价(元)	消耗量			
人工	三类人工	工日	155.00	1.112	1.009	0.896	0.760
材料	玻璃布 0.15×300	m	0.95	0.011	0.011	0.011	0.011
	血料	kg	3.02	7.479	6.971	5.331	4.514
	砖灰(粗/中/细)	kg	0.48	8.083	7.787	5.557	5.557
	面粉	kg	6.03	0.361	0.330	0.218	0.161
	灰油	kg	7.33	2.032	1.852	1.227	0.905
	清油	kg	14.22	0.347	0.347	0.329	0.329
	生桐油	kg	4.31	0.263	0.263	0.263	0.263
	汽油 综合	kg	6.12	0.368	—	—	—
	细灰	kg	0.24	—	5.460	5.460	—
	精梳麻	kg	25.86	0.067	0.061	0.040	0.029
	木砂纸	张	1.03	0.173	0.173	0.173	0.173
	其他材料费	元	1.00	0.42	0.40	0.30	0.25

工作内容：清理基层、调制灰料、刷油、刷浆、批灰、打磨、压麻、糊布。　　　　计量单位：m^2

定额编号				9-15	9-16	9-17	9-18
项　目				其他结构地仗			
				一麻五灰	一布五灰	一布四灰	单皮灰
基价（元）				**203.65**	**175.83**	**163.17**	**139.11**
其中	人工费（元）			154.69	131.75	123.07	104.16
	材料费（元）			48.96	44.08	40.10	34.95
	机械费（元）			—	—	—	—
名　称		单位	单价（元）	消　耗　量			
人工	三类人工	工日	155.00	0.998	0.850	0.794	0.672
材料	面粉	kg	6.03	0.270	0.252	0.216	0.159
	血料	kg	3.02	6.154	5.866	5.207	4.410
	砖灰（粗/中/细）	kg	0.48	6.362	5.861	5.300	5.300
	灰油	kg	7.33	1.517	1.416	1.215	0.897
	清油	kg	14.22	0.329	0.329	0.329	0.329
	生桐油	kg	4.31	0.263	0.263	0.263	0.263
	汽油 综合	kg	6.12	0.011	0.011	0.011	0.011
	细灰	kg	0.24	0.050	0.046	0.040	—
	精梳麻	kg	25.86	0.315	—	—	—
	木砂纸	张	1.03	0.173	0.173	0.173	0.173
	玻璃布 0.15×300	m	0.95	—	5.460	5.460	5.460

第二节 油漆工程

一、木材面油漆

工作内容: 清理基层、刮腻子、打磨、刷油漆等全部过程。

定额编号				9-19	9-20	9-21	9-22	9-23
项目				广漆(国漆)三遍				
				木门窗	柱、梁、架、桁、枋古式大木构件	斗拱、牌科、戗角等古式零星木构件	其他木材面	木扶手(不带托板)
计量单位				100m^2				100m
基价(元)				**11 063.70**	**8 844.33**	**10 544.96**	**7 801.06**	**2 261.58**
其中	人工费(元)			10 409.03	8 538.18	10 240.23	7 441.09	2 194.34
	材料费(元)			654.67	306.15	304.73	359.97	67.24
	机械费(元)			—	—	—	—	—
名称		单位	单价(元)	消耗量				
人工	三类人工	工日	155.00	67.155	55.085	66.066	48.007	14.157
材料	生漆	kg	11.16	16.380	7.560	7.560	9.030	1.680
	熟桐油	kg	11.17	16.380	7.560	7.560	9.030	1.680
	石膏粉	kg	0.68	6.930	3.255	3.255	3.780	0.735
	松香水	kg	4.74	12.705	5.880	5.880	7.035	1.365
	银珠	kg	138.00	0.630	0.315	0.305	0.357	0.063
	氧化铁红	kg	6.79	6.510	3.045	3.045	3.570	0.630
	木砂纸	张	1.03	43.050	19.845	19.845	21.420	4.515
	血料	kg	3.02	8.505	3.990	3.990	4.725	0.945

注: 定额中生漆按成品考虑,实际加工方式不同,不做调整。

工作内容：清理基层、刮腻子、打磨、刷油漆等全部过程。

定额编号				9-24	9-25	9-26	9-27	9-28
项　目				广漆（国漆）每增（减）一遍				
				木门窗	柱、梁、架、桁、枋古式大木构件	斗拱、牌科、戗角等古式零星木构件	其他木材面	木扶手（不带托板）
计量单位				100m²				100m
基价（元）				**3 750.31**	**3 033.27**	**3 632.33**	**2 495.87**	**770.49**
其中	人工费（元）			3 636.15	2 982.05	3 579.73	2 433.50	759.66
	材料费（元）			114.16	51.22	52.60	62.37	10.83
	机械费（元）			—	—	—	—	—
名　称		单位	单价（元）	消　耗　量				
人工	三类人工	工日	155.00	23.459	19.239	23.095	15.700	4.901
材料	生漆	kg	11.16	2.625	1.260	1.260	1.470	0.263
	熟桐油	kg	11.17	2.625	1.260	1.260	1.470	0.263
	石膏粉	kg	0.68	1.050	0.473	0.473	0.578	0.105
	松香水	kg	4.74	2.100	0.945	0.945	1.103	0.210
	银珠	kg	138.00	0.158	0.053	0.063	0.079	0.011
	氧化铁红	kg	6.79	1.260	0.630	0.630	0.735	0.105
	木砂纸	张	1.03	8.085	3.728	3.728	4.410	0.840
	血料	kg	3.02	2.048	0.945	0.945	1.155	0.263

工作内容：清理基层、刮腻子、打磨、刷油漆等全部过程。

定额编号				9-29	9-30	9-31	9-32	9-33
项　目				底油一遍、调和漆两遍				
				木门窗	柱、梁、架、桁、枋古式大木构件	斗拱、牌科、戗角等古式零星木构件	其他木材面	木扶手(不带托板)
计量单位				100m²				100m
基价(元)				**3 890.24**	**3 595.66**	**4 256.74**	**2 646.42**	**900.21**
其中	人工费(元)			3 221.21	3 291.58	3 952.66	2 278.81	829.87
	材料费(元)			669.03	304.08	304.08	367.61	70.34
	机械费(元)			—	—	—	—	—
名　称		单位	单价(元)	消　耗　量				
人工	三类人工	工日	155.00	20.782	21.236	25.501	14.702	5.354
材料	石膏粉	kg	0.68	4.830	2.205	2.205	2.625	0.525
	调和漆	kg	11.21	21.210	9.660	9.660	11.655	2.205
	无光调和漆	kg	13.79	24.045	10.920	10.920	13.230	2.520
	熟桐油	kg	11.17	4.095	1.890	1.890	2.205	0.420
	清油	kg	14.22	1.680	0.735	0.735	0.945	0.210
	溶剂油	kg	2.29	7.875	3.570	3.570	4.305	0.840

工作内容：清理基层、刮腻子、打磨、刷油漆等全部过程。

定额编号				9-34	9-35	9-36	9-37	9-38
项　目				调和漆每增(减)一遍				
				木门窗	柱、梁、架、桁、枋古式大木构件	斗拱、牌科、戗角等古式零星木构件	其他木材面	木扶手(不带托板)
计量单位				100m²				100m
基价(元)				**504.90**	**359.76**	**416.02**	**326.92**	**93.88**
其中	人工费(元)			349.99	288.46	344.72	309.54	77.50
	材料费(元)			154.91	71.30	71.30	17.38	16.38
	机械费(元)			—	—	—	—	—
名　称		单位	单价(元)	消　耗　量				
人工	三类人工	工日	155.00	2.258	1.861	2.224	1.997	0.500
材料	无光调和漆	kg	13.79	10.553	4.830	4.830	1.260	1.103
	熟桐油	kg	11.17	0.840	0.420	0.420	—	0.105

工作内容：清理基层、刮腻子、打磨、刷油漆等全部过程。

定额编号				9-39	9-40	9-41	9-42	9-43
项　目				熟桐油两遍				
				木门窗	柱、梁、架、桁、枋古式大木构件	斗拱、牌科、戗角等古式零星木构件	其他木材面	木扶手（不带托板）
计量单位				$100m^2$				100m
基价（元）				**3 381.80**	**2 678.67**	**3 185.07**	**1 789.82**	**675.09**
其中	人工费（元）			3 119.22	2 560.14	3 066.52	1 645.79	647.13
	材料费（元）			262.58	118.53	118.55	144.03	27.96
	机械费（元）			—	—	—	—	—
名　称		单位	单价（元）	消　耗　量				
人工	三类人工	工日	155.00	20.124	16.517	19.784	10.618	4.175
材料	熟桐油	kg	11.17	21.630	9.765	9.765	11.865	2.310
	溶剂油	kg	2.29	7.245	3.255	3.255	3.990	0.735
	其他材料费	元	1.00	4.38	2.00	2.02	2.36	0.47

工作内容：清理基层、刮腻子、打磨、刷油漆等全部过程。

定额编号				9-44	9-45	9-46	9-47	9-48
项目				底油、油色、清漆二遍				
				木门窗	柱、梁、架、桁、枋古式大木构件	斗拱、牌科、戗角等古式零星木构件	其他木材面	木扶手（不带托板）
计量单位				100m^2				100m
基价（元）				**4 150.40**	**3 273.59**	**3 892.51**	**2 535.00**	**824.74**
其中	人工费（元）			3 789.13	3 108.68	3 727.60	2 335.08	787.71
	材料费（元）			361.27	164.91	164.91	199.92	37.03
	机械费（元）			—	—	—	—	—
名称		单位	单价（元）	消耗量				
人工	三类人工	工日	155.00	24.446	20.056	24.049	15.065	5.082
材料	石膏粉	kg	0.68	4.830	2.205	2.205	2.625	0.525
	调和漆	kg	11.21	0.840	0.420	0.420	0.525	0.105
	熟桐油	kg	11.17	4.095	1.890	1.890	2.205	0.420
	清油	kg	14.22	2.415	1.050	1.050	1.365	0.210
	溶剂油	kg	2.29	14.070	6.405	6.405	7.770	1.470
	酚醛清漆	kg	10.34	22.260	10.185	10.185	12.285	2.310

工作内容：清理基层、刮腻子、打磨、刷油漆等全部过程。

定额编号				9-49	9-50	9-51	9-52	9-53
项目				润粉、刮腻子、油色、清漆三遍				
				木门窗	柱、梁、架、桁、枋古式大木构件	斗拱、牌科、戗角等古式零星木构件	其他木材面	木扶手（不带托板）
计量单位				100m²				100m
基价（元）				**11 054.56**	**8 859.83**	**10 575.83**	**7 801.78**	**2 269.60**
其中	人工费（元）			10 521.56	8 619.09	10 335.09	7 511.46	2 213.71
	材料费（元）			533.00	240.74	240.74	290.32	55.89
	机械费（元）			—	—	—	—	—
名称		单位	单价（元）	消耗量				
人工	三类人工	工日	155.00	67.881	55.607	66.678	48.461	14.282
材料	石膏粉	kg	0.68	5.145	2.310	2.310	2.835	0.525
	调和漆	kg	11.21	3.255	1.470	1.470	1.785	0.315
	熟桐油	kg	11.17	5.775	2.625	2.625	3.150	0.630
	清油	kg	14.22	2.940	1.260	1.260	1.470	0.315
	溶剂油	kg	2.29	13.020	5.880	5.880	7.140	1.365
	酚醛清漆	kg	10.34	33.075	15.015	15.015	18.165	3.465
	大白粉	kg	0.34	17.955	8.190	8.190	9.870	1.890

工作内容:清理基层、刮腻子、打磨、刷油漆等全部过程。　　**计量单位**:100m²

定额编号				9-54	9-55	9-56	9-57
项　　目				木地板			
				底油油色清漆二遍	广漆(国漆)明光二遍	地板漆	
						三遍	每增(减)一遍
基价(元)				**1 275.02**	**3 993.11**	**3 223.79**	**677.02**
其中	人工费(元)			1 111.20	3 811.92	2 918.65	583.89
	材料费(元)			163.82	181.19	305.14	93.13
	机械费(元)			—	—	—	—
名　　称		单位	单价(元)	消　耗　量			
人工	三类人工	工日	155.00	7.169	24.593	18.830	3.767
材料	石膏粉	kg	0.68	2.205	2.625	2.674	—
	溶剂油	kg	2.29	6.405	5.355	0.767	—
	调和漆	kg	11.21	0.420	—	—	—
	清油	kg	14.22	1.050	—	—	—
	酚醛清漆	kg	10.34	10.080	—	—	—
	熟桐油	kg	11.17	1.890	—	1.964	—
	生漆	kg	11.16	—	6.195	—	—
	坯油	kg	6.03	—	6.195	—	—
	银珠	kg	138.00	—	0.210	—	—
	氧化铁红	kg	6.79	—	2.205	—	—
	血料	kg	3.02	—	2.940	—	—
	木地板漆	kg	11.72	—	—	22.985	7.655

工作内容：清理基层、刷防火漆等全部过程。

定额编号				9-58	9-59	9-60	9-61	9-62
项目				防火漆二遍				
				木门窗	柱、梁、架、桁、枋古式大木构件	斗拱、牌科、戗角等古式零星木构件	其他木材面	木扶手（不带托板）
计量单位				$100m^2$				100m
基价（元）				**2 825.66**	**2 418.47**	**2 835.26**	**1 845.70**	**592.00**
其中	人工费（元）			2 017.17	2 074.68	2 491.47	1 436.39	568.23
	材料费（元）			808.49	343.79	343.79	409.31	23.77
	机械费（元）			—	—	—	—	—
名称		单位	单价（元）	消耗量				
人工	三类人工	工日	155.00	13.014	13.385	16.074	9.267	3.666
材料	石膏粉	kg	0.68	5.292	2.237	2.237	2.667	0.525
	清油	kg	14.22	3.728	1.575	1.575	1.880	0.368
	生桐油	kg	4.31	5.145	2.174	2.174	2.583	0.525
	防火漆	kg	15.52	36.992	15.666	15.666	18.648	0.368
	松香水	kg	4.74	11.141	5.009	5.009	5.964	0.105
	大白粉	kg	0.34	19.604	8.295	8.295	9.881	0.189
	酒精 工业用 99.5%	kg	7.07	0.105	0.044	0.044	0.053	0.011
	钴铅催干剂	kg	8.14	0.903	0.389	0.389	0.462	0.095
	麻绳	kg	7.51	3.780	1.607	1.607	1.911	0.378
	木砂纸	张	1.03	56.700	23.814	23.814	28.350	5.670
	白布	m^2	5.34	0.231	0.137	0.137	0.168	0.021

工作内容:清理基层、刷防火漆等全部过程。

定额编号					9-63	9-64	9-65	9-66	9-67
项目					防火漆每增(减)一遍				
					木门窗	柱、梁、架、桁、枋古式大木构件	斗拱、牌科、戗角等古式零星木构件	其他木材面	木扶手(不带托板)
计量单位					$100m^2$				100m
基价(元)					**476.27**	**296.99**	**332.17**	**223.60**	**51.28**
其中	人工费(元)				219.79	179.34	214.52	193.44	48.83
	材料费(元)				256.48	117.65	117.65	30.16	2.45
	机械费(元)				—	—	—	—	—
名称			单位	单价(元)	消耗量				
人工	三类人工		工日	155.00	1.418	1.157	1.384	1.248	0.315
材料	防火漆		kg	15.52	16.233	7.434	7.434	1.943	0.158
	生桐油		kg	4.31	1.055	0.528	0.528	—	—

二、抹灰面油漆

工作内容:清理基层、刮腻子、打磨、刷油漆等全部过程。 **计量单位:**m^2

定额编号				9-68	9-69
项目				调和漆	
				二遍	三遍
基价(元)				**1 237.15**	**1 576.44**
其中	人工费(元)			900.24	1 125.30
	材料费(元)			336.91	451.14
	机械费(元)			—	—
名称		单位	单价(元)	消耗量	
人工	三类人工	工日	155.00	5.808	7.260
材料	调和漆	kg	11.21	9.765	9.765
	无光调和漆	kg	13.79	9.765	17.955
	熟桐油	kg	11.17	2.310	2.310
	清油	kg	14.22	1.680	1.680
	溶剂油	kg	2.29	6.405	6.405
	羧甲基纤维素	kg	13.14	0.315	0.315
	聚醋酸乙烯乳液	kg	5.60	1.680	1.680
	石膏粉	kg	0.68	14.910	14.910

第三节 其 他

工作内容: 清理基层、调制颜料(防腐剂)、涂刷等全部过程。 **计量单位:** 100m²

定额编号					9-70	9-71
项 目					套色断白	木材防腐 涂刷 ACQ 三遍
基价(元)					**1 275.48**	**961.13**
其中	人工费(元)				1 199.70	781.20
	材料费(元)				75.78	179.93
	机械费(元)				—	—
名 称			单位	单价(元)	消 耗 量	
人工	三类人工		工日	155.00	7.740	5.040
材料	季铵铜(ACQ)		kg	12.00	—	14.700
	石膏粉		kg	0.68	0.095	—
	色粉		kg	3.19	5.225	—
	木砂纸		张	1.03	6.600	—

第十章

脚手架及垂直运输工程

说 明

一、本章定额包括脚手架工程和人工垂直运输两节。

二、本章脚手架周转材料按摊销量编制。

三、本章脚手架已综合考虑搭设材料及搭设方法。

四、本章定额除个别子目外，不包括相应的铺板，应单独执行铺板、落翻板的相应子目。

五、外墙脚手架定额未综合斜道和上料平台，发生时应另列项目计算。

六、高度在3.6m以上的内墙装饰脚手架，如不能利用满堂脚手架，需另行搭设时，按内墙脚手架定额人工乘以系数0.6，材料乘以系数0.3。

七、高度超过3.6m至5.2m以内的天棚抹灰或安装，按满堂脚手架基本层计算。高度超过5.2m，另按增加层定额计算。屋面落架时，定额乘以系数1.2。

八、屋面脚手架及歇山排山脚手架均已综合了重檐和多重檐建筑，如遇重檐和多重檐建筑，定额不得调整。

九、垂岔脊脚手架适用于各种单坡长在5m以上的屋面调修垂岔脊之用，如遇歇山建筑已支搭了歇山排山脚手架或硬悬山建筑已支搭了供调脊用的脚手架，则不应再执行垂岔脊定额。

十、屋面马道适用于屋面单坡长6m以上，运送各种吻、兽、脊件之用。

十一、保护罩棚用于文物保护建筑或者工艺复杂的历史建筑修缮。保护罩棚脚手架综合了各种屋面形式和重檐、多重檐以及出入口搭设护头棚、上人马道（梯子）、落翻板、局部必要拆改等各种因素；包括外墙脚手架、歇山排山脚手架、吻脚手架、宝顶脚手架等，不包括满堂脚手架、内墙脚手架、起重平台、进料平台等，以及安装临时避雷防护措施，发生时另行计算。

十二、垂直运输高度指设计室外地坪至相应楼层顶面的高度。坡屋面建筑是指设计室外地坪至屋脊顶高度。

十三、檐口高度在3.6m以内的单层古建筑，垂直运输定额乘以系数0.3。

十四、相连的建筑物檐高不同时，根据不同高度的垂直分界面分别计算建筑面积，套用相应定额。

工程量计算规则

一、外墙脚手架分檐高按实搭垂直投影面积计算。

二、满堂脚手架分层高按实搭水平投影面积计算。

三、园桥脚手架按桥侧面实际搭设面积计算,可套用外墙脚手架。圆拱桥拱洞脚手架另按桥拱洞水平投影面积计算,套用圆拱桥脚手架。

四、歇山排山脚手架,自博脊根的横杆起为一步,分步以“座”计算。

五、屋面支杆按屋面面积计算;正脊扶手盘、骑马架子均按正脊长度,檐头倒绑扶手按檐头长度,垂岔脊架子按垂岔脊长度,屋面马道按实搭长度计算;吻及宝顶架子以“座”计算。

六、翘角、屋面脚手架发生时按实际搭设面积以“m^2”计算。

七、廊脚手架工程量按水平投影外边线总长度乘以设计室外地坪至廊脊高度以面积计算。

八、围墙脚手架高度自设计室外地坪至围墙顶,长度按围墙中心线计算,单落水按单面计算,双落水按双面计算,洞口面积不扣,砖垛(柱)也不折加长度。

九、地面运输马道按实搭长度计算。

十、起重平台、进料平台分搭设高度以“座”计算。

十一、斜道分搭设高度以“座”计算。

十二、落料溜槽分高度以“座”计算。

十三、护头棚按实搭面积计算。

十四、单独铺板分高度按实铺长度计算,落翻板按实铺长度计算。

十五、防护罩棚综合脚手架按台明外围水平投影面积计算,无台明者按围护结构外围水平投影面积计算。

十六、人工垂直运输按不同材料以定额所示计量单位分别计算。

十七、人工垂直运输若高度超过 18m,人工根据 18m 以内子目按比例乘以系数。

十八、人工垂直运输地材中,砖按标准砖规格编制,瓦按 180mm × 180mm × 12mm 规格编制,如遇不同规格的材料,对照此规格按比例换算。

第一节　脚手架工程

一、单项脚手架

工作内容：1. 埋设、搭设、拆除脚手架、安全网，铺、翻脚手板等全部过程。
2. 钢挑梁制作、安装及拆除。

计量单位：100m²

定额编号				10-1	10-2	10-3	10-4
项　　目				外墙脚手架			
				建筑物檐高			
				7m 以内	13m 以内	20m 以内	30m 以内
基价（元）				**1 463.81**	**1 817.01**	**2 228.03**	**3 127.53**
其中	人工费（元）			1 022.09	1 107.14	1 261.98	1 827.23
	材料费（元）			353.11	613.88	862.67	1 188.05
	机械费（元）			88.61	95.99	103.38	112.25
名　　称		单位	单价（元）	消　耗　量			
人工	二类人工	工日	135.00	7.571	8.201	9.348	13.535
材料	脚手架钢管	kg	3.62	31.059	59.063	85.197	106.302
	脚手架钢管底座	个	5.69	0.798	0.725	0.620	0.462
	脚手架扣件	只	5.22	9.135	18.302	26.849	33.159
	竹脚手片	m²	8.19	8.747	11.907	14.543	28.392
	镀锌铁丝 8#	kg	6.55	0.735	0.735	0.735	0.357
	镀锌铁丝 18#	kg	6.55	3.266	3.528	4.032	3.885
	预埋铁件	kg	3.75	1.092	1.092	1.092	3.549
	六角带帽螺栓 ϕ12	kg	5.47	—	—	—	1.670
	碎石　综合	t	102.00	—	—	—	0.389
	安全网	m²	7.76	9.188	18.270	27.584	32.760
	红丹防锈漆	kg	6.90	1.628	3.098	4.473	5.555
	溶剂油	kg	2.29	0.179	0.347	0.504	0.063
机械	载货汽车 4t	台班	369.21	0.240	0.260	0.280	0.300
	电动夯实机 250N·m	台班	28.03	—	—	—	0.020
	交流弧焊机 32kV·A	台班	92.84	—	—	—	0.010

工作内容：搭设、拆除脚手架、安全网，铺、翻脚手板等全部过程。 **计量单位：**$100m^2$

定额编号				10-5	10-6	10-7
项目				内墙脚手架	满堂脚手架	
				高度	基本层 3.6 ~ 5.2m	每增加 1.2m
				3.6m 以上		
基价（元）				**726.97**	**1 386.23**	**276.70**
其中	人工费（元）			578.61	1 202.85	237.87
	材料费（元）			129.90	150.15	31.45
	机械费（元）			18.46	33.23	7.38
名称		单位	单价（元）	消耗量		
人工	二类人工	工日	135.00	4.286	8.910	1.762
材料	脚手架钢管	kg	3.62	13.944	17.840	5.187
	脚手架钢管底座	个	5.69	0.179	0.399	—
	脚手架扣件	只	5.22	4.872	4.536	1.932
	竹脚手片	m^2	8.19	3.780	4.200	—
	镀锌铁丝 $18^{\#}$	kg	6.55	2.289	2.520	—
	红丹防锈漆	kg	6.90	0.746	0.924	0.273
	溶剂油	kg	2.29	0.084	0.105	0.032
机械	载货汽车 4t	台班	369.21	0.050	0.090	0.020

工作内容：准备工具、选料、垫板、绑拉杆、立杆、搭架子、铺板、拆除、架木码放、场内运输及清理废弃物。

计量单位：座

定额编号				10-8	10-9	10-10	10-11
项　目				歇山排山脚手架			
				一步	二步	三步	四步
基价（元）				**554.61**	**1 295.40**	**1 733.95**	**1 531.07**
其中	人工费（元）			335.48	468.72	769.23	909.09
	材料费（元）			193.52	741.43	862.65	486.26
	机械费（元）			25.61	85.25	102.07	135.72
名　称		单位	单价（元）	消　耗　量			
人工	二类人工	工日	135.00	2.485	3.472	5.698	6.734
材料	脚手架钢管	m	20.69	8.100	31.140	35.520	15.780
	竹脚手片	m^2	8.19	0.394	0.694	0.994	1.388
	脚手架扣件	只	5.22	2.900	14.300	18.700	23.900
	镀锌铁丝 10#	kg	5.38	1.050	1.760	2.500	3.500
	其他材料费	元	1.00	1.92	7.34	8.54	4.81
机械	载货汽车 5t	台班	382.30	0.067	0.223	0.267	0.355

工作内容：准备工具、选料、搭架子、铺板、拆除、架木码放、场内运输及清理废弃物。　**计量单位：**$10m^2$

定额编号				10-12
项　目				屋面支杆
基价（元）				**116.39**
其中	人工费（元）			86.00
	材料费（元）			27.71
	机械费（元）			2.68
名　称		单位	单价（元）	消　耗　量
人工	二类人工	工日	135.00	0.637
材料	脚手架扣件	只	5.22	0.500
	脚手架钢管	m	20.69	1.200
	其他材料费	元	1.00	0.27
机械	载货汽车 5t	台班	382.30	0.007

工作内容: 准备工具、选料、搭架子、铺板、拆除、架木码放、场内运输及清理废弃物。　　**计量单位:** 10m

定额编号				10-13	10-14	10-15	10-16	10-17	10-18
项　目				正脊扶手盘	骑马脚手架	檐头倒绑扶手	垂岔脊脚手架	屋面马道	地面运输马道
基价(元)				**884.48**	**662.48**	**373.47**	**364.76**	**1 361.06**	**664.85**
其中	人工费(元)			515.03	398.79	142.70	238.14	680.40	206.96
	材料费(元)			324.34	245.34	214.33	108.65	609.17	396.72
	机械费(元)			45.11	18.35	16.44	17.97	71.49	61.17
名　称		单位	单价(元)	消　耗　量					
人工	二类人工	工日	135.00	3.815	2.954	1.057	1.764	5.040	1.533
材料	脚手架钢管	m	20.69	12.480	8.820	7.320	4.260	25.080	13.041
	竹脚手片	m^2	8.19	0.994	—	—	0.600	0.994	1.772
	脚手架扣件	只	5.22	8.000	4.000	4.600	1.700	12.000	8.720
	镀锌铁丝 10#	kg	5.38	2.420	7.350	6.830	1.050	2.500	11.700
	其他材料费	元	1.00	3.21	2.43	2.12	1.08	6.03	3.93
机械	载货汽车 5t	台班	382.30	0.118	0.048	0.043	0.047	0.187	0.160

工作内容: 准备工具、选料、搭架子、铺板、拆除、架木码放、场内运输及清理废弃物。　　**计量单位:** 座

定额编号				10-19	10-20	10-21
项　目				吻脚手架	宝顶脚手架	
					1m 以内	1m 以外
基价(元)				**1 297.35**	**1 314.16**	**1 808.30**
其中	人工费(元)			633.15	680.40	1 020.60
	材料费(元)			557.54	562.65	692.51
	机械费(元)			106.66	71.11	95.19
名　称		单位	单价(元)	消　耗　量		
人工	二类人工	工日	135.00	4.690	5.040	7.560
材料	脚手架钢管	m	20.69	21.840	23.460	28.380
	竹脚手片	m^2	8.19	1.388	1.181	1.969
	脚手架扣件	只	5.22	13.400	8.800	10.900
	镀锌铁丝 10#	kg	5.38	3.500	2.990	4.730
	其他材料费	元	1.00	5.52	5.57	6.86
机械	载货汽车 5t	台班	382.30	0.279	0.186	0.249

工作内容：搭设、拆除脚手架、安全网，铺、翻脚手板等全部过程。　　**计量单位**：座

定额编号				10-22	10-23	10-24
项　目				斜道		
				高度		
				7m 以内	13m 以内	20m 以内
基价（元）				**1 159.37**	**2 282.00**	**4 894.12**
其中	人工费（元）			695.25	1 113.35	1 985.99
	材料费（元）			360.74	995.12	2 583.23
	机械费（元）			103.38	173.53	324.90
名　称		单位	单价（元）	消　耗　量		
人工	二类人工	工日	135.00	5.150	8.247	14.711
材料	脚手架钢管	kg	3.62	40.940	118.892	309.540
	脚手架钢管底座	个	5.69	0.441	0.714	1.050
	脚手架扣件	只	5.22	10.248	30.251	80.210
	竹脚手片	m^2	8.19	14.889	39.291	103.110
	镀锌铁丝 18#	kg	6.55	2.279	3.612	6.762
	红丹防锈漆	kg	6.90	2.100	6.101	15.897
	溶剂油	kg	2.29	0.242	0.683	1.785
	其他材料费	元	1.00	4.62	13.65	35.49
机械	载货汽车 4t	台班	369.21	0.280	0.470	0.880

工作内容：准备工具、选料、搭架子、铺板、绑斜戗、绑落料溜槽、拆除、架木码放、场内运输及清理废弃物。

计量单位：座

定额编号				10-25	10-26	10-27	10-28
项　目				落料溜槽			
				10m 以内	15m 以内	20m 以内	25m 以内
基价（元）				**1 713.52**	**2 656.05**	**3 631.01**	**4 682.11**
其中	人工费（元）			918.54	1 530.90	2 143.26	2 825.55
	材料费（元）			653.53	922.53	1 212.49	1 523.96
	机械费（元）			141.45	202.62	275.26	332.60
名　称		单位	单价（元）	消　耗　量			
人工	二类人工	工日	135.00	6.804	11.340	15.876	20.930
材料	脚手架钢管	m	20.69	25.404	35.658	46.836	59.220
	竹脚手片	m^2	8.19	5.709	8.269	11.222	13.388
	脚手架扣件	只	5.22	3.890	6.720	9.450	12.180
	底座	个	2.03	0.420	0.630	0.840	0.840
	镀锌铁丝 10#	kg	5.38	9.950	13.300	16.450	20.200
	其他材料费	元	1.00	6.47	9.13	12.00	15.09
机械	载货汽车 5t	台班	382.30	0.370	0.530	0.720	0.870

工作内容：搭设、拆除脚手架、安全网，铺、翻脚手板等全部过程。

<table>
<tr><td colspan="4">定额编号</td><td>10-29</td><td>10-30</td><td>10-31</td><td>10-32</td></tr>
<tr><td colspan="4" rowspan="3">项　　目</td><td colspan="3">起重平台、进料平台</td><td rowspan="3">悬挑式脚手架</td></tr>
<tr><td colspan="3">高度</td></tr>
<tr><td>7m 以内</td><td>13m 以内</td><td>20m 以内</td></tr>
<tr><td colspan="4">计量单位</td><td colspan="3">座</td><td>$100m^2$</td></tr>
<tr><td colspan="4">基价（元）</td><td>742.22</td><td>1 256.01</td><td>2 274.63</td><td>3 893.70</td></tr>
<tr><td rowspan="3">其中</td><td colspan="3">人工费（元）</td><td>567.68</td><td>865.62</td><td>1 404.68</td><td>2 218.32</td></tr>
<tr><td colspan="3">材料费（元）</td><td>133.93</td><td>331.32</td><td>766.57</td><td>1 451.05</td></tr>
<tr><td colspan="3">机械费（元）</td><td>40.61</td><td>59.07</td><td>103.38</td><td>224.33</td></tr>
<tr><td colspan="2">名　　称</td><td>单位</td><td>单价（元）</td><td colspan="4">消　耗　量</td></tr>
<tr><td>人工</td><td>二类人工</td><td>工日</td><td>135.00</td><td>4.205</td><td>6.412</td><td>10.405</td><td>16.432</td></tr>
<tr><td rowspan="15">材料</td><td>脚手架钢管</td><td>kg</td><td>3.62</td><td>20.538</td><td>45.476</td><td>107.352</td><td>83.780</td></tr>
<tr><td>脚手架钢管底座</td><td>个</td><td>5.69</td><td>0.263</td><td>0.452</td><td>0.683</td><td>—</td></tr>
<tr><td>脚手架扣件</td><td>只</td><td>5.22</td><td>6.384</td><td>18.186</td><td>43.061</td><td>33.758</td></tr>
<tr><td>竹脚手片</td><td>m^2</td><td>8.19</td><td>1.575</td><td>5.240</td><td>10.994</td><td>25.274</td></tr>
<tr><td>镀锌铁丝 18#</td><td>kg</td><td>6.55</td><td>0.242</td><td>0.483</td><td>0.725</td><td>4.158</td></tr>
<tr><td>预埋铁件</td><td>kg</td><td>3.75</td><td>—</td><td>—</td><td>—</td><td>11.141</td></tr>
<tr><td>六角带帽螺栓 $\phi12$</td><td>kg</td><td>5.47</td><td>—</td><td>—</td><td>—</td><td>3.402</td></tr>
<tr><td>热轧光圆钢筋 综合</td><td>kg</td><td>3.97</td><td>—</td><td>—</td><td>—</td><td>34.451</td></tr>
<tr><td>工字钢 Q235B 综合</td><td>kg</td><td>4.05</td><td>—</td><td>—</td><td>—</td><td>67.484</td></tr>
<tr><td>安全网</td><td>m^2</td><td>7.76</td><td>—</td><td>—</td><td>—</td><td>21.872</td></tr>
<tr><td>电焊条 E43 系列</td><td>kg</td><td>4.74</td><td>—</td><td>—</td><td>—</td><td>4.830</td></tr>
<tr><td>氧气</td><td>m^3</td><td>3.62</td><td>—</td><td>—</td><td>—</td><td>2.415</td></tr>
<tr><td>乙炔气</td><td>m^3</td><td>8.90</td><td>—</td><td>—</td><td>—</td><td>1.040</td></tr>
<tr><td>红丹防锈漆</td><td>kg</td><td>6.90</td><td>1.082</td><td>2.468</td><td>5.796</td><td>5.009</td></tr>
<tr><td>溶剂油</td><td>kg</td><td>2.29</td><td>0.126</td><td>0.273</td><td>0.651</td><td>0.567</td></tr>
<tr><td rowspan="3">机械</td><td>载货汽车 4t</td><td>台班</td><td>369.21</td><td>0.110</td><td>0.160</td><td>0.280</td><td>0.410</td></tr>
<tr><td>交流弧焊机 32kV·A</td><td>台班</td><td>92.84</td><td>—</td><td>—</td><td>—</td><td>0.760</td></tr>
<tr><td>其他机械费</td><td>元</td><td>1.00</td><td>—</td><td>—</td><td>—</td><td>2.40</td></tr>
</table>

工作内容:搭设、拆除脚手架、安全网,铺、翻脚手板等全部过程。 **计量单位**:$100m^2$

定额编号				10-33
项　目				搭拆水上打桩平台
基价(元)				**6 195.06**
其中	人工费(元)			5 203.17
	材料费(元)			944.69
	机械费(元)			47.20
名　称		单位	单价(元)	消　耗　量
人工	二类人工	工日	135.00	38.542
材料	圆木桩	m^3	1 379.00	0.336
	木模板	m^3	1 445.00	0.147
	铁件	kg	3.71	17.535
	圆钉	kg	4.74	4.410
	毛竹 1.7m 起围径 27cm	根	25.86	4.725
	竹脚手片	m^2	8.19	2.625
	竹篾	100 根	5.02	5.985
机械	其他机械费	元	1.00	47.20

工作内容：准备工具、选料、搭架子、铺板、绑斜戗、绑落料溜槽、拆除、架木码放、场内运输及清理废弃物。

计量单位：$10m^2$

定额编号				10-34	10-35
项目				护头棚	
				靠架子搭	独立搭
基价（元）				**424.40**	**535.84**
其中	人工费（元）			181.44	226.80
	材料费（元）			208.94	268.52
	机械费（元）			34.02	40.52
名称		单位	单价（元）	消耗量	
人工	二类人工	工日	135.00	1.344	1.680
材料	脚手架钢管	m	20.69	7.560	10.260
	竹脚手片	m^2	8.19	0.994	0.994
	脚手架扣件	只	5.22	3.700	4.300
	底座	个	2.03	0.280	0.280
	镀锌铁丝 10#	kg	5.38	1.470	1.470
	塑料彩条编织布	m^2	1.21	12.000	12.000
	其他材料费	元	1.00	2.07	2.66
机械	载货汽车 5t	台班	382.30	0.089	0.106

工作内容：准备工具、选料、搭架子、铺板、绑斜戗、绑落料溜槽、拆除、架木码放、场内运输及清理废弃物。

计量单位：10m

定额编号				10-36	10-37	10-38
项　目				单独铺板		落、翻板
				六步以下	六步以上	
基价（元）				**257.78**	**265.34**	**44.63**
其中	人工费（元）			38.75	46.31	21.74
	材料费（元）			176.98	176.98	19.07
	机械费（元）			42.05	42.05	3.82
名　称		单位	单价（元）	消　耗　量		
人工	二类人工	工日	135.00	0.287	0.343	0.161
材料	脚手架钢管	m	20.69	6.300	6.300	0.630
	竹脚手片	m^2	8.19	1.339	1.339	—
	脚手架扣件	只	5.22	3.570	3.570	0.430
	镀锌铁丝 10#	kg	5.38	2.840	2.840	0.670
	其他材料费	元	1.00	1.75	1.75	0.19
机械	载货汽车 5t	台班	382.30	0.110	0.110	0.010

工作内容：准备工具、选料、搭架子、铺板、预留人行通道、搭上人马道（梯子）、铺钉屋面板、落翻板、局部必要拆改、配合卸载、拆除、架木码放、场内运输及清理废弃物。　　**计量单位**：$10m^2$

定额编号				10-39	10-40	10-41
项　目				防护罩棚综合脚手架		
				檐柱高 4m 以下	檐柱高 4~7m	檐柱高 7m 以上
基价（元）				**1 942.44**	**1 509.22**	**1 921.38**
其中	人工费（元）			472.10	382.73	533.39
	材料费（元）			1 267.34	967.84	1 178.11
	机械费（元）			203.00	158.65	209.88
名　称		单位	单价（元）	消　耗　量		
人工	二类人工	工日	135.00	3.497	2.835	3.951
材料	脚手架钢管	m	20.69	30.461	24.744	34.293
	竹脚手片	m^2	8.19	1.134	0.702	0.533
	脚手架扣件	只	5.22	14.094	1.294	1.883
	板方材	m^3	1 034.00	0.054	0.023	0.023
	镀锌瓦钉带垫	个	0.47	0.330	0.288	0.278
	镀锌彩钢板 $\delta 0.5$	m^2	21.55	21.680	18.500	18.960
	镀锌铁丝 $10^{\#}$	kg	5.38	3.438	2.084	1.902
	其他材料费	元	1.00	12.55	9.58	11.66
机械	载货汽车 5t	台班	382.30	0.531	0.415	0.549

二、专项脚手架

工作内容: 准备工具、选料、搭架子、铺板、拆除、架木码放、场内运输及清理废弃物。 **计量单位:** $10m^2$

定额编号					10-42	10-43	10-44	10-45	10-46
项目					圆拱桥脚手架	牌坊		塔	
						檐高 7m 以内	每增加 1m	檐高 19m 以内	每增加 1m
基价(元)					**119.60**	**326.95**	**32.91**	**459.97**	**44.41**
其中	人工费(元)				97.74	233.28	23.49	338.99	33.89
	材料费(元)				17.80	85.55	8.68	110.64	9.78
	机械费(元)				4.06	8.12	0.74	10.34	0.74
名称		单位	单价(元)		消耗量				
人工	二类人工	工日	135.00		0.724	1.728	0.174	2.511	0.251
材料	脚手架钢管	kg	3.62		2.141	7.361	0.735	9.779	0.935
	底座	个	2.03		0.048	0.228	—	0.444	—
	脚手架扣件	只	5.22		0.544	2.153	0.207	2.824	0.221
	竹脚手片	m^2	8.19		0.504	2.510	0.251	3.213	0.261
	镀锌铁丝	kg	6.55		0.302	1.513	0.176	1.913	0.186
	红丹防锈漆	kg	6.90		0.111	0.350	0.035	0.398	0.035
	溶剂油	kg	2.29		0.013	0.040	0.011	0.068	0.011
	安全网	m^2	7.76		—	1.520	0.152	1.932	0.172
	预埋铁件	kg	3.75		—	0.361	0.033	0.473	0.033
机械	载货汽车 4t	台班	369.21		0.011	0.022	0.002	0.028	0.002

第二节　人工垂直运输

一、金　属　材

工作内容：单位工程合理工期内完成全部工程所需要的垂直运输操作过程。　　**计量单位：**t

定额编号				10-47	10-48
项　　目				金属型材	
				高度	
				9m 以内	18m 以内
基价（元）				**68.63**	**115.13**
其中	人工费（元）			68.63	115.13
	材料费（元）			—	—
	机械费（元）			—	—
名　　称		单位	单价（元）	消　耗　量	
人工	一类人工	工日	125.00	0.549	0.921

工作内容：单位工程合理工期内完成全部工程所需要的垂直运输操作过程。　　**计量单位：**100m²

定额编号				10-49	10-50	10-51	10-52
项　　目				金属门窗		木门窗	
				高度			
				9m 以内	18m 以内	9m 以内	18m 以内
基价（元）				**82.25**	**137.13**	**54.88**	**91.50**
其中	人工费（元）			82.25	137.13	54.88	91.50
	材料费（元）			—	—	—	—
	机械费（元）			—	—	—	—
名　　称		单位	单价（元）	消　耗　量			
人工	一类人工	工日	125.00	0.658	1.097	0.439	0.732

注：金属门窗、木门窗不包括玻璃。

二、板　　材

工作内容:单位工程合理工期内完成全部工程所需要的垂直运输操作过程。　　**计量单位:**$100m^2$

定额编号				10-53	10-54	10-55	10-56
项　　目				石板材		胶合板	
				高度			
				9m 以内	18m 以内	9m 以内	18m 以内
基价(元)				**533.25**	**883.88**	**68.63**	**106.63**
其中	人工费(元)			533.25	883.88	68.63	106.63
	材料费(元)			—	—	—	—
	机械费(元)			—	—	—	—
名　　称		单位	单价(元)	消　耗　量			
人工	一类人工	工日	125.00	4.266	7.071	0.549	0.853

注:1　石板材的厚度按 20mm 考虑,厚度不同时,工日数按厚度比系数调整。

2　胶合板的厚度按 5mm 考虑,每增加 5mm 以内,人工按相应项目增加 50%。

工作内容:单位工程合理工期内完成全部工程所需要的垂直运输操作过程。　　**计量单位:**$10m^3$

定额编号				10-57	10-58
项　　目				木(枋)板材	
				高度	
				9m 以内	18m 以内
基价(元)				**1 158.13**	**1 935.25**
其中	人工费(元)			1 158.13	1 935.25
	材料费(元)			—	—
	机械费(元)			—	—
名　　称		单位	单价(元)	消　耗　量	
人工	一类人工	工日	125.00	9.265	15.482

工作内容：单位工程合理工期内完成全部工程所需要的垂直运输操作过程。　　**计量单位**：100m²

定额编号				10-59	10-60	10-61	10-62
项　目				玻璃		陶瓷块料	
				高度			
				9m 以内	18m 以内	9m 以内	18m 以内
基价（元）				**274.38**	**457.25**	**221.00**	**365.75**
其中	人工费（元）			274.38	457.25	221.00	365.75
	材料费（元）			—	—	—	—
	机械费（元）			—	—	—	—
名　称		单位	单价（元）	消　耗　量			
人工	一类人工	工日	125.00	2.195	3.658	1.768	2.926

注：1　玻璃的厚度按 5mm 考虑，如厚度不同时，工日数按厚度比系数调整。

2　陶瓷块料的厚度按 5 ~ 10mm 考虑，厚度超过 10mm 时乘以系数 1.3。

三、地　　材

工作内容：单位工程合理工期内完成全部工程所需要的垂直运输操作过程。　　**计量单位**：1 000 块（张）

定额编号				10-63	10-64	10-65	10-66
项　目				标准砖		瓦（180 × 180 × 12）	
				高度			
				9m 以内	18m 以内	9m 以内	18m 以内
基价（元）				**154.63**	**256.88**	**170.13**	**282.38**
其中	人工费（元）			154.63	256.88	170.13	282.38
	材料费（元）			—	—	—	—
	机械费（元）			—	—	—	—
名　称		单位	单价（元）	消　耗　量			
人工	一类人工	工日	125.00	1.237	2.055	1.361	2.259

工作内容:单位工程合理工期内完成全部工程所需要的垂直运输操作过程。 **计量单位:**t

定额编号				10-67	10-68	10-69	10-70
项　目				石灰		水泥	
				高度			
				9m以内	18m以内	9m以内	18m以内
基价(元)				**115.13**	**192.88**	**81.50**	**137.13**
其中	人工费(元)			115.13	192.88	81.50	137.13
	材料费(元)			—	—	—	—
	机械费(元)			—	—	—	—
名　称		单位	单价(元)	消　耗　量			
人工	一类人工	工日	125.00	0.921	1.543	0.652	1.097

工作内容:单位工程合理工期内完成全部工程所需要的垂直运输操作过程。 **计量单位:**t

定额编号				10-71	10-72	10-73	10-74
项　目				中砂		碎石	
				高度			
				9m以内	18m以内	9m以内	18m以内
基价(元)				**60.38**	**100.88**	**59.13**	**110.25**
其中	人工费(元)			60.38	100.88	59.13	110.25
	材料费(元)			—	—	—	—
	机械费(元)			—	—	—	—
名　称		单位	单价(元)	消　耗　量			
人工	一类人工	工日	125.00	0.483	0.807	0.473	0.882

四、其　　他

工作内容：单位工程合理工期内完成全部工程所需要的垂直运输操作过程。　　　　**计量单位：**t

定额编号				10-75	10-76
项　　目				其他	
				高度	
				9m 以内	18m 以内
基价（元）				**70.88**	**132.25**
其中	人工费（元）			70.88	132.25
	材料费（元）			—	—
	机械费（元）			—	—
名　　称		单位	单价（元）	消　耗　量	
人工	一类人工	工日	125.00	0.567	1.058

附　　录

附录一　砂浆、混凝土强度等级配合比

说　明

一、本配合比定额是依据《普通混凝土配合比设计规程》JGJ 55—2011、《砌筑砂浆配合比设计规程》JGJ/T 98—2010 及《通用硅酸盐水泥》GB 175—2007 等有关规范，结合本省实际和 2010 版计价依据中的“砂浆、混凝土强度等级配合比”修订而成。

二、本定额只编列材料消耗量，配制所需的人工、机械费已包括在各章节相应定额子目中。

三、定额中的材料用量均以干硬收缩压实后的密实体积计算，并考虑了配制损耗。

四、本定额的各项配合比仅供确定工程造价时使用，不能作为实际施工用料的配合比。实际施工中各项配合比内各种材料的需用量，应根据有关规范规定及试验部门提供的配合比用量配制，其材料用量与本定额不同时，除设计有特殊规定或企业自主报价时可按实际试验资料进行调整外，其余均不调整。

五、本定额混凝土配合比细骨料是按中、细砂各 50% 综合，粗骨料按碎石编制的。如实际全部采用细砂时，可按混凝土配合比定额中水泥用量乘以系数 1.025；如使用卵石，且混凝土的强度等级在 C15 及以上时，按相应碎石混凝土配合比定额的水泥用量乘以系数 0.975。

六、防水混凝土设计要求抗渗 P6 混凝土强度等级≥ C25 或抗渗 P8 混凝土强度等级≥ C40 时，均套用普通混凝土配合比定额。如设计要求抗渗 P8 混凝土强度等级为 C20 时，可套用 C25/P8 混凝土配合比定额。

七、设计按“内掺法”要求掺用膨胀剂（如 UEA）和其他制剂时，应按掺入量等量扣减相应混凝土配合比定额中的水泥用量。

1. 砂浆配合比

(1)砌 筑 砂 浆

计量单位:m^3

定额编号			1	2	3	4
项　目			混合砂浆			
			强度等级			
			M2.5	M5.0	M7.5	M10.0
基价(元)			**219.46**	**227.82**	**228.35**	**231.51**
名　称	单位	单价(元)	消　耗　量			
普通硅酸盐水泥 P·O 42.5 综合	kg	0.34	141.000	164.000	187.000	209.000
石灰膏	m^3	270.00	0.113	0.115	0.088	0.072
黄砂 净砂	t	92.23	1.515	1.515	1.515	1.515
水	m^3	4.27	0.300	0.300	0.300	0.300

计量单位:m^3

定额编号			5	6
项　目			批刀灰	
			强度等级	
			M1.5	M2.5
基价(元)			**260.23**	**265.62**
名　称	单位	单价(元)	消　耗　量	
普通硅酸盐水泥 P·O 42.5 综合	kg	0.34	103.000	147.000
石灰膏	m^3	270.00	0.395	0.378
黄砂 净砂	t	92.23	1.260	1.206
水	m^3	4.27	0.550	0.550

计量单位：m^3

定额编号			7	8	9	10
项　　目			水泥砂浆			
			强度等级			
			M2.5	M5.0	M7.5	M10.0
基价（元）			**209.01**	**212.41**	**215.81**	**222.61**
名　　称	单位	单价（元）	消　耗　量			
普通硅酸盐水泥 P·O 42.5 综合	kg	0.34	200.000	210.000	220.000	240.000
黄砂 净砂	t	92.23	1.515	1.515	1.515	1.515
水	m^3	4.27	0.300	0.300	0.300	0.300

计量单位：m^3

定额编号			11	12
项　　目			干硬水泥砂浆	
			1∶2	1∶3
基价（元）			**274.55**	**244.35**
名　　称	单位	单价（元）	消　耗　量	
普通硅酸盐水泥 P·O 42.5 综合	kg	0.34	462.000	339.000
黄砂 净砂	t	92.23	1.269	1.395
水	m^3	4.27	0.100	0.100

计量单位：m^3

定额编号			13	14	15	16	17	18
项　目			石灰砂浆			石灰黄泥浆		防水砂浆
			1∶2	1∶2.5	1∶3	1∶2.5	1∶3	
基价（元）			**251.34**	**249.67**	**236.24**	**131.26**	**120.86**	**359.03**
名　称	单位	单价（元）	消　耗　量					
石灰膏	m^3	270.00	0.450	0.396	0.336	0.400	0.360	—
普通硅酸盐水泥 P·O 42.5 综合	kg	0.34	—	—	—	—	—	462.000
黄砂 净砂	t	92.23	1.380	1.520	1.550	—	—	1.198
黄泥	m^3	19.90	—	—	—	1.040	1.060	—
防水剂	kg	3.65	—	—	—	—	—	24.705
水	m^3	4.27	0.600	0.600	0.600	0.600	0.600	0.300

（2）抹灰砂浆

计量单位：m^3

定额编号			19	20	21	22	23	24
项　目			水泥砂浆					
			1∶1	1∶1.5	1∶2	1∶2.5	1∶3	1∶4
基价（元）			**294.20**	**278.48**	**268.85**	**252.49**	**238.10**	**243.43**
名　称	单位	单价（元）	消　耗　量					
普通硅酸盐水泥 P·O 42.5 综合	kg	0.34	638.000	534.000	462.000	393.000	339.000	295.000
黄砂 净砂	t	92.23	0.824	1.037	1.198	1.275	1.318	1.538
水	m^3	4.27	0.300	0.300	0.300	0.300	0.300	0.300

计量单位：m^3

定额编号			25	26	27	28	29	30
项　　目			钢丝网水泥砂浆		纯水泥浆	107 胶纯水泥浆	纯白水泥浆	白水泥砂浆
			1∶1.8	1∶2				1∶2
基价（元）			**320.36**	**315.63**	**430.36**	**490.56**	**745.86**	**384.35**
名　　称	单位	单价（元）	消　耗　量					
普通硅酸盐水泥 P·O 42.5 综合	kg	0.34	604.000	573.000	1 262.000	1 262.000	—	—
白色硅酸盐水泥 425#、二级白度	kg	0.59	—	—	—	—	1 262.000	462.000
黄砂 净砂	t	92.23	1.233	1.296	—	—	—	1.198
107 胶	kg	1.72	—	—	—	35.000	—	—
水	m^3	4.27	0.300	0.300	0.300	0.300	0.300	0.300

计量单位：m^3

定额编号			31	32	33	34	35
项　　目			混合砂浆				
			1∶0.5∶0.5	1∶0.5∶1	1∶0.5∶2	1∶0.5∶2.5	1∶0.5∶3
基价（元）			**383.20**	**310.12**	**303.82**	**290.65**	**281.51**
名　　称	单位	单价（元）	消　耗　量				
普通硅酸盐水泥 P·O 42.5 综合	kg	0.34	672.000	485.000	377.000	345.000	309.000
石灰膏	m^3	270.00	0.399	0.289	0.249	0.205	0.184
黄砂 净砂	t	92.23	0.484	0.703	1.150	1.254	1.349
水	m^3	4.27	0.550	0.550	0.550	0.550	0.550

计量单位：m³

定额编号			36	37	38	39	40
项　目			混合砂浆				
			1 : 0.5 : 4	1 : 0.5 : 5	1 : 0.3 : 3	1 : 0.3 : 4	1 : 0.2 : 2
基价（元）			**265.24**	**239.80**	**277.99**	**244.22**	**287.68**
名　称	单位	单价（元）	消　耗　量				
普通硅酸盐水泥 P·O 42.5 综合	kg	0.34	254.000	203.000	328.000	249.000	424.000
石灰膏	m^3	270.00	0.151	0.121	0.118	0.089	0.101
黄砂 净砂	t	92.23	1.472	1.472	1.434	1.444	1.235
水	m^3	4.27	0.550	0.550	0.550	0.550	0.550

计量单位：m³

定额编号			41	42	43	44	45	46
项　目			混合砂浆					
			1 : 1 : 1	1 : 1 : 2	1 : 1 : 4	1 : 1 : 6	1 : 2 : 1	1 : 3 : 9
基价（元）			**313.95**	**297.56**	**276.85**	**250.72**	**317.30**	**273.89**
名　称	单位	单价（元）	消　耗　量					
普通硅酸盐水泥 P·O 42.5 综合	kg	0.34	391.000	318.000	229.000	170.000	282.000	108.000
石灰膏	m^3	270.00	0.467	0.378	0.274	0.203	0.672	0.386
黄砂 净砂	t	92.23	0.570	0.922	1.330	1.472	0.408	1.416
水	m^3	4.27	0.550	0.550	0.550	0.550	0.550	0.550

计量单位：m³

定额编号			47	48	49	50
项　目			石灰砂浆			
			1 : 2	1 : 2.5	1 : 3	1 : 4
基价（元）			**251.34**	**249.67**	**236.24**	**213.83**
名　称	单位	单价（元）	消　耗　量			
石灰膏	m^3	270.00	0.450	0.396	0.336	0.253
黄砂 净砂	t	92.23	1.380	1.520	1.550	1.550
水	m^3	4.27	0.600	0.600	0.600	0.600

计量单位：m³

定额编号			51	52	53	54	55
项　目			纸筋灰浆	纸筋灰砂浆	水泥石灰纸筋砂浆		
				1 : 2	1 : 0.5 : 0.5	1 : 1 : 4	1 : 3 : 9
基价（元）			**331.19**	**276.10**	**397.03**	**285.42**	**283.07**
名　称	单位	单价（元）	消　耗　量				
普通硅酸盐水泥 P·O 42.5 综合	kg	0.34	—	—	670.000	229.000	108.000
石灰膏	m^3	270.00	1.010	0.450	0.400	0.286	0.386
黄砂 净砂	t	92.23	—	1.380	0.459	1.260	1.341
纸筋	kg	0.98	57.500	25.700	17.100	12.240	16.650
水	m^3	4.27	0.500	0.500	0.500	0.500	0.500

计量单位：m^3

定额编号			56	57	58	59	60
项目			水泥石灰纸筋灰浆	纸筋混合灰浆	水泥石灰麻刀灰浆		麻刀快硬水泥
			1:0.5		1:2:4	1:2:9	
基价(元)			**430.83**	**402.87**	**328.16**	**287.97**	**990.08**
名称	单位	单价(元)	消耗量				
普通硅酸盐水泥 P·O 42.5 综合	kg	0.34	815.000	67.000	187.000	113.000	960.000
石灰膏	m^3	270.00	0.486	1.212	0.448	0.269	—
黄砂 净砂	t	92.23	—	—	1.035	1.396	—
纸筋	kg	0.98	20.790	51.750	—	—	—
麻刀	kg	2.76	—	—	16.600	16.600	240.000
水	m^3	4.27	0.500	0.500	0.550	0.550	0.300

计量单位：m^3

定额编号			61	62	63	64	65
项目			麻刀石灰砂浆	石灰麻刀浆	石膏纸筋灰浆	石膏砂浆	素石膏浆
			1:3				
基价(元)			**282.05**	**321.08**	**583.57**	**394.57**	**592.12**
名称	单位	单价(元)	消耗量				
石灰膏	m^3	270.00	0.336	1.010	—	—	—
黄砂 净砂	t	92.23	1.550	—	—	1.610	—
纸筋	kg	0.98	—	—	26.400	—	—
麻刀	kg	2.76	16.600	16.600	—	—	—
石膏粉	kg	0.68	—	—	817.000	360.000	867.000
水	m^3	4.27	0.600	0.600	0.500	0.300	0.600

计量单位：m^3

定额编号			66	67
项　　目			水泥石灰白石屑浆	水泥石灰珍珠岩
			1∶1∶6	
基价（元）			**190.68**	**365.67**
名　　称	单位	单价（元）	消　耗　量	
普通硅酸盐水泥 P·O 42.5 综合	kg	0.34	170.000	210.000
石灰膏	m^3	270.00	0.203	0.216
白石屑	t	53.40	1.418	—
膨胀珍珠岩粉	m^3	155.00	—	1.510
松香水	kg	4.74	—	0.120
氢氧化钠（烧碱）	kg	2.59	—	0.020
水	m^3	4.27	0.550	0.300

计量单位：m^3

定额编号			68	69	70	71	72	73
项　　目			水泥白石屑浆			白水泥白石屑浆		
			1∶1.5	1∶2	1∶2.5	1∶1.5	1∶2	1∶2.5
基价（元）			**280.15**	**258.85**	**236.38**	**449.18**	**404.88**	**363.41**
名　　称	单位	单价（元）	消　耗　量					
普通硅酸盐水泥 P·O 42.5 综合	kg	0.34	630.000	538.000	462.000	—	—	—
白色硅酸盐水泥 425#、二级白度	kg	0.59	—	—	—	630.000	538.000	462.000
白石屑	t	53.40	1.211	1.398	1.461	1.211	1.398	1.461
水	m^3	4.27	0.300	0.300	0.300	3.000	3.000	3.000

计量单位：m^3

定额编号			74	75	76
项　目			水泥白石子浆		
			1∶1	1∶1.5	1∶2
基价（元）			**442.40**	**439.66**	**435.67**
名　称	单位	单价（元）	消　耗　量		
普通硅酸盐水泥 P·O 42.5 综合	kg	0.34	765.000	631.000	534.000
白石子 综合	t	187.00	0.968	1.197	1.352
水	m^3	4.27	0.300	0.300	0.300

计量单位：m^3

定额编号			77	78	79	80
项　目			白水泥白石子浆		白水泥彩色石子浆	
			1∶1.5	1∶2	1∶1.5	1∶2
基价（元）			**693.08**	**657.40**	**728.99**	**697.95**
名　称	单位	单价（元）	消　耗　量			
白色硅酸盐水泥 425#、二级白度	kg	0.59	751.000	636.000	751.000	636.000
白石子 综合	t	187.00	1.330	1.502	—	—
彩色石子 综合	t	214.00	—	—	1.330	1.502
水	m^3	4.27	0.300	0.300	0.300	0.300

(3)特种砂浆

计量单位：m^3

定额编号			81	82	83	84
项目			金属屑砂浆	重晶石砂浆		耐热砂浆
			1∶0.3∶1.5	1∶0.2∶4	1∶2∶1	1∶1.5
基价(元)			**2 508.48**	**729.62**	**521.14**	**780.75**
名称	单位	单价(元)	消耗量			
普通硅酸盐水泥 P·O 42.5 综合	kg	0.34	923.000	395.000	454.000	—
矿渣水泥 32.5	kg	0.34	—	—	—	778.000
生石灰	kg	0.30	—	112.000	—	—
黄砂 净砂	t	92.23	0.289	—	0.459	—
钢屑(铁屑)	kg	1.45	1 494.000	—	—	—
重晶石粉	kg	0.33	—	1 697.000	978.000	—
耐火砖末	kg	0.42	—	—	—	1 168.000
三氯化铁	kg	1.97	—	—	—	10.000
木糖浆	kg	4.26	—	—	—	1.000
水	m^3	4.27	0.400	0.400	0.400	0.400

计量单位：m^3

定额编号			85	86	87	88
项目			耐碱砂浆		耐油砂浆	不发火砂浆
			1∶1	1∶2		1∶0.44∶1.75
基价(元)			**561.03**	**620.83**	**310.10**	**854.08**
名称	单位	单价(元)	消耗量			
普通硅酸盐水泥 P·O 42.5 综合	kg	0.34	798.000	583.000	575.000	—
矿渣水泥 32.5	kg	0.34	—	—	—	639.000
黄砂 净砂	t	92.23	—	—	1.224	—
大理石粉	kg	0.43	—	—	—	281.000
大理石砂	kg	0.46	—	—	—	1 118.000
生石灰	kg	0.30	960.000	1 403.000	—	—
水	m^3	4.27	0.400	0.400	0.400	0.400

计量单位：m^3

定额编号			89	90	91	92
项　目			水泥石英混合砂浆	107胶水泥砂浆	107胶稀水泥浆	水泥石子浆
			1∶0.2∶1.5	1∶6∶0.2		1∶2.5
基价(元)			**561.94**	**279.43**	**371.85**	**307.08**
名　称	单位	单价(元)	消　耗　量			
普通硅酸盐水泥 P·O 42.5 综合	kg	0.34	485.000	222.000	235.000	462.000
生石灰	kg	0.30	92.400	—	—	—
黄砂 净砂	t	92.23	0.688	1.300	—	—
碎石 综合	t	102.00	—	—	—	1.458
石英砂 综合	kg	0.97	314.000	—	—	—
107胶	kg	1.72	—	48.000	168.000	—
水	m^3	4.27	0.300	0.350	0.700	0.300

计量单位：m^3

定额编号			93	94
项　目			菱苦土	菱苦土砂浆
			1∶4	1∶1.4∶0.6
基价(元)			**401.38**	**595.15**
名　称	单位	单价(元)	消　耗　量	
菱苦土粉	kg	0.97	411.120	565.290
锯末	kg	1.72	1.510	0.730
黄砂 净砂	t	92.23	—	0.494

2. 普通混凝土配合比

(1)现浇现拌混凝土

计量单位：m^3

定额编号			95	96	97	98	99	100
项　目			碎石（最大粒径16mm）					
			混凝土强度等级					
			C15	C20	C25	C30	C35	C40
基价（元）			**290.06**	**296.00**	**308.88**	**318.67**	**331.25**	**348.06**
名　称	单位	单价（元）	消　耗　量					
普通硅酸盐水泥 P·O 42.5 综合	kg	0.34	268.000	304.000	357.000	408.000	460.000	528.000
黄砂 净砂	t	92.23	0.873	0.839	0.770	0.655	0.635	0.560
碎石 综合	t	102.00	1.152	1.121	1.133	1.163	1.131	1.137
水	m^3	4.27	0.215	0.215	0.215	0.215	0.215	0.215

计量单位：m^3

定额编号			101	102	103
项　目			碎石（最大粒径16mm）		
			混凝土强度等级		
			C40	C45	C50
基价（元）			**345.30**	**357.74**	**370.09**
名　称	单位	单价（元）	消　耗　量		
普通硅酸盐水泥 P·O 52.5 综合	kg	0.39	430.000	472.000	513.000
黄砂 净砂	t	92.23	0.645	0.631	0.565
碎石 综合	t	102.00	1.149	1.123	1.147
水	m^3	4.27	0.215	0.215	0.215

计量单位:m³

定额编号			104	105	106	107	108	109
项　目			碎石(最大粒径 20mm)					
			混凝土强度等级					
			C15	C20	C25	C30	C35	C40
基价(元)			**287.78**	**292.53**	**304.43**	**313.43**	**324.92**	**340.88**
名　称	单位	单价(元)	消　耗　量					
普通硅酸盐水泥 P·O 42.5 综合	kg	0.34	250.000	283.000	332.000	380.000	428.000	492.000
黄砂 净砂	t	92.23	0.891	0.854	0.767	0.670	0.653	0.578
碎石 综合	t	102.00	1.174	1.144	1.176	1.192	1.160	1.171
水	m³	4.27	0.200	0.200	0.200	0.200	0.200	0.200

计量单位:m³

定额编号			110	111	112	113
项　目			碎石(最大粒径 20mm)			
			混凝土强度等级			
			C40	C45		C50
基价(元)			**338.45**	**351.90**	**349.44**	**361.41**
名　称	单位	单价(元)	消　耗　量			
普通硅酸盐水泥 P·O 42.5 综合	kg	0.34	—	538.000	—	—
普通硅酸盐水泥 P·O 52.5 综合	kg	0.39	401.000	—	439.000	478.000
黄砂 净砂	t	92.23	0.663	0.561	0.648	0.582
碎石 综合	t	102.00	1.177	1.141	1.153	1.181
水	m³	4.27	0.200	0.200	0.200	0.200

计量单位：m³

定额编号			114	115	116	117	118	119
项　目			碎石（最大粒径 40mm）					
			混凝土强度等级					
			C10	C15	C20	C25	C30	C35
基价（元）			**269.57**	**276.46**	**284.89**	**298.96**	**305.80**	**316.52**
名　称	单位	单价（元）	消　耗　量					
普通硅酸盐水泥 P·O 42.5 综合	kg	0.34	162.000	202.000	246.000	300.000	341.000	385.000
黄砂 净砂	t	92.23	0.989	0.913	0.820	0.747	0.691	0.676
碎石 综合	t	102.00	1.201	1.204	1.224	1.248	1.229	1.201
水	m^3	4.27	0.180	0.180	0.180	0.180	0.180	0.180

计量单位：m³

定额编号			120	121	122
项　目			碎石（最大粒径 40mm）		
			混凝土强度等级		
			C40	C45	C50
基价（元）			**330.72**	**341.19**	**349.33**
名　称	单位	单价（元）	消　耗　量		
普通硅酸盐水泥 P·O 42.5 综合	kg	0.34	442.000	485.000	—
普通硅酸盐水泥 P·O 52.5 综合	kg	0.39	—	—	430.000
黄砂 净砂	t	92.23	0.600	0.587	0.604
碎石 综合	t	102.00	1.219	1.190	1.227
水	m^3	4.27	0.180	0.180	0.180

(2)现场预制混凝土

计量单位:m^3

定额编号			123	124	125	126	127	128	129
项　目			碎石(最大粒径16mm)						
			混凝土强度等级						
			C15	C20	C25	C30	C35	C40	
基价(元)			**290.55**	**299.89**	**308.41**	**329.71**	**341.51**	**351.42**	**357.29**
名　称	单位	单价(元)	消　耗　量						
普通硅酸盐水泥 P·O 42.5 综合	kg	0.34	235.000	282.000	332.000	412.000	463.000	506.000	—
普通硅酸盐水泥 P·O 52.5 综合	kg	0.39	—	—	—	—	—	—	437.000
黄砂 净砂	t	92.23	0.958	0.886	0.794	0.730	0.670	0.630	0.700
碎石 综合	t	102.00	1.190	1.190	1.190	1.190	1.190	1.180	1.190
水	m^3	4.27	0.215	0.215	0.215	0.215	0.215	0.215	0.215

计量单位:m^3

定额编号			130	131	132	133	134
项　目			碎石(最大粒径20mm)				
			混凝土强度等级				
			C15	C20	C25	C30	C35
基价(元)			**297.83**	**305.50**	**314.78**	**321.80**	**332.93**
名　称	单位	单价(元)	消　耗　量				
普通硅酸盐水泥 P·O 42.5 综合	kg	0.34	243.000	287.000	330.000	374.000	420.000
黄砂 净砂	t	92.23	0.942	0.874	0.805	0.730	0.670
碎石 综合	t	102.00	1.250	1.240	1.250	1.240	1.250
水	m^3	4.27	0.195	0.195	0.195	0.195	0.195

计量单位：m^3

定额编号			135	136	137	138	139
项　目			碎石（最大粒径 20mm）				
			混凝土强度等级				
			C40		C45		C50
基价（元）			**343.08**	**347.33**	**353.33**	**357.44**	**367.30**
名　称	单位	单价（元）	消　耗　量				
普通硅酸盐水泥 P·O 42.5 综合	kg	0.34	458.000	—	505.000	—	—
普通硅酸盐水泥 P·O 52.5 综合	kg	0.39	—	396.000	—	429.000	464.000
黄砂 净砂	t	92.23	0.640	0.700	0.600	0.670	0.640
碎石 综合	t	102.00	1.250	1.250	1.230	1.250	1.240
水	m^3	4.27	0.195	0.195	0.195	0.195	0.195

计量单位：m^3

定额编号			140	141	142	143	144
项　目			碎石（最大粒径 40mm）				
			混凝土强度等级				
			C15	C20	C25	C30	C35
基价（元）			**281.93**	**293.12**	**305.79**	**315.91**	**327.28**
名　称	单位	单价（元）	消　耗　量				
普通硅酸盐水泥 P·O 42.5 综合	kg	0.34	189.000	239.000	292.000	344.000	388.000
黄砂 净砂	t	92.23	0.903	0.840	0.782	0.700	0.650
碎石 综合	t	102.00	1.310	1.310	1.310	1.310	1.320
水	m^3	4.27	0.180	0.180	0.180	0.180	0.180

计量单位: m^3

定额编号			145	146	147	148	149
项　目			碎石(最大粒径 40mm)				
			混凝土强度等级				
			C40		C45		C50
基价(元)			**336.41**	**340.87**	**346.32**	**349.27**	**357.57**
名　称	单位	单价(元)	消　耗　量				
普通硅酸盐水泥 P·O 42.5 综合	kg	0.34	423.000	—	466.000	—	—
普通硅酸盐水泥 P·O 52.5 综合	kg	0.39	—	366.000	—	397.000	428.000
黄砂 净砂	t	92.23	0.620	0.680	0.580	0.640	0.610
碎石 综合	t	102.00	1.320	1.320	1.310	1.320	1.310
水	m^3	4.27	0.180	0.180	0.180	0.180	0.180

(3)灌注桩混凝土

①沉管成孔桩混凝土

计量单位: m^3

定额编号			150	151	152
项　目			碎石(最大粒径 40mm)		
			混凝土强度等级		
			C20	C25	C30
基价(元)			**311.09**	**317.22**	**327.72**
名　称	单位	单价(元)	消　耗　量		
普通硅酸盐水泥 P·O 42.5 综合	kg	0.34	307.000	353.000	401.000
黄砂 净砂	t	92.23	0.794	0.702	0.650
碎石 综合	t	102.00	1.300	1.290	1.280
水	m^3	4.27	0.205	0.205	0.205

②钻孔桩混凝土（水下混凝土）

计量单位：m^3

定额编号			153	154	155
项　目			碎石（最大粒径 40mm）		
			混凝土强度等级		
			C20	C25	C30
基价（元）			**315.02**	**324.98**	**337.40**
名　称	单位	单价（元）	消　耗　量		
普通硅酸盐水泥 P·O 42.5 综合	kg	0.34	349.000	397.000	449.000
黄砂 净砂	t	92.23	0.736	0.667	0.610
碎石 综合	t	102.00	1.250	1.250	1.250
水	m^3	4.27	0.230	0.230	0.230

（4）泵送混凝土

计量单位：m^3

定额编号			156	157	158	159
项　目			碎石（最大粒径 16mm）			
			混凝土强度等级			
			C20	C25	C30	C35
基价（元）			**298.24**	**316.77**	**325.07**	**339.69**
名　称	单位	单价（元）	消　耗　量			
普通硅酸盐水泥 P·O 42.5 综合	kg	0.34	406.000	451.000	485.000	525.000
黄砂 净砂	t	92.23	0.675	0.710	0.730	0.730
碎石 综合	t	102.00	0.950	0.950	0.900	0.910
水	m^3	4.27	0.245	0.245	0.245	0.245

计量单位：m^3

定额编号			160	161	162	163	164	165
项　目			碎石(最大粒径20mm)					
			混凝土强度等级					
			C20	C25	C30	C35	C40	C45
基价(元)			**294.58**	**312.70**	**319.26**	**335.58**	**342.89**	**362.22**
名　称	单位	单价(元)	消　耗　量					
普通硅酸盐水泥 P·O 42.5 综合	kg	0.34	373.000	426.000	445.000	493.000	527.000	—
普通硅酸盐水泥 P·O 52.5 综合	kg	0.39	—	—	—	—	—	504.000
黄砂 净砂	t	92.23	0.780	0.770	0.760	0.760	0.670	0.680
碎石 综合	t	102.00	0.930	0.940	0.950	0.950	0.990	1.000
水	m^3	4.27	0.225	0.225	0.225	0.225	0.220	0.220

计量单位：m^3

定额编号			166
项　目			碎石(最大粒径20mm)
			混凝土强度等级
			C50
基价(元)			**374.61**
名　称	单位	单价(元)	消　耗　量
普通硅酸盐水泥 P·O 52.5 综合	kg	0.39	540.000
黄砂 净砂	t	92.23	0.640
碎石 综合	t	102.00	1.020
水	m^3	4.27	0.220

(5)防水混凝土

计量单位：m³

定额编号			167	168	169	170
项　目			碎石(最大粒径 20mm)			
			混凝土强度等级			
			C20/P6	C25/P8	C30/P8	C35/P8
基价(元)			**321.26**	**331.25**	**340.16**	**340.69**
名　称	单位	单价(元)	消　耗　量			
普通硅酸盐水泥 P·O 42.5 综合	kg	0.34	320.000	362.000	404.000	457.000
黄砂 净砂	t	92.23	0.936	0.936	0.912	0.750
碎石 综合	t	102.00	1.228	1.186	1.155	1.130
水	m^3	4.27	0.205	0.205	0.205	0.205

计量单位：m³

定额编号			171	172	173	174
项　目			碎石(最大粒径 40mm)			
			混凝土强度等级			
			C20/P6	C25/P8	C30/P8	C35/P8
基价(元)			**321.65**	**326.52**	**334.23**	**333.87**
名　称	单位	单价(元)	消　耗　量			
普通硅酸盐水泥 P·O 42.5 综合	kg	0.34	312.000	336.000	375.000	424.000
黄砂 净砂	t	92.23	0.924	0.864	0.816	0.710
碎石 综合	t	102.00	1.270	1.292	1.281	1.210
水	m^3	4.27	0.190	0.190	0.190	0.190

(6)泵送防水混凝土

计量单位：m³

定额编号			175	176	177	178
项　目			碎石(最大粒径 20mm)			
			混凝土强度等级			
			C20/P6	C25/P8	C30/P8	C35/P8
基价(元)			**321.41**	**339.81**	**345.36**	**349.97**
名　称	单位	单价(元)	消　耗　量			
普通硅酸盐水泥 P·O 42.5 综合	kg	0.34	367.000	409.000	451.000	522.000
黄砂 净砂	t	92.23	0.941	1.062	1.099	0.854
碎石 综合	t	102.00	1.067	0.998	0.879	0.909
水	m^3	4.27	0.235	0.235	0.235	0.235

(7)喷射混凝土

计量单位：m³

定额编号			179
项　目			混凝土强度等级
			1 : 2.5 : 2
基价(元)			**337.71**
名　称	单位	单价(元)	消　耗　量
普通硅酸盐水泥 P·O 42.5 综合	kg	0.34	401.000
黄砂 净砂	t	92.23	1.010
碎石 综合	t	102.00	0.810
促凝剂	kg	1.67	14.000
水	m^3	4.27	0.520

(8)道路路面混凝土

计量单位:m³

定额编号			180	181	182
项　　目			碎石(最大粒径 40mm)		
			抗折强度等级(MPa)		
			4	4.5	5
基价(元)			**320.74**	**328.04**	**335.37**
名　　称	单位	单价(元)	消　耗　量		
普通硅酸盐水泥 P·O 42.5 综合	kg	0.34	304.000	345.000	420.000
黄砂 净砂	t	92.23	0.816	0.744	0.620
碎石 综合	t	102.00	1.386	1.386	1.320
水	m³	4.27	0.175	0.175	0.175

(9)加气混凝土

计量单位:m³

定额编号			183	184	185
项　　目			加气混凝土(容量 kg/m³)		
			500	700	900
基价(元)			**110.24**	**132.80**	**156.39**
名　　称	单位	单价(元)	消　耗　量		
普通硅酸盐水泥 P·O 42.5 综合	kg	0.34	211.000	196.000	190.000
黄砂 净砂(细砂)	t	102.00	0.310	0.587	0.849
铝粉	kg	5.43	0.792	0.603	0.324
氢氧化钠(烧碱)	kg	2.59	0.585	0.585	0.585
水	m³	4.27	0.250	0.350	0.450

(10)特种混凝土配合比

计量单位:m³

定额编号			186	187	188
项目			耐热混凝土		
			耐热度		
			900℃以内	1 200℃以内	1 800℃以内
基价(元)			**528.92**	**858.20**	**1 182.71**
名称	单位	单价(元)	消耗量		
普通硅酸盐水泥 P·O 42.5 综合	kg	0.34	313.000	—	—
钒土水泥 32.5	kg	1.01	—	385.000	—
耐火水泥	kg	1.01	—	—	450.000
碎耐火砖	t	124.00	0.855	0.950	—
碎钒土耐火砖	t	156.00	—	—	1.110
耐火砖屑	t	501.00	0.630	0.700	—
钒土耐火砖屑	t	652.00	—	—	0.850
水	m³	4.27	0.200	0.200	0.200

计量单位:m³

定额编号			189	190	191	192
项目			耐碱混凝土		耐油混凝土	重晶石混凝土
			水泥用量			
			350kg	450kg		
基价(元)			**324.16**	**334.98**	**374.72**	**1 343.93**
名称	单位	单价(元)	消耗量			
普通硅酸盐水泥 P·O 42.5 综合	kg	0.34	297.000	382.000	287.000	287.000
碎石 综合	t	102.00	1.050	0.966	1.260	—
黄砂 净砂	t	92.23	0.792	0.726	0.726	—
白坩土	t	777.00	—	—	0.104	—
石粉	kg	0.38	111.000	102.000	—	—
重晶石砂	kg	0.41	—	—	—	1 030.000
重晶石	kg	0.49	—	—	—	1 680.000
水	m³	4.27	0.200	0.200	0.200	0.200

3. 防水材料配合比

定额编号			193	194	195	196
项　目			石油沥青玛琋脂	石油沥青砂浆		冷底子油
				1 : 2 : 7	1 : 0.53 : 0.53 : 3.12（不发火）	
计量单位			m^3			kg
基价（元）			**2 263.90**	**1 311.80**	**2 231.42**	**5.57**
名　称	单位	单价（元）	消 耗 量			
石油沥青	kg	2.67	686.000	244.000	408.000	0.320
滑石粉	kg	1.07	404.000	468.000	—	—
黄砂 净砂	t	92.23	—	1.730	—	—
石棉泥	kg	4.31	—	—	219.000	—
硅藻土粉生料	kg	0.57	—	—	224.000	—
白石屑	t	53.40	—	—	1.320	—
汽油 综合	kg	6.12	—	—	—	0.770

4. 垫层及保温材料配合比

计量单位：m^3

定额编号			197	198
项　目			灰土	
			1 : 4	3 : 7
基价（元）			**91.43**	**110.60**
名　称	单位	单价（元）	消 耗 量	
生石灰	kg	0.30	162.000	243.000
黏土	m^3	32.04	1.310	1.150
水	m^3	4.27	0.200	0.200

计量单位：m^3

定额编号			199	200	201	202
项　目			三合土			
			碎砖		碎石	
			1∶3∶6	1∶4∶8	1∶3∶6	1∶4∶8
基价（元）			**143.53**	**140.23**	**239.06**	**238.42**
名　称	单位	单价（元）	消　耗　量			
生石灰	kg	0.30	97.000	74.000	85.000	66.000
黄砂 净砂	t	92.23	0.836	0.865	0.750	0.764
碎砖	m^3	31.07	1.160	1.190	—	—
碎石 综合	t	102.00	—	—	1.403	1.440
水	m^3	4.27	0.300	0.300	0.300	0.300

计量单位：m^3

定额编号			203	204	205
项　目			石灰炉（矿）渣		
			1∶3	1∶4	1∶10
基价（元）			**169.70**	**165.74**	**131.00**
名　称	单位	单价（元）	消　耗　量		
生石灰	kg	0.30	184.000	147.000	55.000
炉渣	m^3	102.00	1.110	1.180	1.110
水	m^3	4.27	0.300	0.300	0.300

计量单位：m³

定额编号			206	207	208	209
项　目			炉（矿）渣混凝土			
			CL3.5	CL5.0	CL7.5	CL10
基价（元）			**210.40**	**217.46**	**229.64**	**237.26**
名　称	单位	单价（元）	消　耗　量			
普通硅酸盐水泥 P·O 42.5 综合	kg	0.34	92.000	114.000	147.000	174.000
生石灰	kg	0.30	76.000	95.000	122.000	144.000
炉渣	m^3	102.00	1.520	1.460	1.390	1.310
水	m^3	4.27	0.300	0.300	0.300	0.300

计量单位：m³

定额编号			210	211	212	213	214	215
项　目			水泥珍珠岩			水泥蛭石		
			1∶8	1∶10	1∶12	1∶8	1∶10	1∶12
基价（元）			**220.46**	**223.55**	**228.83**	**122.53**	**119.43**	**118.21**
名　称	单位	单价（元）	消　耗　量					
普通硅酸盐水泥 P·O 42.5 综合	kg	0.34	141.000	120.000	105.000	147.000	124.000	110.000
膨胀珍珠岩粉	m^3	155.00	1.102	1.168	1.235	—	—	—
膨胀蛭石	m^3	62.14	—	—	—	1.140	1.216	1.273
水	m^3	4.27	0.400	0.400	0.400	0.400	0.400	0.400

5. 耐酸材料配合比

计量单位:m³

定额编号			216	217	218
项　　目			水玻璃胶泥	水玻璃稀胶泥	水玻璃耐酸砂浆
			1∶0.15∶1.2∶1.1	1∶0.15∶0.5∶0.5	1∶0.15∶1.1∶1∶2.6
基价(元)			**2 448.67**	**1 978.50**	**2 493.49**
名　　称	单位	单价(元)	消　耗　量		
硅酸钠 水玻璃	kg	0.70	649.000	890.000	409.000
氟硅酸钠	kg	1.98	98.000	134.000	63.000
石英粉 综合	kg	0.97	777.000	448.000	453.000
铸石粉	kg	1.47	712.000	446.000	411.000
石英砂 综合	kg	0.97	—	—	1 071.000

计量单位:m³

定额编号			219	220	221
项　　目			水玻璃耐酸混凝土	耐酸沥青混凝土	
				细粒式	中粒式
基价(元)			**1 799.09**	**2 215.39**	**2 005.65**
名　　称	单位	单价(元)	消　耗　量		
硅酸钠 水玻璃	kg	0.70	283.000	—	—
氟硅酸钠	kg	1.98	42.000	—	—
石英粉 综合	kg	0.97	257.000	470.000	433.000
铸石粉	kg	1.47	284.000	—	—
石英砂 综合	kg	0.97	696.000	1 106.000	936.000
石英石	kg	0.19	926.000	663.000	911.000
石油沥青	kg	2.67	—	210.000	189.000

计量单位：m³

定额编号			222	223	224
项　　目			耐酸沥青胶泥		
			隔离层用	铺砌用	平面结合层用
			1∶0.3∶0.05	1∶1∶0.05	1∶2∶0.05
基价(元)			**3 157.97**	**3 056.76**	**2 971.67**
名　　称	单位	单价(元)	消　耗　量		
石油沥青	kg	2.67	1 013.000	810.000	631.000
石英粉 综合	kg	0.97	293.000	783.000	1 220.000
石棉粉	kg	3.45	49.000	39.000	30.000

计量单位：m³

定额编号			225	226
项　　目			沥青胶泥	沥青稀胶泥
				100∶30
基价(元)			**2 943.94**	**3 037.45**
名　　称	单位	单价(元)	消　耗　量	
石油沥青	kg	2.67	1 050.000	1 029.060
石英粉 综合	kg	0.97	—	298.820
滑石粉	kg	1.07	131.250	—

计量单位:m³

定额编号			227	228
项　　目			耐酸沥青砂浆	
			铺设压实用	涂抹用
			1.3:2.6:7.4	1.2:1.3:3.5
基价(元)			**2 774.90**	**2 820.16**
名　　称	单位	单价(元)	消　耗　量	
石油沥青	kg	2.67	280.000	439.000
石英粉 综合	kg	0.97	543.000	461.000
石英砂 综合	kg	0.97	1 547.000	1 238.000

计量单位:m³

定额编号			229	230
项　　目			硫黄砂浆	硫黄混凝土
			1:0.35:0.6:0.05	
基价(元)			**5 165.29**	**2 813.05**
名　　称	单位	单价(元)	消　耗　量	
石英粉 综合	kg	0.97	398.000	199.000
石英砂 综合	kg	0.97	683.000	342.000
硫黄 98%	kg	2.30	1 149.000	575.000
聚硫橡胶	kg	25.86	57.000	29.000
石英石	kg	0.19	—	1 136.000

计量单位：m³

定额编号			231	232	233	234
项目			环氧树脂胶泥	酚醛树脂胶泥	环氧酚醛胶泥	环氧稀胶泥
			1：0.08：0.1：2	1：0.08：0.06：1.8	0.7：0.3：0.06：1.8	
基价（元）			**12 868.18**	**15 657.42**	**14 257.48**	**17 442.37**
名称	单位	单价（元）	消耗量			
环氧树脂	kg	15.52	652.000	—	475.000	862.000
酚醛树脂	kg	21.55	—	649.000	204.000	—
乙二胺	kg	18.53	52.000	—	41.000	60.320
苯磺酰氯	kg	5.24	—	52.000	—	—
丙酮	kg	8.16	65.000	—	68.000	258.610
酒精 工业用99.5%	kg	7.07	—	39.000	—	—
石英粉 综合	kg	0.97	1 294.000	1 158.000	1 211.000	862.000

计量单位：m³

定额编号			235	236	237	238
项目			环氧煤焦油胶泥	环氧呋喃胶泥	环氧打底料	环氧砂浆
			0.5：0.5：0.04：2.2	0.7：0.3：0.05：1.7	1：1：0.07：0.15	1：0.07：2：4
基价（元）			**7 381.41**	**13 352.55**	**29 487.76**	**10 815.35**
名称	单位	单价（元）	消耗量			
环氧树脂	kg	15.52	308.000	495.000	1 171.000	337.000
呋喃树脂	kg	16.47	—	214.000	—	—
煤焦油	kg	0.88	306.000	—	—	—
乙二胺	kg	18.53	25.000	35.000	86.000	167.000
丙酮	kg	8.16	25.000	42.000	1 171.000	67.000
二甲苯	kg	6.03	61.000	—	—	—
石英粉 综合	kg	0.97	1 337.000	1 190.000	170.000	667.700
石英砂 综合	kg	0.97	—	—	—	1 336.300

6. 干混砂浆配合比

（1）砌筑砂浆

计量单位：m³

定额编号			239	240	241	242	243
项　目			强度等级				
			M5.0	M7.5	M10.0	M15.0	M20.0
基价（元）			**397.23**	**413.73**	**413.73**	**430.23**	**446.81**
名　称	单位	单价（元）	消　耗　量				
干混砌筑砂浆 DM M5.0	kg	0.24	1 650.000	—	—	—	—
干混砌筑砂浆 DM M7.5	kg	0.25	—	1 650.000	—	—	—
干混砌筑砂浆 DM M10.0	kg	0.25	—	—	1 650.000	—	—
干混砌筑砂浆 DM M15.0	kg	0.26	—	—	—	1 650.000	—
干混砌筑砂浆 DM M20.0	kg	0.27	—	—	—	—	1 650.000
水	m³	4.27	0.289	0.289	0.289	0.289	0.306

（2）抹灰砂浆

计量单位：m³

定额编号			244	245	246	247
项　目			强度等级			
			M5.0	M10.0	M15.0	M20.0
基价（元）			**413.85**	**430.35**	**446.85**	**446.95**
名　称	单位	单价（元）	消　耗　量			
干混抹灰砂浆 DP M5.0	kg	0.25	1 650.000	—	—	—
干混抹灰砂浆 DP M10.0	kg	0.26	—	1 650.000	—	—
干混抹灰砂浆 DP M15.0	kg	0.27	—	—	1 650.000	—
干混抹灰砂浆 DP M20.0	kg	0.27	—	—	—	1 650.000
水	m³	4.27	0.315	0.315	0.315	0.340

(3)地面砂浆

计量单位：m^3

定额编号			248	249	250
项　目			强度等级		
			M15.0	M20.0	M25.0
基价(元)			**443.08**	**443.08**	**460.16**
名　称	单位	单价（元）	消　耗　量		
干混地面砂浆 DS M15.0	kg	0.26	1 700.000	—	—
干混地面砂浆 DS M20.0	kg	0.26	—	1 700.000	—
干混地面砂浆 DS M25.0	kg	0.27	—	—	1 700.000
水	m^3	4.27	0.254	0.254	0.271

计量单位：m^3

定额编号			251
项　目			水泥基自流平砂浆
基价(元)			**2 347.08**
名　称	单位	单价（元）	消　耗　量
水泥基自流平砂浆	kg	1.38	1 700.000
水	m^3	4.27	0.254

7. 古建修缮配合比

计量单位：m^3

定额编号			252	253	254	255	256	257
项　目			掺灰泥					
			3:7	4:6	5:5	6:4	7:3	8:2
基价(元)			**92.62**	**110.91**	**129.48**	**148.34**	**166.63**	**185.21**
名　称	单位	单价(元)	消　耗　量					
熟石灰	kg	0.34	196.200	261.600	327.000	392.400	457.800	523.200
黄土	m^3	28.16	0.920	0.780	0.650	0.530	0.390	0.260

计量单位：m^3

定额编号			258	259	260	261	262
项　目			麻刀灰	大麻刀白灰	中麻刀白灰	小麻刀白灰	护板灰
基价(元)			**259.62**	**359.09**	**304.39**	**286.17**	**267.93**
名　称	单位	单价(元)	消　耗　量				
熟石灰	kg	0.34	654.000	654.000	654.000	654.000	654.000
麻刀	kg	2.76	13.500	49.540	29.720	23.120	16.510

计量单位：m^3

定额编号			263	264	265	266	267	268
项　目			浅月白大麻刀灰	浅月白中麻刀灰	浅月白小麻刀灰	深月白大麻刀灰	深月白中麻刀灰	深月白小麻刀灰
基价（元）			**527.21**	**472.51**	**454.18**	**555.89**	**501.19**	**482.97**
名　称	单位	单价（元）	消　耗　量					
熟石灰	kg	0.34	654.000	654.000	654.000	654.000	654.000	654.000
青灰	kg	2.00	85.000	85.000	85.000	98.400	98.400	98.400
麻刀	kg	2.76	48.860	29.040	22.400	49.540	29.720	23.120

计量单位：m^3

定额编号			269	270	271	272	273
项　目			大麻刀红灰	中麻刀红灰	小麻刀红灰	红素灰	大麻刀黄灰
基价（元）			**647.73**	**593.03**	**574.81**	**511.00**	**869.21**
名　称	单位	单价（元）	消　耗　量				
熟石灰	kg	0.34	654.000	654.000	654.000	654.000	654.000
氧化铁红	kg	6.79	42.510	42.510	42.510	42.510	—
地板黄	kg	12.00	—	—	—	—	42.510
麻刀	kg	2.76	49.540	29.720	23.120	—	49.540

计量单位：m^3

定额编号			274	275	276	277	278	279
项　目			老浆灰	桃花浆	深月白浆	浅月白浆	素白灰浆	油灰
基价(元)			**549.36**	**333.01**	**418.96**	**392.36**	**222.36**	**3 042.68**
名　称	单位	单价(元)	消　耗　量					
熟石灰	kg	0.34	654.000	654.000	654.000	654.000	654.000	—
青灰	kg	2.00	163.500	42.510	98.300	85.000	—	—
黄土	m^3	28.16	—	0.910	—	—	—	—
白灰	kg	0.24	—	—	—	—	—	134.720
面粉	kg	6.03	—	—	—	—	—	218.400
生桐油	kg	4.31	—	—	—	—	—	392.900

附录二　人工、材料（半成品）、机械台班单价取定表

序号	名称	规格	单位	定额价
1	一类人工	—	工日	125.00
2	二类人工	—	工日	135.00
3	三类人工	—	工日	155.00
4	镀锌铁丝	综合	kg	5.40
5	热轧光圆钢筋	综合	kg	3.97
6	热轧光圆钢筋	HPB300 综合	kg	3.98
7	热轧光圆钢筋	HPB300 综合	t	3 981.00
8	工字钢	Q235B 综合	kg	4.05
9	黄铜板	综合	kg	50.43
10	白布	—	m^2	5.34
11	白回丝	—	kg	2.93
12	麻刀	—	kg	2.76
13	麻绳	—	kg	7.51
14	线麻	—	kg	10.86
15	精梳麻	—	kg	25.86
16	半圆头铜螺钉带螺母	M4 × 10	套	2.76
17	地板钉	—	kg	5.60
18	镀锌六角螺栓带螺母	M16 × 200	套	2.89
19	镀锌铁丝	$8^{\#}$	kg	6.55
20	镀锌瓦钉带垫	—	个	0.47
21	金属膨胀螺栓	M8	100 套	31.03
22	六角带帽螺栓	$\phi 12$	kg	5.47
23	木螺钉	—	100 个	1.81
24	铁钉	—	kg	3.97
25	铜钉	100	kg	5.60
26	圆钉	25mm	kg	4.74

续表

序号	名称	规格	单位	定额价
27	圆钉	—	kg	4.74
28	电焊条	E43 系列	kg	4.74
29	木砂纸	—	张	1.03
30	铁件	综合	kg	6.90
31	预埋铁件	—	kg	3.75
32	自制小五金	—	kg	10.43
33	镀锌铁丝	10#	kg	5.38
34	镀锌铁丝	12#	kg	5.38
35	镀锌铁丝	16#	kg	6.55
36	镀锌铁丝	18#	kg	6.55
37	镀锌铁丝	20#	kg	6.55
38	钢板网	—	m^2	10.28
39	钢丝网	—	m^2	6.29
40	碎石	综合	t	102.00
41	碎石	40~60	t	102.00
42	园林用卵石	本色	t	124.00
43	园林用卵石	分色	t	238.00
44	大白粉	—	kg	0.34
45	黄土	—	m^3	28.16
46	生石灰	—	kg	0.30
47	石膏粉	—	kg	0.68
48	羧甲基纤维素	—	kg	13.14
49	细灰	—	kg	0.24
50	砖灰(粗 / 中 / 细)	—	kg	0.48
51	方整石	—	m^3	293.00
52	块石	—	t	77.67
53	块石	200~500	t	77.67
54	标准砖	240 × 115 × 53	100 块	38.79
55	标准砖	240 × 115 × 53	千块	388.00
56	木材(成材)	—	m^3	2 802.00
57	杉板枋材	—	m^3	1 625.00

续表

序号	名称	规格	单位	定额价
58	杉原木	综合	m^3	1 466.00
59	原木	—	m^3	1 552.00
60	杉木枋	50×60	m^3	1 800.00
61	杉小枋	—	m^3	2 328.00
62	松板枋材	—	m^3	1 800.00
63	胶合板	$\delta 5$	m^2	20.17
64	细木工板	$\delta 15$	m^2	21.12
65	木砖	—	m^3	925.00
66	毛竹	毛竹 1.7m 起围径 27cm	根	25.86
67	竹篾	—	100 根	5.02
68	披水砖	—	100 块	28.45
69	杉平口地板	—	m^2	51.72
70	长条实木地板	—	m^2	172.00
71	方整天然石板	8cm	m^2	172.00
72	大理石板	碎块	m^2	30.17
73	装饰布	—	m^2	39.66
74	铁纱	—	m^2	12.93
75	木压条	15×40	m	1.23
76	酚醛清漆	—	kg	10.34
77	黑涂料	—	kg	21.55
78	聚醋酸乙烯乳液	—	kg	5.60
79	生漆	—	kg	11.16
80	调和漆	—	kg	11.21
81	无光调和漆	—	kg	13.79
82	油灰	—	kg	1.19
83	防火漆	—	kg	15.52
84	红丹防锈漆	—	kg	6.90
85	木地板漆	—	kg	11.72
86	石油沥青油毡	综合	m^2	1.90
87	乳胶	—	kg	5.60
88	防腐油	—	kg	1.28

续表

序号	名称	规格	单位	定额价
89	灰油	—	kg	7.33
90	清油	—	kg	14.22
91	色粉	—	kg	3.19
92	生桐油	—	kg	4.31
93	石油沥青油毡	350g	m^2	1.90
94	熟桐油	—	kg	11.17
95	水柏油	—	kg	0.44
96	松香水	—	kg	4.74
97	血料	—	kg	3.02
98	氧化铁红	—	kg	6.79
99	银珠	—	kg	138.00
100	坯油	—	kg	6.03
101	轻煤	—	kg	7.84
102	溶剂油	—	kg	2.29
103	汽油	综合	kg	6.12
104	酒精	工业用 99.5%	kg	7.07
105	钴铅催干剂	—	kg	8.14
106	氧气	—	m^3	3.62
107	乙炔气	—	m^3	8.90
108	903 胶	—	kg	15.52
109	骨胶	—	kg	11.21
110	玻璃布	0.15 × 300	m	0.95
111	玻璃纤维网	—	m^2	1.90
112	琉璃半面正吻	1# 700 × 100 × 700	座	207.00
113	琉璃半面正吻	2# 600 × 100 × 600	座	99.14
114	琉璃半面正吻	3# 470 × 100 × 490	座	51.72
115	琉璃包头脊	1# 450 × 300 × 450	座	129.00
116	琉璃包头脊	2# 300 × 200 × 300	座	65.52
117	琉璃宝顶（珠泡）	1# 1 800	座	1 983.00
118	琉璃宝顶（珠泡）	2# 1 500	座	1 379.00
119	琉璃宝顶（珠泡）	3# 1 200	座	1 034.00

续表

序号	名称	规格	单位	定额价
120	琉璃宝顶（珠泡）	4# 1 000	座	690.00
121	琉璃宝顶（珠泡）	5# 800	座	328.00
122	琉璃宝顶（珠泡）	7# 600	座	155.00
123	琉璃滴水	1# 370 × 280	张	6.64
124	琉璃滴水	2# 320 × 220	张	3.88
125	琉璃滴水	3# 280 × 200	张	2.76
126	琉璃滴水	4# 180 × 260	张	2.41
127	琉璃滴水	5# 210 × 120	张	2.16
128	琉璃底瓦	1# 350 × 280	张	3.36
129	琉璃底瓦	2# 300 × 220	张	1.90
130	琉璃底瓦	3# 290 × 200	张	1.38
131	琉璃底瓦	4# 260 × 175	张	1.21
132	琉璃底瓦	5# 210 × 120	张	0.86
133	琉璃二戗脊	1# 400 × 240 × 300	节	27.59
134	琉璃二戗脊	2# 300 × 240 × 300	节	27.59
135	琉璃盖瓦	1# 300 × 180	张	3.36
136	琉璃盖瓦	2# 300 × 150	张	1.90
137	琉璃盖瓦	3# 260 × 130	张	1.38
138	琉璃盖瓦	4# 220 × 110	张	1.21
139	琉璃盖瓦	5# 160 × 80	张	0.86
140	琉璃沟头	1# 300 × 180	张	6.64
141	琉璃沟头	2# 300 × 150	张	3.88
142	琉璃沟头	3# 260 × 130	张	2.76
143	琉璃沟头	4# 220 × 110	张	2.41
144	琉璃沟头	5# 160 × 80	张	2.16
145	琉璃过桥底瓦	2# 420 × 220	张	6.90
146	琉璃过桥底瓦	3# 420 × 220	张	5.17
147	琉璃过桥盖瓦	2# 420 × 220	张	6.90
148	琉璃过桥盖瓦	3# 420 × 220	张	5.17
149	琉璃合角吻	1# 700 × 200 × 700	座	414.00
150	琉璃合角吻	2# 600 × 200 × 600	座	194.00

续表

序号	名称	规格	单位	定额价
151	琉璃合角吻	3# 470×200×490	座	103.00
152	琉璃葫芦宝顶	高 600	只	155.00
153	琉璃葫芦宝顶	高 800	只	328.00
154	琉璃葫芦宝顶	高 1 000	只	690.00
155	琉璃葫芦宝顶	高 1 200	只	1 034.00
156	琉璃葫芦宝顶	高 1 500	只	1 379.00
157	琉璃葫芦宝顶	高 1 800	只	1 983.00
158	琉璃花脊	1# 400×150×600	节	81.90
159	琉璃花脊	2# 200×150×400	节	32.76
160	琉璃龙吻	高 800	座	276.00
161	琉璃龙吻	高 1 000	座	690.00
162	琉璃龙吻	高 1 200	座	948.00
163	琉璃翘角(普通型)	500×200×180	座	241.00
164	琉璃翘角(兽型)	500×200×180	节	241.00
165	琉璃斜当沟	1#	张	2.33
166	琉璃斜当沟	2#	张	1.55
167	琉璃斜当沟	3#	张	1.29
168	琉璃斜沟底瓦	300×180×450	节	5.17
169	琉璃斜沟盖瓦	300×180×450	节	5.17
170	琉璃正当沟	1# 260×880	张	2.33
171	琉璃正当沟	2# 260×180	张	1.55
172	琉璃正当沟	3# 240×100	张	1.29
173	琉璃正脊	1# 450×300×450	张	51.72
174	琉璃正脊	2# 300×200×300	张	21.55
175	琉璃套兽	1#A 型 310×200×200	座	68.97
176	琉璃套兽	2#B 型 270×200×220	座	43.10
177	琉璃走兽	1# 400	座	50.00
178	琉璃走兽	2# 300	座	38.79
179	琉璃走兽	3# 200	座	27.59
180	琉璃套兽	—	个	0
181	沟头筒瓦	1#	100 张	441.00

续表

序号	名称	规格	单位	定额价
182	沟头筒瓦	2#	100 张	391.00
183	沟头筒瓦	3#	100 张	310.00
184	琉璃回吻	1# 700 × 200 × 700	座	276.00
185	琉璃回吻	2# 600 × 180 × 600	座	129.00
186	琉璃回吻	3# 470 × 200 × 500	座	68.97
187	压脊砖	—	100 块	233.00
188	做细中加厚方砖	400 × 400 × 40	100 块	1 988.00
189	尺八方砖	—	100 块	1 810.00
190	尺六方砖	—	100 块	1 448.00
191	大号滴水瓦	—	100 张	411.00
192	大蝴蝶瓦（底）	200 × 200 × 13	100 张	84.48
193	定形砖	—	100 块	21.72
194	鼓钉砖	—	100 块	65.95
195	蝴蝶瓦大号滴水	—	100 张	308.00
196	蝴蝶瓦大号花边	—	100 张	308.00
197	蝴蝶瓦黄瓜环（底）	—	100 张	456.00
198	蝴蝶瓦黄瓜环（盖）	—	100 张	456.00
199	蝴蝶瓦小号滴水	—	100 张	265.00
200	蝴蝶瓦小号花边	—	100 张	265.00
201	蝴蝶瓦斜沟滴水	—	100 张	391.00
202	蝴蝶斜沟瓦	240 × 240	100 张	245.00
203	琉璃普通顶帽	1# 80	座	2.41
204	琉璃普通顶帽	2# 60	座	1.81
205	琉璃普通顶帽	3# 50	座	1.12
206	三开砖	—	100 块	125.00
207	筒瓦	1# 160 × 295	100 张	314.00
208	筒瓦	2# 140 × 280	100 张	260.00
209	筒瓦	3# 120 × 220	100 张	208.00
210	筒瓦过桥底瓦	2# 340 × 180	100 张	862.00
211	筒瓦过桥底瓦	3# 320 × 160	100 张	690.00
212	筒瓦过桥盖瓦	2# 340 × 180	100 张	862.00

续表

序号	名称	规格	单位	定额价
213	筒瓦过桥盖瓦	3# 320×160	100 张	690.00
214	土青砖	220×105×42	千块	1 293.00
215	万字脊花砖	—	100 块	129.00
216	望砖	210×105×15	100 块	61.21
217	细望砖糙直缝	—	100 块	134.00
218	细望砖船篷轩望	—	100 块	288.00
219	细望砖平面望	—	100 块	271.00
220	细望砖双弯轩望	—	100 块	295.00
221	中蝴蝶瓦（盖）	180×180×13	100 张	65.52
222	哺鸡头	烧制品长 550	只	0
223	哺龙头	烧制品长 550	只	0
224	雌毛脊头	烧制品长 550	只	0
225	方脚头	烧制品长 550	只	0
226	甘蔗脊头	烧制品长 200	只	0
227	果子头	烧制品长 550	只	0
228	葫芦顶	烧制品宝顶	只	0
229	九套龙吻	烧制品	只	0
230	六、八角状顶	烧制品宝顶	只	0
231	七套龙吻	烧制品	只	0
232	纹头	烧制品长 550	只	0
233	五套龙吻	烧制品	只	0
234	云头	烧制品长 550	只	0
235	面粉	—	kg	6.03
236	扎绑绳	—	kg	3.45
237	圆木桩	—	m^3	1 379.00
238	底座	—	个	2.03
239	其他材料费	—	元	1.00
240	牛皮纸	—	m^2	6.03
241	绑扎绳	—	kg	7.76
242	水	—	t	4.27
243	水	—	m^3	4.27

续表

序号	名称	规格	单位	定额价
244	木模板	—	m^3	1 445.00
245	安全网	—	m^2	7.76
246	脚手架钢管	—	kg	3.62
247	脚手架钢管底座	—	个	5.69
248	脚手架扣件	—	只	5.22
249	竹脚手片	—	m^2	8.19
250	板方材	—	m^3	1 034.00
251	脚手架钢管	—	m	20.69
252	木材防腐油	—	kg	7.41
253	松锯材	—	m^3	1 121.00
254	塑料彩条编织布	—	m^2	1.21
255	其他机械费	—	元	1.00
256	其他材料费	—	%	1.00
257	107 胶纯水泥浆	—	m^3	490.56
258	白水泥浆	1 : 2	m^3	384.35
259	水泥砂浆	1 : 1	m^3	294.20
260	水泥砂浆	1 : 2	m^3	268.85
261	水泥砂浆	1 : 2.5	m^3	252.49
262	水泥砂浆	1 : 3	m^3	238.10
263	混合砂浆	1 : 0.2 : 2	m^3	287.68
264	混合砂浆	1 : 1 : 4	m^3	276.85
265	混合砂浆	1 : 1 : 6	m^3	250.72
266	混合砂浆	M5.0	m^3	227.82
267	披刀灰	M2.5	m^3	265.62
268	石灰砂浆	1 : 2.5	m^3	249.67
269	石灰砂浆	1 : 3	m^3	236.24
270	麻刀石灰砂浆	1 : 3	m^3	282.05
271	石灰麻刀浆	—	m^3	321.08
272	纸筋灰浆	—	m^3	331.19
273	水泥石灰麻刀砂浆	1 : 2 : 4	m^3	328.16
274	水泥石灰纸筋砂浆	1 : 1 : 4	m^3	285.42

续表

序号	名称	规格	单位	定额价
275	现浇现拌混凝土	C15（16）	m^3	290.06
276	灰土	3∶7	m^3	110.60
277	电动夯实机	250N·m	台班	28.03
278	载货汽车	4t	台班	369.21
279	载货汽车	5t	台班	382.30
280	灰浆搅拌机	200L	台班	154.97
281	木工圆锯机	500mm	台班	27.50
282	木工平刨床	500mm	台班	21.04
283	木工压刨床	双面 600mm	台班	48.80
284	交流弧焊机	32kV·A	台班	92.84
285	切砖机	2.8kW	台班	28.43
286	镀锌彩钢板	δ0.5	m^2	21.55
287	铜门钉	4cm	个	4.31
288	铜门钉	6.5cm	个	15.52
289	门窗杉板	—	m^3	1 810.00
290	素白灰浆	—	m^3	220.36
291	白灰浆	—	m^3	220.00
292	大麻绳	—	kg	14.50
293	汉白玉	—	m^3	9 500.00
294	锯成材	—	m^3	2 400.00
295	麻刀油灰	—	m^3	1 350.00
296	铅板	—	kg	22.00
297	青白石	—	m^3	2 400.00
298	青白石	（单体 0.25m^3 以内）	m^3	2 800.00
299	青白石	（单体 0.50m^3 以内）	m^3	3 000.00
300	青白石	（单体 0.75m^3 以内）	m^3	3 500.00
301	青白石	（单体 1.00m^3 以内）	m^3	4 000.00
302	青白石	（单体 1.00m^3 以外）	m^3	4 000.00
303	杉槁	3m 以下	根	36.00
304	杉槁	4~7m	根	65.00
305	杉槁	7~10m	根	110.00

续表

序号	名称	规格	单位	定额价
306	季铵铜（ACQ）	—	kg	12.00
307	尺二方砖	384×384×64 （1.2尺 ×1.2尺 ×2寸）	块	30.00
308	老浆灰	—	m^3	279.59
309	青灰	—	kg	2.00
310	大城砖	480×240×128	块	34.51
311	二样城砖	448×224×112	块	28.76
312	大停泥砖	416×208×80	块	30.62
313	小停泥砖	288×144×64	块	7.52
314	尺四方砖	448×448×64	块	133.54
315	大开条砖	260×130×50	块	4.34
316	蓝四丁砖	240×115×53	块	3.01
317	地趴砖	384×192×96	块	21.68
318	草栅	—	kg	12.50
319	尺二条砖	384×192×64 （1.2尺 ×6尺 ×2寸）	块	19.80
320	尺二土坯砖	—	块	10.00
321	尺三方砖	416×416×80 （1.3尺 ×1.3尺 ×2.5寸）	块	90.00
322	尺三条砖	416×208×80 （1.3尺 ×6.5寸 ×2.5寸）	块	33.98
323	尺五方砖	480×480×86.4 （1.5尺 ×1.5尺 ×2.7寸）	块	362.04
324	打点灰	—	m^3	386.24
325	泥浆	—	m^3	131.56
326	尺七方砖	544×544×89.6 （1.7尺 ×1.7尺 ×2.8寸）	块	570.00
327	深月白中麻刀灰	—	m^3	338.83
328	深月白小麻刀灰	—	m^3	320.61
329	其他机械费	占人工	%	1.00
330	浅月白小麻刀灰	—	m^3	313.93
331	麻刀灰	—	m^3	259.62

续表

序号	名称	规格	单位	定额价
332	深月白浆	—	m^3	256.77
333	掺灰泥	4∶6	m^3	110.91
334	滑秸掺灰泥	3∶7	m^3	97.25
335	麦草泥	—	kg	0.02
336	面叶	—	块	0
337	包叶	—	块	0
338	壶瓶形护口	—	块	0
339	铁门栓	—	份	0
340	二尺方砖	640×640×96 （2尺×2尺×3寸）	块	572.04
341	方砖	384×384×64 （1.2尺×1.2尺×2寸）	块	29.22
342	蝴蝶瓦滴水	头号	100张	489.00
343	蝴蝶瓦滴水	1#	100张	411.00
344	蝴蝶瓦滴水	2#	100张	308.00
345	蝴蝶瓦滴水	3#	100张	265.00
346	蝴蝶瓦滴水	10#	100张	196.00
347	蝴蝶瓦花边	1#	100张	411.00
348	蝴蝶瓦花边	2#	100张	308.00
349	蝴蝶瓦花边	3#	100张	265.00
350	蝴蝶瓦	225×225	100张	145.00
351	蝴蝶瓦	200×200	100张	84.48
352	蝴蝶瓦	180×180	100张	65.52
353	蝴蝶瓦	160×160	100张	54.40
354	蝴蝶瓦	110×110	100张	39.00
355	筒瓦	320×190	100张	531.20
356	筒瓦	90×70	100张	48.00
357	勾头筒瓦	头#	100张	675.00
358	勾头筒瓦	1#	100张	441.00
359	勾头筒瓦	2#	100张	391.00
360	勾头筒瓦	3#	100张	310.00

续表

序号	名称	规格	单位	定额价
361	勾头筒瓦	10#	100 张	105.00
362	二尺五鸱尾	—	座	600.00
363	三尺五鸱尾	—	座	600.00
364	五尺鸱尾	—	座	2 200.00
365	七尺五鸱尾	—	座	3 000.00
366	背兽	—	个	0
367	剑把	—	个	0
368	合角剑把	—	对	0
369	兽角	—	对	0
370	铁兽角	—	对	0
371	八寸套兽	—	个	200.00
372	九寸套兽	—	个	220.00
373	一尺套兽	—	个	240.00
374	尺二套兽	—	个	300.00
375	六寸嫔伽	—	座	200.00
376	八寸嫔伽	—	座	300.00
377	一尺嫔伽	—	座	450.00
378	尺二嫔伽	—	座	500.00
379	尺四嫔伽	—	座	550.00
380	尺六嫔伽	—	座	600.00
381	四寸蹲兽	—	座	150.00
382	六寸蹲兽	—	座	200.00
383	八寸蹲兽	—	座	300.00
384	九寸蹲兽	—	座	450.00
385	一尺蹲兽	—	座	500.00
386	松烟	—	kg	16.00
387	琉璃垂兽	—	座	0
388	琉璃岔兽	—	座	0
389	琉璃兽角	—	对	0
390	琉璃走兽	—	座	0
391	琉璃仙人	—	座	0

续表

序号	名称	规格	单位	定额价
392	琉璃淌头	—	块	0
393	琉璃撺头	—	块	0
394	琉璃背兽	—	个	0
395	琉璃剑把	—	个	0
396	琉璃合角剑把	—	对	0
397	博脊瓦	—	块	0
398	旧石板	—	m^2	210.00
399	钉帽	50mm	个	0.28
400	钉帽	60mm	个	0.37
401	钉帽	80mm	个	0.55
402	瓦钉	—	kg	4.34
403	自制倒刺钉	—	kg	5.80